Praktische Statistik für Meteorologen und Geowissenschaftler

von

Christian-Dietrich Schönwiese

Mit 80 Abbildungen, 64 Tabellen im Text und 11 Tabellen im Anhang

4., verbesserte und erweiterte Auflage

Gebrüder Borntraeger · Berlin · Stuttgart 2006

Anschrift des Autors:

Prof. Dr. C.-D. Schönwiese
Institut für Atmosphäre und Umwelt
Johann Wolfgang Goethe Universität
Postfach 11 19 32
60054 Frankfurt am Main / Germany

All rights reserved, including translation into other languages. This publication,
or parts thereof, may not be reproduced in any form without permission from the publishers.

4. Auflage 2006

© 2006 Gebrüder Borntraeger Verlagsbuchhandlung
∞ printed on permanent paper conforming to ISO 9706-1994

Publisher: Gebrüder Borntraeger Verlagsbuchhandlung
　　　　　　Johannesstr. 3 A, 70176 Stuttgart, Germany
　　　　　　mail@schweizerbart.de
　　　　　　www.borntraeger-cramer.de

Printed in Germany by strauss offsetdruck gmbh, 69509 Mörlenbach

ISBN-13　978-3-443-01057-7
ISBN-10　3-443-01057-1

Aus dem Vorwort zur 1. Auflage

Naturwissenschaftliche Fachgebiete, in denen viele Messdaten anfallen, können auf eine eingehende, korrekte und sinnvolle Anwendung statistischer Methoden nicht verzichten. So werden inzwischen auch im Rahmen des Meteorologie-Studiums Statistik-Vorlesungen angeboten. Meines Erachtens gehört die Statistik in allen geowissenschaftlichen Fächern, und nicht nur dort, zu den notwendigen mathematisch-methodischen Grundlagen.

Das vorliegende Buch – aus meiner Vorlesung „Praktische Statistik" am Fachbereich Geowissenschaften der Universität Frankfurt a.M. entstanden – wendet sich vorwiegend an diesen Leserkreis, kann aber sicherlich auch in den Biowissenschaften und – mittels der Geographie – bis in die Wirtschaftswissenschaften hinein genutzt werden. Die Kurzbeispiele stammen zwar zum größten Teil aus meinem eigenen Arbeitsgebiet, der Klimatologie; sie sollen aber lediglich das numerische Vorgehen rasch und übersichtlich demonstrieren und dürfen nicht als abgeschlossene Arbeitsergebnisse angesehen werden. Das Buch ist weiterhin gezielt für den Praktiker geschrieben; d.h. nicht die mathematische Herleitung der Methoden, sondern deren Anwendung in der Praxis steht im Vordergrund. Schließlich ist es so einfach gehalten, dass es als erste Einführung in die Statistik eingesetzt werden kann.

Der vorgegebene Rahmen des Umfangs konnte natürlich keinesfalls auch nur eine annähernd erschöpfende Behandlung der Thematik erlauben. Insbesondere Geophysiker und Meteorologen werden auf weiterführende Literatur nicht verzichten können. Dennoch hoffe ich, dass ich mein besonderes Anliegen verwirklichen konnte: das erste exakte Heranführen an die wesentlichen statistischen Begriffe, Denkweisen und Methoden. Nichts ist ja gefährlicher, als an irgendeiner speziellen und relativ fortgeschrittenen Stelle in die Statistik einzusteigen und auf das Fundament, bewusst oder unbewusst, zu verzichten.

Außer meinen Studenten, die mich mit ihren Fragen auf manche Verständnisprobleme aufmerksam gemacht haben, möchte ich für die Durchsicht des Manuskripts bzw. Hinweise danken: Prof. Dr. H. Berckhemer, Dr. W. Birrong, Prof. Dr. H. Fleer, Dr. V. Kroesch und Dr. J. Malcher. Von Herrn E.O. Bühler stammen die meisten Abbildungen und Frau Dipl.-Met. F. Taghavi-Talab übernahm einen Teil der Reinschrift.

Um einen günstigen Ladenverkaufspreis zu erzielen, habe ich die Anfertigung einer reproduktionsreifen Druckvorlage auf mich genommen. Unter dem Zeitaufwand hierfür sowie für die Arbeit am Manuskript hat meine Familie erheblich gelitten und ich möchte meiner Frau und meinen Kindern für ihr Verständnis herzlich danken.

Schließlich danke ich dem Verlag, insbesondere Herrn Dr. E. Nägele und seinen Mitarbeitern/innen für die freundliche Unterstützung bei der Druckvorbereitung.

Frankfurt a.M., im Mai 1985   Christian-Dietrich Schönwiese

Vorwort zur 3. Auflage

Während ich mich bei der 1992 erschienenen 2. Auflage im wesentlichen auf Druckfehlerberichtigungen und einige Präzisierungen beschränkt habe (für entsprechende umfangreiche Hinweise sei an dieser Stelle insbesondere Herrn Dipl.-Met. K. Breitmeier bestens gedankt), liegt nun eine wesentlich überarbeitete, ergänzte und umfassende Neubearbeitung vor, die auch die neueren Entwicklungen der Statistik und ihre Anwendung in den Geowissenschaften berücksichtigt. Dies hat, trotz einiger Kürzungen bei den grundlegenden Aspekten, den Umfang von zuletzt 231 Seiten nunmehr auf fast 300 Seiten anwachsen lassen. Gänzlich neu sind die Kapitel Clusteranalyse, EOF-, Hauptkomponenten- und Faktorenanalyse, Neuronale Netze sowie einige Unterkapitel (wie z.B. Kanonische Korrelationsanalyse, Zeitreihenhomogenität /-inhomogenität und Trendanalyse).

Das Grundkonzept, eine möglichst einfache (auch ohne vertiefte mathematische Grundkenntnisse lesbare) und übersichtliche erste Einführung in die „Praktische Statistik" bereitzustellen, habe ich jedoch beibehalten, einschließlich der – extrem kurzen – Beispiele, die nach wie vor keine wissenschaftlichen Analysen darstellen, sondern i.a. per Taschenrechner nachvollziehbar sein und somit möglichst rasch die jeweilige Methodik demonstrieren sollen. Um so wichtiger sind die Hinweise auf weiterführende Literatur und auch einige wenige Beispiele, die über die genannte „Taschenrechner-Statistik" hinausgehen; denn alle fortgeschrittenen statistischen Methoden sind hier nur angerissen, zum Teil auch nur erwähnt.

Für den Praktiker wird inzwischen eine fast unübersehbare Menge an EDV-Software angeboten, welche die Anwendung so ziemlich aller hier behandelten statistischen Methoden auf dem PC, der Workstation bzw. dem Großrechner erlaubt (jedoch nicht immer mit den notwendigen statistischen Tests). Das Literaturverzeichnis enthält nun auch einige Hinweise zur anspruchsvolleren Software. Ich empfehle aber dringend, diese nicht ohne weiteres als „Black-Box"-Verfahren einzusetzen, sondern sich zuerst genau zu informieren, wie die jeweilige Methode funktioniert. Genau in dieser Richtung möchte das vorliegende Buch hilfreich sein, und dabei auch einiges von den Möglichkeiten und Grenzen der Statistik, sozusagen deren „Philosophie", vermitteln.

Meine derzeitigen Mitarbeiter Dr. M. Denhard, Dr. J. Grieser, Dr. J. Rapp und Dipl.-Met. T. Staeger haben mich mit Hinweisen und Beispielbeiträgen unterstützt; dafür danke ich sehr. Für das Schreiben auf EDV-Datenträger, einschließlich des Einbaus der Formeln, bin ich Frau P. Sutor sehr dankbar. Weiterhin geht mein Dank wiederum an den Verlag, insbesondere an Herrn Dr. Nägele und sein Team, für die Aufgeschlossenheit, die technischen Hinweise und die so sorgfältige und ansprechende Druckausführung. Nicht zuletzt danke ich meinen Lesern für ihr Interesse; ohne sie wäre diese 3. Auflage nicht möglich gewesen. Kritische Hinweise sind weiterhin willkommen.

Frankfurt a.M., im März 2000   Christian-Dietrich Schönwiese

Vorwort zur 4. Auflage

Es freut mich sehr, dass das Interesse an diesem Buch nun zu einer 4. Auflage geführt hat. So konnte ich wiederum eine intensive Überarbeitung vornehmen. Dabei hat sich das Grundkonzept gegenüber der 3. Auflage allerdings kaum verändert, da nur an wenigen Stellen (z.B. neues Kapitel 14.9) Erweiterungen vorgenommen worden sind. Dafür war die „Kleinarbeit" umso umfangreicher, nämlich Korrekturen (wobei noch einmal alle Formeln und Querverweise überprüft wurden) und insbesondere Umformulierungen mit dem Ziel der Präzisierung und noch besseren Verständlichkeit.

Zur EDV-Software gibt es keine grundsätzlich neuen Aspekte, außer dass der Nutzer sich laufend an den dafür zuständigen Stellen (i.a. Rechenzentren, z.B. Hochschulrechenzentrum) darüber informieren sollte, welche aktuellen Programmpakete zu möglichst günstigen Konditionen verfügbar sind. Gerade an den Hochschulen besteht aber auch die sehr begrüßenswerte Tendenz, für die jeweils anvisierten Analysemethoden die Programme selbst zu schreiben, was aufgrund der in diesem Buch gegebenen Informationen weitgehend möglich ist. Dies kommt natürlich sehr der Transparenz zugute und erlaubt, auch die bei der Standard-Software oft vernachlässigten aber enorm wichtigen Testverfahren mit einzubeziehen.

Nicht nur meinen Lesern, auch dem Verlag gilt erneut mein besonderer Dank, nunmehr Herrn Dr. A. Nägele (Sohn von Dr. E. Nägele) und seinem Team für die gute Kooperation und sorgfältige Druckausführung, die wie gewohnt zu einem übersichtlichen Druckbild hoher Qualität geführt hat.

Bleibt wiederum die Hoffnung, dass die vorliegende kurze Einführung in die „Praktische Statistik" auch und gerade in dieser neuen 4. Auflage für alle Leser möglichst hilfreich sein möge. Und natürlich sind konstruktiv-kritische Hinweise nach wie vor willkommen.

Frankfurt a.M., im Juli 2006   Christian-Dietrich Schönwiese

Inhaltsverzeichnis

1 Grundlagen 1
   1.1 Einführung 1
   1.2 Grundbegriffe 7
   1.3 Zahl, Größe und Skala 10
   1.4 Verschachtelung phänomenologischer Größenordnungen 12
   1.5 Zeitreihen 14
   1.6 Häufigkeitsverteilung und Klassenbildung 15
   1.7 Wahrscheinlichkeit 20
   1.8 Kombinationsrechnung 27
   1.9 Wahrscheinlichkeitstheorie 29

2 Eindimensionale Stichprobenbeschreibung 34
   2.1 Einführung 34
   2.2 Mittelungsmaße 35
   2.3 Quantile 41
   2.4 Variationsmaße 42
   2.5 Eindimensionale Häufigkeitsverteilung 46
   2.6 Momente und Erwartungswert 50

3 Mehrdimensionale Stichprobenbeschreibung 52
   3.1 Einführung 52
   3.2 Mehrdimensionale Mittelungsmaße 53
   3.3 Mehrdimensioanle Variationsmaße 59
   3.4 Empirische mehrdimensionale Häufigkeitsverteilung 62

4 Theoretische Verteilungen 65
   4.1 Einführung 65
   4.2 Gleichverteilung GV (Rechteckverteilung RV) 66
   4.3 Binomialverteilung BV 67
   4.4 Poissonverteilung PV 70
   4.5 Normalverteilung NV und Standardnormalverteilung zV 72
   4.6 Logarithmische Normalverteilung LNV 76
   4.7 STUDENT-Verteilung (t-Verteilung) tV 80
   4.8 χ^2-Verteilung χ^2V 82
   4.9 FISHER-Verteilung (F-Verteilung) FV 84
   4.10 WEIBULL-Verteilung 85
   4.11 Spezielle Verteilungen 87
   4.12 Übersicht der Tabellierungsarten 90

5 Schätzverfahren 94
   5.1 Einführung 94
   5.2 Punktschätzung 95

	5.3 Intervallschätzung: Mutungsbereiche	97
	5.4 Intervallschätzung: Exspektanz	99
6	Fehlerrechnung	105
	6.1 Einführung: Messung und Messfehler	105
	6.2 Fehlerverteilungsgesetze	106
	6.3 Fehlerschätzung	107
	6.4 Fehlerübertragung	109
7	Repräsentanz	113
	7.1 Repräsentanz der Punktaussage	113
	7.2 Örtliche und zeitliche Repräsentanz	115
8	Hypothesenprüfungen (Prüfverfahren, Tests)	119
	8.1 Einführung: Prinzip statistischer Hypothesenprüfungen	119
	8.2 Auswahl spezieller Prüfverfahren	124
	8.3 Vertrauensbereiche	140
9	Varianzanalyse	144
	9.1 Einfache Varianzanalyse	144
	9.2 Doppelte Varianzanalyse	147
	9.3 Weitere varianzanalytische Prüfverfahren	150
10	Clusteranalyse	154
	10.1 Einführung	154
	10.2 Hierarchische Clusteranalyse	156
	10.3 Modifikationen	160
11	Korrelation und Regression	163
	11.1 Einführung	163
	11.2 Zweidimensionale lineare Korrelation und Regression von Stichproben	168
	11.3 Schätzung der Korrelation und Regression von Grundgesamtheiten	175
	11.4 Verteilungsfreie Korrelationsrechnung	177
	11.5 Dreidimensionale lineare Korrelations- und Regressionsrechnung	182
	11.6 (D > 3) - dimensionale lineare Korrelations- und Regressionsrechnung	188
	11.7 Nicht-lineare Korrelations- und Regressionsrechnung	193
	11.8 Hypothesenprüfverfahren der Korrelations- und Regressionsrechnung	200
	11.9 Polynome und Transinformation	202
12	EOF-, Hauptkomponenten- und Faktorenanalyse	204
	12.1 Einführung	204
	12.2 Entwicklung empirischer Orthogonalfunktionen (EOF)	204
	12.3 Anwendungen: Hauptkomponenten- und Faktorenanalyse	209
	12.4 Kanonische Korrelationsanalyse	210

13	Neuronale Netze	212
	13.1 Einführung	212
	13.2 Backpropagation	213
	13.3 Alternative Netzwerke	216
14	Zeitreihenanalyse	217
	14.1 Allgemeine Zeitreihencharakteristika	217
	14.2 Zeitreihenhomogenität /-inhomogenität	224
	14.3 Zeitreihenkorrelation	227
	14.4 Trendanalyse	232
	14.5 Harmonische Analyse	235
	14.6 Spektrale Varianzanalyse	240
	14.7 Kreuzspektrum- und Kohärenzanalyse	254
	14.8 Numerische Filterung	257
	14.9 Extremwertanalyse	269

Literatur (Auswahl) 274

Symbolliste 281

Tabellenanhang 287
- A.1a Funktionswerte der Standardnormalverteilung (zV) 287
- A.1b Quantile (Verteilungsfunktion) der Standardnormalverteilung (zV) 288
- A.1c Quantile z(a) für ein- und zweiseitigen Test 289
- A.2 Gammafunktion G(x) 289
- A.3 Quantile (Verteilungsfunktion) der Student-Verteilung (tV) 290
- A.4 Quantile (Verteilungsfunktion) der χ^2-Verteikung (χ^2V) 291
- A.5a Quantile (Verteilungsfunktion) der Fisher-Verteilung (FV) für Si = 95% 292
- A.5b Quantile (Verteilungsfunktion) der Fisher-Verteilung (FV) für Si = 99% 293
- A.6 Quantile (Verteilungsfunktion) der reduz. Weibull-Verteilung (RWV) 294
- A.7 „Rote" Markov-Modellspektren 295
- A.8 Gewichte zur Gaußschen Tiefpaßfilterung (Auswahl) 296

Stichwortverzeichnis 297

1 Grundlagen

1.1 Einführung

Über Definition und Zielsetzung der Statistik bestehen in der Öffentlichkeit häufig unklare oder sogar falsche Vorstellungen. So wird beispielsweise eine reine Zusammenstellung von Wirtschaftsdaten oder Wetterrekorden bereits als „Statistik" bezeichnet. Schlimmer noch sind Fehlinterpretationen vermeintlich statistischer Ergebnisse. Ein immer wieder zitiertes Beispiel dafür ist die „Korrelation" – gemeint ist dabei der gleichsinnige zeitliche Trend – von Bevölkerungs- und Storchenzahl in Mitteleuropa in der ersten Hälfte unseres Jahrhunderts. Beide Trends sind zwar abwärtsgerichtet, aber aus ganz unterschiedlichen Gründen. Die rein formale (und unvollständige) Korrelationsrechnung (zur quantitativen Schätzung von Zusammenhängen, näheres in Kap. 11) kommt zwar immer zu einem bestimmten Wert des „Korrelationskoeffizienten". Doch beschreibt diese Maßzahl hier lediglich den *zufällig* gleichen Trend. Es handelt sich um eine „Scheinkorrelation", und nur der böswillige Kritiker wird unterstellen, die Statistik behaupte hier einen ursächlichen Zusammenhang (was sie im übrigen prinzipiell nicht kann).

Sogar der Naturwissenschaftler, insbesondere wenn er an Formulierungen exakter und sicherer Zusammenhänge gewöhnt ist, steht der Statistik nicht selten skeptisch gegenüber. Dies ist auf die Ungewissheit zurückzuführen, die –wenn auch möglicherweise sehr klein – den statistischen Analyseergebnissen stets innewohnt. Diese Unsicherheit kommt beispielsweise in der häufig als „klassisch" angesehenen Definition der Statistik von A. WALD (1902-1950) zum Ausdruck: „*Statistik ist eine Zusammenfassung von Methoden, die uns erlauben, vernünftige optimale Entscheidungen im Fall von Ungewissheiten zu treffen*" (zitiert nach SACHS, 2004).

Tatsächlich ist eine Vielzahl solcher Methoden entwickelt worden, wobei sich rasch die mathematisch eindeutige Ausdrucksweise durchgesetzt hat („mathematische Statistik"). Leider werden statistische Definitionen nicht in derartig einheitlicher Weise verwendet wie beispielsweise in der Physik. Dies, die Literaturfülle – meist im Blickwinkel bestimmter Anwendungsgebiete – und das ungewohnte Umgehen mit Ungewissheiten bzw. Wahrscheinlichkeiten können den Zugang zur Statistik sehr erschweren.

Sollen Definition und Zielsetzung der Statistik von Anfang an möglichst klar und überzeugend sein, so lässt sich dies am besten mit Hilfe des Determinismus-Begriffs erreichen, etwa in der Weise, wie das BENDAT und PIERSOL (1966) getan haben. Dazu spalten wir irgendeinen Vorgang – ob naturwissenschaftlich oder nicht spielt hier keine Rolle – auf in

- *Einfluss-* (oder Eingangs-) *größe(n)*,
- *Wirkungsmechanismus* (oder Zusammenhang, *Funktion*) und
- *Wirkungsgröße(n)* oder kurz Wirkung.

Als primitives aber anschauliches Beispiel kann ein Fahrkartenautomat dienen: Eingeworfenes Geld und gedrückte Wähltaste sind die Einflussgrößen, die ausgegebene Fahr-

2 Grundlagen

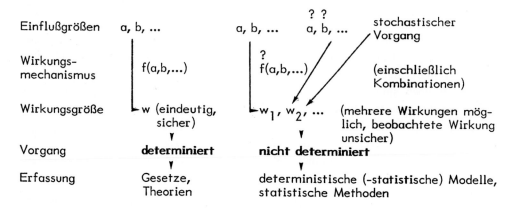

Abb. 1. Schema eines determinierten und nicht determinierten Vorgangs. Die Fragezeichen bedeuten, dass die Größe(n) bzw. Funktion(en) unbekannt sind.

karte ist die Wirkungsgröße. Der Steuermechanismus des Automaten stellt den Zusammenhang zwischen Einfluss- und Wirkungsgröße(n) her. Das gesamte in sich abgeschlossene Geschehen nennt der Statistiker (und nicht nur dieser) einen *Vorgang* (Prozess, Mechanismus). Die Tatsache, dass als Folge dieses Vorgangs eine Fahrkarte ausgeworfen wird, heißt *Ereignis*.

Und nun definieren wir mit Hilfe der Abb. 1 wie folgt: Ein *determinierter* (bestimmter, sicherer) Vorgang führt von vollständig, sicher und hinreichend genau bestimmbaren Einflussgrößen über einen ebensolchen Wirkungsmechanismus zu einer ebensolchen Wirkung. Enthält der Wirkungsmechanismus eine Aussage über die Zeit (im mathematischen Sinn eine prognostische Gleichung), so ist die Wirkung sicher und eindeutig prognostizierbar (mit einer Genauigkeit, die durch die Einflussgrößen, insbesondere deren Messgenauigkeit, festgelegt ist; näheres in Kap. 6). Determinierter und „vollständig determinierter" Vorgang werden somit hier synonym definiert.

In allen anderen Fällen handelt es sich um einen *nicht determinierten* Vorgang. Ein solcher Vorgang lässt sich am einfachsten durch seine Wirkung kennzeichnen: Diese ist nämlich unsicher und stellt nur eine von mehreren Möglichkeiten (Ergebnissen) dar, die trotz gleicher Rand- (Rahmen-) Bedingungen hätten ebenfalls eintreten können. Daher sind nicht determinierte Vorgänge niemals sicher prognostizierbar. Im günstigsten Fall lassen sich Wahrscheinlichkeitsaussagen über die künftige Wirkung abschätzen.

Beispiele:
1. Die Bahndaten eines Satelliten, d.h. dessen Bewegung in Raum und Zeit, beruhen auf einem determinierten Vorgang. Einflussgrößen sind die Massen der Erde und des Satelliten sowie dessen Erdabstand und Umlaufgeschwindigkeit. Wirkungsmechanismen

sind das Gravitations- und Zentrifugalgesetz. Wirkungsgröße ist die Bahnkurve, die sich sicher und exakt berechnen und somit auch prognostizieren lässt.
2. Auch das Auftreten einer Sonnenfinsternis ist ein determinierter Vorgang und auf Grund der KEPLERschen Gesetze der Himmelskörperbewegungen exakt prognostizierbar.
3. Die Zugbahn einer Gewitterwolke (Cumulonimbus) ist von den atmosphärischen Strömungsgegebenheiten und den Vorgängen in der Wolke selbst abhängig. Da der Wirkungsmechanismus nicht vollständig erfassbar ist, lassen sich Position und Vertikalerstreckung dieser Wolke zu einer späteren Zeit nicht sicher prognostizieren. Es handelt sich daher um einen nicht determinierten Vorgang. (Auch künftige Erdbeben sowie Bevölkerungszahl und Energiebedarf einer bestimmten Stadt im Jahr 2050 sind offenbar „Wirkungsgrößen" nicht determinierter Vorgänge.)

Es gibt nun unterschiedliche Gründe dafür, dass ein Vorgang in nicht determinierter Weise in Erscheinung tritt; vgl. Abb. 1. So kann es sein, dass die Einflussgrößen und/oder der Wirkungsmechanismus nur zum Teil bekannt sind. Die Frage, ob ein Vorgang determiniert auftritt oder nicht, ist somit auch eine Frage der wissenschaftlichen Erkenntnis und Evolution; das heißt, durch die Entdeckung von Gesetzmäßigkeiten können aus zuvor nicht determinierten nun determinierte Vorgänge werden. Es kann sich aber auch um einen Vorgang handeln, der prinzipiell rein zufallsgesteuert abläuft, so dass sich Determinismen niemals werden aufdecken lassen. Schließlich ist es möglich, dass es sich um einen komplexen (zusammengesetzten, vielschichtigen) Vorgang handelt, der determinierte und nicht determinierte Anteile enthält (sog. nicht vollständig determinierter Vorgang). Dies ist in den Geowissenschaften besonders häufig. Nicht selten sind in der Praxis auch Genauigkeit oder Größenordnung der Betrachtung maßgebend dafür, ob ein Vorgang als determiniert angesehen werden kann oder nicht.

Beispiel:
4. Die eine Masse m bestimmter spezifischer Wärmekapazität c beeinflussende Wärmebilanz dQ (Einflussgrößen) führt über das physikalische Gesetz $dT = dQ/cm$ zu einer eindeutigen und sicher prognostizierbaren Temperaturänderung dT. Dies setzt jedoch die Prognostizierbarkeit von dQ sowie makroskopische Betrachtung voraus. Lässt man unkontrollierte Wärmeleitungseffekte zu oder geht man gar zur molekularen Betrachtung über, so wird aus dem zunächst determinierten Vorgang offensichtlich ein nicht determinierter Vorgang.

Dem rein zufallsgesteuerten Vorgang ist in der statistischen Theorie seit jeher besondere Aufmerksamkeit gewidmet worden. Leider hat dies aber nicht zu einheitlich anerkannten Definitionen von Zufall und Zufallsartigkeit geführt. Viele Autoren bezeichnen schlicht alle nicht determinierten Vorgänge als zufällig. Andere verweisen darauf, dass sich selbst reine Zufallsvorgänge in durchaus determinierte Anteile auflösen lassen und sich nur wegen des vielfältigen und insgesamt unüberschaubaren Zusammenwirkens eine zufallsartige Wirkung einstellt. Hier soll, ohne Anspruch auf eine endgültige Einsicht, folgende Festlegung gelten: Ein elementarer *zufälliger* Vorgang besitzt (bei gleichen Randbedingungen) stets mehrere gleich wahrscheinliche Wirkungen. Bei *zufallsartigen* Vorgängen kann diese Wahrscheinlichkeit variieren.

Beispiele:
5. Die mit einem regelmäßigen nicht manipulierten Würfel gewürfelte „Augenzahl" (sechs mögliche Wirkungen bzw. Variationsmöglichkeiten) stellt in einen bestimmten Fall (Ereignis) offenbar eine von mehreren gleich wahrscheinlichen Möglichkeiten (Ereignissen) dar. Es handelt sich somit um einen elementaren zufälligen Vorgang.
6. Die genaue Minimumtemperatur der kommenden Nacht an einem bestimmten Ort (Bodennähe) ist nicht sicher vorhersagbar. Es gibt somit mehrere Möglichkeiten, die eintreten können. Wählt man ein hinreichend großes Temperaturintervall, in dem dieser Wert mit großer Wahrscheinlichkeit liegen wird, so sind die einzelnen Temperaturwerte dieses Intervalls in ihrem möglichen Auftreten keineswegs gleich wahrscheinlich. Es handelt sich somit um einen zufallsartigen Vorgang.

Die *Stochastik* soll hier als die Theorie zufälliger Vorgänge definiert und daher als Teilbereich der Statistik aufgefasst werden, wobei die Statistik auch die Theorie (und Empirik) zufallsartiger Vorgänge mit einschließt (während viele Autoren Stochastik und Statistik synonym definieren). Es kommt im übrigen häufig vor, dass ein zufallsartiger Vorgang aus der *Überlagerung* eines zufälligen (stochastischen) Vorgangs mit einem determinierten Vorgang hervorgeht (nicht vollständig determinierter Vorgang). Es lässt sich dann ein stochastischer Anteil zumindest theoretisch abspalten, beispielsweise die Belastung einer physikalischen Messung mit „zufälligen Fehlern" (näheres in Kap. 6 „Fehlerrechnung").

Obwohl der Begriff der Wahrscheinlichkeit erst späterer Stelle (Kap. 1.7) eingehend definiert werden soll, können einfache Festlegungen schon jetzt getroffen werden: Wir sprechen von einem *sicheren Ereignis* und ordnen ihm die „*Ereigniswahrscheinlichkeit*" eins zu, in Symbolik.

$$p(E) = 1 \triangleq 100\ \% \tag{1-1}$$

(engl. Wahrscheinlichkeit → probability, Ereignis → event), wenn andere Ereignisse nicht auftreten können. In formaler Analogie ist dann ein Ereignis, das nie eintritt, das *unmögliche Ereignis* mit der Wahrscheinlichkeit

$$p(E) = 0 \triangleq 0\ \% . \tag{1-2}$$

Unmögliche Ereignisse werden in der Praxis kaum zur Debatte stehen. Aber es ist kennzeichnend für die Statistik, dass sie sich mit *unsicheren Ereignissen* beschäftigt (vgl. S. 1, Definition nach WALD). Somit gilt für die *statistische Ereigniswahrscheinlichkeit*

$$0 < p(E) < 1 . \tag{1-3}$$

Nach diesen Definitionen muss für die *stochastische Wahrscheinlichkeit* eine engere Festlegung gelten. Um dies zu erkennen, folgen wir einem Gedankenexperiment von POLYA (1963): Es herrsche leichter Regen, bei dem in langsamer Folge nur ab und zu ein Tropfen fällt. Wir betrachten zwei vor uns liegende Steine und fragen: „Auf welchen Stein fällt der nächste Tropfen?" – Auch ohne Kenntnis der stochastischen Theorie ist leicht einzusehen, dass diese individuelle Frage nicht eindeutig und sicher beantwortet werden kann. Betrachtet man aber eine längere Zeitspanne, in der viele Tropfen fallen, so erscheint die Aussage wahrscheinlich, dass auf jeden der beiden Steine ungefähr gleich viele Tropfen fallen werden. Man spricht in diesem zweiten Fall von einer *Massenerscheinung* (kollektiver Vorgang), im ersten Fall von einer *Einzelerscheinung* (individueller Vorgang).

Es läßt sich nun empirisch wie theoretisch zeigen, dass bei stochastischen Vorgängen stets

$$\lim_{n \to \infty} p(E) = c = \text{konstant} \tag{1-4}$$

gilt; d.h. mit steigender Anzahl n beobachteter Ereignisse strebt die Ereigniswahrscheinlichkeit p(E) der Massenerscheinung einem konstanten Festwert c zu. Die folgende Tabelle (Tab. 1) nach HENGST (1967) verdeutlicht dies an Hand des ganz ähnlich gearteten Beispiels von Münzenwürfen, die offensichtlich nur zwei Variationsmöglichkeiten zulassen: K = Kopf, Z = Zahl. Bei gleicher Eintrittswahrscheinlichkeit dieser beiden Möglichkeiten ist im Grenzfall (n = ∞) die beobachte Häufigkeit von K und Z identisch. Ist die Gesamthäufigkeit gleich eins, so muss folglich die relative Häufigkeit

$$H_r(K) = H_r(Z) = 0.5 \quad \textit{für } n \to \infty \tag{1-5}$$

sein. Es ist ebenfalls offensichtlich, dass dieser Wert auf empirischem Weg nie exakt (d. h. nie mit beliebiger Genauigkeit) gefunden werden kann, weil stets nur endlich viele Versuche möglich sind. (Zur Schreibweise von Dezimalbrüchen siehe Tab. 4, Seite 11.)

Autor	n	H(K)	H_r(K)
BUFFON	4 040	2 048	0.5080
PEARSON	12 000	6 019	0.5016
PEARSON	24 000	12 012	0.5005

Tab.1. Absolute Häufigkeit H und relative Häufigkeit H_r von „Kopf"(K) bei n Münzenwürfen; nach den angegebenen Autoren (zitiert nach HENGST, 1967).

Schon hier kommt die enge Verbindung zwischen relativer Häufigkeit und Ereigniswahrscheinlichkeit zum Ausdruck (näheres in Kap. 1.7). Beide Größen haben in Gleichung (1-5) bzw. Tabelle 1 offenbar den gleichen Zahlenwert (bei empirischer Bestimmung allerdings nur annähernd). Bei nicht stochastischen Vorgängen darf die Bedingung (1-4) jedoch nicht a priori vorausgesetzt werden, sondern ist von Fall zu Fall zu prüfen. Ist sie erfüllt, so spricht man auch von *stationären Vorgängen*, da stochastische Vorgänge stets auch stationär sind, während zufallsartige Vorgänge auch nicht-stationär sein können (näheres in Kap. 2.6 und 14.1).

6 Grundlagen

Wird schließlich berücksichtigt, dass die Statistik eine Methodik anbietet, die in vielen wissenschaftlichen Disziplinen potentiell anwendbar und somit allgemein formulierbar ist, so lässt sich die Statistik kurz wie folgt definieren:

- *Die Statistik ist die methodische Wissenschaft zur Erfassung zufälliger und zufallsartiger Massenerscheinungen.*

Der Begriff "Erfassung" beinhaltet nach SACHS (2004) „Beschreiben, Schätzen und Entscheiden"; man könnte auch in Beschreibung (deskriptive Statistik), Analyse und Prognose gliedern. Manchmal wird von „deduktiver Statistik" gesprochen, was die Herleitung statistischer Methoden (theoretische oder mathematische Statistik) ansprechen soll. Im vorliegenden Buch steht dagegen die Methodik selbst (ohne Herleitung) und deren praktische Anwendung im Mittelpunkt: *praktische Statistik*.

Dabei lassen sich unterscheiden:

- Deskriptive Methoden (Stichprobenbeschreibung) → Kap. 2 und 3.
- Verteilungstheorie (von Grundgesamtheiten = Populationen) → Kap. 4.
- Schätzverfahren (von Ereigniswahrscheinlichkeiten, im weiteren Sinn) → Kap. 5-7.
- Testverfahren (Entscheidung über Hypothesen) → Kap. 8 und 9.
- Ähnlichkeitsanalyse (Clusteranalyse) → Kap. 10.
- Analyse von Zusammenhängen (Korrelation und Regression u.ä.) → Kap. 11-13.
- Spezielle Methoden der Zeitreihenanalyse → Kap. 14.

Typische Kennzeichen statistischer Arbeitsweise sind allgemein:

- Zahlen und Skalen als Ausgangsmaterial → numerisches Vorgehen.
- Betrachtung zusammenfassender Größen und Funktionen → massenhaftes Vorgehen.
- Bezug auf definitive Wahrscheinlichkeit (im Gegensatz zu reinen Empirik) → probabilistisches Vorgehen.
- Nach Möglichkeit Treffen von Entscheidungen (ggf. auch Prognosen) → definitives Vorgehen.

Am Ende dieser Einführung darf nicht unerwähnt bleiben, dass die Statistik nicht die einzige Methode zur Behandlung nicht determinierter Vorgänge ist. In manchen Fällen (aber nur in diesen), in denen ein komplexer Vorgang einen dominierenden determinierten Anteil enthält, kann versucht werden, den Gesamtvorgang durch ein *deterministisches Modell* zu simulieren und zu approximieren (z.B. numerische Zirkulationsmodelle der Wettervorhersage, engl. general circulation model GCM). Nicht selten wird zur Verbesserung solcher Modelle auf zusätzliche statistische Beziehungen zurückgegriffen, wodurch ein gemischt deterministisch-statistisches Modell entsteht. Auch die sog. „Model Output Statistics" (MOS), bei der determinierte Modellergebnisse mittels statistischer Beziehungen mit bestimmten interessierenden Größen – häufig Vorhersagegrößen – verknüpft werden, ist hier einzuordnen.

Prinzipiell müssen derartige Modelle mit Hilfe deskriptiver Statistiken auf ihre Verlässlichkeit hin geprüft (verifiziert) werden. Zudem ist auch in der reinen Statistik der Modell-Begriff üblich: So kann beispielsweise eine theoretische Häufigkeitsverteilung, die nach statistischen Methoden einer empirischen angepasst ist, als *statistisches* (ggf. auch stochastisches) *Modell* dienen, um daraus Wahrscheinlichkeiten künftiger Ereignisse herzuleiten (näheres in Kap. 4 und 5).

Es bleibt festzustellen, dass die Statistik im Gegensatz zum deterministischen Modell stets von den beobachteten Wirkungen (Ereignissen) ausgeht. Diese Vorgehensweise kann als *real* bezeichnet werden. Allerdings bleiben die möglichen Ursachen dabei zunächst außer Betracht. Dagegen geht ein deterministisches Modell von den Ursachen aus, ist somit *kausal*, wird die Wirkung der modellierten Vorgänge aber immer nur annähernd angeben können. Es ist selbstverständlich, dass sich in einer modernen geowissenschaftlichen Arbeitsweise (und nicht nur dort) deterministische Betrachtungen (ggf. einschließlich Modellen) und Statistik sinnvoll ergänzen müssen.

1.2 Grundbegriffe

Nach der Definition der Statistik und Erläuterung ihrer Zielsetzung müssen nun noch einige weitere Grundbegriffe eingeführt werden. In der Tabelle 2 sind zur Veranschaulichung dieser Grundbegriffe zwei Beispiele aufgelistet: ein einfaches stochastisches (Würfelspiel), bei dem diskrete Zahlenwerte auftreten, und ein komplizierteres nicht stochastisches (Temperaturmessung) mit kontinuierlicher Werteskala (stetige Variable). Es muss dabei nicht besonders betont werden, dass die nun folgenden Begriffe in der Statistik eine andere Bedeutung haben können als in anderen wissenschaftlichen Disziplinen (z.B. Mathematik, Chemie).

Wir betrachten zunächst einen Vorgang (Prozess, Mechanismus), der in irgend einer Weise der statistischen Betrachtung zugänglich ist. Es kann sich dabei um einzelne Gegenstände (z.B. Münze, Würfel), Systeme (Kombinationen) von Gegenständen (z.B. Roulette, Kartenspiel), Größen im physikalischen Sinn (z.B. Lufttemperatur, erdmagnetische Feldstärke), Indizes, Parameter bzw. Variable im mathematischen Sinn (skalar und vektoriell) handeln. Im folgenden soll der Begriff „Variable" bevorzugt werden.

Die notwendige Voraussetzung für die statistische Betrachtung von Variablen ist deren quantitativer Bezug, der ja schon im Namen *„Variable"* zum Ausdruck kommt. So lässt sich ein Würfel (vgl. Tabelle 2) nur dann statistisch (stochastisch) untersuchen, wenn er auf seinen sechs Seiten auch Zahlenangaben enthält. Ein anderes Beispiel für diskrete (vgl. auch Kap. 1.3) Variable sind die Bevölkerungszahlen von Städten, während Lufttemperatur und erdmagnetische Feldstärke in kontinuierlicher Weise Zahlenwerten annehmen können (stetige Variable). In der Praxis hat man es aber dann doch, wegen der Begrenzung der Messgenauigkeit (näheres in Kap. 6), auch in solchen Fällen mit diskreten Zahlenwerten (genauer: Zahlenwertintervallen) zu tun.

Wichtig ist bei diesen Definitionen, dass es sich beim quantitativen Bezug der Variablen zunächst um potentielle Zahlenwerte handelt; d.h. der betreffende Vorgang ist noch nicht in Gang gekommen (z.B. die oben genannten Bevölkerungszahlen sind noch nicht bestimmt). Es werden somit vorweg das mögliche Zahlenintervall und die zugehörige Skala (vgl. Kap. 1.3) festgelegt. In besonderen Fällen kann es sich um Elemente handeln, denen in phänomenologischer Weise nur die Merkmale „ja" (Auftreten → 1) und „nein" (Nicht-Auftreten → 0) zugeordnet werden können (z.B. Gewitter oder Erdbeben ohne Berücksichtigung einer Stärke-Skala). Diese potentiellen Zahlenwerte einer Variablen heißen *Merkmale*.

Kommt nun ein zufälliger Vorgang (vgl. Kap. 1.1) in Gang, dann treten Wirkungen auf, die in der Statistik *Ereignisse* genannt werden. Die dabei in Erscheinung tretenden Zahlenwerte heißen *Merkmalswerte* (Merkmalsausprägungen) oder Daten. Dabei ist darauf zu achten, dass die Ereignisse bzw. Merkmalswerte einem Vorgang mit konstanten Randbedingungen (Rahmenbedingungen) entstammen. Beispielsweise ist es wenig sinnvoll, bei einer Messreihe das Messgerät zu wechseln, es sei denn, es soll durch überlappende Messungen ein systematischer Messfehler aufgedeckt werden (näheres in Kap. 6).

Offensichtlich ist die Anzahl der Merkmale und Merkmalswerte im allgemeinen unterschiedlich. (In Tabelle 2 ist beim Würfelspiel die Anzahl der Merkmale N=6 und die Anzahl der numerisch aufgelisteten Merkmalswerte n=10; bei der Temperaturmessung ist dort entsprechend n=6 und bei beliebig großer Messgenauigkeit theoretisch N= ∞). In Erinnerung an die im Kap. 1.1 gegebenen Definitionen ist festzuhalten, dass das Auftreten numerisch unterschiedlicher Merkmalswerte für nicht determinierte Vorgänge typisch ist. Ein determinierter Vorgang muss dagegen bei gleichen Randbedingungen (im Rahmen der Messgenauigkeit) stets zum gleichen „Merkmalswert" führen.

Von ganz wesentlicher Bedeutung ist nun weiterhin die Tatsache, dass Merkmalswerte in typischer *Häufigkeit* auftreten können. Die Feststellung dieser Tatsache geschieht in der Weise, dass die in Frage kommenden Merkmale aufgelistet und die aufgetretenen Merkmalswerte diesen zugeordnet werden. Dann lässt sich leicht übersehen, wie oft die einzelnen Merkmale durch die entsprechenden Merkmalswerte im Rahmen der Ereignisse realisiert worden sind. Mit anderen Worten: Die Häufigkeit ist die Anzahl numerisch gleicher Zahlenwerte. Bei der Zuordnung zu den Merkmalen spricht man von einer *Häufigkeitsverteilung*. (Diese lautet z.B. in Tab.2, bei „Würfelspiel": $A_1=1$ → $H_1=0$; $A_2=2$ → $H_2=3$; $A_3=3$ → $H_3=1$; $A_4=4$ → $H_4=2$; $A_5=5$ → $H_5=2$; $A_6=6$ → $H_6=2$; dabei sind A_j die Merkmale und H_i die Häufigkeiten. Im Kap. 1.1 ist bereits die fundamentale Bedeutung der Häufigkeitsverteilung für statistische Untersuchungen erwähnt worden (und zwar wegen ihres Bezugs zur Wahrscheinlichkeit; näheres in Kap. 1.6 und 1.7).

Die Zusammenstellung von statistisch zu untersuchenden Merkmalswerten (Daten) nennt man ein *Kollektiv* (auch statistische Masse), häufig in Form eines *Protokolls (Urliste)*, das in übersichtlicher Form die Daten, Häufigkeiten, Maßeinheiten und ggf. statistischen Analyse-Ergebnisse enthält (Beispiele folgen in Kap. 1.6). Wichtig ist nun die Frage, ob ein solches Kollektiv alle möglichen Ereignisse eines definierten Vorgangs enthält oder nicht. Im allgemeinen wird das nicht der Fall sein; dann stellt das betreffende Kollektiv eine *Stichprobe* SP dar. Andernfalls sprechen wir von der *Grundgesamtheit* GG oder *Population*. Die Beispiele in Tab. 3 zeigen, dass Grundgesamtheiten einen endlichen (finiten) oder unendlichen (infiniten) Umfang aufweisen können. Im ersten Fall sind sie zumindest prinzipiell vollständig zugänglich, im zweiten Fall prinzipiell nicht.

Tab. 2. Erläuterung einiger statistischer Grundbegriffe anhand von zwei Beispielen (Würfelspiel und Temperaturmessung; Definitionen der Grundbegriffe siehe Text).

Begriff	Symbol	Beispiel 1: Würfelspiel	Beispiel 2: Temperaturmessung
Variable (Größen)	a, b, ...	Würfel	Lufttemperatur (z.B. am festen Ort zu variablen Zeiten)
Merkmale	$A_j, B_j, ...$ $(j = 1,2,...,J)$	„Augenangaben" 1,2,3,4,5,6	Skala, z.B. in °C (äußere Grenzen klimatologisch festgelegt, z.B. -30 °C ↔ + 40°C)
Ereignisse	E_i	Tatsache, dass bei jedem Würfelvorgang eine bestimmte Augenzahl auftritt	Tatsache, dass bei jeder Messung ein bestimmter Temperaturwert auftritt
Merkmalswerte (Daten)	$a_i, b_i, ...$ $(i=1,2,...,n)$	z.B. 2,6,3,2,5,6,4,4,2,5,... (a_i, n=10)	z.B. 15.1, 16.7, 14.3, 17,5, 16.8, 15.4, ... °C (a_i, n=6)

Tab. 3. Beispiele für Stichproben und Grundgesamtheiten (= Populationen) bei verschiedenen Vorgängen.

Vorgang	Stichprobe (SP)	Grundgesamtheit (GG)
Würfeln	Gewürfelte Zahlenwert-Reihe a_i (z.B. Zahlenwerte aus Tab. 2: 2,6,3,2,5,6,4,4,2,5).	Gewürfelte Zahlen bei unendlich vielen Würfen (GG infinit, somit prinzipiell nicht zugänglich).
Politische Wahl	Nach bestimmten Kriterien teilweise ausgezählte Wählerstimmen in ebenfalls ausgewählten Wahlkreisen.	Vollständig ausgezählte Wählerstimmen aller Wahlkreise (GG finit, somit prinzipiell zugänglich).
Temperaturmessung	Tagesmittelwerte der Temperatur (z.B. Zahlenwerte aus Tab. 2) für einen bestimmten Ort und ein bestimmtes Zeitintervall.	Zeitlich kontinuierlich und unendlich lange gemessene Temperaturwerte an einem bestimmten Ort, genau genommen sogar kontinuierlich bezüglich der Raumkoordinaten.

Das dritte Beispiel der Tab. 3 ist bezüglich der Grundgesamtheit problematisch; denn in der Praxis ist es bei Fragestellungen, die das derzeitige Klima betreffen, sicherlich nicht erforderlich, beispielsweise auch die letzte Eiszeit oder das Tertiär in die Betrachtungen mit einzubeziehen. Daraus könnte man schließen, dass in diesem Fall der Umfang der Grundgesamtheit unter Nutzung fachspezifischer Information einzuschränken ist. Im weiteren (insbesondere Kap. 4 und 5) wird sich aber zeigen, dass Annahmen über den Umfang von Grundgesamtheiten, sofern sie prinzipiell infinit sind, im allgemeinen nicht getroffen werden müssen (wohl aber über deren Häufigkeitsverteilung, s. Kap. 4).

1.3 Zahl, Größe und Skala

Im Kap. 1.1 wurde unter anderem angemerkt, dass das numerische Vorgehen, d.h. die Beschäftigung mit Zahlen und Skalen, für die statistische Arbeitsweise kennzeichnend ist. In manchen Fällen sind die zu untersuchenden Daten reine Zahlen (z.B. Indexwerte wie der Kontinentalitätsindex der Klimatologie, Aktienindex, Erdbebenstärke nach der Richter-Skala). Häufiger treten in den Geowissenschaften aber *Größen* im physikalischen Sinn auf, die stets als Produkt aus einem *Zahlenwert* (reine Zahl) und einer *Maßeinheit* aufzufassen sind (z.B. $5.7*1 kg\ m^{-3} = 5.7\ kg\ m^{-3}$; vgl. auch Kap. 6.1). In der Praxis wird man, falls erforderlich, alle Daten in Zahlen gleicher Maßeinheit transformieren und mit diesen Zahlenwerten weiterrechnen.

Nur am Rande soll erwähnt sein, dass die in der Statistik anfallenden Zahlen im allgemeinen rational sind, d.h. sich als Quotient ganzer Zahlen (z ε -m, -m+1, ... , -1, 0, 1, ... ,n) bzw. in Form eines endlichen Dezimalbruchs ausdrücken lassen. (Dagegen umfasst die Indizierung der Merkmalswerte i =1,2, ... ,n nur natürliche Zahlen.) Ebenfalls im mathematischen Sinn lassen sich Größen in Skalare (jeweils durch einen Zahlenwert vollständig gekennzeichnet, z.B. Temperatur) und Vektoren untergliedern. Letztere müssen jeweils durch mindestens zwei Zahlenwerte gekennzeichnet werden, z.B. Wind durch Richtung und Geschwindigkeit. (Die Anzahl dieser Zahlen ist mit der Dimension der Vektoren identisch, näheres in Kap. 3).

Um mit Zahlen sinnvoll arbeiten zu können, müssen sie in einem bestimmten Bezug zueinander stehen; mit anderen Worten, sie müssen eine *Skalierung* aufweisen. Die einfachste Skalierung ist die *Nummernskala*, bei der die Daten einfach ohne weiteren quantitativen Bezug durchnummeriert werden (z.B. Lottokugeln). Der statistischen Bearbeitung besser zugänglich sind Daten, die nach einer *Rangskala* geordnet sind: Der höchste Zahlenwert erscheint zuerst (Rangplatz 1), dann der zweithöchste (Rangplatz 2) und so weiter bis zum Minimum (absteigende Rangfolge; ganz analog dazu kann auch nach einer aufsteigenden Rangfolge geordnet werden, beginnend mit dem Minimum).

Meist werden die Daten jedoch bezüglich einer Maßeinheit oder einem anderen Ordnungsprinzip auf eine lineare *Intervallskala* (Einheitsskala) bezogen sein; weist diese Skalierung einen absoluten Bezugspunkt (Nullpunkt) auf, so spricht man von einer *Rationalskala* (Verhältnisskala). In Tab. 4 sind die drei letztgenannten Skalierungen an Hand eines Beispiels erläutert. In manchen Fällen, insbesondere bei Regressionen (Kap. 11), kann es zweckmäßig sein, die in einer Intervall- oder Rationalskala linear geordneten Daten in eine nicht lineare Skala (z.B. logarithmische) zu transformieren. Im allgemeinen aber sind zunächst Daten nach der Rationalskala zu bevorzugen.

Tab. 4. Beispiele einer Temperatur-Messreihe in verschiedenen Skalierungen. (Dabei ist i die Nummer der Messung bzw. der Index der Merkmalswerte.)

i	Intervallskala	Rationalskala	Rangskala
1	15.1 °C	288.1 K	6
2	16.7	289.7	4
3	14.3	287.3	7
4	17.3	290.5	1
5	16.8	289.8	3
6	15.4	288.4	5
7	17.1	290.1	2

Hinweis: Bei der Umrechnung der Temperaturwerte von der Celsius-Skala (°C) in die Kelvinskala (K) wurde die vereinfachte Formel K = °C+273 benützt (genauer Wert: 273.15).

Übrigens wird in diesem Buch (vgl. oben und auch schon Tab. 1 und 2) bei Dezimalbrüchen statt der deutschen Kommaschreibweise die englische Punktschreibweise verwendet, was bei Aufzählungen solcher Zahlenwerte, getrennt durch Kommas, von Vorteil ist.

Recht häufig werden in der Statistik nun auch *Zahlentransformationen* vorgenommen, zum Teil aus Gründen der Vereinfachung. Ausgehend von reinen Zahlen z_i kann dies zu folgenden Zahlenarten führen:

Differenzzahlen $\quad d_i = z_i - c$, $\hfill (1\text{-}6)$

Verhältniszahlen $\quad v_i = z_i / c$, $\hfill (1\text{-}7)$

Prozentualzahlen $\quad p_i = (z_i / c) \ast 100\%$ mit $\sum (z_i / c) = 1$, $\hfill (1\text{-}8)$

Normalzahlen $\quad n_i = z_i / \sum z_i$. $\hfill (1\text{-}9)$

Dabei ist c eine Konstante, z.B. der arithmetische Mittelwert (Definition folgt in Kap. 2.2). Aus Normalzahlen erhält man natürlich durch Multiplikation mit 100 % stets prozentuale Zahlen. Die folgende Tabelle bringt ein Beispiel zur Umrechnung in diese verschiedenen Zahlenarten.

Tab. 5. Beispiel zur Zahlentransformation nach den Formeln (1-6) bis (1-9). Dabei sind die Zahlenwerte z_i aus Tab. 4 entnommen.

z_i	d_i	v_i	n_i	p_i
15.1	-1.0	0.94	0.134	13.4 %
16.7	0.6	1.04	0.148	14.8 %
14.3	-1.8	0.89	0.127	12.7 %
17.3	1.2	1.07	0.153	15.3 %
16.8	0.7	1.04	0.149	14.9 %
15.4	-0.7	0.96	0.137	13.7 %
17.1	1.0	1.06	0.152	15.2 %

mit $\sum z_i = 112.7$
und c = 112.7 / 7 = 16.1
(arithmetischer Mittelwert;
vgl. Kap. 2.2).

Bei Verwendung einer Rangskala (vgl. Beispiel in Tab. 4) und R = Rangplatz ist

$$PR = \frac{R}{n}*100\% \tag{1-10}$$

(n = Kollektivumfang) der sog. *Prozentrangplatz*. Er gibt an, wie viel Prozent des betreffenden Kollektivs vor R liegt.

Beispiel:
7. Von 43 in einer bestimmten Region der Erde erfassten Vulkanausbrüchen steht der neueste auf Rangplatz 33 nach dem Kriterium des geschätzten Auswurfs vulkanischer Materie. Dann sind nach diesem Kriterium (33/43)*100 ≈ 76.7% als stärker (hinsichtlich ihrer Auswurfmasse) einzustufen.

1.4 Verschachtelung phänomenologischer Größenordnungen

Bei der statistischen Untersuchung nicht determinierter Vorgänge ist es wichtig, dass die Randbedingungen (Rahmenbedingungen) möglichst konstant bleiben; andernfalls treten Interpretationsschwierigkeiten auf. Insbesondere darf der jeweils betrachtete Vorgang nicht durch andere variierende Vorgänge beeinflusst sein. Eine besonders wichtige Rolle spielen diese Voraussetzungen bei der Korrelations- und Regressionsanalyse (Kap. 11) und bei der Zeitreihenanalyse (Kap. 14). Aber auch bei der Suche nach einem geeigneten Verteilungsmodell (hinsichtlich der Häufigkeit, vgl. Kap. 4 und 5) können dementsprechende Schwierigkeiten auftreten.

Man kann versuchen, solchen Schwierigkeiten von vornherein dadurch zu begegnen, dass die jeweils betrachtete räumliche und zeitliche Größenanordnung möglichst genau definiert und auf fachlicher Grundlage diskutiert und entschieden wird, inwieweit eine mehr oder weniger isolierte Betrachtung dieser Größenanordnung sinnvoll ist. Zwar kann die Statistik durchaus Entscheidungshilfen bereit stellen (z.B. Varianzspektren und gefilterte Daten im Rahmen der Zeitreihenanalyse, vgl. Kap. 14), doch muss die Entscheidung selbst wie gesagt auf fachlicher Grundlage fallen.

Für den meteorologisch und auch für den geographisch ausgebildeten Anwender statistischer Methoden mag es daher hilfreich sein, sich diese Größenanordnungen vor Auge zu führen und bei der statistischen Analyse zu berücksichtigen. In der Abb. 2 ist vom phänomenologischen Standpunkt aus eine Skala zeitlicher Größenanordnungen mit entsprechenden meteorologischen Phänomenen wiedergegeben, wobei im Prinzip die gesamte Skala von Sekundenbruchteilen bis Jahrmilliarden abgedeckt ist. Für zeitliche Größenanordnungen bis zu einigen Monaten lassen sich nach dem „Scale"-Diagramm der Abb. 3 entsprechende räumliche (horizontale) Größenanordnungen zuordnen; d.h. in einem solchen Raum-Zeit-Diagramm findet man die meteorologischen Phänomene vorwiegend in einem mehr oder weniger abgegrenzten diagonalen Bereich.

Grundlagen

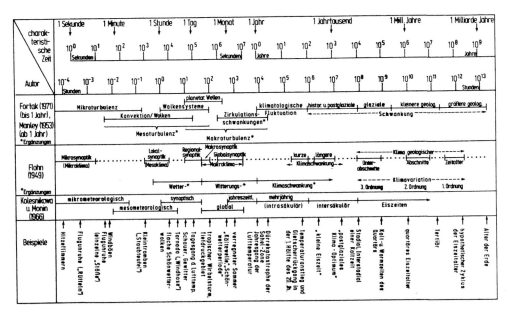

Abb. 2. Skala zeitlicher Größenanordnungen in der Meteorologie/Klimatologie (Zusammenstellung nach SCHÖNWIESE, 1995).

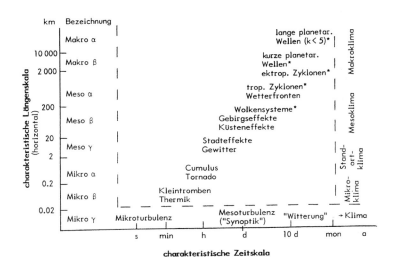

Abb. 3. Skalenbegriff („Scale") der Meteorologie, nach dem sich viele atmosphärische Phänomene räumlich-zeitlich zuordnen lassen; in Anlehnung an FORTAK (1982) bzw. ORLANSKI (1975). *Anmerkungen: Die planetarischen Wellen dienen der Kennzeichnung des in Mäanderform um den Globus (i.a. mittlere geographische Breiten und ca. 5 km Höhe betrachtet) verlaufenden Strömungsmusters, wobei k die Wellenzahl ist. Die tropischen Zyklonen sind Hurrikane, Taifune u.ä., während die ektropischen (außertropischen) Zyklonen die wandernden Tiefdruckgebiete/Wetterfrontensysteme der mittleren Breiten sind. Mit Wolkensystemen sind hier die tropischen „cloud clusters" gemeint.

Sollen nun bestimmte Vorgänge statistisch untersucht werden, so wird man sie im allgemeinen definierten Phänomenen eines ebenfalls definierten Raum-Zeit-Bereichs zuordnen. Man spricht von skaligen Phänomenen, die jedoch meist mit subskaligen (kleinere Größenanordnung) und supraskaligen (größere Größenanordnung) Phänomenen verknüpft sind. In der deterministischen Modellierung müssen die subskaligen Phänomene parametrisiert, d.h. durch geeignete Rechengrößen bzw. Transformationen in die Berechnung eingebracht werden. Die supraskaligen können ggf. als Randbedingungen (auch variabler Art) berücksichtigt werden.

In der Statistik sind die subskaligen Phänomene meist durch Mittelbildung in den skaligen Merkmalswerten (Daten) enthalten und müssen daher i.a. nur bei der Interpretation der statistischen Ergebnisse berücksichtigt werden. Die supraskaligen Phänomene aber können sich gerade in der Statistik sehr störend auswirken, beispielsweise in der Art, daß sie Nicht-Stationarität (Definition in Kap. 2.6) erzeugen oder allmählich die Randbedingungen verändern.

Wären die zu beurteilenden Phänomene auf die jeweiligen Größenordnung beschränkt und von Phänomenen anderer Größenordnungen unbeeinflusst, so würden sowohl bei der deterministischen als auch bei der statistischen Analyse und Modellbildung weit weniger Probleme auftreten. Die räumlich-zeitliche Verschachtelung der phänomenologischen Größenordnungen aber erfordert umsichtige Arbeitsweise und vorsichtige Interpretation, einschließlich geeigneter Repräsentanzüberlegungen (dazu näheres in Kap. 7).

1.5 Zeitreihen (Definition)

In den Geowissenschaften haben die betrachteten Vorgänge meist einen räumlichen und zeitlichen Bezug, der im einzelnen variabel sein kann. Dann beziehen sich die betreffenden Merkmalswerte (Daten) a_i nicht auf feste Ortskoordinaten x_*, y_*, z_* und eine ebenfalls feste Zeitkoordination t_*, sondern es gilt

$$a_i (x, y, z, t). \tag{1-11}$$

In der Geographie ist x meist mit der geographischer Länge λ und y mit der geographischen Breite φ identisch; z ist die vertikale Ortskoordinate (Höhe). Eine besondere Bedeutung aber haben, und das nicht nur in den Geowissenschaften, Zeitreihen gewonnen, so dass eine ganze Reihe von statistischen Methoden der speziellen Zeitreihenanalyse entwickelt worden sind. Hier soll zunächst nur ihre *Definition* erfolgen. Eine Zeitreihe hat die Form

$$a_i (t_i) \quad \text{mit } i=1,..., n \text{ und } t_{i+1} - t_i = \Delta t = \text{konstant}. \tag{1-12}$$

Das heißt, es handelt sich um eine diskrete Datenreihe, deren Werte sich auf äquidistante Zeiten t_i beziehen. Damit können feste Zeitpunkte gemeint sein, aber auch Zeitintervalle (die mit jeweils gleicher Länge aufeinander folgen).

Beispiele:
8. Zeitreihen, die sich auf bestimmte Zeitpunkte beziehen, sind z.B. stündlich gemessene Temperaturwerte, täglich gemessene Komponenten des erdmagnetischen Feldes oder jährlich ermittelte Einwohnerzahlen bestimmter Städte.
9. Zeitreihen, die sich auf Zeitintervalle beziehen, sind z.B. Tageswerte der Verkehrsfrequenz in einer bestimmten Straße (gezählte Fahrzeuge jeweils im Laufe eines Tages), monatlicher Stromverbrauch einer Stadt, Jahressummen des Niederschlages, Jahresmittel der Sonnenflecken- Relativzahlen oder 30-jährige Mittelwerte des Luftdrucks.

In Beispiel 8 handelt es sich somit um Daten, die nur zu bestimmten Terminen vorliegen. Dies kann natürlich auch darin begründet sein, dass eine in Wahrheit stetige Variable (kontinuierlich variierende Größe, z.B. Lufttemperatur) aus technischen Gründen nur zu diesen Terminen gemessen wird. Der in Beispiel 9 gegebene *Bezug auf Zeitintervalle* kann in unterschiedlicher Weise zustande kommen: durch *Akkumulation* oder durch *Mittelung* über die betreffenden Zeitintervalle. Im letzteren Fall beziehen sich die Daten a_i stets auf die Mitten dieser Zeitintervalle Δt_i.

Durch äquidistante zeitliche Mitteilung von Zeitreihen $a_i(t_i)$ oder deren Akkumulation über jeweils gleich große Zeitintervalle entstehen neue Zeitreihen $b_i(z_i)$. Dies gilt aber nicht immer exakt, z.B. nicht für Monatssummen des Niederschlages, da die Monate des Jahres unterschiedlich lang sind. Zeitfunktionen

$$a(t) \qquad (1\text{-}13)$$

(z.B. Analogregistrierungen des Luftdrucks mittels Barograph) müssen in diskrete Zeitreihen (möglicherweise sehr kleinen Zeitabstandes) umgewandelt werden, um statistisch auswertbar zu sein. Im folgenden sollen Zeitreihen, soweit sie in den Beispielen auftauchen, zunächst nicht anders wie sonstige Stichproben-Kollektive behandelt werden. Die speziellen Methoden der Zeitreihenanalysen folgen dann in Kap. 14.

1.6 Häufigkeitsverteilung und Klassenbildung

Nun soll wieder eine beliebige Stichprobe SP betrachtet werden, die bei konstanten Randbedingungen zustande gekommen ist. Wie bereits ausgeführt, ist es für statistisch zu untersuchende nicht determinierte Vorgänge typisch, dass Merkmalswerte (Daten) unterschiedlichen Wertes und im allgemeinen auch unterschiedlicher Häufigkeit auftreten (vgl. Kap. 1.2, Tab. 2).

Der Einfachheit halber wollen wir uns zunächst wieder dem stochastischen Würfelbeispiel zuwenden. Um nicht von zu wenigen Daten auszugehen und um zu erreichen, dass alle Merkmale (A_j = 1,...,6) auch in den Merkmalswerten vertreten sind, soll in Erweiterung von Tab. 2 bzw. 3 weiter gewürfelt werden. Es könnte dann das im folgenden Beispiel aufgeführte Kollektiv zustande kommen.

Beispiel:

10. Folgende gewürfelte Zahlen sollen hinsichtlich ihrer Häufigkeit analysiert werden:
→ a_i = 2,6,3,2,5,6,4,4,2,5,4,5,3,1,6,2; somit ist der Stichprobenumfang n = 16.

Tab. 6: Protokoll (Urliste) zu Beispiel 10 (Merkmale A_j, j = 1, ..., 6) mit Errechnung der verschiedenen Arten von Häufigkeitsverteilungen; vgl. Dazu auch Abb. 4.

A_j	SL	H_j	KH_j	RH_j	RKH_j	PKH_j
1	|	1	1	0.0625	0.0625	6.25 %
2	||||	4	5	0.2500	0.3125	31.25 %
3	||	2	7	0.1250	0.4375	43.75 %
4	|||	3	10	0.1875	0.6250	62.50 %
5	|||	3	13	0.1875	0.8125	81.25 %
6	|||	3	16	0.1875	1.0000	100 %
Σ		16		1.0000		

Die Abkürzungen bedeuten:
SL = Strichliste
H = Häufigkeit
KH = kumulative Häufigkeit
RH = relative Häufigkeit
RKH = relative kumulative Häufigkeit
PKH = prozentuale kumulative Häufigkeit

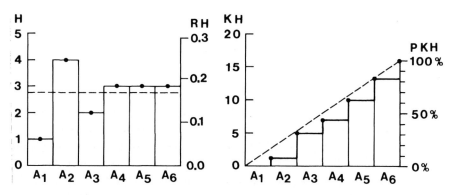

Abb. 4. Häufigkeitsverteilung (links) und kumulative Häufigkeitsverteilung (rechts) zu Tab. 6 (Beispiel 10). Die Abszisse enthält jeweils die Merkmale A_j und die gestrichelten Linien sind (hier lineare) Schätzungen der zugehörigen (mittleren) Häufigkeitsfunktionen. In Vorausnahme späterer Intervall-Klasseneinteilungen ist der Datenbezug durch ausgefüllte Kreise gekennzeichnet (links "Intervallmitten"; rechts "Intervallobergrenzen"→ "Treppenfunktion").

Wenn nun, wie bereits bei diesem einfachen Beispiel, nicht sofort zu überblicken ist, wie sich die Merkmalswerte auf die Merkmale verteilen, d.h. wie die Häufigkeitsverteilung aussieht, so ist es zweckdienlich, diese Verteilung zunächst in einer *Strichliste* festzuhalten; siehe Tab. 6. Es wird somit ein Protokoll (Urliste) begonnen, das in der ersten Spalte die Merkmale A_j enthält; dann wird Datenwert für Datenwert in der Spalte der Strichliste SL bei dem betreffenden Merkmal ein Strich angebracht, bis der Stichprobenumfang n erschöpft ist. Die Umsetzung dieser Strichliste in Zahlen ergibt die absoluten Häufigkeiten H_j und in Verteilung auf die Merkmale A_j die *absolute Häufigkeitsverteilung*

$$\text{HV: } H_j(A_j), \quad j = 1,...,J \tag{1-14}$$

mit J unterschiedlichen Merkmalen. Als Rechenkontrolle muß $\Sigma H_j = n$ gelten. Für praktische Zwecke (die theoretische Begründung folgt in Kap. 1.7) kann es sinnvoll sein, die kumulativen (Summen-) Häufigkeiten zu bilden; dies führt zur *kumulativen Häufigkeitsverteilung*

$$\text{KHV: } KH_j = H_1, H_1+H_2, ..., H_1+H_2+...+H_j \tag{1-15}$$

Dabei muss als Rechenkontrolle $KH_{max} = n$ gelten (in Tab. 6 jeweils „16"). Greift man ein bestimmtes Merkmal (z.B. $A_j^* = A(j=3)$ in Tab. 6) heraus, so gibt die zugehörige kumulative Häufigkeit KH_j an, wie viele Merkmalswerte im Bereich $A_j \leq A_j^*$ liegen (z.B. 7 Daten in Tab. 6).

Meist gewinnt man ein übersichtlicheres Bild, wenn man die Häufigkeitsverteilung normiert (d.h. $\Sigma H_j = 1$). Dies führt zu den relativen Häufigkeiten RH_j bzw. zu *relativen Häufigkeitsverteilung*

$$\text{RHV: } RH_j = H_j / \Sigma H_j \quad (j = 1, ..., J). \tag{1-16}$$

Durch Akkumulation lässt sich daraus wieder die kumulative Form, die *relative kumulative Häufigkeitsverteilung*, errechnen:

$$\text{RKHV: } RH_1, RH_1+RH_2, ..., RH_1+RH_2+...+RH_j. \tag{1-17}$$

Schließlich können die RH_j als auch die RKH_j prozentual ausgedrückt werden, wobei in der Statistik besonders die kumulative Form, nämlich die *prozentuale kumulative Häufigkeitsverteilung* PKHV (PKH_j, vgl. Tab. 6) Bedeutung erlangt hat (vgl. auch Kap. 2.1 und 2.3). In der Abb. 4 sind für die in Tab. 6 angegebenen Zahlenwerte die absolute, relative, kumulative und prozentuale kumulative Häufigkeitsverteilung graphisch dargestellt. Im Fall der nicht kumulativen Form spricht man von einem Säulendiagramm (Histogramm), im Fall der kumulativen Form von einem Treppendiagramm (bzw. einer Treppenfunktion).

Schon bei diesen Beispielen wird man sich überlegen, inwieweit diese Verteilungen verallgemeinert werden dürfen, d.h. ob sie bereits den entsprechenden Prozess (Grundgesamtheit, Population) widerspiegeln. Da es sich beim Würfelspiel um einen elementaren stochastischen Vorgang handelt, ist auch ohne theoretischen Hintergrund der Schluss nahe liegend, dass die Verallgemeinerung dieses Vorgangs, genauer gesagt die Betrachtung der Grundgesamtheit (mit unendlich vielen Merkmalswerten) zu einer Verteilung führen müsste, bei der sich alle Merkmalswerte gleichmäßig (wegen gleicher Wahrscheinlichkeit ihres Eintretens) auf die Merkmale verteilen (Gleichverteilung, Definition folgt in Kap. 4.2) mit $RH_j = 1/J = 1/6$. In der Abb. 4 sind die sich aus diesen Überlegungen ergebenen theoretischen Verteilungen (mittlere Häufigkeitsfunktionen, horizontale bzw. im kumulativen Fall diagonale gestrichelte Linie) zusätzlich zu den empirischen Stichproben-Verteilungen vorläufig mit eingezeichnet.

Grundlagen

In der geowissenschaftlichen Praxis treten aber meist empirische Verteilungen beliebiger Form auf, ohne dass sich sofort Hinweise auf die zugrunde liegenden Prozesse anbieten. Um nun trotzdem einen Schritt in Richtung Verallgemeinerung voranzukommen, zugleich um mögliche Zufälligkeiten der Stichproben-Verteilung abzuschwächen und vielleicht sogar schon zu unterdrücken, erweist es sich als zweckmäßig, sog. *Klassen* einzuführen. Darunter versteht man die Zusammenfassung von jeweils mehreren Merkmalen nach folgender Systematik:

- Empirische Schätzung der Klassenanzahl K auf Grund des Stichprobenumfangs n.
- Im Zweifel Festlegung der geringeren Klassenzahl (mit geringerer Differenzierung), insbesondere falls „leere" Klassen entstehen sollten (d.h. Klassen ohne Merkmalswerte).
- Im allgemeinen (wenn kein zwingender Grund zur Annahme nicht linearer Verteilungen besteht) Einteilung gleich großer Klassen ohne Lücken zwischen den Klassen.
- Die untere Intervallgrenze der ersten (unteren) Klasse und die obere Intervallgrenze der letzten (oberen) Klasse sollten in guter Näherung mit dem Minimum und Maximum des Datensatzes übereinstimmen bzw. gering darüber hinaus gehen.

Für die Schätzung der Klassenzahl K liegen mehrere empirische Formeln vor. Am meisten benutzt werden die folgenden (zu den ersteren vgl. SACHS, 2004; HENGST, 1967):

STURGES (1926) $\rightarrow K = 1 + 3.32 \lg n;$ (1-18)

STRAUCH (1956) $\rightarrow K = 1 + \lg n / \lg 2;$ (1-19)

PANOFSKY und BRIER (1958) $\rightarrow K = 5 * \lg n.$ (1-20)

Dabei ist lg der dekadische Logarithmus und n wie bisher der Stichprobenumfang. Da $1/\lg 2 \approx 3.3219$, sind (1-18) und (1-19) näherungsweise identisch. Die folgende Tabelle erlaubt eine Übersicht der Klassenzahlen K für bestimmte Stichprobenumfänge n. Beispiel 11 demonstriert den Effekt der Klassenbildung (anhand weniger Zahlenwerte).

Tab. 7. Schätzung der Klassenzahl K nach den obigen empirischen Formeln für einige Werte des Stichprobenumfangs n.

Stichprobenumfang n	10	20	30	40	50	100	200	500	1000
Klassenzahl K nach (1-18)	4	5	6	6	7	8	9	10	11
Klassenzahl K nach (1-20)	5	7	7	8	8	10	12	13	15

Beispiel:

11. In München wurden in den Jahren 1957 bis einschließlich 1968, jeweils im Monat April, folgende Anzahlen von Frosttagen gezählt: 9, 12, 4, 3, 0, 4, 2, 1, 4, 2, 9, 7 (n=7). Die folgende Tabelle (Tab. 8) enthält die zugehörige Häufigkeitsanalyse ohne und mit Klasseneinteilung.

Tab. 8: Häufigkeitsverteilung ohne und mit Klassenbildung zu Beispiel 11.

Merkmalswerte A_j	0 1 2 3	4 5 6 7	8 9 10 11	12 (>12)
Häufigkeiten H_j (ohne Klassen)	1 1 2 1	3 0 0 1	0 2 0 0	1 (0)
Klassen KL	0 - 3	4 - 7	8 - 11	12 -15
Klassenbezogene Häufigkeiten H_k	5	4	2	1

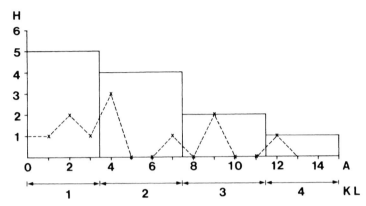

Abb. 5. Häufigkeitsverteilung zu Tab. 8 (Beispiel 11) ohne (gestrichelt) und mit (ausgezogen) Klassenbildung. A sind die Merkmale, KL die Klassen (-Nummern).

In Tab. 8 und der zugehörigen Abb. 5 ist nun gezeigt, was durch die *Klassenbildung* erreicht worden ist. Hier wie im folgenden soll bei nicht sehr großen Stichproben (n < 100) die vorsichtigere Schätzformel für die Klassenzahl K nach STURGES bzw. STRAUCH benutzt werden. Es folgt dann nach (1-18) $K = K_{St} = 1+3.32*\lg 12 \approx 4.58$. Da im Zweifel die kleinere Klassenzahl gewählt werden soll, wird dies auf $K = 4$ abgerundet. Das Beispiel 11 enthält J = 13 (j=0,1,...,12) unterschiedliche Merkmale, die nach unten strikt abgeschlossen sind (da weniger als null Frosttage nicht möglich sind). Rein mathematisch ergibt sich daraus eine Klassenbreite von J/K = 13/4 = 3.25. Da es aber halbe und viertel Frosttage nicht gibt, folgt zwingend die in Tab. 8 vorgenommene Klasseneinteilung mit jeweils vier Merkmalen A_j pro Klasse KL. Während bei diesem Beispiel die nicht klassenbezogene Häufigkeitsverteilung, vgl. Abb. 5, ein sehr unregelmäßiges Bild ergibt, lässt sich aus der klassenbezogenen Häufigkeitsverteilung der Schluss ziehen, dass möglicherweise viele Frosttage systematisch (d.h. in Form einer auf die zugehörige Population bezogenen potentiellen Regel) weniger häufig auftreten als wenige Frosttage. Es wird somit empirisch eine in Richtung höherer Merkmale abfallende Häufigkeitsverteilung vermutet.

Methodik und Ergebnis dieses Beispiels lassen ein sehr wichtiges statistisches Prinzip erkennen, das insbesondere in Kap. 5 näher ausgeführt werden soll: Der Versuch, von einer mehr oder weniger mit Zufälligkeiten behafteten Stichprobe auf die zugehörige, allgemeiner gültige Population zu schließen, somit die *Grundstruktur* des betreffenden Vorgangs zu erkennen; dies ist im übrigen auch eine Voraussetzung für mögliche

20   Grundlagen

Prognosen (näheres in Kap. 5). Es deutet sich hier wiederum implizit an, dass es eine Beziehung zwischen Häufigkeitsverteilung und Ereigniswahrscheinlichkeit gibt. Explizit soll dies im folgenden Kap. 1.7 gezeigt werden.

Bezüglich der Klassenbildung bleibt anzumerken, dass die erreichten Vorteile natürlich mit einem Verlust an Differenzierung erkauft werden: Über die einzelnen Merkmale lässt sich dann nichts mehr aussagen. Formal wird dies dadurch berücksichtigt, dass sich alle Aussagen über eine klassenbezogene Häufigkeitsverteilung stets auf die *Klassenmitten* beziehen. Bei kumulativen klassenbezogenen Häufigkeitsverteilungen muss dieser Bezug jedoch definitionsgemäß für die *Klassenobergrenzen* gelten.

1.7 Wahrscheinlichkeit

In den vorangehenden Kapiteln ist schon einige Male der Wahrscheinlichkeitsbegriff benutzt worden, allerdings in noch recht vager Art und Weise. Doch hat sich schon abgezeichnet, dass der Weg zum Wahrscheinlichkeitsbegriff vom *Begriff der Häufigkeitsverteilung und deren Verallgemeinerung* ausgeht. Um dies möglichst anschaulich zu demonstrieren, werden im folgenden drei Beispiele mit unterschiedlichem Verteilungstyp benutzt: Beispiel 10 (Würfeln, vgl. Tab. 6), Beispiel 11 (Frosttage im April, München, vgl. Tab. 8) und schließlich das nachfolgende Beispiel 12 (mit Tab. 9).

Beispiel:
12. In München hat die Mitteltemperatur des Monats Oktober in den Jahren 1911-1960 die in der folgenden Tabelle (Tab. 9) angegeben Werte angenommen. Tab. 12 listet dazu die klassenorientierte Häufigkeitsverteilung nach den in Kap. 1.6 behandelten verschiedenen Kriterien auf. Die zunächst folgenden Tabellen (Tab. 10 und 11) enthalten die entsprechenden Ergebnisse für die zuvor behandelten Beispiele 10 (gewürfelte Zahlen) und 11 (Frosttage des Monats April in München).

Tab. 9. Oktober-Mitteltemperatur 1911-1960 in München in °C, wobei für die jährliche Zuordnung zu den Jahrzehntangaben am Beginn der Zeilen jeweils die in der Kopfzeile angegebenen Zahlen zu addieren sind (z.B. Jahr 1937: 8.2 °C). Für die später in Tab. 12 gezeigte Errechnung der Häufigkeitsverteilung ist hier bereits die Klassenzahl-Schätzung K vorgenommen, und zwar mit K_{St} gemäß Formel (1-18)).

Jahr	1	2	3	4	5	6	7	8	9	10	
1910	8.5	6.3	9.8	7.3	5.2	8.1	7.0	6.4	5.3	6.6	n = 50;
1920	11.0	5.4	10.8	8.5	8.1	8.5	7.2	8.3	9.3	8.0	$K_{St} \approx 6.4 \approx 6$;
1930	6.4	8.4	8.3	8.3	8.9	5.5	8.2	8.5	7.0	8.0	(a_{min} = 5.2;
1940	7.7	11.9	9.6	8.1	8.4	6.1	7.2	8.7	10.2	7.8	a_{max} = 11.9).
1950	6.5	7.5	9.9	8.2	7.4	7.6	8.0	7.9	8.1	8.8	

Tab. 10. Klassenbezogene Häufigkeitsverteilung zu Beispiel 10; vgl. Abb. 6.

KL_k	H_k	RH_k	KH_k	PKH_k
1 - 2	5	0.3125	5	31.25 %
3 - 4	5	0.3125	10	62.50 %
5 - 6	6	0.3750	16	100 %

(Abkürzungen vgl. Tab. 6)
n = 16
$K_{St} \approx 5.0$
→ realisierbar K = 3

Tab. 11: Klassenbezogene Häufigkeitsverteilung zu Beispiel 11; vgl. Abb. 7.

KL_k	H_k	RH_k	KH_k	PKH_k
0 - 3	5	0.42	5	41.7 %
4 - 7	4	0.33	9	75.0 %
8 - 11	2	0.17	11	91.7 %
12 - 15	1	0.08	12	100 %

(RH und PKH gerundet.)
n = 12
$K_{St} \approx 4.58 \rightarrow 4$
(abgerundet)

Tab. 12. Klassenbezogene Häufigkeitsverteilung zu Beispiel 12; vgl. Abb. 8.

KL_k	H_k	RH_k	KH_k	PKH_k
5.0 - 5.9	4	0.08	4	8 %
6.0 - 6.9	6	0.12	10	20 %
7.0 - 7.9	11	0.22	21	42 %
8.0 - 8.9	21	0.42	42	84 %
9.0 - 9.9	4	0.08	46	92 %
10.0 - 10.9	2	0.04	48	96 %
11.0 11.9	2	0.04	50	100 %

n = 50
$K_{St} \approx 6.64 \rightarrow 7$ (höherer Wert gewählt, da eine symmetrische Verteilung erwartet wird; die Wahl der Klassengrenzen entspricht praktischen Erwägungen)

Zum weiteren Vergleich der Beispiele 10-12 mit den zugehörigen Tabellen 10-12 (wo auch einige Hinweise zur Klasseneinteilung vermerkt sind; zu den verwendeten Abkürzungen vgl. Tab. 6) sind nun in Abb. 6-8 die zugehörigen graphischen Darstellungen wiedergegeben, und zwar sowohl in nicht kumulativer als auch in kumulativer Form. Dabei kann bereits versucht werden, den vermutlich verallgemeinerten Typ der betreffenden Häufigkeitsverteilung zugleich mit abzuschätzen. Wie sich noch zeigen wird, aber ebenfalls schon intuitiv anbietet, ist es dabei sinnvoll, nicht mehr allein diskrete Häufigkeitsverteilungen, sondern auch (stetige, kontinuierliche) *Häufigkeitsfunktionen* anzuvisieren; dies ist hier zunächst empirisch glättend mit Hilfe der gestrichelten Kurven in Abb. 6-8 geschehen.

Diese Vermutungen sind jedoch nur im ersten Fall (Abb. 6), berechtigt, wo als Hintergrund der betreffenden Stichprobe ein elementarer stochastischer Prozess vermutet werden darf. In den anderen Fällen sind noch eingehendere statistische Überlegungen notwendig, wie sie in Kap. 5 (auf der Grundlage von Kap. 4) folgen werden. Noch einmal sei betont, dass das alles sowohl für die nicht kumulative als auch kumulative Form der Häufigkeitsverteilungen gilt.

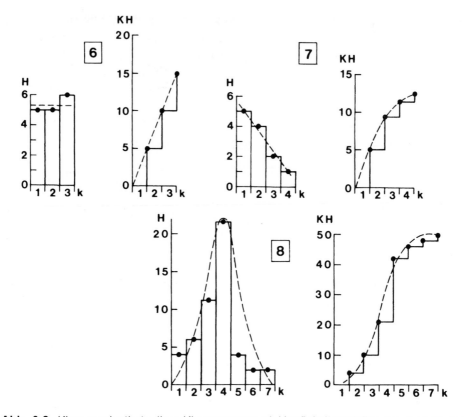

Abb. 6-8. Klassenorientierte (k = Klassennummer) Häufigkeitsverteilungen (jeweils links) und kumulative Häufigkeitsverteilungen (jeweils rechts) zu den Beispielen 10 - 12, vgl. dazu Tab. 10-12. Offenbar handelt es sich um drei verschiedene Verteilungstypen, deren (empirisch) geschätzter Funktionsverlauf jeweils gestrichelt mit eingezeichnet ist.

Der wesentliche Schritt, der nun zum *Wahrscheinlichkeitsbegriff* führt, ist die *Normierung* der nicht kumulativen bzw. kumulativen Häufigkeitsfunktion, und zwar in der Weise, dass

$$\int_{-\infty}^{+\infty} f(a)da = 1 \quad bzw. \quad F(g)_{max} = 1. \tag{1-21}$$

Dabei ist f(a) die – nunmehr normierte – Häufigkeitsfunktion und F(g) die ebenfalls normierte kumulative Häufigkeitsfunktion, die man z.B. mittels der prozentualen Häufigkeitsverteilung findet. Beide Funktionen führen in dieser normierten Form besondere Namen, und zwar heißt f(a) *Wahrscheinlichkeitsdichtefunktion* (engl. probability density function, PDF) und F(g) *Verteilungsfunktion* mit dem wichtigen Zusammenhang

$$F'(g) = f(a), \tag{1-22}$$

d.h. die Ableitung (Differentiation) der Verteilungsfunktion ist die Wahrscheinlichkeitsdichtefunktion und umgekehrt ist F(g) die „Stammfunktion" von f(a). Die Argumente a und g sind deswegen unterschiedlich gewählt, weil a nun stetig (kontinuierlich) die Merkmalskoordinate angibt und aus den Klassenmitten der Häufigkeitsfunktion abgeschätzt wird, g sich jedoch auf die Klassenobergrenzen bezieht. Daher wird g auch oft als *Merkmalsgrenzwert* bezeichnet. Tab. 13 fasst noch einmal die eben eingeführten Begriffe und somit auch den Weg vom Häufigkeits- zum Wahrscheinlichkeitsbegriff zusammen.

Tab. 13. Zuordnung von Häufigkeits- und Wahrscheinlichkeitsbegriffen.

	diskret, absolut	stetig, absolut	stetig, normiert
nicht kumulativ	Häufigkeitsverteilung $H_j(A_j)$	Häufigkeitsfunktion $H(A)$	Wahrscheinlichkeitsdichtefunktion $f(a)$
kumulativ	kumulative Häufigkeitsverteilung $KH_j(g_j)$	Kumulative Häufigkeitsfunktion $KH(g)$	Verteilungsfunktion $F(g)$

Der letzte Schritt auf dem Weg zum Wahrscheinlichkeitsbegriff besteht nun in der axiomatischen Feststellung, dass die Wahrscheinlichkeit dafür, dass Merkmalswerte im Merkmalsintervall $\{\alpha, \beta\}$ auftreten, vgl. Abb. 9, durch die folgenden, jeweils gleichbedeutenden Relationen gegeben ist:

$$p(E|_{\alpha}^{\beta} = p(\alpha \leq a \leq \beta) = \int_{\alpha}^{\beta} f(a)da = F(\beta) - F(\alpha). \tag{1-23}$$

Dies bedeutet, dass sich die *statistische Ereigniswahrscheinlichkeit* durch Integration aus der Wahrscheinlichkeitsfunktion errechnen lässt, sofern diese bekannt ist. Anschaulich ist diese Wahrscheinlichkeit die Fläche (bestimmtes Integral) unter der (normierten) Kurve f(a), vgl. Abb. 9, die im übrigen einen beliebigen Funktionsverlauf aufweisen darf. Die Wahrscheinlichkeit, dass ein relativ hoher Wert β überschritten wird,

$$p(a > \beta) = \int_{\beta}^{\infty} f(a)da = 1 - \int_{-\infty}^{\beta} f(a)da, \tag{1-24}$$

was dann mit einer – im allgemeinen – entsprechend kleinen Wahrscheinlichkeit verbunden ist (sog. seltene Ereignisse), hat in der „Extremwertstatistik" (mit Bezug auf Zeitreihen näheres in Kap. 14.9) eine fundamentale Bedeutung und wird als Überschreitungswahrscheinlichkeit bezeichnet (Wahrscheinlichkeit, dass Werte a die „Schranke" β überschreiten); für die Unterschreitungswahrscheinlichkeit gilt die analoge Überlegung hinsichtlich relativ geringer Werte von a: $p(a < \alpha)$.

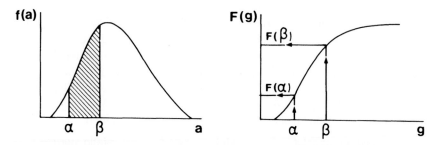

Abb. 9. Allgemeine Definition der Ereigniswahrscheinlichkeit, dargestellt an Hand der Wahrscheinlichkeitsdichtefunktion (links) und der Verteilungsfunktion (rechts); vgl. Text.

In der Praxis versucht man, die jeweilige Stichproben-Verteilung möglichst auf eine der bekannten theoretischen Verteilungen (Kap.4) zurückzuführen. Für diese Verteilungen liegen die Werte der integrierten Wahrscheinlichkeitsdichtefunktion in tabellierter Form vor, so dass sich entsprechende Berechnungen meist erübrigen. Im Fall von empirischen Verteilungen kann man auf graphischem Weg sehr rasch aus der Verteilungsfunktion die gewünschten Wahrscheinlichkeiten abschätzen, siehe Abb.9, rechts (entsprechend dem rechten Term von Gleichung (1-23)). Zu beachten ist dabei, dass die Wahrscheinlichkeit für das Eintreten eines beliebig genauen Wertes gleich null ist, da dann das bestimmte Integral in Abb. 9 ebenfalls null wird (anschaulich schrumpft die Fläche auf eine Linie zusammen). Es lassen sich daher stets nur Wahrscheinlichkeiten von Werteintervallen (der Merkmale) statistisch bestimmen. Beispiele zur allgemeinen Wahrscheinlichkeitsabschätzung künftiger Ereignisse folgen in Kap. 5.4.

In ganz besonderen Fällen, wenn es sich nämlich um *rein stochastische Vorgänge einfacher Art* handelt, lässt sich die Abschätzung der Wahrscheinlichkeit auf eine Formel zurückführen, die häufig als die „klassische" Wahrscheinlichkeitsdefinition bezeichnet wird. Dabei sind folgende Voraussetzungen zu beachten:

- Die Merkmale müssen diskret und endlich sein.
- Die Grundgesamtheit muss exakt einer Gleichverteilung folgen (d.h. alle Merkmalswerte sind in ihrem Auftreten gleich wahrscheinlich; die exakte Definition folgt in Kap. 4).
- Der Prozess muss in dem Sinn, wie er im Kap. 1.1 definiert worden ist, vgl. Formel (1-4), elementar stochastisch und somit auch stationär sein.

Unter diesen Voraussetzungen gilt:

$$p(E) = \frac{E}{\Omega} = \frac{Anzahl\ der\ betrachteten\ Ereignisse}{Anzahl\ der\ möglichen\ Ereignisse} \qquad (1\text{-}25)$$

Mengentheoretisch wird E als betrachteter (Ziel-) und Ω als Gesamt-Ereignisraum bezeichnet. In einfachen Fällen lässt sich nun, unter den genannten Voraussetzungen, diese *stochastische Ereigniswahrscheinlichkeit* angeben. Dazu folgt ein wiederum sehr einfaches Beispiel.

Beispiel:
13. Gefragt ist nach der Wahrscheinlichkeit, mit einem Würfel bei einem Wurf a) „6" (=E_1) bzw. b) „5" oder „6" (=E_2) zu würfeln. Nach (1-25) lauten die Antworten a) $p(E_1) = 1/6 \approx 16.7\%$ bzw. b) $p(E_2) = 2/6 \approx 33.3\%$.

Es ist nun durchaus möglich, dass sich die Anzahl der möglichen Ereignisse nicht sofort übersehen lässt und daher mit Hilfe der Kombinationsrechnung bestimmt werden muss. Die wesentlichen Formeln hierzu sind in Kap.1.8 zusammengestellt. In Kap.1.9 folgen die wichtigsten Regeln der Wahrscheinlichkeitstheorie.

Zum Schluss dieses Kapitels soll aber noch an Hand von drei Beispielen die allgemeine Bedeutung der Relation (1-23) anschaulich aufgezeigt werden, die in ganz allgemeiner Weise die Schätzung der Ereigniswahrscheinlichkeit auf der Basis der Wahrscheinlichkeitsdichte- bzw. Verteilungsfunktion formuliert. Bei den drei Beispielen handelt es sich um:
- ein einfaches stochastisches Beispiel mit Gleichverteilung der Grundgesamtheit (f(a) = konstant), nämlich Würfeln, vgl. Abb. 10;
- ein zusammengesetztes stochastisches Beispiel, bei dem die Grundgesamtheit keine Gleichverteilung aufweist, nämlich Würfeln mit zwei Würfeln, vgl. Abb. 11;
- ein nicht stochastisches Beispiel, nämlich Temperaturmessung, das offenbar deutlich von der Gleichverteilung abweicht, vgl. Abb. 12.

Das erste dieser Beispiele (Abb. 10) folgt der Fragestellung von Beispiel 13b, siehe oben. Beim zweiten Beispiel, dem Würfeln mit zwei Würfeln (Abb. 11), sind offenbar die Merkmale 2,3,...12 möglich und der Leser könnte sich an dieser Stelle selbst überlegen, welche theoretischen Häufigkeiten jeweils dafür bestehen. Das Ergebnis, dessen wahrscheinlichkeitstheoretische Erklärung in Kap. 1.9 folgt, ist in Abb. 11 vorweggenommen und es wird dort speziell die Wahrscheinlichkeit geschätzt, mit zwei Würfeln „6 oder 7 oder 8" zu würfeln. Dem dritten offenbar nicht stochastischen Beispiel (Abb. 12) liegen die Zahlenwerte von Beispiel 12 (vgl. auch Tab. 12) zu Grunde.

Gerade in diesem Fall zeigt sich der Vorteil der Verwendung der Verteilungsfunktion bei der (hier empirischen) Bestimmung von Ereigniswahrscheinlichkeiten; denn sozusagen im Schnellverfahren lassen sich aus der ggf. mit Kurvenlineal durch die PKH-Werte gezeichneten (empirischen) Verteilungsfunktion (Ausgleichkurve; exakte Methodik folgt in Kap. 11) sofort die Werte für $F(\beta)$ und $F(\alpha)$ ablesen, deren Differenz die gesuchte Ereigniswahrscheinlichkeit ergibt (mit in diesem Beispiel $\alpha = 6.0\,°C$ und $\beta = 8.5\,°C$). Außer dieser Veranschaulichung der allgemeinen Bedeutung von (1-23) wird damit auch klar, dass (1-25) eigentlich nur ein Spezialfall davon ist.

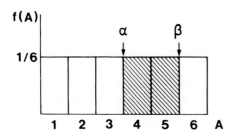
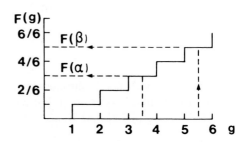

Abb. 10. Zur graphischen Bestimmung der Wahrscheinlichkeit von diskreten Ereignissen müssen Werte α und β festgelegt werden, welche diese Ereignisse „begrenzen". Für die Frage nach der Wahrscheinlichkeit, mit einem Würfel „4 oder 5" zu würfeln, sind $\alpha = 3.5$ und $\beta = 5.5$. Dies führt sowohl an Hand der Häufigkeitsverteilung (links), alias Wahrscheinlichkeitsdichtefunktion, als auch kumulativen Häufigkeitsverteilung (rechts), alias Verteilungsfunktion, zum gleichen Ergebnis: $p = 1/6 + 1/6 = 1/3$ bzw. $p = 5/6 - 3/6 = 1/3$.

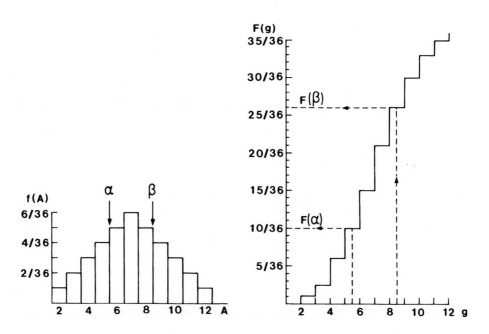

Abb. 11. Häufigkeitsverteilung (links), alias Wahrscheinlichkeitsdichtefunktion, und kumulative Häufigkeitsverteilung (rechts), alias Verteilungsfunktion, für die mit zwei Würfeln erzielten Augenzahlen A_j (jeweils 11 Klassen). Die Wahrscheinlichkeit, „6, 7 oder 8" zu würfeln, erhält man mit Hilfe der Grenzen $\alpha = 5.5$ und $\beta = 8.5$. Dies ergibt links $p = (5+6+5)/36 = 16/36 \approx 44.4\ \%$ und rechts $p = 26/36 - 10/36 = 16/36 \approx 44.4\%$.

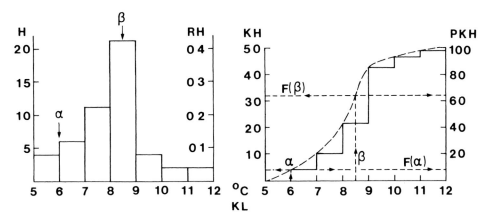

Abb. 12. Abschätzung der Wahrscheinlichkeit, dass Werte im Intervall (6.0 ↔ 8.5) °C auftreten, auf der Grundlage der in Beispiel 12 (bzw. Tab. 12) angegebenen Daten. Bei Verwendung der empirisch geschätzten Verteilungsfunktion (rechts, gestrichelte Kurve, PKH) erhält man ungefähr: p = (62 - 8)% = 54%; aus der Häufigkeitsverteilung (links, RH) folgt ebenfalls ungefähr p = 0.12 + 0.22 + (½)∗0.42 = 0.55 entsprechend 55%.

1.8 Kombinationsrechnung

Wie bereits im vorangehenden Kapitel erwähnt, kann es im Rahmen der Bestimmung der stochastischen Wahrscheinlichkeit nach Formel (1-25) möglich sein, dass die Anzahl der möglichen Fälle (Ω) nicht ohne weiteres überschaubar ist. Handelt es sich dabei um die im folgenden definierten Fälle von Permutationen oder Kombinationen, so liefern die Formeln der Kombinationsrechnung die zu bestimmende Anzahl der möglichen Fälle. Bei einer *Permutation* werden n Merkmale (Elemente) in allen möglichen Reihenfolgen dargestellt. Die Berechnungsformel lautet:

$$Per\,(a, b,..., n) = n! \qquad (1\text{-}26)$$

(gesprochen: n Fakultät, definiert als 1∗2∗3∗ ... ∗n; siehe dazu Tab. 14.)

Tab. 14. Fakultäten (n!) der Zahlen n = 1 bis 10.

n	1	2	3	4	5	6	7	8	9	10
n!	1	2	6	24	120	720	5 040	40 320	362 880	3 628 800

Beispiel:
14. Die Permutationen der Merkmale (a, b, c), somit n = 3, sind zu bestimmen. Es gilt Per(a,b,c) = 3! = 6, und zwar (abc), (acb), (bac), (bca), (cab), (cba).

Die Darstellung von K < n Merkmalen heißt *Kombination* (daher auch der Name Kombinationsrechnung), wobei es vier prinzipiell unterschiedliche Möglichkeiten gibt:

- ohne Wiederholung, ohne Berücksichtigung der Anordnung

$$Kom(k\varepsilon n) = \binom{n}{k} = \frac{n!}{k!(n-k)!} \quad (1\text{-}27)$$

- ohne Wiederholung, mit Berücksichtigung der Anordnung

$$Kom_A(k\varepsilon n) = \binom{n}{k}k! = \frac{n!}{(n-k)!} \quad (1\text{-}28)$$

- mit Wiederholung, ohne Berücksichtigung der Anordnung

$$Kom_W(k\varepsilon n) = \binom{n+k-1}{k} = \frac{(n+k-1)!}{k!(n-1)!} \quad (1\text{-}29)$$

- mit Wiederholung, mit Berücksichtigung der Anordnung

$$Kom_{W,A}(k\varepsilon n) = n^k. \quad (1\text{-}30)$$

Dabei bedeutet „Wiederholung", dass identische Merkmale nacheinander angeordnet werden und sich somit wiederholen können; beim Ziehen von Nummern o.ä. aus einer Urne werden diese dann stets wieder dorthin zurückgelegt. Die „Berücksichtigung der Anordnung" bedeutet, dass die Reihenfolge der Merkmale eine Rolle spielt (ab ≠ ba). Das folgende einfache Beispiel soll diese Definitionen erläutern.

Beispiel:
15. Von n = 3 Merkmalen (a, b, c) sollen jeweils k = 2 kombiniert werden. Nach den obigen Formeln folgen dann die in Tab. 15 zusammengestellten Ergebnisse.

Tab. 15. Ergebnisse zu Beispiel 15.

Kom = 3	Kom_A = 6	Kom_W = 6	$Kom_{W,A}$ = 9
ab, ac, bc	ab,ac,bc,ba,ca,cb	ab,ac,bc,aa,bb,cc	ab,ac,bc,ba,ca,cb,aa,bb,cc

Die Kombinationsrechnung ist für die geowissenschaftliche Statistik nur von untergeordneter Bedeutung. Für das Allgemeinverständnis der statistischen Methodik können Überlegungen aus diesem Bereich der Statistik jedoch lehrreich sein. Aus diesem Grunde soll hier noch ein spezielles Beispiel angefügt sein.

Beispiel:
16. Wie wahrscheinlich ist es, im Zahlenlotto mit zwei Tippreihen „sechs richtige" Zahlen zu erzielen? – Offenbar sind Wiederholungen nicht möglich (gezogene Zahlen kommen nicht wieder in die Urne) und die Reihenfolge der gezogenen Zahlen ist ohne Bedeutung (keine Berücksichtigung der Anordnung). Es gilt daher: Kom(6 ε 49) = 49! / (6!43!) = 13 983 816. Die gesuchte Wahrscheinlichkeit beträgt p(E) = 2/13 983 816 ≈ 1.43•10^{-7}. Bei wöchentlichem Tipp wird diese Wahrscheinlichkeit gleich eins nach rund 134 460 Jahren. Dies ist gleichbedeutend mit der Wartezeit, die statistisch veranschlagt werden müsste, um mit einem solchen Gewinn rechnen zu dürfen (und zwar irgendwann im Laufe dieser Zeit einmal).

Schließlich sei noch angemerkt, dass sich die Fakultätsberechnung durch die folgenden alternativen Formeln nach STIRLING (zitiert nach BRONSTEIN und SEMENDJAJEW, 1966) angenähert werden kann, wobei diese Näherung auch für nicht ganzzahlige rationale Werte von n gilt :

$$n! \approx (\frac{n}{e})^n \sqrt{2\pi n}(1+\frac{1}{12n}+\frac{1}{2(12^2 n^2)}+...); \tag{1-31}$$

$$\ln n! \approx (n+\frac{1}{2})\ln n - n + \ln\sqrt{2\pi}. \tag{1-32}$$

1.9 Wahrscheinlichkeitstheorie

Die Wahrscheinlichkeitstheorie umfasst Definitionen, Sätze und Formeln, die sich zunächst nur auf stochastische Vorgänge beziehen (vgl. Kap. 1.1). Bei der allgemeinen statistischen Analyse, die auch nicht stochastische Vorgänge behandelt, ist im Einzelfall zu prüfen, ob die stochastischen Beziehungen annähernd oder aber nicht angewendet werden dürfen. Die Prüfung kann jedoch sehr problematisch sein und muss sich häufig auf empirische Befunde abstützen.

Für stochastische Vorgängen gilt grundsätzlich der *Wahrscheinlichkeitssatz*, der auch *Gesetz der großen Zahl* genannt wird:
- Für eine hinreichend große Zahl n (= Stichprobenumfang) geht lim p(E) mit $n_* < n$ und $n_* \to n$ gleichmäßig (konvergent) gegen einen Festwert c.

Dieser Satz steht in engen Zusammenhang mit der Definition (1-4) und bedeutet für die Praxis, dass zur Ermittlung von lim p(E) = c bei begrenzter hinreichender Genauigkeit von c der Stichprobenumfang n endlich sein darf.

Der *Wahrscheinlichkeitsgrenzsatz* besagt:
- Für $\alpha \to -\infty$ und $\beta \to +\infty$ geht lim p(E) → 1 und für $\alpha \to \beta$ geht lim p(E) → 0.

Dies folgt unmittelbar aus (1-21) und (1-23) und begründet theoretisch die Existenz der extremen Wahrscheinlichkeiten des unmöglichen (p = 0, vgl. (1-2)) bzw. sicheren (p = 1, vgl. (1-1)) Ereignisses.

Zur Klarstellung der verwendeten Begriffe soll hier noch die folgende Definition eingefügt werden:

- Sind $\hat{f}(a)$ auf Grund einer Stichproben-Häufigkeitsverteilung eine vermutete und $f(a)$ eine theoretisch definierte Wahrscheinlichkeitsdichtefunktion, so heißen

$$\hat{p}(E) = \int_{\alpha}^{\beta} \hat{f}(a)da \quad bzw. \quad p(E) = \int_{\alpha}^{\beta} f(a)da \tag{1-33}$$

empirische bzw. *theoretische Ereigniswahrscheinlichkeit*.

Mit Hilfe dieser Definition lässt sich der so genannte *Hauptsatz der* (mathematischen) *Statistik* wie folgt formulieren:

- Eine empirische relative Häufigkeitsfunktion (vgl. Kap. 1.6 und 1.7) konvergiert mit n (= Stichprobenumfang) → ∞ gleichmäßig (konvergent) gegen die zugehörige Wahrscheinlichkeitsdichtefunktion f(a).

Dies bedeutet, dass eine hinreichend umfangreiche Stichprobe in guter Näherung einen Schluss auf die Wahrscheinlichkeitsdichtefunktion der zugehörigen Grundgesamtheit und somit auch in guter Näherung die Bestimmung beliebiger Ereigniswahrscheinlichkeiten zulässt. Obwohl dieser statistische „Hauptsatz" oft und stillschweigend auch auf nicht stochastische Vorgänge angewendet wird, gilt er in dieser Konsequenz nur für stochastische Vorgänge. Andernfalls ist zu prüfen, inwieweit stochastische Gegebenheiten im Einzelfall auch bei nicht stochastischen Vorgängen vorausgesetzt werden dürfen. Auch die folgenden Relationen gelten zunächst nur für stochastische Vorgänge, was häufig durch das Adjektiv „stochastisch" (z.B. stochastische Unabhängigkeit) zum Ausdruck gebracht wird.

Unter dieser Voraussetzung lautet die Definition der Unabhängigkeit:
Zwei Ereignisse A und B heißen (stochastisch) unabhängig, wenn für die bedingte Wahrscheinlichkeit gilt:

$$p(A|B) = p(A) \quad und \quad p(B|A) = p(B). \tag{1-34}$$

Dabei bedeutet die Schreibweise p(A|B) die Wahrscheinlichkeit für das Eintreten des Ereignisses A unter der Bedingung, dass B bereits eingetreten ist. In vielen Fällen, beispielsweise in der Geophysik oder Technik, spielt die stufenweise Erfassung bedingter empirischer Wahrscheinlichkeiten eine große Rolle (z.B. Erdbebenrisiko, Materialfestigkeit); vgl. auch (1-36).

Wahrscheinlichkeiten lassen sich nun weiterhin in folgender Weise verknüpfen: „*Und - Verknüpfung*", d.h. dass sowohl ein Ereignis E_1 als auch E_2 usw. eintritt; mengentheoretisch handelt es sich dabei um den *Durchschnitt* von zwei oder mehr Ereignissen, vgl. Abb. 13. Alternativ gibt es die „*Oder - Verknüpfung*", d.h. dass entweder das

Abb. 13. Veranschaulichung der in den Beispielen 17 und 19 betrachteten Teilmengen (Durchschnitt ≠ 0); vgl. Text.

Ereignis E_1 oder E_2 usw. eintritt; mengentheoretisch handelt es sich hier um die *Vereinigung* von zwei oder mehr Ereignissen, vgl. ebenfalls Abb. 13. Die zugehörigen Sätze und Formeln der stochastischen Wahrscheinlichkeitstheorie lauten:
Multiplikationssatz der Stochastik („Und-Verknüpfung", Durchschnitt von Ereignissen):
- Sind $E_1, E_2,..., E_n$ unabhängig und schließen sich nicht gegenseitig aus, so gilt für das zusammengesetzte Ereignis.

$$p\{E_1 \cap E_2 \cap ... E_n\} = \prod_{i=1}^{n} p(E_i) = p(E_1) * p(E_2) * ... p(E_n). \quad (1\text{-}35)$$

Bei Abhängigkeit muss entsprechend, beispielsweise bei zwei Ereignissen A und B,

$$p\{A, B\} = p(A) * p(B|A) \quad (1\text{-}36)$$

gesetzt werden. Schließen sich die Ereignisse A und B gegenseitig aus, so erhält man für $p(A \cap B)$ natürlich die Wahrscheinlichkeit des unmöglichen Ereignisses $(A \bullet B) = 0$.
Additionssatz der Stochastik („Oder-Verknüpfung", Vereinigung von Ereignissen):
- Sind $E_1, E_2, ..., E_n$ unabhängig und schließen sich gegenseitig aus, so gilt für das zusammengesetzte Ereignis

$$p\{E_1 \cup E_2 \cup ... E_n\} = \sum_{i=1}^{n} p(E_1) = p(E_1) + p(E_2) + ... + p(E_n) \quad (1\text{-}37)$$

Bei Abhängigkeit addieren sich die entsprechenden bedingten Wahrscheinlichkeiten. Schließen sich die betrachteten Ereignisse nicht gegenseitig aus, dann gilt an Stelle von (1-37)

$$p\{E_1 \cup E_2 \cup ... \cup E_n\} = \sum_{i=1}^{n} p(E_i) - \prod_{j=1}^{m} p(E_j), \quad (1\text{-}38)$$

wobei die E_j sich nicht gegenseitig ausschließenden Ereignisse sind.
Aus dem Multiplikationssatz folgt für k wiederholte Versuche eines identischen Ereignisses E_1 bei unabhängigen Wiederholungen

$$p\{E_1, E_1, ..., E_{k=1}\} = p(E_1)^k. \quad (1\text{-}39)$$

Die Ereignisse E und $\underline{E}$ heißen komplementär, wenn

$$E \cup \underline{E} = \Omega \quad und \quad E \cap \underline{E} = 0, \quad (1\text{-}40)$$

wobei Ω alle möglichen Ereignisse eines Vorgangs umfasst (Gesamtereignisraum).

Grundlagen

In diesem Fall gilt:

$$p(\underline{E}) = 1 - p(E); \qquad (1\text{-}41)$$

vgl. Überschreitungswahrscheinlichkeit nach (1-24). Von äquivalenten Ereignissen E und $\tilde{E}$ spricht man, falls

$$p(\tilde{E}) = p(E). \qquad (1\text{-}42)$$

Die folgenden wiederum extrem einfachen Würfelspiele sollen diese stochastischen Zusammenhänge der Wahrscheinlichkeitstheorie noch etwas veranschaulichen.

Beispiele:
17. Die Wahrscheinlichkeit, mit einem Würfel eine gerade und durch drei teilbare Zahl zu würfeln (Unabhängigkeit ist gegeben, die Ereignisse schließen sich nicht gegenseitig aus, vgl. Abb. 13) beträgt p = 3/6∗2/6 = 1/6 ≈ 17% in Übereinstimmung mit der Anschauung, vgl. Abb. 13. Die Einzelwahrscheinlichkeiten 3/6 und 2/6 ergeben sich gemäß Formel (1-25).
18. Die Wahrscheinlichkeit, mit einem Würfel „4" oder „5" zu würfeln (unabhängige sich gegenseitig ausschließende Ereignisse) beträgt p = 1/6 + 1/6 = 1/3 ≈ 33%, vgl. auch Abb. 10.
19. Die Wahrscheinlichkeit, mit einem Würfel eine gerade oder durch drei teilbare Zahl zu würfeln (Unabhängigkeit ist gegeben, die Ereignisse schließen sich nicht gegenseitig aus) beträgt p= 3/6 + 2/6 - 1/6 = 4/6 = 2/3 ≈ 67%. Nach Formel (1-38) muss in diesem Fall die Wahrscheinlichkeit der sich nicht gegenseitig ausschließenden Ereignisse subtrahiert werden; vgl. Veranschaulichung in Abb. 13.
20. Bei der Wahrscheinlichkeit, mit einem Würfel zweimal hintereinander eine „6" zu würfeln (stochastisch gleichbedeutend mit der Wahrscheinlichkeit, mit zwei Würfeln gleichzeitig „6" zu würfeln) handelt es sich offenbar um eine bedingte Wahrscheinlichkeit: A = 6 unter der Bedingung das B = (6). Da p(A/B) 0 p(A) = 1/6 und p(B/A) = p(B) = 1/6, sind diese Ereignisse offenbar unabhängig. Die Verknüpfung dieser Wahrscheinlichkeiten ist eine „Und-Verknüpfung" („6" und darauf wieder „6"), so dass der Multiplikationssatz angewendet werden muss: p(A,B) = 1/6 ∗ 1/6 = 1/36 ≈ 2.8% in Übereinstimmung mit Formel (1-39) für k = 2 Versuche.
21. Die Ereignisse E = („1" oder „2" würfeln) und $\underline{E}$ = („3" oder „4" oder „5" oder „6" würfeln) sind komplementär
22. Die Ereignisse E = („3" oder „6" würfeln) und $\tilde{E}$ = („durch drei teilbare Zahl" würfeln) sind äquivalent.
23. Die mit zwei Würfeln erzielten Augenzahl beträgt, falls jeweils E_1 dem ersten und E_2 dem zweiten Würfel zugeordnet wird.:
    1→ unmöglich; p(E) = 0
    2→ falls E_1 = 1 und E_2 = 1, „Und-Verknüpfung", p(E) = 1/6 ∗ 1/6 = 1/36.
    3→ falls E_1 = 1 und E_2 = 2 oder falls E_1 = 2 und E_2 = 1, zwei durch „oder" verbundene „Und-Verknüpfungen", p(E) = 1/6 ∗ 1/6 + 1/6 ∗ 1/6 = 2/36.

4→ falls $E_1 = 1$ und $E_2 = 3$ oder falls $E_1 = 3$ und $E_2 1$ oder falls $E_1 = 2$ und $E_2 = 2$,
p = 1/6 * 1/6 + 1/6 *1/6 + 1/6 * 1/6 = 3/36.
In ähnlicher Weise findet man:
5→ p = 4/36; **6→** p = 5/36; **7→** p = 6/36; **8→** p = 5/36; **9→** p = 4/36; **10→** p = 3/36; **11→** p = 2/36; **12→** p = 1/36.
Dies ist ein Beispiel für einen stochastischen nicht-elementaren Vorgang, bei dem zwar die Grundwahrscheinlichkeiten alle gleich sind (1/6 für jede gewürfelte Zahl), nicht jedoch die zusammengesetzten Wahrscheinlichkeiten. Entsprechend ergibt sich eine Häufigkeitsverteilung zugleich Wahrscheinlichkeitsdichtefunktion eines diskreten Vorgangs, die keine „Gleichverteilung" darstellt; vgl. Abb. 11. Trotzdem gilt die Normierung nach Formel (1-21).

24. Die Wahrscheinlichkeit, mit zwei Würfeln „6" oder „7" oder „8" zu würfeln, lässt sich nach dem Additionssatz aus den Wahrscheinlichkeiten für „6" bis „8" aus Beispiel 23 berechnen: (5+6+5)/36 = 16/36 ≈ 44%. Zum gleichen Ergebnis kommt man auf graphischem Weg durch „Abzählen" in Abb. 11, links (Wahrscheinlichkeitsdichtefunktion) oder einfacher mit Hilfe der Verteilungsfunktion, s. Abb.11, rechts.

Diese wenigen Definitionen und einfachen Beispiele mögen ausreichen, um die Grundprinzipien der Verknüpfung von Wahrscheinlichkeiten zu verstehen. Wie gesagt ist in der geowissenschaftlichen Statistik immer zu prüfen, ob die Voraussetzung stochastischer Vorgänge überhaupt gegeben ist bzw. annähernd angenommen werden darf. In vielen praktischen Fällen muss man von empirischen Wahrscheinlichkeiten ausgehen, beispielsweise in der Geophysik, wenn bedingte Wahrscheinlichkeiten nicht unabhängiger Ereignisse (z.B. Erdbeben) geschätzt werden sollen (vgl. auch Kap. 5).

2 Eindimensionale Stichprobenbeschreibung

2.1 Einführung

Am Beginn vieler statistischer Bearbeitungen, so auch im Rahmen der Geowissenschaften, steht die Erfassung und Beschreibung von Daten (Merkmalswerten), die in den weitaus meisten Fällen Stichproben darstellen (vgl. Beispiele 10-12 bzw. Tab. 9-12, Kap. 1.6 und 1.7; zur Definition s. Kap. 1.2). Erst wenn die Stichprobe SP hinreichend umfassend und genau beschrieben ist, kann an die Abschätzung der Charakteristika der zugehörigen Grundgesamtheit GG (Population, Kap. 4) und ggf. an Wahrscheinlichkeitsausssagen künftiger Ereignisse gedacht werden (Kap. 5).

Zunächst sollen nur *eindimensionale Stichproben* betrachtet werden; d.h. alle Merkmalswerte sind durch jeweils einen Zahlenwert (ggf. mit Maßeinheit) vollständig beschrieben (Skalare). Bei der Datenerfassung in einem Protokoll (Urliste, vgl. Beispiel 10 mit Tab. 6, Kap. 1.6; Definition s. Kap. 1.2) ist darauf zu achten, dass Maßeinheit und möglichst auch Genauigkeitsgrad der Daten gleich sind. Andernfalls sind Umrechnungen in gleiche Maßeinheiten bzw. Modifikationen der Stichprobenbeschreibung notwendig, auf die noch eingegangen wird.

Die Art der Stichprobe hängt vom jeweiligen Problem bzw. Vorgang ab, wobei auch Überlegungen nicht statistischer Art eine Rolle spielen. In den Geowissenschaften handelt es sich meist um Daten, die entweder als Funktion der Ortskoordinaten (x,y,z) oder/und der Zeitkoordinaten (t, im diskreten Fall „Zeitreihe", vgl. Kap. 1.5) vorliegen, wobei diese Koordinaten bei der Stichprobennahme auch konstant sein können (bei der Zeit i.a. nicht exakt realisierbar). In jedem Fall müssen die SP-Datenwerte durchnumerierbar sein (z.B. in der Reihenfolge ihrer Erfassung).

Meist liegen die Stichprobendaten aufgrund von Messungen oder auch in Form von Modelldaten vor. Falls nicht, d.h. falls die Stichprobe „noch zu nehmen" ist, kann die *Systematik der Stichprobennahme* eine Überlegung wert sein. Sobald nämlich die betreffenden fachlichen Aspekte geklärt sind (die auch bei der statistischen Arbeit nie vergessen werden sollten), kommen beispielsweise Stichprobenkonstruktionen nach *Zufallsgesichtspunkten* in Frage. Die dazu nötigen Zufallszahlen lassen sich mit dem Zufallsgenerator einer Rechenanlage produzieren oder können entsprechenden Tabellen entnommen werden; siehe z.B. KREYSZIG (1991), MARSAL (1979) oder SACHS (2004). Sollen diese zu nehmenden Stichproben bestimmte Eigenschaften aufweisen (z.B. hinsichtlich Mittelwert bzw. Varianz der Verteilung), kann nach der sog. Monte-Carlo-Technik vorgegangen werden, die in diesem Zusammenhang die Stichprobeneigenschaften vorweg festlegt. Dazu finden sich z.B. bei MÜLLER et al. (1979) Tafeln von gleichverteilten und normalverteilten Zufallszahlen (die zugehörige Verteilungstheorie folgt in Kap. 4).

Die Grundidee der Stichprobenbeschreibung ist nun die Zusammenfassung der Daten in charakteristischen Maßzahlen (Kennwerten, Parametern) und Funktionen.
Dabei lassen sich unterscheiden:

- Maßzahlen in Orientierung an mittleren bzw. häufigsten Werten → *Mittelungsmaße;*
- Maßzahlen zur Kennzeichnung der Datenvariationen → *Variationsmaße* (Streuungs-, Dispersions-, Veränderungsmaße);
- Maßzahlen zur Kennzeichnung der Häufigkeitsanteile → *Quantile* (Fraktile, Lokalisationsmaße);
- Maßzahlen zur Kennzeichnung des *Verteilungstyps* hinsichtlich der speziellen Gesichtspunkte von *Schiefe* (Symmetrie bzw. Asymmetrie einer Verteilung) und *Exzess* (Kurtosis);
- besondere Maßzahlen wie z.B. zur Angabe von Richtung und Intensität von Merkmalswerten, die sich auf „Alternativen" beziehen → *Tendenzmaße;*
- *empirische Häufigkeitsverteilung* und *empirische Verteilungsfunktion* sowie Versuch der Zuordnung eines Verteilungstyps nach vorgegebener Klassifikation bzw. allgemeinen Gesichtspunkten (schließt die speziellen Gesichtspunkte von Schiefe und Exzess mit ein).

Im Fall der Häufigkeitsverteilung tritt noch die Frage nach der geeigneten *graphischen Form* der Darstellung hinzu, was wiederum von der Art der Stichprobe abhängig ist und insbesondere bei mehrdimensionalen Stichproben aufwändig sein kann.

Angesichts der Verbreitung leistungsfähiger EDV-Rechenhilfen, vom Taschen- über den Tischrechner (PC) bis zur Großrechenanlage, soll im folgenden auf die Angabe von Rechenvereinfachungen und -kontrollen fast ganz verzichtet werden; denn jedem Nutzer steht i.a. vielfältige statistische Standard-„Software" zur Verfügung, die auch die Errechnung der wichtigsten Stichprobencharakteristika enthält. Trotz oder gerade wegen dieser „Software" ist es aber in allen Bereichen der praktischen Statistik wichtig, sich die Definitionen und Vorgehensweisen zunächst anhand einfacher Rechenbeispiele zu vergegenwärtigen, was dann (hoffentlich) auch zu einer gewissen Transparenz bei der anschließenden Routine-Anwendung der jeweiligen „Software" führt.

2.2 Mittelungsmaße

Die sicherlich am weitesten verbreitete Methode der Stichprobenbeschreibung ist die Errechnung des *arithmetischen Mittelwerts*

$$\bar{a} = \frac{1}{n}\sum a_i = \frac{1}{n}(a_1 + a_2 + \ldots + a_n) \qquad (2\text{-}1)$$

wobei a_i, $i=1,\ldots,n$ (n = Stichprobenumfang) die Merkmalswerte (Daten) sind. Die Summierung soll hier wie im folgenden, soweit nicht anders angegeben, stets über den Laufindex (hier i) und die natürlichen Zahlen (1,2,...) bis zur angegebenen Obergrenze (n) erfolgen. Treten relativ viele Merkmalswerte mit relativ wenigen numerisch ungleichen Werten a_j der Häufigkeit h_j auf, so kann an Stelle von (2-1)

$$\bar{a} = \frac{1}{n}\sum (h_j a_j); \quad j=1,\ldots,m; \qquad (2\text{-}2)$$

verwendet werden, wobei m die Anzahl numerisch ungleicher Werte ist. Gegenüber additiven oder subtraktiven Skalentransformationen ist der arithmetische Mittelwert invariant, was in der Form

$$\overline{a} = D + \frac{1}{n}\sum(a_i - D) \qquad (2\text{-}3)$$

zur Rechenvereinfachung ausgenützt werden kann (D = willkürlicher konstanter Differenzwert). Liegt eine Häufigkeitsverteilung vor, so dient der klassenorientierte arithmetische Mittelwert

$$\overline{a}_K = \frac{1}{n}\sum(H_k * KM_k); \quad k = 1,\ldots,K; \qquad (2\text{-}4)$$

zur Schätzung von $\overline{a}$, wobei H_k die Häufigkeiten der K Klassen und KM_k die Klassenmitten sind. Da bei der Klassenzuordnung (vgl. Kap. 1.6) verloren geht, wie weit die Einzelwerte a_j von den Klassenmitten entfernt sind, stimmen $\overline{a}_K$ und $\overline{a}$ im allgemeinen nur in mehr oder weniger guter Näherung überein.

Beispiel:
25. Tab. 16 enthält die Jahresmittelwerte der Lufttemperatur in °C auf dem Hohenpeißenberg (Oberbayern) 1954-1970 (a_i), die zugehörigen numerisch ungleichen Werte a_j, deren Häufigkeiten h_j und die um D = 6.0 reduzierten Werte (a_i - D). In Tab. 17 ist die zugehörige Häufigkeitsverteilung angegeben (KM_k = Klassenmitten, sonstige Nomenklatur entsprechend Beispiel 12).

Jahr	a_i	a_j	h_j	a_i - D
1954	5.6	5.6	1	-0.4
1955	5.8	5.8	1	-0.2
1956	4.9	4.9	1	-1.1
1957	6.8	6.8	1	0.8
1958	6.4	6.4	1	0.4
1959	7.4	7.4	1	1.4
1960	6.5	6.5	2	0.5
1961	7.7	7.7	1	1.7
1962	5.5	5.5	2	-0.5
1963	5.7	5.7	1	-0.3
1964	6.5			0.5
1965	5.5			-0.5
1966	6.7	6.7	1	0.7
1967	6.9	6.9	1	0.9
1968	6.2	6.2	1	0.2
1969	6.0	6.0	1	0.0
1970	5.9	5.9	1	-0.1
Σ	106.0			4.0

Tab. 16. Urliste (Protokoll) zu Beispiel 25 (Mittelwertberechnung aus Einzelwerten).

n = 17; m = 15;
D = 6.0 (willkürlich festgesetzt)

Errechnung des arithmetischen Mittelwertes

nach (2-1): $\overline{a}$ = 106 / 17 ≈ 6.235;

nach (2-2): $\overline{a}$ = (82 + 24) / 17 ≈ 6.235

(mit 82 = Summe aller Werte der Häufigkeit h_1=1; für h_2 folgt 24 = 2∗6.5 + 2∗5.5);

nach (2-3): $\overline{a}$ = 6 + 4 / 17 ≈ 6.235;

(nach (2-4) vgl. Tab. 17).

Tab. 17. Klassenorientierte Häufigkeitsverteilung zu Beispiel 25.

Klasse	KM_k	H_k	$KM_k H_k$	PKH
4.9 - 5.4	5.15	1	5.15	6 %
5.5 - 6.0	5.75	7	40.25	47 %
6.1 - 6.6	6.35	4	25.40	71 %
6.7 - 7.2	6.95	3	20.85	88 %
7.3 - 7.8	7.55	2	15.10	100 %
Σ		17	106.75	

Klassenzahl nach (1-18):
$K \approx 5.1 \rightarrow 5$;
$\bar{a}_K = 106.75/17 \approx 6.279 \approx 6.28$;
(etwas abweichend zu Tab. 16).
PKH-Werte zu Beispiel 27,
Abb. 14, mit Klassenobergrenzen $g = 5.4, 6.0,$ usw.

Ist die Grundgesamtheit bekannt, so lässt sich der arithmetische Mittelwert aus der diskreten bzw. kontinuierlichen (stetigen) Wahrscheinlichkeitsdichtefunktion $f(A_i)$ bzw. $f(A)$ nach

$$\mu = \sum_{i=1}^{n} A_i f(A_i) \quad bzw. \quad \mu = \int_{-\infty}^{+\infty} f(A) dA \qquad (2\text{-}5)$$

errechnen. Die Verwendung von griechischen Symbolen soll dabei, wie in der Statistik üblich, auf die Tatsache einer Grundgesamtheit (Population) hinweisen (Übersicht dazu folgt in Tab. 29).

Bereits bei der Errechnung des Mittelwertes tritt das *Rundungsproblem* in Erscheinung. Häufig wird nämlich bei Folgeziffern „1,2,3,4" die vorangehende Ziffer abgerundet und bei Folgeziffern „5,6,7,8,9" aufgerundet, was bei vielen Rundungen und somit Daten zu einer merklichen Anhebung der Rechengröße (hier des Mittelwertes) führen kann, weil häufiger auf- als abgerundet wird. Dies lässt sich nach BRONSTEIN und SEMENDJAJEW (1966) dadurch verhindern, dass im Fall einer Folgeziffer „5" die vorangehende Ziffer nur dann aufgerundet wird, wenn diese ungerade ist; ansonsten wird abgerundet. Diese Festlegung der *Rundungsregel* ist natürlich willkürlich, aber eine brauchbare Konvention, wenn man davon ausgeht, dass gerade und ungerade Ziffern annähernd gleich verteilt sind. Im folgenden soll daher diese Regel (meist implizit) angewendet werden. (Auf die Frage, wie genau Zahlen, insbesondere Messgrößen, sinnvollerweise angegeben werden sollten, wird in Kap. 6 eingegangen.)

Besteht die Gewissheit oder der Verdacht, dass die bei der Mittelung verwendeten Daten a_j von unterschiedlichem Genauigkeitsgrad (Wert, Sicherheit o.ä.) sind, so kann dies durch die *gewichtete* (gewogene) *arithmetische Mittelung*

$$\bar{a}_W = \frac{1}{\sum w_i} \sum (w_i a_i) \qquad (2\text{-}6)$$

berücksichtigt werden, wobei die w_i-Werte Zahlen sind, die mit beliebigem (aber natürlich begründetem) Betrag den Merkmalswerten a_i zugeordnet werden; sie bestimmen das „Gewicht" der a_i bei der Mittelung und heißen deswegen *Gewichte*. Manchmal werden normierte Gewichte verwendet, d.h. $\Sigma w_i = 1$, was in (2-6) den Quotienten erübrigt.

Sind alle Gewichte $w_i = 1$, so geht die allgemeinere Form (2-6) in die speziellere (2-1) über.

Beispiel:
26. Zur Bestimmung eines Niederschlagsmittelwertes für ein relativ eng begrenztes Gebiet stehen drei zeitlich gemittelte Jahressummenwerte zur Verfügung, die aus unterschiedlichen Zeitintervallen stammen: 690 mm (für 1781-1960), 676 mm (für 1871-1960) und 678 mm (für 1851-1960).
Bei (klimatologisch durchaus bedenklicher) Vernachlässigung zeitlicher Variationen können die Gewichte entsprechend den Zeitintervallen vergeben werden. Wird die mittlere Epoche (1871-1960 → 90 Jahre) gleich eins gesetzt, so folgen für die erste Epoche (1781-1960 → 180 Jahre) das Gewicht $w_1 = 180/90 = 2$ und für die letzte Epoche (1851-1960 → 110 Jahre) $w_3 = 110/90 \approx 1.22$; ($w_2 = 1$).
Somit ergibt sich: $\bar{a}_w = (2*690 + 1*676 + 1.22*678) / 4.22 \approx 683$ mm. Der ungewichtete Mittelwert beträgt dagegen nur $(690 + 676 + 678) / 3 \approx 681$ mm. Der Unterschied ist hier jedoch unerheblich.

Bei logarithmischen Verteilungen (vgl. Kap. 4) kann es sinnvoll sein, statt des arithmetischen den *geometrischen Mittelwert*

$$\bar{a}_G = \sqrt[n]{\prod a_i} = \sqrt[n]{(a_1 * a_2 * ... * a_n)} \tag{2-7}$$

zu verwenden, wobei die wichtige Beziehung

$$\lg \bar{a}_G = \frac{1}{n} \sum \lg a_i \tag{2-8}$$

besteht (lg = dekadischer Logarithmus). Eher von mathematischer als von statistischer Bedeutung sind der *harmonische Mittelwert*

$$\frac{1}{\bar{a}_H} = \frac{1}{n} \sum (1/a_i) \tag{2-9}$$

und der *quadratische Mittelwert*

$$\bar{a}_Q = \sqrt{\frac{1}{n} \sum a_i^2} \quad . \tag{2-10}$$

Recht häufig, insbesondere in der Klimatologie, wird dagegen das sog. *Extremmittel*

$$\bar{a}_E = (a_{max} - a_{min})/2 \tag{2-11}$$

verwendet, wobei a_{max} der numerisch höchste (Maximum) und a_{min} der numerisch kleinste (Minimum) Wert des Datenkollektivs sind.
Nur der arithmetische Mittelwert erfüllt im übrigen die Bedingung, dass die quadratischen Abweichungen der Einzelwerte a_i von diesem Mittelwert $\bar{a}$ minimal sind (Beweis

siehe z.B. KREYSZIG (1991). Die Festlegung derartiger Bedingungen, wie sie auch in der Regressionsanalyse (Kap. 11) gelten, trägt den Namen *Methode der kleinsten Quadrate*.

Neben den bisher besprochenen Kenngrößen haben in der Statistik noch zwei besondere Mittelungsmaße große Bedeutung. Es handelt sich dabei zunächst um den *Modus* (Gipfelwert, Dichtemittel, häufigster Wert):

$$Mod = f(a_i)_{max} \quad bzw. \quad Mod = f(a)_{max} ; \tag{2-12}$$

d.h. der Modus ist der Merkmalswert eines Datenkollektivs, bei dem die diskrete bzw. stetige Wahrscheinlichkeitsdichtefunktion ein Maximum bzw. das höchste relative Maximum aufweist. Liegt im Rahmen der Stichprobenbeschreibung eine klassenorientierte Häufigkeitsverteilung vor, so ist der Modus die Klassenmitte der Klasse, welche die größte Häufigkeit (Klassenbesetzungszahl) der Merkmalswerte aufweist. Analytisch lässt sich der Modus in der Weise finden, dass für diesen Datenwert die erste Ableitung (differenzierte Funktion) der Wahrscheinlichkeitsdichtefunktion null und die zweite Ableitung negativ sein muss.

Das weitere statistisch bedeutende Mittelungsmaß ist der *Median* (Zentralwert) Med mit der Bedingung

$$\int_{-\infty}^{Med} f(a)\,da = 0.5 \quad bzw. \quad \sum_{i=1}^{Med} f(a_i) = 0.5 \tag{2-13}$$

Das bedeutet anschaulich, dass der Median die (diskrete bzw. kontinuierliche) Wahrscheinlichkeitsdichtefunktion in zwei gleich große Flächen (bestimmte Integrale {-∞→ Med, → +∞}) aufteilt. Wird der Median graphisch geschätzt, so ist allerdings der Weg über die Verteilungsfunktion mit

$$Med = F(0.5) \tag{2-14}$$

praktikabler; d.h. der Median liegt dort, wo die prozentuale kumulative Verteilung den Wert 50% (die relative 0.5) annimmt, vgl. Beispiel 27 mit Abb. 14. Zur rechnerischen Bestimmung des Median muss das betreffende Datenkollektiv in eine Rangfolge

$$a_i \rightarrow a_j \quad mit \quad a_1 < a_2 < ... < a_n \quad (i, j = 1,...,n) \tag{2-15}$$

gebracht werden. Ist der Stichprobenumfang n ungerade, dann gilt exakt

$$Med = a_{(n+1)/2}. \tag{2-16}$$

Andernfalls muss der Median geschätzt werden, und zwar durch

$$Med \approx (a_{n/2-1} + a_{n/2+1})/2; \tag{2-17}$$

anschaulich bedeutet dies einfach Abzählen der in einer Rangfolge geordneten Werte bis zur Mitte dieser Folge und bei geradem n arithmetische Mittelung der beiden in der Mitte stehenden Werte.

40 Eindimensionale Stichprobenbeschreibung

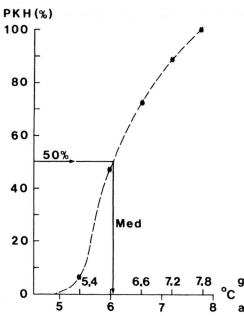

Abb. 14. Schätzung der empirischen Verteilungsfunktion F(a), gestrichelte Kurve, aus den Wertpaaren (g = Klassenobergrenzen, PKH) von Beispiel 25 (Tab. 17) sowie des zugehörigen Medians (vgl. dazu Beispiel 27): Med ≈ 6.1 °C.

Beispiel:
27. Bringt man die Zahlenwerte des Beispiel 25 in eine Rangfolge, so ergibt sich: 4.9, 5.5, 5.5, 5.6, 5.7, 5.8, 5.9, 6.0, →6.2, 6.4, 6.5, 6.5, 6.7, 6.8, 6.9, 7.4, 7.7. Durch Abzählen erhält man nach (2-16): Med = 6.2 (in der obigen Zahlenreihe durch einen Pfeil markiert). Die entsprechende graphische Abschätzung des Medians, vgl. Abb. 14, führt zu einem ähnlichen Ergebnis (Med = 6.1). Mit Hilfe von Tab. 17, ebenfalls zu Beispiel 25, findet man weiterhin: Mod = 5.75 (Klassenmitte beim Häufigkeitswert $H_k = 7$).

Treten im Bereich des Medians numerisch gleiche Werte auf, so wird man i.a. den betreffenden Zahlenwert als Median bezeichnen. Wie gut die Stichprobenwerte von Modus und Median (und natürlich auch von arithmetischem usw. Mittelwert) als Schätzwerte für die entsprechenden Kenngrößen der zugehörigen Grundgesamtheit geeignet sind, kann aus den obigen Formeln natürlich nicht geschlossen werden. Zumindest im Fall des Modus sollte die Errechnung (bzw. Schätzung) nicht ohne Klassenbildung vorgenommen werden, damit möglicherweise zufällige Stichprobeneigenschaften nicht zu sehr in Erscheinung treten. (So kommt man z.B. im Beispiel 25 bzw. 27 ohne Klassenbildung zu zwei gleichberechtigten Moduswerten „5.5" und „6.5", was sicherlich nur ein zufälliger Stichprobeneffekt ist.)

Bei streng symmetrischen eingipfeligen Verteilungen (d.h. größte Häufigkeit in der Mitte, näheres in Kap. 2.5) gilt stets

$$\bar{a} = Mod = Med. \tag{2-18}$$

Im Fall von unsymmetrischen aber eingipfeligen Verteilungen gilt dagegen

$$\overline{a} < Med < Mod \quad bzw. \quad \overline{a} > Med > Mod \tag{2-19}$$

d.h. der Median liegt dann immer zwischen arithmetischem Mittelwert und Modus (vgl. Beispiele 25 und 27; dort gilt $\overline{a}$ = 6.24 > Med = 6.2 (6.1) > Mod = 5.75).

Es kann vorkommen, daß eine Verteilung mehrere relative Maxima aufweist. Dann lassen sich unter Umständen 1. Modus, 2. Modus usw. unterscheiden. Man spricht von *bimodaler, trimodaler* usw. Verteilung oder allgemein von einer *multimodalen Verteilung*; näheres s. Kap. 2.5. Im Zweifel ist der Modus gleich dem 1. Modus.

2.3 Quantile

In Verallgemeinerung des Median-Begriffs kann es von Interesse sein, welche Merkmale eines Kollektivs jeweils ein Viertel, ein Zehntel usw. der numerisch geordneten Daten abgrenzen. Am anschaulichsten können derartige Definitionen mit Hilfe der Verteilungsfunktion, s. Abb. 15, vor Augen geführt werden. Dann lassen sich die *Quantile* (Fraktile, Lokalisationsmaße, Lagemaße, Verteilungsmaße) ganz einfach als die Merkmale der Verteilungsfunktion definieren, die von der unteren Grenze der Merkmale aus (im Zweifel -∞) bzw. von der oberen Grenze aus (im Zweifel +∞) jeweils einen bestimmten Anteil der Daten umfassen. Entsprechend handelt es sich dann um die unteren bzw. die oberen Quantile.

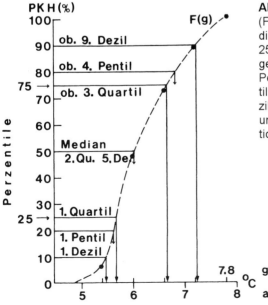

Abb. 15. Zur Definition der Quantile (Fraktile) einer Verteilungsfunktion, wobei die gestrichelte Kurve F(g) dem Beispiel 25 (Abb. 14) entspricht. Es bestehen einige Indentitäten, z.B. 1. Pentil = unteres Pentil (Pe_1) = 2. Dezil (De_2) = 20. Perzentil oder Median = 2. Quartil (Qu_2) = 5. Dezil (De_5) = 50. Perzentil; vgl. auch Quartil- und Pentilabstände im Rahmen der Variationsmaße (Kap. 2.4).

Wird das Datenkollektiv beispielsweise in Viertel eingeteilt, so gilt für das erste und zugleich untere *Quartil*

$$Qu_1 = F(0.25), \tag{2-20}$$

vgl. Abb. 15, für das dritte und zugleich obere Quartil

$$Qu_3 = F(0.75). \tag{2-21}$$

In ganz ähnlicher Weise kommt man zu *Pentilen* Pt_i (0.20, 0.40, ...), *Dezilen* De (0.1, 0.2,...) und anderen Quantilen. Der *Median* ist dann offenbar gleich dem 2. Quartil und dem 5. Dezil: Med = Qu_2 = De_5.

Wird das Kollektiv in hundert Anteile aufgeteilt, so führt dies zu Zentilen Ze_1 oder, im Fall von prozentualer Ausdrucksweise, zu *Perzentilen* Pe_k (Med = Ze_{50} = $Pe_{50\%}$). In dieser Form der Aufteilung werden in der Statistik insbesondere die theoretischen Verteilungen berechnet und tabelliert (näheres in Kap. 4 und 5). Die graphische Darstellung der Verteilungsfunktion in der Form PKH = F(g) – d.h. prozentuale kumulative Häufigkeit als Funktion der Merkmalswerte g bzw. Merkmale A (i.a. g = Klassenobergrenzen) – erlaubt offenbar näherungsweise die Schätzung beliebiger Quantile (vgl. Abb. 15).

2.4 Variationsmaße

Außer den mittleren bzw. häufigsten Werten interessiert in Rahmen der Stichprobenbeschreibung nun weiterhin, welche Variationen die zu untersuchenden Daten beinhalten. Will man dies durch eine einfache Zahl zum Ausdruck bringen, so bedeutet das den Versuch, das Ausmaß der Datenvariationen durch ein geeignetes *Variationsmaß* zusammenfassend zu kennzeichnen.

Das einfachste Variationsmaß (Streuungsmaß, Dispersionsmaß) ist die *Variationsbreite* (Schwankungsbreite, Spannweite Variationsbereich, Extrembereich)

$$b = a_{max} - a_{min} \tag{2-22}$$

bei der allerdings nur zwei Werte des Kollektivs (Maximum und Minimum) in die Berechnung eingehen. Im Fall von ein oder zwei starken Abweichungen vom Mittelwert („Ausreißer") und ansonsten geringer Datenvariation führt dies zu einer irreführenden Gesamtcharakterisierung der Stichprobe.

Ein besseres Variationsmaß ist daher die *durchschnittliche Abweichung*

$$d = \frac{1}{n} \sum |a_i - \bar{a}| = \frac{1}{n} \sum |a_i'|; \quad i = 1, ..., n; \tag{2-23}$$

d.h. der arithmetische Mittelwert der absoluten Beträge der Datenabweichungen vom arithmetischen Mittelwert. Im folgenden soll stets, wie in (2-23), die abkürzende Schreibweise „a'_i" für Abweichungen vom arithmetischen Mittelwert benützt werden.

Eindimensionale Stichprobenbeschreibung

Besondere Bedeutung, vor allem im Zusammenhang mit der Verteilungstheorie (näheres in Kap. 4, insbesondere Kap. 4.5), hat als meist benütztes Variationsmaß die *Standardabweichung*

$$s = \sqrt{\frac{1}{n-1}\sum a_i'^2} = \sqrt{\frac{n\sum a_i^2 - (\sum a_i)^2}{n(n-1)}} \tag{2-24}$$

erlangt, bei der nicht die linearen, sondern die quadratischen Abweichungen der Daten vom arithmetischen Mittelwert als Variationsmaß verwendet werden. Das Quadrat der Standardabweichung

$$s^2 = \frac{1}{n-1}\sum a_i'^2 = \frac{n\sum a_i^2 - (\sum a_i)^2}{n(n-1)} \tag{2-25}$$

heißt *Varianz* (manchmal in missverständlicher Weise auch Streuung; daher soll dieser Begriff hier nicht verwendet werden).

Die Schreibweisen (2-24) und (2-25) stammen aus der Theorie der „Normalverteilung" (näheres in Kap. 4.5) und unterscheiden sich von der häufig zu findenden vereinfachenden Momentenschreibweise

$$s^2 = \frac{1}{n}\sum a_i'^2 \; , \; s \; entsprechend, \tag{2-26}$$

die in Kap. 2.6 eingeführt werden wird. Bei großem Stichprobenumfang n sind diese beiden Schreibweisen praktisch identisch. Andernfalls ergibt sich ein nicht zu vernachlässigender Unterschied. Im folgenden sollen Standardabweichung und Varianz stets in der exakten Form nach (2-24, 2-25) gemeint sein. (Vorsicht bei Taschenrechnern, die häufig die Form (2-26) bevorzugen.)

Aus einer klassenorientierten Häufigkeitsverteilung lässt sich die Varianz mittels

$$s_K = \frac{1}{n-1}\sum_{k=1}^{K} H_k * KM_k'^2 \tag{2-27}$$

schätzen, wobei KM'_k die Abweichung der Klassenmitten vom arithmetischen Mittelwert und H_k die Häufigkeiten innerhalb der Klassen sind. Wie bei der entsprechenden klassenorientierten Schätzung des Mittelwertes weicht diese Schätzung i.a. natürlich von der exakten Berechnung anhand der Einzeldaten ab. Liegt eine Grundgesamtheit vor, so ist

$$\sigma^2 = \int_{-\infty}^{+\infty}(A-\mu)^2 f(A)\,dA \quad bzw. \quad \sigma^2 = \sum_{i=1}^{n}(A_i-\mu)^2 f(A_i) \tag{2-28}$$

die aus einer stetigen bzw. diskreten Wahrscheinlichkeitsdichtefunktion errechnete Varianz. Wie im Fall des Mittelwertes (μ statt $\bar{a}$) deutet das Symbol σ (statt s) auf die Tatsache einer Grundgesamtheit hin; vgl. folgende Tabelle (Tab. 18).

Tab. 18. Verwendung unterschiedlicher Kenngrößen-Symbole zur Unterscheidung von Stichprobe und Grundgesamtheit (vgl. dazu auch Kap. 1.2, insbesondere Tab. 3).

Kenngröße	Stichprobe (SP)	Grundgesamtheit (GG)
arithmetischer Mittelwert	$\bar{a}$	μ
Standardabweichung	s	σ
Kollektivumfang	n	ν bzw. ∞

Der Varianz kommt in einer ganzen Reihe von statistischen Methoden eine fundamentale Bedeutung zu, beispielsweise in der Varianzanalyse (Kap. 9), spektralen Varianzanalyse (Kap. 14.6), Korrelations- und Regressionsanalyse (Kap. 11) und einigen Schätz- (Kap. 5) und Prüfverfahren (Kap. 8). Aus diesem Grund sollen hier die wichtigsten Eigenschaften der Varianz nach (2-25) genannt werden:

- Die Varianz ist für jede Stichprobe n > 1 und nicht identische Merkmalswerte (Daten) a_i eine positive Zahl $s^2 > 0$. (Bei Identität der a_i ergibt sich 0.) Bei nur einem Merkmalswert ist wegen des Nenners in (2-25) formal $s^2 = \infty$.
- Die Varianz ist invariant gegenüber Transformationen der Form $a_i \pm D$ (z.B. Rechenvereinfachung, Skalentransformation).
- Die Varianz lässt sich in der Form

$$s^2 = \frac{1}{n-1}(\sum_{i=1}^{I} a_i^{'2} + \sum_{j=I+1}^{J} a_j^{'2} + ... + \sum_{k=n-K}^{K} a_k^{'2}) \tag{2-29}$$

in beliebig viele Anteile zerlegen. (Das heißt, in (2-29) können zwischen dem Laufindizes j und k beliebig viele weitere Terme eingeschoben werden.) Diese Tatsache bezeichnet man als Additivitätseigenschaft der Varianz (Anwendung im Kap .9).

Manchmal ist es von Interesse, die Varianz oder Standardabweichung in Relation zum arithmetischen Mittelwert anzugeben. Die übliche Berechnung hierfür

$$v = s/\bar{a} \text{ bzw. } v = (s/\bar{a}) * 100\% \tag{2-30}$$

wird als *Variationskoeffizient* (Variabilität, Variabilitätskoeffizient u.a.) bezeichnet und ist in der meist verwendeten prozentualen Angabe nichts anderes als die relative (prozentuale) Standardabweichung.

Wie oben erwähnt, sind die Berechnungsformeln für Standardabweichung und Varianz in Zusammenhang mit der Theorie der „Normalverteilung" (Kap. 4.5) zu sehen. Will man von diesem Zusammenhang unabhängig sein, so können an Stelle dieser Variationsmaße auch der Quartilabstand (Interquartilabstand)

$$QA = Qu_3 - Qu_1 \tag{2-31}$$

(Qu_3 = oberes Quartil , Qu_1 = unteres Quartil, vgl. Abb. 15) bzw. der halbe Quartilabstand QA/2 oder Dezilabstände wie z.B.

$$DA = De_9 - De_1 \qquad (2\text{-}32)$$

(De_9 = oberes Dezil, De_1 = unteres Dezil) verwendet werden. Der Dezilabstand DA nach (2-32) ist identisch mit dem Perzentilabstand

$$PA = Pe_{90} - Pe_{10} \qquad (2\text{-}33)$$

Dabei grenzen Pe_{90} und Pe_{10} jeweils 10% der Merkmalswerte des höchsten und niedrigsten Wertebereichs ab und umfassen somit 80% der Daten des jeweiligen Stichproben-Kollektivs. Im Fall einer eingipfeligen symmetrischen Häufigkeitsverteilung, die exakt der „Normalverteilung" entspricht (näheres in Kap. 4.5) liegen 80% der Werte im Bereich $\bar{a} \pm 1.28\,s$, so dass der Perzentil- und Dezilabstand rund dem Einenviertelfachen des doppelten Standardabweichungsbereiches entspricht. Der halbe Perzentil- (Dezil-) Abstand ist folglich unter diesen Voraussetzungen nur 7% größer als die Standardabweichung. Dies erklärt, warum dieses Variationsmaß recht häufig verwendet wird, wenn keine Voraussetzung hinsichtlich der Verteilungscharakteristika gemacht werden soll (sog. verteilungsfreies Verfahren). Dabei ist es sinnvoll, an der Stelle des arithmetischen Mittelwertes den Median zu verwenden. Dann liegt nämlich der halbe Perzentilabstand verteilungssymmetrisch um den Median.

Beispiel:
28. Variationsmaße zu Beispiel 25 (vgl. Tab. 16, Jahresmittelwerte der Lufttemperatur in °C, 1954-1970, Hohenpeißenberg, Oberbayern; Daten = a_i). Die Berechnung und Ergebnisse enthalten die beiden folgenden Tabellen 19 und 20.

a_i	$|a_i'|$	$a_i'^2$
5.6	-0.635	0.403
5.8	-0.435	0.189
4.9 (Min.)	-1.335	1.782
6.8	0.565	0.319
6.4	0.165	0.027
7.4	1.165	1.357
6.5	0.265	0.070
7.7 (Max.)	1.465	2.146
5.5	-0.735	0.540
5.7	-0.535	0.286
6.5	0.265	0.070
5.5	-0.735	0.540
6.7	0.465	0.216
6.9	0.665	0.442
6.2	-0.035	0.001
6.0	-0.235	0.055
5.9	-0.335	0.112
$\sum$ 106.0	10.035	8.555

Tab. 19. Rechenliste zu Beispiel 28.

$n = 17$; $\bar{a} = 106 / 17 \approx 6.235$
(vgl. Beispiel 25, Tab. 16);

$b = 7.7 - 4.9 = 2.8$;

$d = 10.035 / 17 \approx 0.590$;

$s = \sqrt{8.555 / 16} \approx \sqrt{0.535} \approx 0.731$;

$s^2 = 0.535$;

$v = 0.731 / 6.235 \approx 0.117 = 11.7\,\%$

Im Vorgriff auf Kap. 2.6 findet man für die Momentkoeffizienten von Schiefe und Exzess bei gleichem Genauigkeitsgrad (nach 2-40, 2-41):

$Sf \approx 0.25$; $Ex \approx -0.77$.

Tab. 20. Häufigkeitsverteilung und zugehörige Berechnung der klassenorientierten Variationsmaße zu Beispiel 28.

Klasse	KM_k	H_k	$\|KM'_k\|$	$H_k * \|KM'_k\|$	KM'^2_k	$H_k * KM'^2_k$	KH_k	PKH_k
4.9 - 5.4	5.15	1	1.085	1.085	1.177	1.177	1	5.9 %
5.5 - 6.0	5.75	7	0.485	3.395	0.235	1.645	8	47.1 %
6.1 - 6.6	6.35	4	0.115	0.460	0.013	0.052	12	70.6 %
6.7 - 7.2	6.95	3	0.715	2.145	0.511	1.533	15	88.2 %
7.3 - 7.8	7.55	2	1.315	2.630	1.729	3.458	17	100 %
Σ		17		9.715		7.865		

Abschätzung der Klassenzahl siehe Tab. 17.

Für die klassenorientierten Variationsmaße ergibt sich:
$d_K = 9.715 / 17 \approx 0.57$; $s_K \approx \sqrt{7.865/16} \approx \sqrt{0.492} \approx 0.70$; $s_K^2 \approx 0.49$;

Mit Hilfe von Abb. 15 schätzt man:
QA ≈ 6.7 - 5.7 = 1.0; DA = PA ≈ 7.3 - 5.5 = 1.8.

2.5 Empirische Häufigkeitsverteilung

In den Kapiteln 1.6 und 1.7 ist die enge Verbindung zwischen Häufigkeitsverteilung und Wahrscheinlichkeit zum Ausdruck gebracht worden. Soll ein Vorgang statistisch erfasst und nach Möglichkeit die Wahrscheinlichkeit künftiger zugehöriger Ereignisse abgeschätzt werden, so muss offenbar ausgehend von einer bekannten Stichproben-Häufigkeitsverteilung auf die Wahrscheinlichkeitsdichtefunktion der zugehörigen Grundgesamtheit (Population) geschlossen werden. Erste Schritte hierzu sind Beschreibungen der Stichprobe mittels Mittelungs- und Variationsmaßen (Kap. 2.2 und 2.4). Dies reicht aber nicht aus; denn die Abschätzung des Typs der Stichproben-Häufigkeitsverteilung gehört auch dazu. Man spricht in diesem Fall von einer empirischen Häufigkeitsverteilung (vgl. auch (1-33)) und versucht zunächst, die grobe (verallgemeinerte, geglättete) Struktur (charakteristische Form) dieser Verteilung festzustellen.

Eine solche Feststellung kann und sollte sich an den folgenden Grundtypen empirischer Häufigkeitsverteilungen orientieren, vgl. Abb. 16 (zur Gleichverteilung Abb. 10), wobei die Klassenbildung i.a. unerlässlich ist:

- *Gleichverteilung* → nahezu gleiche Häufigkeiten von Klasse zu Klasse;
- *eingipfelige (unimodale) Verteilung* = *A-Verteilung* → mehr oder weniger symmetrischer Anstieg der Häufigkeit von den Rändern (d.h. minimale und maximale Merkmale) aus mit einem Häufigkeits-Maximum dazwischen;
- *mehrgipfelige (multimodale) Verteilung* = *M-Verteilung* → Auftreten mehrerer deutlich unterscheidbarer relativer Häufigkeitsmaxima (mit Häufigkeitsanstieg von den Rändern aus wie oben);
- *J-Verteilung* → annähernd gleichmäßiger Anstieg der Häufigkeit von den minimalen Merkmalen aus in Richtung maximaler Merkmale;

- *inverse J-Verteilung* → annähernd gleichmäßiger Anstieg der Häufigkeit von den maximalen Merkmalen in Richtung minimaler Merkmale.
- *U-Verteilung* → mehr oder weniger symmetrischer Anstieg der Häufigkeit von einem mehr oder weniger in der Mitte liegenden Häufigkeitsminimum in Richtung minimaler und maximaler Merkmale.

Dabei dienen die Buchstabensymbole A bis U als Merkhilfe für die Verteilungsform.

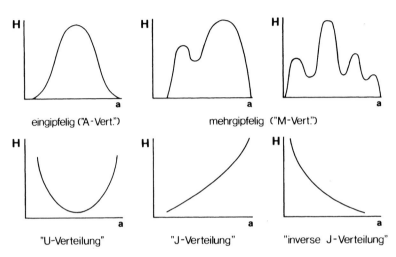

Abb. 16. Grundtypen empirischer Häufigkeitsverteilungen, hier in stetiger Darstellung (Häufigkeitsfunktionen).

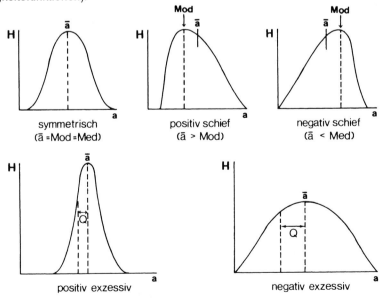

Abb. 17. Untergliederung der eingipfeligen Häufigkeitsverteilung (vgl. Abb. 16) nach Schiefe (oben) und Exzess (unten).

Bei den bisher betrachteten Beispielen handelt es sich offenbar in Abb. 6 und 10 um eine Gleichverteilung (ohne Klassenbildung in Abb. 4 weniger gut zu erkennen), wie sie insbesondere bei einfachen stochastischen Vorgängen zu erwarten ist (vgl. Kap. 1.7). Die Abbildungen 8,9,11 und 12 repräsentieren A-Verteilungen, während es sich bei den Abbildungen 5 und 7 um inverse J-Verteilungen handelt. Dies alles ist aber nur als statistische Vermutung auf Grund der Stichproben-Information aufzufassen. Erst in Kap. 4 und insbesondere in Kap. 8 sollen derartige Vermutungen statistisch abgesichert werden.

Besonders häufig treten – dies gilt auch in den Geowissenschaften – A-Verteilungen auf, so dass es sich als wichtig herausgestellt hat, diesen Verteilungstyp eingehender zu klassifizieren. Dabei ist zunächst einmal zu unterscheiden, ob es sich um eine annähernd symmetrische A-Verteilung handelt, vgl. Abb. 17, oder ob das Häufigkeitsmaximum deutlich in Richtung minimaler bzw. maximaler Merkmale verschoben ist. In diesem Fall spricht man von schiefen A-Verteilungen, wobei in willkürlicher Definition bei

$$\bar{a} > Mod \tag{2-34}$$

von *positiver Schiefe* (Linksteile) und bei

$$\bar{a} < Mod \tag{2-35}$$

von *negativer Schiefe* (Rechtssteile) gesprochen wird. Dementsprechend lässt sich

$$Sf_* = \frac{\bar{a} - Mod}{s} \tag{2-36}$$

als Schiefemaß verwenden, das bei symmetrischer Verteilung offenbar Sf = 0 wird und den obigen Definitionen qualitativ entspricht. Ein weiteres Schiefemaß folgt in Kap. 2.6.

Weiterhin kann eine A-Verteilung flacher oder steiler verlaufen, vgl. wiederum Abb. 17. Es zeigt sich, dass dieses Phänomen durch die Angabe der Standardabweichung nicht vollständig beschrieben ist. Geht man von der in Kap. 4.5 definierten „Normalverteilung" (symmetrische A-Verteilung in Glockenform) als Standard aus, so können nämlich trotz gleichem Wert der Standardabweichung mehr oder weniger Daten in der Mitte (in der Nähe des Häufigkeitsmaximums) zentriert sein. Diese Eigenschaft heißt *Exzess* (Wölbung, Kurtosis). In diesem Fall (stärkere Zentrierung, steilerer Verlauf in der Mitte) spricht man von einem *positiven Exzess* (Leptokurtosis) im zweiten Fall (geringere Zentrierung, flacherer Verlauf in der Mitte) von einem *negativen Exzess* (Platykurtosis). Als relatives Exzessmaß wird manchmal

$$Ex_* = \frac{Qu_3 - Qu_1}{2(De_9 - De_1)} \tag{2-37}$$

angegeben. Auch hierzu soll jedoch im folgendem Kap. 2.6 eine andere Maßzahl eingeführt werden. Kein Exzess entspricht sog. Iso- oder Mesokurtosis.

Die geeignete *graphische Darstellungsform* eindimensionaler empirischer Häufigkeitsverteilungen kann, insbesondere zu Zwecken der Anschaulichkeit, im einzelnen sehr unterschiedlich sein. In der Abb. 18 ist daher für ein sehr einfaches Beispiel (vier Klassen) demonstriert, in welchen verschiedenen Darstellungsformen sich ein und dieselbe

Häufigkeitsverteilung präsentieren lässt. Die letztlich gewählte Darstellungsform wird sicherlich von der Art der Daten und dem zu erzielenden Zweck abhängen, wobei besonders in der (thematischen) Geographie viele unterschiedliche Möglichkeiten in Frage kommen (vgl. dazu z.B. FLIRI (1969) oder BAHRENBERG et al. (1990, 1992)).

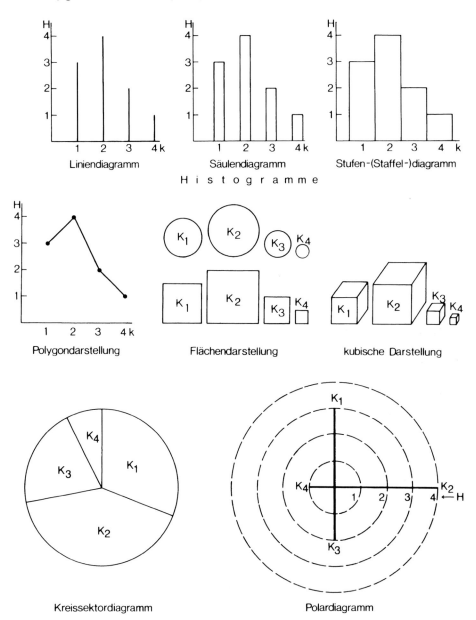

Abb. 18. Möglichkeiten der graphischen Darstellung eindimensionaler Häufigkeitsverteilungen. Es handelt sich hier jeweils um das gleiche Zahlenbeispiel mit den Häufigkeiten H = 3, 4, 2, 1; K = Klasse, k = zugehöriger Index.).

2.6 Momente und Erwartungswert

Arithmetischer Mittelwert und Varianz können als Sonderfälle von Maßzahlen aufgefasst werden, die geeignet sind, empirische wie theoretische Häufigkeitsverteilungen (bzw. Wahrscheinlichkeitsdichtefunktionen der Grundgesamtheit) zu charakterisieren. Diese allgemeine Form stellen die *Momente* (Potenzmomente)

$$m_k = \frac{1}{n} \sum_{i=1}^{n} a_i^k \qquad (2\text{-}38)$$

zusammen mit den *zentralen Momenten*

$$zm_k = \frac{1}{n} \sum_{i=1}^{n} (a_i - \overline{a})^k = \frac{1}{n} \sum_{i=1}^{n} a_i'^k \qquad (2\text{-}39)$$

dar. Das erste Moment m_1 ist offensichtlich gleich dem arithmetischen Mittelwert und das zweite zentrale Moment zm_2 annähernd gleich der Varianz. Wie im Kap. 2.4 bereits ausgeführt, steht die meist verwendete Formel für die Varianz (2-25) in Definitionszusammenhang mit der Theorie der „Normalverteilung" (Kap. 4.5). Die obige Potenzmomentformel ist davon unabhängig, und es ist letztlich Ansichtssache, welche von beiden Formeln man bevorzugen möchte. Das erste zentrale Moment zm_1 ist im übrigen stets Null.

Von den höheren Momenten haben vor allem das dritte und vierte zentrale Moment praktische Bedeutung, und zwar in Form der *Momentkoeffizienten* für Schiefe und Exzess (vgl. Kap. 2.5). Diese Koeffizienten lauten zur Kennzeichnung der *Schiefe*

$$Sf = zm_3 / s^3 \qquad (2\text{-}40)$$

und zur Kennzeichnung des Exzess

$$Ex = (zm_4 / s^4) - 3 \qquad (2\text{-}41)$$

Es gehen somit die dritte bzw. vierte Potenz der Standardabweichung s in die Berechnungen mit ein.

Die Formel (2-40) steht in qualitativer Übereinstimmung mit (2-36); denn bei symmetrischen Verteilungen folgt $Sf = 0$ und positive bzw. negative Schiefe werden in ihren Vorzeichen richtig (d.h. definitionsgemäß) wiedergegeben. Nach (2-41) folgt für die „Normalverteilung" (Kap. 4.5) $Ex = 0$. Manchmal wird diese Formel jedoch ohne die Subtraktion von „3" angegeben; in diesem Fall kommt der „Normalverteilung" der Exzess „3" zu. In diesem Buch soll jedoch stets (2-41) gelten. Die Definitionsformeln der Momente für Stichproben mit und ohne Klassenbezug sowie für Gesamtheiten mit kontinuierlicher und diskreter Wahrscheinlichkeitsdichtefunktion sind in der Tabelle 21 zusammengestellt. Ein Anwendungsbeispiel zur Errechnung der Momentkoeffizienten von Schiefe und Exzess ist in Tab. 19 enthalten.

Eindimensionale Stichprobenbeschreibung

Tab. 21. Berechnungsformeln der Momente für Stichproben und Grundgesamtheiten, allgemein und klassenorientiert, wobei a_i' bzw. KM_i' wieder die Abweichungen vom i.a. arithmetischen Mittelwert sind (vgl. Erläuterung zu Formel (2-23); f(A) bzw. $f(A_i)$ ist die Wahrscheinlichkeitsdichtefunktion.

Bezeichnung	Stichprobe (SP) allgemein	klassenorientiert	Grundgesamtheit (GG) diskret	Stetig
k-tes Moment	$\dfrac{1}{n}\sum_{i=1}^{n} a_i^k$	$\dfrac{1}{n}\sum_{j=1}^{K} H_j KM_j^k$	$\sum_{i=1}^{\upsilon} A_i^k f(A_i)$	$\int_{-\infty}^{+\infty} A^k f(A)dA$
k-tes zentrales Moment	$\dfrac{1}{n}\sum_{i=1}^{n} a_i'^k$	$\dfrac{1}{n}\sum_{j=1}^{K} H_j KM_i'^k$	$\sum_{i=1}^{\upsilon} A_i'^k f(A_i)$	$\int_{-\infty}^{+\infty} (A-\mu)^k f(A)dA$

Es lässt sich nun zeigen, dass zumindest im Fall von stochastischen Prozessen, die somit die Bedingung (1-4) erfüllen, die Momente und zentralen Momente ebenfalls gleichmäßig gegen einen Festwert von m bzw. zm konvergieren. Für die Praxis bedeutet dies, dass in diesem Fall ab einem nicht zu kleinen Stichprobenumfang n die Momente gegenüber der Erhöhung des Stichprobenumfangs invariant im Rahmen der Wertegenauigkeit sind; für Zeitreihen (vgl. Kap. 1.5) gilt dies ab einem nicht zu kleinen Zeitintervall m∗Δt bzw. Wert m. Diese wichtige Eigenschaft nennt man *Stationarität*. Der oben genannte Rahmen der Wertegenauigkeit wird in Kap. 5.3 anhand des Konzeptes der „Mutungsbereiche" behandelt. In der praktischen Arbeit sind vor allem die Stationarität bzw. Nicht-Stationarität bezüglich des Mittelwertes und der Varianz wichtig, bei Zeitreihen auch hinsichtlich der Autokorrelationsfunktion (Definition dazu folgt in Kap. 14.3).

Bei Grundgesamtheiten (GG) und somit theoretischen Wahrscheinlichkeitsdichtefunktionen f(a) (vgl. Kap. 1.7, Formel (1-23); Kap. 1.9, Formel (1-33)) kann m_1 (Mittelwert) als einer der Parameter aufgefasst werden, welche die Lage und Form von f(a) bezüglich eines Koordinatensystems charakterisieren (näheres in Kap. 4). Sieht man nun weiterhin in a_i die möglichen Werte einer diskreten Zufallsvariablen und sind p_i die zugehörigen Eintrittswahrscheinlichkeiten bzw. ist a eine stetige Zufallsvariable, so wird

$$E(a) = \frac{np_1 a_1 + np_2 a_2 + \ldots np_k a_k}{n} = \sum_{i=1}^{k} p_i a_i \quad bzw. \quad \int_{-\infty}^{+\infty} a f(a) da \qquad (2\text{-}42)$$

als *Erwartungswert* dieser Variablen bezeichnet, um den die Werte a_i bzw. a variieren (HENGST, 1967). Dieser Wert E(a) ist näherungsweise gleich dem GG-Mittelwert μ (vgl. Tab. 18) bzw. einer auf SP-Informationen beruhenden „Punktschätzung" dafür (vgl. Kap. 5.2), wobei für das Argument einer theoretischen Verteilung i.a. „x" statt „a" geschrieben wird (vgl. Kap. 4). Bemüht man wieder das einfache Würfelbeispiel, bei dem für jede gewürfelte Augenzahl p = 1/6 ist (vgl. Abb. 10, links), so gilt für i=1,...,6:
E(a) = Σi∗(1/6) = 1/6+2/6+3/6+4/6+5/6+6/6 = 3.5 (= μ = 1/6(1+2+3+4+5+6) für A_j).

3 Mehrdimensionale Stichprobenbeschreibung

3.1 Einführung

Bisher wurden eindimensionale Stichproben

$$SP = SP_n = (a_i), \quad i=1,...,n \tag{3-1}$$

behandelt, bei denen alle Merkmalswerte (Daten) durch jeweils eine Zahl (ggf. mit Maßeinheit) vollständig gekennzeichnet sind und deren Häufigkeitsverteilung sich zweidimensional darstellen lässt. Nicht selten hat man es in den Geowissenschaften aber auch mit mehrdimensionalen Stichproben zu tun, wobei vor allem folgende Möglichkeiten in Frage kommen:
- Die Merkmalswerte sind Vektoren (der Dimension m > 1).
- Die Merkmalswerte sollen in der Form von skalaren oder vektoriellen Feldern bzw. Anordnungen im Raum untersucht werden. In diesem Fall sind die Merkmalswerte als Funktion der Raumkoordinaten (x,y,z) gegeben.
- Es sollen Stichproben verschiedener Art aber gleichen Umfangs kombiniert werden.

Im zweidimensionalen Fall führt dies an Stelle von (3-1) zu einer Stichprobenmatrix der Form

$$SP_{m,n} = \begin{Bmatrix} a_{11}\, a_{12}...a_{1n} \\ a_{21}\, a_{22}...a_{2n} \\ a_{m1}\, a_{m2}...a_{mn} \end{Bmatrix} = a_{ij}, \begin{cases} i=1,...n; \\ j=1,...m. \end{cases} \tag{3-2}$$

Im dreidimensionalen Fall muß man sich mehrere Matrizen hintereinander geschaltet denken, vergleichbar den Seiten eines Buches. Ab dem vierdimensionalen Fall versagt die Anschauung, was aber nicht bedeutet, daß sich m > 3-dimensionale Stichproben mathematisch-statistisch nicht handhaben lassen. Im folgenden sind einige Beispiele für mehrdimensionale Stichproben zusammengestellt.

Beispiele:
29. Der Horizontalwind (Daten von Richtung und Geschwindigkeit) ist ein zweidimensionaler Vektor. Werden bei einer entsprechenden Stichprobe auch die Daten der Vertikalkomponete mit erfasst, so kommt eine dreidimensionale Stichprobe zustande.
30. Geographische Daten – z.B. Einwohnerzahlen, topographische Höhe (über NN), Wirtschaftsproduktion – bezogen auf geographische Koordinaten oder Flächeneinheiten, stellen zweidimensionale Stichproben dar.
31. Temperatur - und Niederschlagsmessungen an einer Station für ein Zeitintervall n∗Δt (n = SP-Umfang, Δt = Messintervall) lassen sich zu einem einfachen zweidimensionalen „Klimavektor" zusammenfassen.

3.2 Mehrdimensionale Mittelungsmaße

Ist SP = $\{x_i, y_i, z_i\}$ eine dreidimensionale Stichprobe mit den Komponenten x, y, z, jeweils vom (natürlich gleichen) Umfang n, so entspricht dem arithmetischen Mittelwert das *arithmetische Mittelzentrum* (mehrdimensionaler bzw. vektorieller arithmetischer Mittelwert)

$$MZ = \left\{\bar{x} = \frac{1}{n}\sum x_i; \bar{y} = \frac{1}{n}\sum y_i; \bar{z} = \frac{1}{n}\sum z_i\right\}, i = 1,...,n. \tag{3-3}$$

Bei zwei Dimensionen entfällt die dritte Komponente z, bei mehr als drei Komponenten muß (3-3) entsprechend erweitert werden. Wie im eindimensionalen, so ist auch im mehrdimensionalen Fall Wichtung möglich, indem komponentenweise in (3-3) die Form (2-6) eingesetzt wird. Auch Klasseneinteilungen erfolgen ganz analog zum eindimensionalen Fall. Das *klassenorientierte arithmetische Mittelzentrum* ist dann

$$MZ_K = \left\{\bar{x}_K = \frac{1}{n}\sum H_k(x) * KM_k(x); \bar{y}_k, \bar{z}_k \; entspr.\right\}, k = 1,...K. \tag{3-4}$$

Ein Beispiel hierzu folgt später.

Im Fall von Vektoren werden statistische Auswertungen häufig in der Weise vorgenommen, daß eine Trennung in die Komponenten erfolgt (beispielsweise in Richtung und Geschwindigkeit des Horizontalwindes) und die entsprechenden Daten (z.B. x_i, y_i) komponentenweise wie eindimensionale Stichproben behandelt werden. Fasst man, nach der arithmetischen Mittelbildung, die so behandelten Komponenten wieder zu einem Vektor zusammen, so ist dieser i.a. nicht gleich dem arithmetischen Mittelvektor; vgl. Beispiel 33. Das gleiche gilt für andere vektorielle Mittelungs- und Variationsmaße. Ist somit (3-2) eine Stichprobe von m-dimensionalen Vektoren des Umfangs n (in jeder Spalte steht dann ein Vektor), so erhält man den *vektoriellen Mittelwert* explizit durch

$$MZ_m = \left\{\bar{a} = \frac{1}{n}\sum a_{i1}; \bar{a} = \frac{1}{n}\sum a_{12};...;\bar{a}_m = \frac{1}{n}\sum a_{im}\right\}, i = 1,...,n \;, \tag{3-5}$$

was im dreidimensionalen Fall formal mit (3-3) identisch ist. Liegen die vektoriellen Daten nicht in kartesischen sondern polaren Koordinaten (Richtungs- und Betragsangaben) vor, so ist es zweckmäßig, in kartesische Werte umzurechnen. Auch das soll in Beispiel 33 demonstriert werden.

Betrag (z.B. Geschwindigkeit des Horizontalwindes) und Richtung des arithmetischen Mittelvektors lässt sich dann zum Beispiel im zweidimensionalen Fall sofort durch

$$|\vec{a}| = \bar{a}_1^2 + \bar{a}_2^2 \quad bzw. \quad |\vec{a}| = \bar{x}^2 + \bar{y}^2 \tag{3-6}$$

und

$$tg\alpha = \bar{a}_1 / \bar{a}_2 \quad bzw. \quad tg\alpha = \bar{x} / \bar{y} \tag{3-7}$$

berechnen (Betrag $|a|$ und Richtung α).

Zur Bestimmung des mehrdimensionalen (bzw. vektoriellen) Modus und Median muss die entsprechende Stichprobe, möglichst in klassenorientierter Form, in eine Häufigkeitsverteilung überführt werden; vgl. Beispiel 32. Im zweidimensionalen Fall erhält man ganz analog zu (3-2) eine Häufigkeitsmatrix

$$H_{i,j} = \begin{Bmatrix} H_{11} H_{12} ... H_{1n} \\ H_{21} H_{22} ... H_{2n} \\ .... \\ H_{m1} H_{m2} ... H_{mn} \end{Bmatrix}; \quad i = 1,...,n; j = 1,...,m. \quad (3-8)$$

Im dreidimensionalen Fall muss man sich wieder mehrere Matrizen im Raum vorstellen. Dem Modus entspricht im mehrdimensionalen Fall das *Modalzentrum*

$$ModZ = \{KM_{i,j}(\max)\} \quad bzw. \quad ModZ = \{KM_{i,j,k}(\max)\}, \quad (3-9)$$

d.h. es ist die Klasse mit der größten Häufigkeit aufzusuchen. Wie im eindimensionalen Fall kann es unimodale, bimodale usw. Verteilungen geben und somit ein 1., 2. usw. Modalzentrum. Rein rechnerisch (bzw. in der EDV-Realisation) läßt sich die Matrix (3-8) auch „entfalten", d.h. spaltenweise untereinander bzw. zeilenweise nebeneinander schreiben (bzw. im EDV-File entsprechend speichern). Dann ist das Modalzentrum einfach das Maximum dieser Zahlenreihe. Dem Median entspricht im mehrdimensionalen Fall das *Medianzentrum*, das sich in der Praxis am besten auf graphischem Weg durch die Bestimmung der Komponenten-Mediane {Med$_x$, Med$_y$, (Med$_z$)} ermitteln lässt. Im zweidimensionalen Fall (vektorielle oder Feldgröße) kann man sich arithmetisches Mittelzentrum, Modalzentrum und Medianzentrum als bestimmte Punkte in einer Ebene, im dreidimensionalen Fall als bestimmte Punkte im Raum vorstellen.

Beispiel:
32. Eine Feldgröße (skalar, z.B. Einwohnerzahlen einer Stadt, Erbebenhäufigkeit einer Region, Zahl der Sturmschäden einer Region innerhalb eines bestimmten Zeitintervalls) soll für ein Gebiet (horizontale Fläche x,y) von 80 km^2 in 2*2 km - Klassen (Flächenanteilen) vorliegen; s. Tab. 22. Es sind arithmetisches Mittelzentrum sowie Modal- und Medianzentrum zu bestimmen. Diese Berechnungen bzw. Schätzungen werden im Zusammenhang mit Tab. 23 und Abb. 19 durchgeführt (folgende Seiten).

Als weitere Beispiele mehrdimensionaler Stichproben bei geowissenschaftlichen Untersuchungen, nunmehr in Erweiterung auf drei Dimensionen, können z.B. bezogen auf ein räumliches Gitter (x_i, y_i, z_i) Schadgaskonzentrationen, Luftfeuchtewerte, elektrische Feldstärken u.v.a. untersucht werden. Unter geographischem Aspekt soll in dieser Hinsicht hier auf BAHRENBERG et al. (1990, 1992) verwiesen werden.

Mehrdimensionale Stichprobenbeschreibung

Tab. 22. Stichprobendaten zu Beispiel 32.

y-Koordinate in km	x-Koordinate in km						
		0	2	4	6	8	10	Σ
8							
6		21	25	19	16	12	93
4		18	37	58	43	20	176
2		25	41	53	41	23	183
0		32	33	36	34	17	152
Σ		96	136	166	134	72	604 (=n)

Anmerkung: Die Zahlen in den Feldern (die sich auf Flächenanteile beziehen) sind als absolute Häufigkeiten aufzufassen. Die Zeilen- und Spaltensummen sind jeweils eindimensionale Häufigkeitsprofile (Querschnitte) der insgesamt zweidimensionalen Häufigkeitsverteilung H_{ij}.

Tab. 23. Rechentabelle zu Beispiel 32 (arithmetisches Mittelzentrum).

1	2	3	4	5
H_{ij}	KM_x	$H_{ij} * KM_x$	KM_y	$H_{ij} * KM_y$
21	1	21	7	147
25	3	75	7	175
19	5	95	7	133
16	7	112	7	112
12	9	108	7	84
18	1	18	5	90
37	3	111	5	185
58	5	290	5	290
43	7	301	5	215
20	9	180	5	100
25	1	25	3	75
41	3	123	3	123
53	5	265	3	159
41	7	287	3	123
23	9	207	3	69
32	1	32	1	32
33	3	99	1	33
36	5	180	1	36
34	7	238	1	34
17	9	153	1	17
Σ 604		2920		2232

Die Berechnung des arithmetischen Mittelzentrums MZ erfolgt am günstigsten über die zeilenweise „entfaltete" Häufigkeitsmatrix, wie in der nebenstehenden Tabelle geschehen. Dabei sind die Spalten 2 und 4 hier nur zur Verdeutlichung mit angegeben; sie können in der Praxis natürlich entfallen.
Es ergibt sich:

$$MZ = \left\{\frac{290}{604}, \frac{2232}{604}\right\} = \{4.83, 3.70\}.$$

Das Modalzentrum liegt dagegen offenbar bei den Koordinaten
ModZ = {x = 5, y = 5}, da dies die Klassenmitten (KM_x, KM_y) für die größte auftretende Häufigkeit (H_{ij} = 58) sind, vgl. Tab. 22.

Ist geographisch gesehen x die Ost- und y die Nordrichtung, so liegt MZ somit knapp südwestlich von ModZ (im Feld H_{ij} = 53; vgl. wiederum Tab. 22).

Nach Abbildung 19 findet man das Medianzentrum:
MedZ ≈ {x = 5.0, y = 3.7}.

(Abbildung zur graphischen Schätzung von MedZ siehe folgende Seite.)

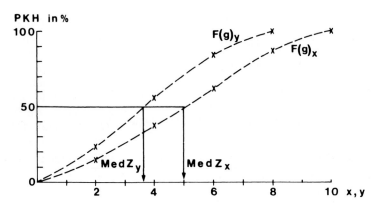

Abb. 19. Graphische Schätzung des Medianzentrums MedZ zu Beispiel 32 (komponentenweise).

Geowissenschaftlich besonders wichtige mehrdimensionale Datensätze bilden *vektorielle Stichproben*. Liegen diese Daten nicht in kartesischer Form vor, was in den Geowissenschaften sehr häufig der Fall ist (z.B. Windvektor in Richtung und Geschwindigkeit), ist auf korrekte Koordinatenumwandlungen zu achten. Dabei besteht in der Meteorologie die Besonderheit, dass als Windrichtung nicht wie sonst üblich die Richtung angegeben wird, in die der Vektor weist (hier als „allgemeine Winkelangabe" bezeichnet), sondern die Richtung, aus der der Wind kommt (hier als „meteorologische Winkelangabe" bezeichnet). Ist α die „meteorologische", β die „allgemeine" und φ die Polarwinkelangabe, so gilt:

$$\beta = \alpha - 180°; \quad \alpha = \beta + 180°; \tag{3-10}$$
$$\varphi = 90° - \beta; \quad \beta = 90° - \varphi; \tag{3-11}$$
$$\varphi = 270° - \alpha; \quad \alpha = 270° - \varphi. \tag{3-12}$$

Dabei erfolgt die Gradangabe jeweils nach der 360° - (Vollkreis) - Skala („Altgrad"). Für die Umwandlung der Polarkoordinaten (r,φ) in kartesische Koordinaten (x, y) und umgekehrt gilt im zweidimensionalen Fall:

$$x = r \cos\varphi; \; y = r \sin\varphi; \tag{3-13}$$
$$r = \sqrt{x^2 + y^2}; \varphi = arc \tan \frac{y}{x}. \tag{3-14}$$

Im dreidimensionalen Fall lautet der Übergang von polaren Kugelkoordinaten (r,φ, λ) mit φ = Winkel zwischen x-Achse und Projektion des Radiusvektors r in die (x, y) - Ebene sowie λ = Winkel zwischen z-Achse und Projektion von r in die (y, z) - Ebene zu kartesischen Koordinaten:

$$x = r \sin\lambda \cos\varphi; \quad y = r \sin\lambda \sin\varphi; \quad z = r \cos\lambda; \tag{3-15}$$

$$r = \sqrt{x^2 + y^2 + z^2}\;;\; \varphi = arc\tan\frac{y}{x};\; \lambda = arc\tan\frac{\sqrt{x^2 + y^2}}{z}\;.\qquad(3\text{-}16)$$

(Nähere mathematische Hinweise dazu siehe z.B. BRONSTEIN et al., 1999.)

Beispiel:
33. Aus den drei in Tab. 24 in meteorologischen Koordinaten angegebenen (zweidimensionalen) Windvektoren v_i (α = Windrichtung in Grad, v = Windgeschwindigkeit in ms^{-1}) ist der meteorologische und kartesische Mittelvektor zu errechnen.

Tab. 24: Rechentabelle zu Beispiel 33; i ist die Nummer der Messung; α = „meteorologischer", β = allgemeiner und φ = Polarkoordinaten-Winkel; x,y kartesische Koordinaten.

i	α	v	β	v	r	φ	x	y
1	270°	12	90°	12	12	0°	12.00	0.00
2	230°	10	50°	10	10	40°	7.66	6.43
3	290°	14	110°	14	14	340°	13.16	-4.79
Σ							32.82	1.64

(Die Angabe des stets identischen Vektorbetrags v = r kann natürlich auch entfallen.)

(Fortsetzung Beispiel 33.) Nach der Umrechnung in die kartesischen Koordinaten x und y folgt für den vektoriellen Mittelwert (Mittelzentrum):

$$MZ = \left\{\frac{32.82}{3}, \frac{1.64}{3}\right\} \approx \{10.94, 0.55\};\; vgl.\; Abb.20\;.$$

Rückrechnung in Polarkoordinaten ergibt (r = 10.95, φ = 2.88°) und in meteorologische Koordinaten (α = 267°, v = 11 ms^{-1}). Dieser Mittelvektor unterscheidet sich offensichtlich von den Werten, die man mittels jeweils eindimensionaler komponentenweiser Mittelung erhält (Spalten 2 und 3 separat: α = 263°, v = 12 ms^{-1}).

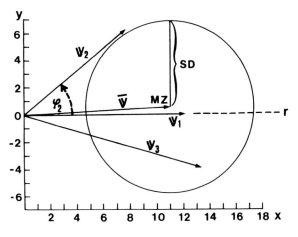

Abb. 20. Einzelvektoren v_1, v_2 und v_3 sowie Mittelvektor $\bar{v}$ und Standarddistanz SD zu den Beispielen 33 und 36. (Sie Spitze des Mittelvektors weist auf das arithmetische Mittelzentrum MZ.)

Mehrdimensionale Stichprobenbeschreibung

Für den speziellen Fall, dass eine zweidimensionale vektorielle Häufigkeitsverteilung klassifiziert nach den Richtungen der achtteiligen Windrose (N, NW, W,...) vorliegt, können die kartesischen Komponenten x und y des vektoriellen Mittelwertes nach PANOFSKY und BRIER (1958) direkt aus ↓ (3-17)

$$x = \frac{1}{n}\left[\begin{array}{l}\Sigma(KM*H_W) - \Sigma(KM*H_O) + 0.707(\Sigma(KM*H_{SW}) + \Sigma(KM*H_{NW})) \\ - 0.707(\Sigma(KM*H_{SO}) + \Sigma(KM*H_{NO}))\end{array}\right]$$

$$y = \frac{1}{n}\left[\begin{array}{l}\Sigma(KM*H_S) - \Sigma(KM*H_N) + 0.707(\Sigma(KM*H_{SW}) + \Sigma(KM*H_{SO})) \\ - 0.707(\Sigma(KM*H_{NO}) + \Sigma(KM*H_{NW}))\end{array}\right]$$

errechnet werden. Dabei sind KM die Klassenmitten der Geschwindigkeitsklassen (Beträge) der vektoriellen Stichprobe und H die Häufigkeiten der jeweils im Index angegebenen Richtungsklassen: Der Laufindex k ist aus Gründen der Vereinfachung weggelassen. Mit den Zahlenwerten $0.707 \approx \cos(45^0)$ werden offenbar die Zwischenrichtungen NW, SW usw. erfasst. Bei genauerer Unterteilung müssen die Richtungsklassen ggf. durch $\cos(10°) \approx 0.985$, $\cos(20^0) \approx 0.940$ usw. erfasst werden (Erweiterung von (3-17)).

Beispiel:
34. Nach PANOFSKY und BRIER (1958) gilt für La Guardia Field (USA) die in der folgenden Tab. 25 angegebene mittlere Häufigkeitsverteilung des Windes (Richtung nach Windrose, Geschwindigkeit in Knoten = kn). Mittlerer Windvektor, Modal- und Medianzentrum sind zu bestimmen.

Tab. 25. Urliste (Protokoll), zugleich Häufigkeitsverteilung, und Summierung zu Beispiel 34 (KM = Klassenmitte; meteorologische Windrichtungen nach achtteiliger Windrose).

Klasse	KM	S	SW	W	NW	N	NO	O	SO	Σ
4.0 - 6.9	5.45	0	0	2	0	1	0	1	0	4
7.0 - 9.9	8.45	6	8	2	0	16	13	17	2	64
10.0 - 12.9	11.45	11	12	5	4	16	8	15	7	78
13.0 - 15.9	14.45	11	16	10	14	21	7	6	2	87
16.0 - 18.9	17.45	5	8	9	22	8	1	5	5	63
19.0 - 21.9	20.45	1	5	6	37	8	0	1	0	58
22.0 - 24.9	23.45	0	5	5	26	2	0	2	1	37
25.0 - 27.9	26.45	0	0	4	11	2	0	0	0	17
28.0 - 30.9	29.45	1	1	4	14	0	0	0	2	22
31.0 - 33.9	32.45	0	0	2	4	0	0	0	0	6
34.0 - 36.9	35.45	0	0	1	0	2	0	0	0	3
37.0 - 39.9	38.45	0	0	0	5	0	0	0	0	5
40.0 - 42.9	41.45	0	0	0	1	0	0	0	0	1
Σ		35	51	50	138	76	29	47	19	445(=n)
$\Sigma(KM*R)_k$		473	731	950	3024	1101	320	562	296	

(Fortsetzung von Beispiel 34.)
Setzt man die Werte (KM∗R)$_k$ in die Formel (3-17) ein, so folgt:
MZ = {x = 5.859; y = -5.092}.
Die Umrechnung nach (3-14) führt zu v = 7.76 ≈ 7.8 (kn) und einschließlich (3-12) zu α = - 40.99° (+360°) → rund 319°, was dann gleich die meteorologischen Koordinaten ergibt. Der Mittelvektor zeigt somit NW-Wind mit knapp 8 Knoten an, obwohl das Modalzentrum in der Klasse {KM = 20.45 kn, NW} liegt, vgl. fett gedruckten Häufigkeitswert in Tab. 25. Die graphische Abschätzung des Medianzentrums ist nur für die Geschwindigkeitskomponente eindeutig durchführbar; mit Hilfe der prozentualen kumulativen Häufigkeiten der Geschwindigkeitsklassen (Prinzip vgl. Abb. 19) findet man Medz$_v$ ≈ 12,5 kn.

Das vorstehende Beispiel lässt sich auch genau analog zu Beispiel 32 behandeln, was allerdings die Umrechnung aller Klassenvektoren (Geschwindigkeits- und Richtungsklassen) in kartesische Koordinaten, „Entfaltung" der Matrix usw. erfordert. Berücksichtigt man, dass nach den empirischen Regeln der Klasseneinteilung (1-18) im Fall des Beispiels 33 (zweidimensional) $K_{St} \approx \sqrt{(1+3.32) * \lg 445} \approx 3.1$ nur eine Matrix von 3∗3 Klassen gebildet werden sollte (vgl. die vielen „leeren" Klassen in Tab. 25), so lässt sich der Rechengang, auf Kosten der Genauigkeit, wesentlich vereinfachen.

3.3 Mehrdimensionale Variationsmaße

Prinzipiell lassen sich alle eindimensionalen Variationsmaße (vgl. Kap. 2.4) auf mehrdimensionale Stichproben übertragen. Wie im eindimensionalen Fall, so haben sich auch im mehrdimensionalen Fall ganz bestimmte Variationsmaße durchgesetzt.
So entspricht der (eindimensionalen) Standardabweichung im mehrdimensionalen Fall die *Standarddistanz* (mehrdimensionale bzw. vektorielle Standardabweichung)

$$SD = \sqrt{\frac{1}{n-1}\sum_{i=1}^{n}(x_i'^2 + y_i'^2 + \ldots + z_i'^2)}, \qquad (3\text{-}18)$$

wobei n wieder der Stichprobenumfang und x_i', y_i' usw. die Abweichungen von den betreffenden Komponenten des Mittelzentrums MZ sind ($x_i' = x_i - MZ_x$, $y_i' = y_i - MZ_y$; usw.). Die Standarddistanz ist in jedem Fall eine einzige Zahl, die vektorielle Standardabweichung somit ein Skalar. Im dreidimensionalen Fall brauchen in (3-18) keine weiteren Komponenten ergänzt werden, im zweidimensionalen Fall entfällt die Komponente z.
Bei Klassenorientierung gilt:

$$SD_K = \sqrt{\frac{1}{n-1}\sum_{k=1}^{K}\{H_k(x)*(KM_k - MZ)_x^2 + H_k(y)*(KM_k - MZ)_y^2 + \ldots\}}$$

↑ (3-19)

60 Mehrdimensionale Stichprobenbeschreibung

mit H_k Häufigkeiten innerhalb der Klassen und KM_k Klassenmitten. Die Indizes x, y, ... beziehen sich auf die betreffenden Komponenten. Die mehrdimensionale Varianz ist generell einfach SD^2. Anschaulich lässt sich SD im zweidimensionalen Fall als Kreis um MZ (ggf. die Vektorspitze des Mittelvektors) und im dreidimensionalen Fall als Kugel um MZ vom Radius SD veranschaulichen; vgl. Abb. 20.

Beispiele:
35. Errechnung der Standarddistanz zu den Zahlenwerten des Beispiels 32 (Feldgröße, vgl. Tab. 22 und 23): Berechnung siehe Tab. 26.
36. Errechnung der Standarddistanz zu den Zahlenwerten des Beispiels 33 (Vektor, vgl. Tab. 24): Berechnung siehe Tab. 27.

H_{ij}	$KM_k(x)$	$KM_k(y)$	$\|x_i'\|$	$\|y_i'\|$	$H_{ij} * x_i'^2$	$H_{ij} * y_i'^2$
21	1	7	3.83	3.3	308.1	228.7
25	3	7	1.83	3.3	83.8	272.3
19	5	7	0.17	3.3	0.6	206.9
16	7	7	2.17	3.3	75.4	174.2
12	9	7	4.17	3.3	208.7	130.7
18	1	5	3.83	1.3	264.1	30.4
37	3	5	1.83	1.3	124.0	62.5
58	5	5	0.17	1.3	1.7	98.0
43	7	5	2.17	1.3	202.5	72.7
20	9	5	4.17	1.3	347.8	33.8
25	1	3	3.83	0.7	12.3	12.3
41	3	3	1.83	0.7	137.4	20.1
53	5	3	0.17	0.7	1.6	26.0
41	7	3	2.17	0.7	193.1	20.1
23	9	3	4.17	0.7	400.0	11.3
32	1	1	3.83	2.7	469.4	233.3
33	3	1	1.83	2.7	110.6	240.6
36	5	1	0.17	2.7	1.1	262.4
34	7	1	2.17	2.7	160.1	247.9
17	9	1	4.17	2.7	295.6	123.9
604	←	Σ	→	→	3397.9	2508.1

Tab. 26. Errechnung der Standarddistanz zu Beispiel 35 (vgl. Tab. 22 und 23).

Dabei gilt
$x_i' = KM_i(x) - MZ(x)$,
und $y_i' = KM_i(y) - MZ(y)$;
$n = SH_{ij} = 604$
(vgl. Tab. 22).

Wie die Wiederholungen in den Spalten 2 - 5 zeigen, ist auch diese Tabelle aus Gründen der Anschaulichkeit und Transparenz wieder ausführlicher gehalten als eigentlich notwendig.

Für die Standarddistanz ergibt sich:
$SD = \sqrt{3397.9 + 2508.1)/603} \approx 3.13$
$SD^2 \approx 9.80$.

x_i	y_i	$\|x_i'\|$	$\|y_i'\|$	$x_i'^2$	$y_i'^2$
12.00	0.00	1.06	0.55	1.12	0.30
7.66	6.43	3.28	5.88	10.76	34.57
13.16	-4.79	2.22	5.34	4.93	28.52
Σ				16.81	63.39

Tab. 27. Errechnung der Standarddistanz SD zu Beispiel 36 (vgl. Tab. 24). Nach Beispiel 33 ist MZ = {10.94, 0.55}; n = 3. Es folgt SD = $\sqrt{1/2(16.81+63.39)} \approx 6.33$.

Eine besonders in der Geographie (und den Sozialwissenschaften) verwendete auf skalare (zweidimensionale) Wertefelder zugeschnittene Maßzahl ist das statistische *Potential*. Es handelt sich dabei nicht um ein Variationsmaß im eigentlichen Sinn, sondern um eine Maßzahl, welche eine Art *Interaktionswahrscheinlichkeit* angibt. In die Berechnung gehen Häufigkeiten H_i (meist auf Menschen bezogen, z.B. Einwohnerzahlen oder Kraftfahrzeuge pro Gemeinde oder pro Planquadrat) und deren relative Entfernungen bezogen auf verschiedene Bezugspunkte $E(B)_i$ in der Form

$$Pot_B = \sum_{i=1}^{n} \frac{H_i}{E(B)_i}, \quad i = 1......n; \quad E(B)_B = 1, \tag{3-20}$$

ein, wobei Pot_B das auf B bezogene Potential ist und alle $E(B)_i > 0$ sein müssen. (Die Festsetzung $E(B)_B = 1$ ist willkürlich.)

Beispiel:
37. In Tabelle 28 sind die Einwohnerzahlen der Siedlungen A - E und die Entfernungen bezüglich der Siedlung A angegeben. Das betreffende Bevölkerungspotential ist zu bestimmen.

Tab. 28. Urliste zu Beispiel 37 und Berechnung des Potentials.

Siedlung	Einwohnerzahl	Entfernung zu A
A	600	0 km
B	300	10
C	1700	13
D	500	16
E	3600	22

Das auf die Siedlung A bezogene Bevölkerungspotential ist:

Pot_A = 600/1 + 300/10 + 1700/13 + 500/16 + 3600/22 ≈ 956 .

Wie Tab. 28. zeigt, wächst Pot mit der Wahrscheinlichkeit, dass die betreffenden Einwohner in Kontakt miteinander treten und ist als relative Maßzahl hierfür aufzufassen. In Fortführung dieses Beispiels könnte man z.B. danach fragen, bezüglich welcher Siedlung Pot zu Pot_{max} wird und somit den optimalen Standort für eine Gemeinschaftseinrichtung anzeigt. Die willkürliche Festlegung $E(B)_B = 1$ lässt sich vermeiden, wenn für alle Siedlungen die mittlere (und dann i.a. ≠ 0) Entfernung zu diesem Standort eingesetzt wird.

Die mehrdimensionale durchschnittliche Abweichung

$$DA = \frac{1}{n}\Sigma(|x'_i| + |y'_i| + ... + |z'_i|, \tag{3-21}$$

die sich als allgemeines mehrdimensionales Variationsmaß auf beliebige Stichproben anwenden lässt (übrigens auch auf das Problem des Beispiels 37), wird sehr selten benützt.

3.4 Empirische mehrdimensionale Häufigkeitsverteilung

Die Erweiterung einer eindimensionalen Stichprobe a_i (i = 1,..., n) führt bei Einführung von m Dimensionen, wie in Kapitel 3.1 erläutert, zu einer mehrdimensionalen Stichprobenmatrix a_{ij} (i = 1, ..., n; j = 1, ..., m). In ganz entsprechender Weise lässt sich die eindimensionale Häufigkeitsverteilung H_k, mit oder ohne Klasseneinteilung, zu einer mehrdimensionalen Häufigkeitsmatrix

$$\{H_{kl}\} = \begin{Bmatrix} H_{11} & H_{12} & ... & H_{1K} \\ H_{21} & H_{22} & ... & H_{2K} \\ \vdots & & & \\ H_{L1} & H_{L1} & ... & H_{LK} \end{Bmatrix} \tag{3-22}$$

erweitern. Da eindimensionale Häufigkeitsverteilungen $H_k = f(A_k)$ graphisch zweidimensional dargestellt werden müssen, vgl. Abb. 18, benötigt man für die graphische Darstellung zweidimensionaler Verteilungen eigentlich drei Dimensionen, beispielsweise ein dreidimensionales Histogramm. Es gibt aber verschiedene Möglichkeiten, solche dreidimensionalen (räumlichen) Darstellungen zu umgehen, und zwar:
- *komponentenweise „Profile"*,
- *Isoplethen* (Linien gleicher Häufigkeit in Felddarstellung),
- *polare Darstellung* (besonders falls eine Komponente als Richtungsangabe vorliegt).

In der Abb. 21 sind mit Bezug auf Beispiel 34 (vgl. Tab. 25) unter Zusammenfassung von jeweils zwei Windgeschwindigkeitsklassen solche Darstellungsformen gezeigt: im oberen Bildteil Isoplethen mit Komponenten-Häufigkeitsprofilen jeweils am Rand; unten polare Darstellung. In manchen Fällen sind aber trotzdem dreidimensionale Darstellungen instruktiver. Da dreidimensionale Häufigkeitsverteilungen vierdimensionale Darstellungen erfordern würden, sind der graphischen Darstellung mehrdimensionaler Stichproben offenbar Grenzen gesetzt.

Wie im eindimensionalen Fall, so lassen sich auch im mehrdimensionalen Fall unterschiedliche *Grundtypen* von Häufigkeitsverteilungen unterscheiden:
- *mehrdimensionale Gleichverteilung* → überall nahezu gleiche Häufigkeiten ;
- *mehrdimensionale eingipfelige Verteilung* → im zweidimensionalen Fall (2D) bei dreidimensionaler (3D-) Darstellung als eine Art mehr oder weniger symmetrischer „Berg" der Häufigkeiten vorstellbar;
- *mehrdimensionale mehrgipfelige Verteilung* → 2D, 3D-Darstellung als eine Art „Gebirge" mit mehreren „Gipfeln";
- mehrdimensionale Verteilung mit mehr oder weniger gleichmäßigem *Anstieg in Richtung des „Randes" der Verteilung* (2D, 3D-Darstellung als „schiefe Ebene");
- mehrdimensionale Verteilung mit mehr oder weniger gleichmäßigem Anstieg von einem mehr oder weniger *zentral liegenden Häufigkeitsminimum* in Richtung zu den Rändern (2D, 3D-Darstellung als eine Art „Trog" oder „Kessel").

Auf die Angabe entsprechender Funktionsgleichungen soll hier verzichtet werden.

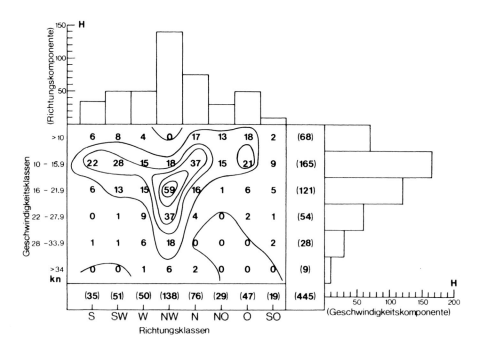
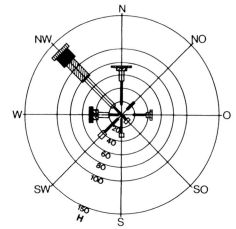

Abb. 21. Möglichkeiten der graphischen Darstellung von zweidimensionalen Häufigkeitsverteilungen, hier nach Beispiel 34 (vgl. Tab. 25 und Text), vereinfacht. Oben sind Isolinien (Isoplethen) der Häufigkeit und komponentenweise „Häufigkeitsprofile" dargestellt, unten ist die entsprechende polare Darstellung zu sehen. Dort bedeuten die Symbole von innen nach außen: < 10 kn, 10-15.9 kn (dicke Linie), 16-21.9 kn (drei Linien), 22-27.9 kn (schräge Schraffur), 28-33.9 kn (breite schwarz ausgefüllte Fläche, nur bei NW und W) und > 34 kn (kn = Knoten).

Mehrdimensionale Stichprobenbeschreibung

Ähnlich dem eindimensionalen Fall ist die mehrdimensionale eingipfelige Verteilung besonders häufig anzutreffen, wobei Schiefe und Exzess unterschiedlich stark ausgeprägt sein können. Dabei lässt sich zur Kennzeichnung der Schiefe der Vektor vom Mittelzentrum zum Modalzentrum angeben oder komponentenweise die Abweichung dieser beiden mehrdimensionalen Mittelungsmaße.

In allgemeiner Weise können die *mehrdimensionalen Momente*

$$M_k = \frac{1}{n}\left\{\sum_{i=1}^{n} x_i^k, \sum_{i=1}^{n} y_i^k, \ldots, \sum_{i=1}^{n} z_i^k\right\}, i = 1, \ldots, n; k = 1, \ldots, K; \qquad (3\text{-}23)$$

und die mehrdimensionalen zentralen Momente

$$ZM_k = \frac{1}{n}\left\{\sum_{i=1}^{n} x_i'^k, \sum_{i=1}^{n} y_i'^k, \ldots, \sum_{i=1}^{n} z_{i'}'^k\right\} \qquad (3\text{-}24)$$

(mit i, k wie in (3-23) und $x_i' = x_i - MZ_x$, $y_i' = y_i - MZ_y$ usw.) zur mehrdimensionalen Stichprobenbeschreibung herangezogen werden.

In Analogie zum eindimensionalen Fall ist dann

$$SF = ZM_3 / SD^3 \qquad (3\text{-}25)$$

der mehrdimensionale Momentkoeffizient der Schiefe. Im Gegensatz zum eindimensionalen Fall ist mit dem Vorzeichen von SF jedoch die Richtung der Schiefe nicht festgelegt, so dass die Kennzeichnung der Schiefe bei mehrdimensionalen Stichproben doch sinnvoller wie oben gesagt durch den Vektor zwischen MZ und ModZ beschrieben wird.

4 Theoretische Verteilungen

4.1 Einführung

Die in den Kapiteln 2 und 3 behandelten Methoden der Stichprobenbeschreibung sind hinsichtlich ihrer Ergebnisse mit Zufälligkeiten behaftet. Dies ist darauf zurückzuführen, dass Stichproben SP stets einen endlichen Umfang aufweisen und den betreffenden Vorgang (Prozess, Mechanismus) daher nur partiell erfassen können. Entsprechend verändern sich empirische Häufigkeitsverteilungen i.a. bei Stichprobenerweiterung (gilt häufig aber nur für das spezielle Aussehen, nicht für den „Typ", vgl. Kap. 2.5, Abb. 16 u. 17).

Soll der betreffende Vorgang nun in allgemeiner Weise, d.h. unabhängig von den Stichproben-Zufälligkeiten, statistisch erfasst werden, so ist die Frage nach den *Charakteristika der zugehörigen Grundgesamtheit GG (Population)* gestellt. Da diese jedoch, finite Grundgesamtheiten ausgenommen, prinzipiell unbekannt ist, wird in der Statistik der Weg beschritten, dass auf theoretischem Weg verschiedene Typen von GG-Verteilungen entwickelt und diesen die empirischen Verteilungen zugeordnet werden.

Für die Praxis liegen eine ganze Reihe solcher *theoretischer Verteilungen* vor, die im folgenden in Auswahl besprochen werden. Um die Anwendung auf beliebige Daten zu gewährleisten, werden theoretische Verteilungen stets in normierter Form definiert, d.h. mit Hilfe ihrer *Wahrscheinlichkeitsdichtefunktion* f(x) bzw. *Verteilungsfunktion* F(x), vgl. Kap. 1.7, wobei nun zur Unterscheidung von SP-Variablen statt dem Argument „a" → „x" geschrieben wird. Das Aussehen von theoretischen Verteilungen kann mit Hilfe ihrer *Parameter* charakterisiert werden, wie sie auch in den Definitionsgleichungen auftauchen werden: Lageparameter, Streuparameter und ggf. Formparameter. Zudem lassen sich aus diesen Gleichungen die *Momente* (z.B. Mittelwert, Varianz) bzw. Momentkoeffizienten (z.B. Schiefe, Exzess) berechnen (vgl. Kap. 2.6) und angeben.

Die Quantile, die für die Abschätzung der (ebenfalls von SP-Zufälligkeiten unabhängigen) Eintrittswahrscheinlichkeiten künftiger Ereignisse benötigt werden, liegen meist in Form von *Verteilungstabellen* vor (siehe Anhang), was die entsprechenden meist aufwendigen Integrationsrechnungen erspart. Dieser Umstand spielt bei den Schätzverfahren (Kap. 5) eine wichtige Rolle. Einige theoretische Verteilungen sind hingegen speziell im Rahmen der Testtheorie (Kap.8) entwickelt worden, so dass i.a. zwischen *Schätz- und Testverteilungen* unterschieden wird (gilt jedoch nicht strikt, da z.B. die t-Verteilung, s. Kap. 4.7, sowohl für Schätzungen als auch für Tests verwendet wird).

Die oben genannte Zuordnung einer empirisch gefundenen Stichprobenverteilung zu einer theoretischen Verteilung, die *Verteilungsanpassung*, besteht zunächst in der Suche nach einer theoretischen Verteilung, welche der empirischen von der allgemeinen Form („Typ") her am ähnlichsten ist. Anschließend muss die gewählte theoretische Verteilung auf die speziellen Datenwerte der empirischen Verteilung umgerechnet werden; dies ist eigentliche Anpassung. Die Güte (Signifikanz) dieser Anpassung kann subjektiv durch graphische Schnellverfahren oder besser mit Hilfe spezieller *Anpassungstests* (Kap. 8.2) geprüft werden. Erst wenn diese Prüfung zu einem befriedigenden Ergebnis führt, darf die gewählte theoretische Verteilung als repräsentativ für die zugehörige Grundgesamtheit (Population, Prozess) aufgefasst werden. Man spricht in solchen Fällen auch von einem „statistischen Modell" für den betreffenden Vorgang (*Verteilungsmodell*).

Die im folgenden vorgestellten theoretischen Verteilungen gelten zunächst nur für den *eindimensionalen* Fall. Die Erweiterung auf den mehrdimensionalen Fall ist nicht selten problematisch und kann hier nur andeutungsweise behandelt werden. Zur Unterscheidung der Kenngrößen von Stichproben SP und Grundgesamtheiten GG bzw. von empirischen und theoretischen Verteilungen werden in der Statistik meist die in Tab. 29 zusammengestellten Buchstabensymbole verwendet (griechische Buchstabensymbole bei GG). Zu beachten ist dabei, dass der Mittelwert µ einer theoretischen Verteilung zugleich approximativ ihr *Erwartungswert E* ist (vgl. Kap. 2.6), um den die Zufallsvariable x variiert. In manchen Fällen (z.B. Normalverteilung, siehe Kap. 4.5) ist E zugleich auch der wahrscheinlichste Wert (Modus) und der Lageparameter.

Kenngröße	Stichprobe	Grundgesamtheit
Variable	a (oder b, c,...)	x
Mittelwert	$\bar{a}$ *)	µ
Median	Med	$µ_+$
Modus	Mod	$µ_\wedge$
Varianz	s^2	σ^2
Schiefe	Sf	γ
Exzess	Ex	η
Umfang	n	ν bzw. ∞

Tab. 29. Symbolliste für Kenngrößen von Stichproben SP (empirischen Verteilungen) und Grundgesamtheiten GG (Populationen; theoretischen Verteilungen). Für GG-Schiefe und -Exzess (hier γ und η) sind jedoch sehr unterschiedliche Schreibweisen in Gebrauch.

4.2 Gleichverteilung GV (Rechteckverteilung RV)

In allen Fällen, in denen das Auftreten unterschiedlicher Merkmalswerte gleich wahrscheinlich ist (oder vermutet wird), muss theoretisch (d.h. bezüglich der Grundgesamtheit = Population) eine *Gleichverteilung GV* (im folgenden werden stets die Abkürzungen verwendet) erwartet werden. Dies gilt insbesondere für elementare stochastische Prozesse. Wie bereits in Abb. 4, 6 und 10 veranschaulicht, lauten die Wahrscheinlichkeitsdichtefunktion f(x) bzw. die Verteilungsfunktion F(x) der GV

$$f(x)_{GV} = \frac{1}{N} = const.; \quad F(x)_{GV} = i\frac{1}{N} \quad (4\text{-}1)$$

mit i = 1,..., N Variationsmöglichkeiten der Merkmale (z.B. Würfel N = 6).

Die Gleichverteilung ist somit eine diskrete Verteilung, d.h. die Merkmale sind abzählbar. (Streng genommen müsste man daher von einer „Wahrscheinlichkeitsdichtereihe" bzw. „Verteilungsreihe" sprechen.) Sie lässt sich aber durch

$$f(x)_{GV} = C = const. \quad (4\text{-}2)$$

in eine stetige (kontinuierliche) Verteilung transformieren. Wie auch immer, die Eintrittswahrscheinlichkeit ist offenbar für alle x gleich. Soll

$$f(x)_{RV} = \begin{cases} 0 \text{ für } x < a \\ \dfrac{1}{b-a} \text{ für } a \leq x \leq b \\ 0 \text{ für } x > b \end{cases} \quad (4\text{-}3)$$

gelten, so spricht man von einer *Rechteckverteilung RV*, die offenbar für einige Variationsmöglichkeiten die Wahrscheinlichkeit Null annimmt und somit nur in einem bestimmten Intervall ungleich Null ist. GV bzw. RV besitzen nur einen Parameter: N bzw. d = b-a. Die wichtigsten Kenngrößen (Momente und Momentkoeffizienten) der GV bzw. RV lauten:

Mittelwert $\quad \mu = \dfrac{N+1}{2} \quad$ bzw. $\quad a + \dfrac{b}{2};$ (4-4)

Median $\quad \mu_+ = \mu;\quad$ (kein Modus) (4-5)

Varianz $\quad \sigma^2 = \dfrac{N^2 - 1}{12} \quad$ bzw. $\quad \dfrac{(b-a)^2}{12};$ (4-6)

Schiefe $\quad \gamma = 0;$ (4-7)

Exzess $\quad \eta = -1.8.$ (4-8)

(Hier wie im folgenden ist bei den Kenngrößen der auf den Verteilungstyp verweisende Index zur Vereinfachung weggelassen.)

4.3 Binomialverteilung BV

Fällt die Ereigniswahrscheinlichkeit von einem beliebigen Merkmal aus in systematischer Weise ab, so kann sich dieser Sachverhalt durch die *Binomialverteilung BV*

$$f(x)_{BV} = \binom{N}{x} p^x (1-p)^{N-x} = \binom{N}{x} p^x q^{N-x}; \quad (4\text{-}9)$$

$$F(x)_{BV} = \sum_{i=0}^{x} \binom{N}{i} p^i q^{N-i}. \quad (4\text{-}10)$$

(q = 1 − p) beschreiben lassen. Diese ebenfalls diskrete Verteilung besitzt offenbar die beiden Parameter N und p, vgl. dazu Abb. 22. Für die *Binomialkoeffizienten* gilt

$$\binom{N}{x} = \dfrac{N!}{x!(N-x)!} \quad (4\text{-}11)$$

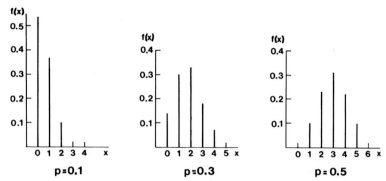

Abb. 22. Wahrscheinlichkeitsdichtefunktion der Binomialverteilung BV für das Beispiel N = 6 und verschiedene Werte von p. (Für p > 0.5 folgen spiegelbildlich die entsprechenden negativ schiefen Verteilungen.)

(vgl. Kap. 1.8, wo auch in Tab. 14 die Fakultäten der Zahlen 1 bis 10 angegeben sind). Auf Grund ihrer Definition ist die Binomialverteilung weniger in der Schätz- und Testtheorie, sondern vielmehr bei der Bestimmung stochastischer Kombinationen von Bedeutung. Der Wert f(x) gibt nämlich an, wie groß die „*Erfolgswahrscheinlichkeit*" ist, bei N unabhängigen Versuchen konstanter Versuchswahrscheinlichkeit p genau x „Erfolge" zu erzielen. Dabei kann der Begriff „Erfolg" durchaus auch negativ aufzufassen sein. Im Spezialfall, dass N nur die Werte {0,1} annehmen kann, geht BV in die *BERNOULLI-Verteilung* über (auch BERNOULLI-Experiment genannt) und der Binomialkoeffizient in (4-9) sowie (4-10) verschwindet (genauer: = 1).

Beispiel:
38. Die Wahrscheinlichkeit eines bestimmten Ereignisses (z.B. Erdbeben, Hochwasser, Unfall) sei 10% pro Jahr für einen bestimmten Ort. Wie groß ist dann die Wahrscheinlichkeit, dass dieses Ereignis in 10 Jahren a) genau dreimal, b) höchstens dreimal, c) ein- bis dreimal auftritt? – Die Anwendung der BV ergibt:

$$a) f_{BV}(x = 3; N = 10; p = 0.1) = \binom{10}{3} 0.1^3 * 0.9^7 \approx 0.057 \,\hat{\approx}\, 6\%;$$

$$b) f_{BV}(x = 0,1,2,3; N = 10, p = 0.1) = \binom{10}{0} 0.1^0 * 0.9^{10} + \binom{10}{1} 0.1 * 0.9^9 + \binom{10}{2} 0.1 * 0.9^8$$

$$+ \binom{10}{3} 0.1^3 * 0.9^7 \approx 0.349 + 0.387 + 0.194 + 0.057 \approx 0.987 \,\hat{\approx}\, 99\%;$$

$$c) f_{BV}(x = 1,2,3; N = 10; p = 0.1) \approx 0.387 + 0.194 + 0.057 \approx 0.638 \,\hat{\approx}\, 64\% \,(vgl.\,b).$$

Zur Errechnung fortlaufender Binomialwahrscheinlichkeiten f(x+i)$_{BV}$ (i = 1, 2,...) kann die *Rekursionsformel*

$$f(x+1)_{BV} = f(x)_{BV} \frac{(N-x)p}{(x+1)q} \tag{4-12}$$

hilfreich sein. Die Kenngrößen der BV sind:

Mittelwert $\quad \mu = Np;$ (4-13)

Median $\quad \mu_+ = \begin{cases} Np, \text{ falls } Np \text{ ganzzahlig,} \\ \text{andernfalls je nach Schiefe die } Np \text{ nächstliegende Zahl;} \end{cases}$ (4-14)

Modus $\quad \mu_\Lambda = \begin{cases} (N+1)p \text{ falls } (N+1)p \text{ ganzzahlig,} \\ \text{andernfalls größte ganze Zahl mit } z < (N+1)p; \end{cases}$ (4-15)

Varianz $\quad \sigma^2 = Npq;$ (4-16)

Schiefe $\quad \gamma = (q-p)/\sigma = (q-p)/\sqrt{Npq};$ (4-17)

Exzess $\quad \eta = (1-6pq)/\sigma^2 = (1-6pq)/Npq.$ (4-18)

In den Geowissenschaften spielt die Binomialverteilung nur eine untergeordnete Rolle, obwohl sie für p = 0.5 symmetrisch und dann der noch zu besprechenden „Normalverteilung" ähnlich ist; zudem lassen sich durch Variationen von p verschiedene Schiefen simulieren. Wegen dieser relativ geringen Bedeutung und der recht einfachen Berechnung soll hier auf die Wiedergabe entsprechender Verteilungstabellen verzichtet werden (siehe hierzu z.B. MÜLLER et al. (1979), WETZEL et al. (1967) oder SACHS (2004). Der genannte Sonderfall p = 0.5 führt zur Vereinfachung

$$f(x)_{BV}(p = 0.5) = \binom{N}{x} / 2^N \tag{4-19}$$

d.h. zu normierten Binomialkoeffizienten.

Als Modifikationen der Binomialverteilung sind die *negative Binomialverteilung* NBV

$$f(x)_{NBV} = \binom{-N}{x} p^N (-q)^x \tag{4-20}$$

und die *Multinomialverteilung MBV*

$$f(x)_{MBV} = N! \prod_{i=1}^{K} \frac{p_i^{x_i}}{x_i!} \tag{4-21}$$

(mit Einteilung in i = 1, ...Klassen) angegeben worden. Weiterhin soll noch die *hypergeometrische Verteilung HGV*

$$f(x)_{HGV} = \frac{\binom{A}{x}\binom{B-A}{N-x}}{\binom{B}{N}} \qquad (4\text{-}22)$$

mit variabler Versuchswahrscheinlichkeit p erwähnt sein. Dabei wird wie bei der BV von einer Grundgesamtheit des Umfangs ʋ ausgegangen; A Elemente besitzen das Merkmal a und B-A Elemente das dazu komplementäre a̱ („nicht a"), mit p(a) = A/B = p und p(a̱) = (B-A)/B = q. Wird die BV z.B. auf das elementare stochastische Beispiel des Ziehens von Elementen (z.B. Kugeln bestimmter Farbe) aus einer Urne angewendet, so bleibt die Versuchswahrscheinlichkeit nur dann konstant, wenn nach jeder Ziehung der Gesamtumfang ʋ wieder hergestellt wird („Ziehen mit Zurücklegen"). Ist dies jedoch nicht der Fall („Ziehen ohne Zurücklegen"), tritt an die Stelle der BV die HGV.

4.4 Poissonverteilung PV

Für N→∞, p →0 und konstantes endliches Produkt Np geht die BV in die *Poissonverteilung PV* über (nach S.D. POISSON, 1781-1840). Dies gilt in guter Näherung bereits für N ≥ 100 und p ≤ 0.05 (5%). Dementsprechend wird die PV vor allem für solche Vorgänge herangezogen, in denen kleine Ereigniswahrscheinlichkeiten auftreten (sog. seltene Ereignisse). Derartige Vorgänge sind in den Geowissenschaften oft zu analysieren (z.B. Erdbeben, Vulkanausbrüche, Stürme, Überschwemmungen, Unfälle usw.). Die häufige Anwendung der PV wird noch dadurch begünstigt, dass Wahrscheinlichkeitsdichte- und Verteilungsfunktion sehr einfach sind:

$$f(x)_{PV} = \frac{e^{-\lambda}\lambda^x}{x!}; \quad F(x)_{PV} = e^{-\lambda}\sum_{i=0}^{x}\frac{\lambda^i}{i!} \qquad (4\text{-}23)$$

Es handelt sich somit wiederum um eine diskrete Verteilung, vgl. Abb. 23. Der einzige Parameter λ ist zugleich Mittelwert und Varianz dieser Verteilung, wie aus den im folgenden aufgelisteten Kenngrößen der PV ersichtlich ist:

Mittelwert $\quad \mu = \lambda = Np;$ \hfill (4-24)

Median $\quad \mu_+ = \begin{cases} \gamma \text{ falls } \lambda \text{ ganzzahlig, andernfalls je nach Schiefe} \\ \text{die } \lambda \text{ nächstliegende ganze Zahl;} \end{cases}$ \hfill (4-25)

Modus $\quad \mu_\Lambda = \lambda$ und $\lambda - 1$ falls λ ganzzahlig,
andernfalls größte ganze Zahl mit $z < \lambda$ \hfill (4-26)

Varianz $\quad \sigma^2 = \lambda;$ \hfill (4-27)

Schiefe $\quad \gamma = 1/\sqrt{\lambda};$ \hfill (4-28)

Exzess $\quad \eta = 1/\lambda.$ \hfill (4-29)

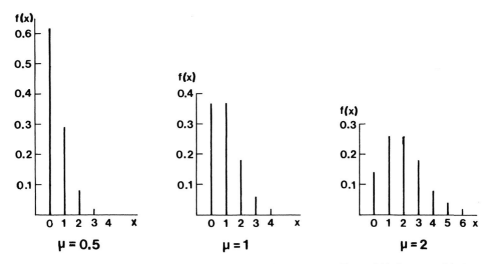

Abb. 23. Wahrscheinlichkeitsdichtefunktion der Poissonverteilung PV für verschiedene Werte von $\mu = \lambda$.

Zur Errechnung fortlaufender Poissonwahrscheinlichkeit kann die Rekursionsformel

$$f(x+1)_{PV} = f(x)_{PV} \frac{\lambda}{x+1} \tag{4-30}$$

benutzt werden. Trägt man $f(x)_{PV} / f(x+1)_{PV}$ gegen x in ein lineares Diagrammpapier ein, so ergibt sich eine Gerade, falls der betreffende Vorgang der PV folgt. Dieser Zusammenhang kann zur graphischen Schnellprüfung einer Stichprobe hinsichtlich vermuteter PV der zugehörigen Grundgesamtheit genutzt werden (genaueres Verfahren folgt in Kap. 8.2.)

Die folgenden Beispiele sollen sowohl die Vorteile der PV gegenüber der BV bei der kombinatorischen Untersuchung einfacher stochastischer Vorgänge als auch die Anpassung eines geowissenschaftlichen Vorgangs (Stichprobe) an eine theoretische PV aufzeigen.

Beispiele:
39. Die Wahrscheinlichkeit eines Ereignisses (z.B. Sturmschaden) sei p = 0.03 (3%) pro Jahr. Wie groß ist dann die Wahrscheinlichkeit dafür, dass 5 solcher Ereignisse in 100 Jahren auftreten? – Mit p = 0.03 und N = 100 folgt nach (4-24): $\lambda = 3$. Somit ist die gesuchte Wahrscheinlichkeit $p(E) = (3^5 e^{-3})/5! \approx 0.101 \;\hat{\approx}\; 10\%$.
40. In den ersten beiden Spalten der folgenden Tabelle (Tab. 29) sind für die Jahre 1925-1930 (N = 2191 Tage) die Häufigkeiten der Erdbebenfälle (ohne Nachbeben) pro Tag für Oxford (England) zusammengestellt (nach TAUBENHEIM, 1969). Als Mittelwert der Stichprobe folgt dann $\mu = \lambda = \sum(A_i H_i)/n = 2580/2191 \approx 1.1775$. Weiterhin ist $p = \lambda/N \approx 0.054\ \%$. Nach (4-23) und gemäß der Rekursionsformel (4-30) lassen sich

nun zunächst die normierten Poissonwahrscheinlichkeiten errechnen; siehe Tab. 29. Zur Anpassung der theoretischen Verteilung an die Stichprobe müssen diese Poissonwahrscheinlichkeiten jeweils mit N multipliziert werden, was dann die nach diesem statistischen Modell (PV) erwarteten Häufigkeiten ergibt. (Die Güte dieser Anpassung ist noch zu prüfen, vgl. Kap. 8.2)

Tab. 29. Erdbebenfälle A_j pro Tag, beobachtete Häufigkeiten H_j, Anpassung einer normierten (4. Spalte) und schließlich auf die Stichprobe bezogenen (5. Spalte) Poissonverteilung PV. Die Näherung ist offensichtlich subjektiv gut (objektiver Anpassungstest folgt in Kap. 8.2, Beispiel 63.)

A_i	H_i	$A_i * H_i$	$f(x)_{PV}$	H_i (PV)
0	685	0	0.3080	675
1	792	792	0.3627	795
2	467	934	0.2135	468
3	160	480	0.0838	184
4	68	272	0.0247	54
5	13	65	0.0058	13
6	5	30	0.0011	2
7	1	7	0.0002	0
Σ	2191	2580	0.9998 ≈1	2191

$\mu = \lambda = 2580 / 2191 \approx 1.1775$;
(entspricht der klassenorientierten Schätzung);

$f(x)_{PV}(x = 0) = (e^{-1.1775} * 1.1775^0) / 0!$
≈ 0.3080;
$f(x)_{PV}(x = 1) = 0.3080 * (1.1775/1)$
≈ 0.3627;
usw.

$H_i(PV) = 2191 * f(x)_{PV}$.

4.5 Normalverteilung NV und Standardnormalverteilung zV

Für p = 0.5 und N → ∞ geht die Binomialverteilung BV im Grenzübergang in die *Normalverteilung NV* über, die auch *GAUßsche Normalverteilung* oder kurz *GAUß-Verteilung* (nach C.F. GAUß, 1777-1855) genannt wird, obwohl sich sie schon von A. de MOIVRE (1667-1754) angegeben worden ist. Die Bezeichnung „normal" weist darauf hin, dass diese Verteilung auf sehr viele Prozesse anwendbar ist. Die NV ist eine stetige (kontinuierliche) symmetrische ($\gamma = 0$) und glockenförmige Verteilung, vgl. Abb. 24, mit den beiden Parametern μ (Mittelwert) und σ (Standardabweichung). Aus Abb. 24 ist auch direkt ersichtlich, dass μ der Lage- und σ der Streuparameter ist. Die Wahrscheinlichkeitsdichtefunktion lautet:

$$f(x)_{NV} = \frac{1}{\sigma\sqrt{2\pi}} \exp\left\{-\frac{1}{2}(\frac{x-\mu}{\sigma})^2\right\} \quad (4\text{-}31)$$

(mit der Schreibweise exp(a) für e^a). Die Verteilungsfunktion

$$F(x)_{NV} = \frac{1}{\sigma\sqrt{2\pi}} \int_{-\infty}^{x} \exp-\frac{1}{2}\left\{(\frac{y-\mu}{\sigma})^2\right\} dy \quad (4\text{-}32)$$

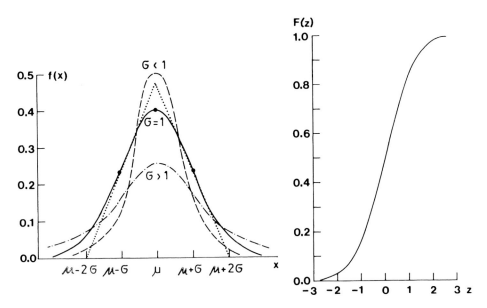

Abb. 24. Links Wahrscheinlichkeitsdichtefunktion für verschiedene Werte von σ (mit gepunktet eingezeichneten Tangenten an den Wendepunkten für σ=1) und rechts zugehörige „standardisierte" (μ = 0, σ = 1) Verteilungsfunktion der (GAUßschen) Normalverteilung NV.

hat in einem linearen Koordinatensystem die Form eines Integralzeichens, vgl. Abb. 24 (rechts). Zeichnet man sie jedoch in ein spezielles Diagrammpapier ein, das die Bezeichnung „*Wahrscheinlichkeitspapier*" führt, so ergibt sich exakt eine Gerade. (Die Abszisse dieses Papiers ist linear, die Ordinate nach dem „GAUßschen Integral" (4-32) unterteilt; Anwendungsbeispiel 41 mit Abb. 26 folgt.). Durch Auftragen der prozentualen kumulativen Häufigkeiten einer Stichprobe gegenüber der Klassenobergrenze (Klassenbildung vgl. Kap. 1.6) lässt sich daher annähernd prüfen, ob die betreffende Stichprobe der NV folgt (graphischer Schnelltest; genaueres Verfahren folgt in Kap. 8.2).

Da die NV symmetrisch ist, hat sie besonders einfache Kenngrößen:

Mittelwert = Median = Modus = μ (erster, zugleich Lageparameter); (4-33)
Varianz = $σ^2$ (mit σ zweiter, zugleich Streuparameter); (4-34)
Schiefe λ und Exzess η jeweils = 0. (4-35)

Dabei bedeutet die Variation des Lageparameters μ eine Verschiebung der f(x)-Kurve in x-Richtung und des Streuparameters σ einen mehr (kleineres σ) oder weniger (größeres σ) steilen Verlauf der Wahrscheinlichkeitsdichtefunktion f(x) und somit eine mehr oder weniger große Konzentration der Funktionswerte um μ.

Die NV kann überall dort als Verteilungsmodell vermutet werden, wo die mittleren Werte eines Kollektivs zugleich die häufigsten und somit wahrscheinlichsten sind. Abweichungen nach oben und unten sind gleich wahrscheinlich und werden mit zunehmendem Betrag der Abweichung unwahrscheinlicher. Solche Gegebenheiten sind sehr häufig anzutreffen, nicht nur in den Geowissenschaften, so dass die NV in der Statistik eine fundamentale Bedeutung erlangt hat. So beruhen nicht nur die Fehlerrechnung (Kap. 6), sondern auch viele grundlegende Berechnungsformeln (z.B. für die Standardabweichung, vgl. Kap. 2.4, oder für die Mutungsbereiche bestimmter Kenngrößen, vgl. Kap. 5.3) und Methoden letztlich auf der NV. Bei der Anwendung statistischer Methoden ist daher prinzipiell zu prüfen, ob sie die NV voraussetzen, sog. *verteilungsgebundene* oder *parametrische* Verfahren, oder nicht, sog. *verteilungsfreie* oder *nonparametrische* Verfahren. (Diese Bezeichnungen sind insofern nicht ganz scharf, als sie den Bezug zur NV nicht zum Ausdruck bringen.)

Projiziert man die Wendepunkte der $f(x)_{NV}$-Kurve auf die Abszisse, vgl. Abb. 24, so erhält man auf dieser Achse im Abstand zum Mittelwert μ genau die Werte von σ. Wie bereits früher erwähnt, ist dementsprechend die Berechnung der Standardabweichung einer Stichprobe an diese Gegebenheit gebunden (verteilungsgebundene Formel), während andere Variationsmaße (vgl. Kap. 2.4), z.B. der Interquartilabstand, verteilungsfrei sind. Die Tangenten an den Wendepunkten der f(x)-Kurve schneiden die x-Achse im Abstand 2σ vom Mittelwert μ; vgl. ebenfalls Abb. 24.

Setzt man in (4-31) $\mu = 0$ und $\sigma = 1$, was mit der Transformation

$$z = \frac{x - \mu}{\sigma} \tag{4-36}$$

identisch ist, so ist die NV sozusagen „parameterfrei" (nicht zu verwechseln mit dem obigen gleichlautenden Begriff) durch einen ganz bestimmten Kurvenverlauf festgelegt, vgl. Abb. 25. Die Wahrscheinlichkeitsdichtefunktion vereinfacht sich dann zu

$$f(z)_{zV} = \frac{1}{\sqrt{2\pi}} \exp(\frac{-z^2}{2}). \tag{4-37}$$

In dieser Form trägt die NV den Namen *standardisierte Normalverteilung* oder nach dem willkürlich gewählten Argument z (an Stelle von x) *z-Verteilung zV*.

Die Funktionswerte der zV lassen sich leicht berechnen (Tabelle dazu siehe Anhang A.1a). Aufwendiger ist die Berechnung der Quantile (vgl. Kap. 2.3, Bezug zur Wahrscheinlichkeit Kap. 1.7), da hierzu die Integration der Wahrscheinlichkeitsdichtefunktion erforderlich ist. In der statistischen Praxis lässt sich diese Berechnung, die für die statistische Schätz- und Testtheorie von großer Bedeutung ist (siehe Kap. 5 und 8.2), durch die Verwendung geeigneter Tabellen umgehen. Im Anhang A.1b sind daher auch die Quantile der zV tabelliert, und zwar als Flächenanteile zwischen $f(x)_{zV}(z=0)$ und $f(x)_{zV}(z)$ bei variablem z. In der Abb. 25 ist dies für die Spezialfälle z = 1,2,3 graphisch und numerisch angegeben. Man erkennt, dass im Fall eines Vorgangs, welcher der NV folgt, etwa ein Drittel (genauer 34.13%) der auftretenden Merkmalswerte im Bereich zwischen Mittelwert μ und $\mu+\sigma$ zu erwarten ist. Die „beidseitige" (bezüglich μ) Betrachtung führt zur Verdopplung dieses Wahrscheinlichkeitswertes: Im Intervall ($\mu\pm\sigma$) sind ca. zwei Drittel oder genauer 68.26% der Daten zu erwarten. Entsprechend folgt p(x) = 95.44% für ($\mu\pm2\sigma$) und p(x) = 99.74% für ($\mu\pm3\sigma$); vgl. auch Anhang A.1b.

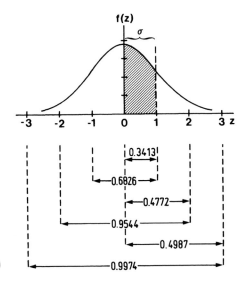

Abb. 25. Ausgewählte Quantile der standardisierten Normalverteilung zV.

In den Geowissenschaften kommen, über die bereits genannten Gegebenheiten hinaus, Normalverteilungen insbesondere dann in Frage, wenn sie keine „seltenen Ereignisse" (vgl. PV, Kap. 4.4) darstellen, stetig definiert (räumlich wie zeitlich, z.B. Lufttemperatur im Gegensatz zum Niederschlag) und hinsichtlich ihrer Merkmale nicht einseitig begrenzt sind, zumindest nicht im üblicherweise beobachteten Werteintervall (wiederum z.B. Lufttemperatur im Gegensatz zum Niederschlag oder zur Windgeschwindigkeit, da in beiden letzteren Fällen keinen negativen Werte auftreten können). Weiterhin begünstigt zeitliche Mittelung die Anwendbarkeit der NV.

Das folgende Beispiel (41) zeigt die Anpassung einer NV an eine aus der Klimatologie stammende Stichprobe. Dabei wird zunächst die zV benützt, was die Transformation der Klassengrenzen (mit beliebigen Werten von Mittelwert und Standardabweichung) gemäß (4-36) in z-Werte erfordert. Da es sich außerdem um eine stetige Verteilung handelt, muss mit Δz- und $p(\Delta z)$-Werten gerechnet werden, um jeweils die bestimmten Integrale

$$p\{z_1, z_2\} = \int_{z_1}^{z_2} f(x)_{NV}\, dx = spezielle\, Quantile \qquad (4\text{-}38)$$

bestimmen zu können. Mit Hilfe der Tabelle im Anhang A.1b (Quantile der zV) lässt sich dies jedoch rasch durchführen. Zum Schluss müssen dann (wie im Beispiel 40) die zunächst erhaltenen normierten Wahrscheinlichkeitswerte durch Multiplikation mit dem Stichprobenumfang an die spezielle Stichprobe angepasst werden.

Beispiel:
41. An die Zahlenwerte des Beispiels 12 (Kap. 1.7, Oktober-Mitteltemperatur München 1911-1960, empirische klassenbezogene Häufigkeitsverteilung H_k, vgl. Tab. 12, wird

in der folgenden Tab. 30 wiederholt) soll eine NV angepasst werden. Die folgende Tabelle enthält die dazu notwendigen Rechenschritte. In Abb. 26 ist die zugehörige graphische "Schnellprüfung" auf NV zu sehen.

Tab. 30. Empirische Häufigkeitsverteilung H_k aus Beispiel 12 (aus der dortigen Tab. 12, S. 21, erste beiden Spalten, sind die erste und letzte Spalte entnommen) und Anpassung einer Normalverteilung H_{NV} (Erklärung der Methodik siehe Text).

Klasse	Kl.-Grenze	z-Transf	p(z)	Δp(z)	H_{NV}	H_k
5.0 - 5.9	4.95	-2.11	-0.4826	0.0619	3.1	4
6.0 - 6.9	5.95	-1.41	-0.4207	.1595	8.0	6
7.0 - 7.9	6.95	-0.71	-0.2612	.2572	12.9	11
8.0 - 8.9	7.95	-0.01	-0.0040	.2589	12.9	21
9.0 - 9.9	8.95	0.69	0.2549	.1613	8.1	4
10.0 - 10.9	9.95	1.38	0.4162	.0650	3.2	2
11.0 - 11.9	10.95	2.08	0.4812	.0161	0.8	2
	11.95	2.78	0.4973			

Aus Beispiel 12, Tab. 9, lassen sich errechnen: $\bar{a} \approx 7.97$; $s \approx 1.43$ (alle Maßeinheiten in °C). Die z-Transformation lautet dann (vgl. 4-36): $z = (a - 7.97) / 1.43$ mit a = Klassengrenzen (vgl. Spalte 2).

Anmerkung: Diese Anpassung ist nicht besonders gut; mit den Klassen 4.5-5.4, 5.5-6.4,...erreicht man ein besseres Ergebnis. (Zugehörige Abb. 26 siehe folgende Seite.)

4.6 Logarithmische Normalverteilung LNV

Während platy- bzw. leptokurtische Eigenschaften der empirischen Häufigkeitsverteilung (negativer bzw. positiver Exzess) und somit entsprechende Abweichungen von der NV nicht selten ein zufälliger Stichprobeneffekt sind und daher bei Erhöhung des Stichprobenumfangs meist verschwinden, ist das Auftreten von schiefen Verteilungen relativ häufig ein signifikantes Stichprobenmerkmal (Prüfungen hierzu folgen in Kap. 8.2). Insbesondere wenn die Merkmale des zu untersuchenden Kollektivs einen unteren Grenzwert im beobachteten Wertebereich besitzen (in den Geowissenschaften z.B. Niederschlag, Windgeschwindigkeit, Auftreten von Gewittern, Erdbeben u.ä.) muss mit der Möglichkeit einer positiv schiefen (linkssteilen) Verteilung gerechnet werden. Verläuft die betreffende Verteilung zudem eingipfelig, kann die logarithmische Normalverteilung LNV ein geeignetes Verteilungsmodell sein.

Wahrscheinlichkeitsdichte- und Verteilungsfunktion der LNV lauten:

$$f(x)_{LNV} = \frac{1}{\sigma\sqrt{2\pi}} \frac{1}{x} \exp\left\{\frac{(\ln x - \mu)^2}{2\sigma^2}\right\} \text{ für } x > 0 \text{ } (sonst f(x) = 0) \qquad (4-39)$$

$$F(x)_{LNV} = \frac{1}{\sigma\sqrt{2\pi}} \int_{-\infty}^{x} \frac{1}{y} \exp\left\{\frac{(\ln y - \mu)^2}{2\sigma^2}\right\} dy. \tag{4-40}$$

Trägt man die prozentualen kumulativen Häufigkeiten einer in Klassen eingeteilten Stichprobe in ein „Wahrscheinlichkeitsnetz" (vgl. Abb. 26) ein und ergibt sich oberhalb des Mittelwertes (bzw. Modus) eine flachere Ausgleichsgerade als darunter, so ist dies ein Hinweis auf eine mögliche LNV-Grundgesamtheit. Entsprechende Wahrscheinlichkeitsdiagramme mit (natürlich) logarithmisch unterteilter Abszisse sind verfügbar.

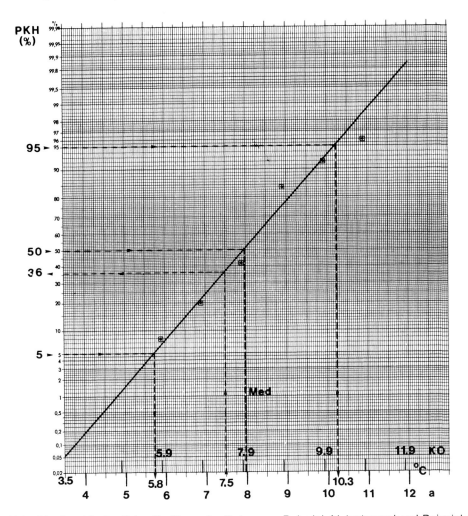

Abb. 26. Graphische Schnellprüfung der Daten von Beispiel 41 (entsprechend Beispiel 12, Tab. 14) hinsichtlich Normalverteilung (NV) mittels „Wahrscheinlichkeitsnetz". Da sich für die Wertepaare PKH als Funktion der Klassenobergrenze g annähernd eine Gerade ergibt, wird eine NV vermutet. Die gestrichelten Linien dienen der Abschätzung des Medians (vgl. Abb. 14 und 15) sowie der Fragestellung von Beispiel 47.

78 Theoretische Verteilungen

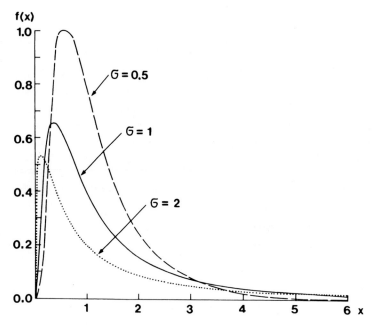

Abb. 27. Wahrscheinlichkeitsdichtefunktion der logarithmischen Normalverteilung LNV für verschiedene Werte von σ.

Manchmal liefert nämlich die dekadisch-logarithmische NV (= DLNV) bessere Approximationen, wobei dann in den obigen Formeln „ln x" durch „lg x" zu ersetzen ist. Schließlich lässt sich die LNV durch Einführung eines dritten Parameters z (neben μ und σ) verallgemeinern, der in (4-39) und (4-40) in der Form „ln (x-z)" an die Stelle von „ln x" tritt und eine Verschiebung der LNV parallel zur x-Achse bewirkt (DLNV entsprechend). In Abb. 27 sind einige $f(x)_{LNV}$-Kurven für unterschiedliche Werte von σ wiedergegeben. Die Kenngrößen der LNV sind:

Mittelwert $\quad \mu_L = \exp(\mu + \frac{\sigma^2}{2})$; (4-41)

Median $\quad \mu_+ = \exp(\mu)$; (4-42)

Modus $\quad \mu_\Lambda = \exp(\mu - \sigma^2)$; (4-43)

Varianz $\quad \sigma^2 = \exp\{2\mu + \sigma^2\}(e^{\sigma^2} - 1)$; (4-44)

Schiefe $\quad \lambda = (e^{\sigma^2}+2)\sqrt{e^{\sigma^2}-1}$; (4-45)

Exzeß $\quad \eta = 0$. (4-46)

Dabei ist zu beachten, dass die konventionsgemäß in ihrer Schreibweise auf die NV bezogenen Parameter μ und σ nicht mit den entsprechenden Kenngrößen der LNV identisch sind. Da dieses Problem auch bei anderen Verteilungen auftritt, wird hier aus Gründen der Übersichtlichkeit auf Schreibweisen mit zusätzlichen Indizes verzichtet, somit für alle GG-Kenngrößen gemäß Tab. 29 verfahren.

In der Praxis ist es empfehlenswert, bei Vermutung einer LNV die Merkmalswerte a_i zu logarithmieren, aus diesen transformierten Daten Mittelwert und Standardabweichung zu berechnen. Dann kann bei der Anpassung einer LNV so gearbeitet werden, als ob eine zV (bzw. NV) vorliegt; insbesondere kann dabei die übliche zV-Tabelle (siehe Anhang A.1b) verwendet werden.

Tab. 31: Urliste (H_i, a_i) zum nachfolgenden Beispiel 42, Transformation (b_i) und Logarithmieren (c_i) der Daten a_i, Klassenbildung sowie Anpassung einer LNV. Die angepassten Häufigkeiten $\hat{H}_k$ zeigen eine gute Übereinstimmung mit den beobachteten Klassenhäufigkeiten H_k.

H_i	a_i	$b_i=a_i+2$	$c_i=\ln b_i$	Klassen	Klassengrenzen g_i	z_k	$p_k(z)$	$\Delta p(z)$	$\hat{H}_k$	H_k
1	0	2	(0.000)		0.3465	-3.269	-0.4995			
1	1	3	0.693	0-2				0.1972	7.3	8
6	2	4	1.099							
4	3	5	1.386		1.4975	-0.881	-0.3023			
6	4	6	1.609	3-5				0.3777	14.0	13
3	5	7	1.792							
2	6	8	1.946		2.0125	0.188	0.0754			
2	7	9	2.079	6-8				0.2379	8.8	8
4	8	10	2.197							
3	9	11	2.303		2.3505	0.889	0.3133			
3	10	12	2.398	9-11				0.1074	4.0	6
0	11	13	2.485							
1	12	14	2.565		2.602	1.411	0.4207			
0	13	15	2.639	12-14				0.0457	1.7	1
0	14	16	2.708							
0	15	17	2.773		2.803	1.828	0.4664			
0	16	18	2.833	15-17				0.0186	0.7	1
1	17	19	2.890							
			2.944		2.970	2.174	0.4850			
			(2.996)							

Anmerkungen zu Tab. 31: a_i = Anzahl der Frosttage, H_i beobachtete Häufigkeiten; Transformieren und Logarithmieren vgl. Text. Die z-Werte erhält man mittels $z_k = (g_i - \bar{a}_*) / s_*$, mit $\bar{a}_* = 1.922$ und $s_* = 0.482$. Entsprechend früheren Beispielen werden zuerst die relativen theoretischen Häufigkeiten $\Delta p(z)$ und daraus durch Multiplikation mit dem Stichprobenumfang (n=37) die angepassten Häufigkeiten $\hat{H}_k$ errechnet.

Beispiel:
42. In der vorstehenden Tabelle ist festgehalten, wie viele Frosttage in den Jahren 1930-1966 (n = 37) in München jeweils im Monat April aufgetreten sind. Nach der Formel (1-18) ergeben sich K = 1 + 3.32 + lg37 ≈ 6.2 → 6 Klassen mit der deutlich schiefen Häufigkeitsverteilung H_i = {8,13,8,6,1,1} für die Klassen {0-2, 3-5, usw.}. Es wird daher versucht, dieser Stichprobe eine LNV anzupassen. Die Transformation z = 2 stellt sicher, dass man für die logarithmierten Daten ln a_i (a_i = Merkmalswerte) definierte Werte erhält. Dabei ist zu beachten, dass die transformierten und logarithmierten Werte zu einem Mittelwert von $\bar{a}_* = \Sigma H_i c_i / n = 1.922$ (vgl. Tab. 31) und einer Standardabweichung von $s_* = 0.482$ führen, im Gegensatz zu $\bar{a} = 5.62$ und $s = 3.61$ bei den ursprünglichen Daten (vgl. auch Abb. 35 zu Beispiel 48.)

4.7 Student - Verteilung (t-Verteilung) tV

Wie die Normalverteilung NV ist auch die Student-Verteilung tV (von W.S. GOSSET, 1876-1937) unter dem Pseudonym „Student" veröffentlicht) eine stetige Verteilung. Sie besitzt nur den einen Parameter Φ, der in der statistischen Schätz- und Prüftheorie unter der Bezeichnung „Zahl der Freiheitsgrade" einen wichtige Rolle spielt. Bei der Betrachtung von nur einer Stichprobe und damit verbundenen einfachen Fragestellungen ist Φ = n-1 (mit n = Stichprobenumfang). Die relativ komplizierte Definitionsgleichung (4-47) und der Umstand, dass sich die tV mit wachsendem Φ der NV, genauer der zV, annähert – für ca. Φ > 30 ist diese Näherung bereits sehr gut – sind der Grund dafür, dass die tV nicht zur Stichprobenanpassung verwendet wird. Jedoch weißt sie so bedeutende theoretische Eigenschaften auf, dass sie in der statistischen Hypothesenprüfung (näheres in Kap. 8) unentbehrlich ist.

Wahrscheinlichkeitsdichte- und Verteilungsfunktion der tV lauten, vgl. Abb. 28:

$$f(t) = \frac{\Gamma((\Phi+1)/2)}{\sqrt{\pi \Phi} \Gamma(\Phi/2)} (1+\frac{t^2}{\Phi})^{-\frac{\phi+1}{2}} ; \quad F(t) = \int_{-\infty}^{t} f_{tV}(y) \, dy. \quad (4-47)$$

(F(t) explizit nicht elementar darstellbar). Dabei wird konventionsgemäß t an Stelle von x (vgl. „z" bei zV) als Argument geschrieben und es gilt $f(t) = f_{tV}(x)$. Die Definitionsgleichung (4-47) enthält die Gammafunktion

$$\Gamma(x) = \lim_{n \to \infty} \frac{n! \, n^{x-1}}{x(x+1)(x+2)\ldots(x+n-1)} \quad (4-48)$$

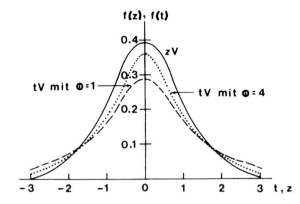

Abb. 28. Wahrscheinlichkeitsdichtefunktion der Student-Verteilung tV für verschiedene Freiheitsgrade Φ. Zum Vergleich ist auch die standardisierte Normalverteilung zV mit eingezeichnet (ausgezogen).

die sich für x > 0 auch in der Form

$$\Gamma(x) = \int_0^\infty e^{-y} y^{x-1} dy \qquad (4\text{-}49)$$

schreiben läßt. Im Anhang A.2 ist eine Funktionstabelle der Gammafunktion für den Wertebereich 1< x < 2 wiedergegeben. Mit Hilfe der Beziehungen

$$\Gamma(x) = \frac{\Gamma(x+1)}{x} \quad und \quad \Gamma(x) = (x-1)*\Gamma(x-1) \qquad (4\text{-}50)$$

lassen sich durchaus die Werte für x<1 und x >2 berechnen. Außerdem gilt

$$\Gamma(1) = 1; \Gamma(\frac{1}{2}) = \sqrt{\pi} \qquad (4\text{-}51)$$

sowie für ganzzahliges positives n

$$\Gamma(n) = (n-1)! \qquad (4\text{-}52)$$

Somit kann die Gammafunktion als Erweiterung der Fakultätsberechnung für nicht ganzzahlige Argumente (x bzw. n) aufgefasst werden; vgl. auch Formeln (1-31) und (1-32) in Kap. 1.8. Außerdem lässt sich die tV als allgemeiner Fall einer entsprechenden Gammaverteilung ΓV definieren.

Die Kenngrößen der tV sind:

Mittelwert $\mu = Median = Modus = 0$; $\qquad (4\text{-}53)$

Varianz $\sigma^2 = \dfrac{\Phi}{\Phi - 2}$ *für* $\Phi \geq 3$; $\qquad (4\text{-}54)$

Schiefe $\gamma = 0$ *für* $\Phi \geq 4$; (4-55)

Exzess $\eta = \dfrac{6}{\Phi - 4}$ *für* $\Phi \geq 5$. (4-56)

Im Anhang A.3 ist eine Quantiltabelle der tV wiedergegeben, und zwar in der speziellen Tabellierungsform

$$p(t) = \int_{-\infty}^{t} f(x)_{tV}\, dx, \qquad (4\text{-}57)$$

d.h. in sog. rechts-offener Tabellierung. Eine gute Approximationsformel der in dieser Weise definierten Perzentile ist

$$p(t) = p_z + \dfrac{p_z(p_z^2 + 1)}{4\Phi} + \dfrac{p_z(5p_z^4 + 16p_z^2 + 3)}{96\,\Phi^2} \qquad (4\text{-}58)$$

mit p_z = entsprechende Perzentile der standardisierten Normalverteilung zV. Diese Approximation wird als CORNISH - FISHER-Entwicklung bezeichnet; vgl. z.B. MÜLLER et. al. (1979).

4.8 χ^2 - Verteilung χ^2V

Ähnlich der im vorangehenden Kapitel besprochenen tV ist auch die χ^2-Verteilung χ^2V eine stetige Verteilung mit dem einen Parameter Φ (= Zahl der Freiheitsgrade). Sie wurde von HELMERT (1876) und PEARSON (1900) definiert und weist die grundlegende Eigenschaft auf, dass die Summe der Quadrate von Φ unabhängigen standardnormalverteilten Zufallsvariablen einer χ^2V mit Φ Freiheitsgraden folgt. Zusammen mit der tV und der im folgenden Kapitel zu besprechenden F-Verteilung bildet sie die Gruppe der „klassischen" theoretischen Verteilungen, die weniger in der Verteilungsanpassung, sondern in der statistischen Schätz- (Kap. 5) und insbesondere Prüftheorie (Kap. 8) verwendet werden.

Die Formeln für die Wahrscheinlichkeitsdichte- (vgl. Abb. 29) und Verteilungsfunktion der χ^2V

$$f(x)_{\chi^2 V} = \dfrac{1}{2^{\Phi/2}\,\Gamma(\Phi/2)}\, \chi^{\frac{\Phi-2}{2}}\, e^{-\frac{\chi}{2}} \;\; \textit{für } x > 0 \;(\textit{sonst } f(x) = 0); \qquad (4\text{-}59)$$

$$F(x)_{\chi^2 V} = \int_{y=0}^{\chi} f(y)_{\chi^2 V}\, dy \qquad (4\text{-}60)$$

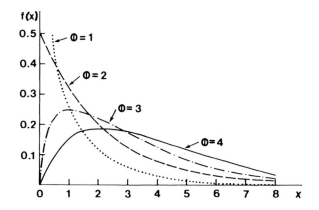

Abb. 29. Wahrscheinlichkeitsdichtefunktion der χ^2-Verteilung $\chi^2 V$ für verschiedene Freiheitsgrade Φ.

enthalten wie die tV (vgl. (4-47)) wieder die Gammafunktion $\Gamma(x)$). Mit $\Phi \to \infty$ konvergiert die $\chi^2 V \to NV$ mit $\mu = \Phi$ und $\sigma^2 = 2\Phi$.

Die Kenngrößen der $\chi^2 V$ lauten:

Mittelwert $\quad \mu = \phi;$ (4-61)

Modus $\quad \mu_\Lambda = \begin{cases} \phi - 2 \text{ für } \phi > 2 \\ 0 \quad \text{für } \phi = 1 \text{ und } \phi = 2; \end{cases}$ (4-62)

Varianz $\quad \sigma^2 = 2\phi;$ (4-63)

Schiefe $\quad \gamma = \dfrac{\sqrt{8}}{\sqrt{\phi}};$ (4-64)

Exzess $\quad \eta = 12/\phi.$ (4-65)

Im Anhang A.4 sind die tabellierten Quantile der $\chi^2 V$ in der Form

$$p(\chi^2) = \int_0^{x^2} f(\chi)_{\chi^2 V} dx \qquad (4\text{-}66)$$

zu finden. Eine gute Näherung dieser Quantile liefert (wiederum CORNISH - FISHER - Entwicklung)

$$p(x^2) \approx \phi + p\sqrt{2\phi} + \frac{2}{3}(p_z^2 - 1) + \frac{1}{9\sqrt{2\phi}}(p_z^3 - 7p_z) \qquad (4\text{-}67)$$

mit p_z entsprechende Quantile der zV.

4.9 FISHER-Verteilung (F-Verteilung) FV

Wie im vorangehenden Kapitel bereits gesagt, ist neben der tV und der χ^2V die *FISHER - Verteilung* FV in der statistischen Schätz- und insbesondere Prüftheorie von Bedeutung. Sie ist wiederum eine stetige Verteilung, besitzt aber die beiden Parameter Φ_1 und Φ_2 und die gegenüber den bisher besprochenen Verteilungen sehr komplizierte Wahrscheinlichkeitsdichtefunktion (vgl. dazu Abb. 30):

$$f(x) = \frac{\Gamma\left[\frac{\Phi_1+\Phi_2}{2}\right]\left[\frac{\Phi_1}{\Phi_2}\right]^{\frac{\Phi_1}{\Phi_2}}}{\Gamma(\Phi_1/2)\Gamma(\Phi_2/2)} x^{\frac{\Phi_1-2}{2}} \left[1+\frac{\Phi_1}{\Phi_2}x\right]^{-\frac{\Phi_1+\Phi_2}{2}} \quad \text{für } x > 0 \qquad (4\text{-}68)$$

Wie im Fall der tV und χ^2V enthält auch diese Definitionsgleichung die Gammafunktion $\Gamma(x)$ und wie die χ^2V wird sie für $x \leq 0$ Null gesetzt. Die grundlegende Definition der FV besagt, dass zwei unabhängige χ^2 - verteilte Zufallsvariable u und v in Form von $(u/v)x(\Phi_2/\Phi_1)$ der FV folgen. Die Verteilungsfunktion

$$F(x)_{FX} = \int_0^x f(y)_{FV} dy \qquad (4\text{-}69)$$

wird, wie bei den anderen Verteilungen, zur Errechnung der Quantile benützt, die im Anhang A.5 tabelliert sind ($F(x)_{FV}$ = p(F) mit F = x). Für $\Phi_2 \to \infty$ konvergiert die FV in der Form $\Phi_1 f(x)_{FV}$ gegen die Verteilungsfunktion der χ^2 V mit Φ_1 Freiheitsgraden.

Die Kenngrößen der FV sind:

$$\text{Mittelwert} \quad \mu = \frac{\Phi_2}{\Phi_2 - 2} \quad \text{für } \Phi_2 > 2; \qquad (4\text{-}70)$$

$$\text{Modus} \quad \mu_\Lambda = \frac{\Phi_2(\Phi_1 - 2)}{\Phi_1(\Phi_2 + 2)} \quad \text{für } \Phi_1 > 2 \; (0 \text{ für } \Phi_1 = 1) \qquad (4\text{-}71)$$

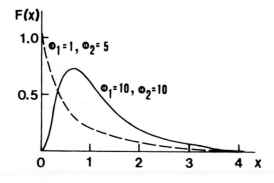

Abb. 30. Verteilungsfunktion der Fisher-Verteilung FV für verschiedene Kombinationen von Freiheitsgraden Φ_1, Φ_2.

Theoretische Verteilungen 85

$$\text{Varianz} \quad \Phi^2 = \frac{2\Phi_2^2(\Phi_1+\Phi_2-2)}{\Phi_1(\Phi_2-2)^2(\Phi_2-4)} \quad \textit{für } \Phi_2 > 4. \tag{4-72}$$

$$\text{Schiefe} \quad \gamma = \frac{2\Phi_1+\Phi_2-2}{\Phi_2-6}\sqrt{\frac{8(\Phi_2-4)}{\Phi_1(\Phi_1+\Phi_2-2)}}(\gamma > 0 \textit{ falls } \Phi_2 > 6). \tag{4-73}$$

$$\text{Exzeß} \quad \eta = \frac{12\{(\Phi_2-2)^2(\Phi_2-4)+\Phi_1(\Phi_1+\Phi_2-2)(5\Phi_2-22)\}}{\Phi_1(\Phi_2-6)(\Phi_2-8)(\Phi_1+\Phi_2-2)} \tag{4-74}$$
$(\eta > 0 \textit{ falls } \Phi_2 > 8).$

4.10 WEIBULL-Verteilung WV

Unter den neueren theoretischen Verteilungen, die sich wie die PV, NV und LNV (vgl. Kap. 4.4 - 4.6) vorwiegend zur Stichprobenanpassung eignen, hat sich die *WEIBULL - Verteilung WV* in besonderen Maße durchgesetzt, weil sie mit ihren drei Parametern x_0 (Lageparameter), b (Streuparameter) und a (Formparameter) besonders viele Möglichkeiten des Verteilungstyps zulässt, insbesondere dank des zusätzlichen Formparameters a. Dabei kann sie sogar auch NV- bzw. LNV- ähnliche Formen annehmen. Schließlich erlaubt sie die Simulation von nicht nur positiver (wie LNV) sondern auch negativer Schiefe.

Die Wahrscheinlichkeitsdichtefunktion der WV lautet

$$f(x)_{WV} = \frac{a}{b}(\frac{x-x_0}{b})^{a-1}\exp\left\{-(\frac{x-x_0}{b})^a\right\} \quad \textit{für } x \geq x_0 \tag{4-75}$$

und die Verteilungsfunktion hat die Form

$$F(x)_{WV} = 1-\exp\left\{-(\frac{x-x_0}{b})^a\right\} \quad \textit{für } x \geq x_0 \tag{4-76}$$

(für x < 0 jeweils definitionsgemäß Null). Die Kenngrößen sind:

$$\textit{Mittelwert} \quad \mu = x_0 + b\Gamma(\frac{1}{a}+1) \tag{4-77}$$

$$\textit{Median} \quad \mu_+ = x_0 + b(\ln 2)^{1/a} \tag{4-78}$$

$$\textit{Modus} \quad \mu_\Lambda = x_0 + b(1-\frac{1}{a})^{1/a} \tag{4-79}$$

$$\textit{Varianz} \quad \sigma^2 = b^2\left\{\Gamma(\frac{2}{a}+1)-\Gamma^2(\frac{1}{a}+1)\right\} \tag{4-80}$$

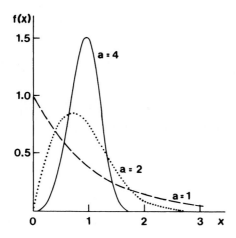

Abb. 31. Wahrscheinlichkeitsdichtefunktion der reduzierten WEIBULL-Verteilung RWV für verschiedene Werte des Parameters a.

$$\text{Schiefe} \qquad \gamma = \frac{\Gamma(\frac{3}{a}+1) - 3\Gamma(\frac{2}{a}+1)\Gamma(\frac{1}{a}+1) + 2\Gamma^3(\frac{1}{a}+1)}{\left[\Gamma(\frac{2}{a}+1) - \Gamma^2(\frac{1}{a}+1)\right]^{3/2}} \qquad (4\text{-}81)$$

mit Γ(x) wiederum Gammafunktion (wie in Kap. 4.7 - 4.9).

In der Praxis, insbesondere aber bei Tabellierungen, wird oft auch die sog. *reduzierte WEIBULL-Verteilung RWV* mit $x_0 = 0$ und $b = 1$ verwendet, worin eine gewisse Analogie wie beim Übergang von der NV zur zV zu sehen ist. Man kann daher bei der RWV von einer Art standardisierter WV sprechen. Gegenüber WV (4-75) vereinfacht sich RWV zu

$$f(x)_{RWV} = ax^{a-1}e^{-x^a}, \qquad (4\text{-}82)$$

vgl. dazu Abb. 31. Die Kenngrößen erhält man relativ leicht durch entsprechende Reduktion ($x_0=0$, $b=1$) der obigen Formeln (4-77) bis (4-81). Da die Schiefe von WV und RWV nur von a abhängt (vgl. (4-81)), gilt allgemein:

$a < 3.60232 \rightarrow$ *positiv Schiefe (Linkssteilheit)*;

$a = 3.60232 \rightarrow \gamma = 0$ *(Symmetrie)*; (4-83)

$a > 3.60232 \rightarrow$ *negative Schiefe* (Re *chsteilheit*).

Im Anhang A.6 sind die Quantile der RWV tabelliert (ausführliche Tabellen siehe z.B. MÜLLER et al., 1979).

Für $a = 1$ und $x_0 = 0$ geht die WV in die *Exponentialverteilung EV* über. Setzt man darüber hinaus $c = 1/b$, so ergibt sich die übliche Form

$$f(x)_{EV} = ce^{-cx}; \quad F(x)_{EV} = 1 - e^{-cx} \quad (\textit{jeweils für } x \geq 0) \tag{4-84}$$

mit den einfachen Kenngrößen:

$$\textit{Mittelwert} \quad \mu = \frac{1}{c}; \tag{4-85}$$

$$\textit{Median} \quad \mu_+ = \frac{1}{c} \ln 2; \tag{4-86}$$

$$\textit{Modus} \quad \mu_\Lambda = 0; \tag{4-87}$$

$$\textit{Varianz} \quad \sigma^2 = 1/c^2; \tag{4-88}$$

$$\textit{Schiefe} \quad \gamma = 2; \tag{4-89}$$

$$\textit{Exzeß} \quad \eta = 6. \tag{4-90}$$

Setzt man in (4-75) $x_o = 0$ und $a = 2$, so folgt die RAYLEIGH - Verteilung RaV

$$f(x)_{RaV} = \frac{2x}{b^2} \exp\{-(x/b)^2\} \tag{4-91}$$

mit dem Mittelwert $\mu(\text{RaV}) = \sqrt{\pi} \, b/2$. Offenbar handelt es sich bei RWV, EV und RaV jeweils um stetige Verteilungen mit nur einem Parameter.

Einschließlich diesen aus der Weibull-Verteilung WV hergeleiteten Varianten bietet sich somit für den Geowissenschaftler (und nicht nur diesen), über PV, NV und LNV hinaus, eine große Vielfalt von Verteilungen, die an beobachtete Daten ungepasst und somit als entsprechende Verteilungsmodelle dienen können. Dazu kommen noch einige im folgenden Kapitel zu besprechende spezielle Verteilungen. Wird die WV selbst benötigt, so lassen sich mit Hilfe der Beziehung

$$p(x)_{WV} = \frac{x - x_0}{b} p(x)_{RWV} \tag{4-92}$$

deren Perzentile aus der reduzierten Weibullverteilung RWV errechnen.

4.11 Spezielle Verteilungen

Neben den im Kap. 4.4-4.6 sowie 4.10 beschriebenen Verteilungen sind noch eine Reihe weiterer Verteilungen entwickelt worden, die auf mehr oder weniger spezielle Fälle zugeschnitten sind. Diese Entwicklung ist sicherlich noch längst nicht abgeschlossen (vgl. z.B. IKEDA et al., 1980) und eine annähernd vollständige Darstellung der bisher veröffentlichten Verteilungen würde den Rahmen dieses Buches sprengen. Unter geowissenschaftlichem Aspekt soll jedoch auf einige dieser speziellen Verteilungen hingewiesen werden.

Speziell für hydrologische Daten entwickelt (Niederschlag, Abfluss), aber auch in der gesamten Extremwertstatistik von Bedeutung (so z.B. in der Meteorologie auch beim Wind und in der Geophysik bei der seismischen Risikoanalyse), ist die doppeltexponentielle oder *GUMBEL - Verteilung GuV*

$$f(x)_{GuV} = \frac{1}{b}\left\{\exp\left(-\frac{x-x_o}{b}\right)\exp\left(-e^{-(x-x_o)/b}\right)\right\} \; ; \tag{4-93}$$

$$F(x) = \exp\left\{-\exp\left(-\frac{x-x_o}{b}\right)\right\}, \tag{4-94}$$

die eine positiv schiefe (linkssteile) stetige Verteilung mit den beiden Parametern x_o (Lage) und b (Streuung) ist. Ihre Form bewegt sich in etwa im Bereich der in Abb. 31 gezeigten Graphen für RVW ab a=2. Ihre Kenngrößen lauten:

Mittelwert $\quad \mu \approx x_o + 0.57722b$;

Varianz $\quad \sigma^2 = b^2 \pi^2 / 6$;

Schiefe $\quad \gamma = 1.13955$;

Exzess $\quad \eta = 5.4$.

RINNE (2003) nennt diese Verteilung „*Extremwertverteilung von Typ I*" und gibt als „Typ II" und „Typ III" noch weitere Modifikationen davon an. International findet man im Rahmen der Extremwertanalyse recht häufig auch die „*Allgemeine Extremwertverteilung*" *AEV* (generalised extreme value distribution GEV)

$$f(x)_{AEV} = \exp\left\{-\left(\frac{1+c(x-x_o)}{b}\right)^{-1/c}\right\}, \tag{1-95}$$

die in der Form der GuV ähnlich ist, aber durch ihren dritten Parameter c mehr Spielraum dazu erlaubt.

In der geophysikalischen Erdbeben-Risikoanalyse wird in leichter Modifikation von (4-94) meist die Form

$$F(x)_{GuV_*} = \exp\left\{-\exp(-\frac{M-x}{b})\right\} \tag{4-96}$$

bevorzugt; sie gibt die Wahrscheinlichkeit dafür an, dass ein bestimmter maximaler Schwellenwert M (z.B. Wert der Richterskala) nicht überschritten wird (komplementäre Überschreitungswahrscheinlichkeit). Ebenfalls in der Geophysik (z.B. Erdbeben-Risikoanalyse) findet man die auch sog. *POLYA -Verteilung PoV* mit den beiden Parametern λ und d:

$$f(x)_{PoV} = \frac{\lambda(\lambda+d)(\lambda+2d)(\lambda+3d)\ldots(\lambda+(x-1)d)}{x} \frac{1}{(1+d)^{\lambda/(d+x)}}, \tag{4-97}$$

die eine Erweiterung der PV (Poisson-Verteilung) nach (4-23) mit dem Parameter d auf abhängige Prozesse bzw. Daten hin darstellt. Statt der einfachen Wahrscheinlichkeiten wird dann mit bedingten Wahrscheinlichkeiten (vgl. 1.9) gerechnet. Die einfachste Art der Abhängigkeit ist die, bei der jeder Datenwert nur vom vorangehenden Datenwert abhängt (vgl. Kap. 14.3), z.B. durch Persistenz (Erhaltungsneigung). Im Rahmen der Zeitreihenanalyse (Kap. 14) wird darauf noch näher eingegangen. Hier kann jedoch schon gesagt werden, dass die PoV eine Art PV für Prozesse mit Persistenz darstellt, was durch den zusätzlichen Parameter d berücksichtigt werden soll. Meist wird bei der Verteilungsanpassung nämlich die Unabhängigkeit der Daten stillschweigend vorausgesetzt, was häufig approximativ gerechtfertigt ist, jedoch keinesfalls immer.

Nun sollen noch einige weitere Verteilungen genannt sein, die sich nicht speziell auf abhängige Prozesse beziehen. Dazu gehört die *Beta-Verteilung BeV*, die unter anderem zur Bearbeitung von Daten der relativen Feuchte vorgeschlagen worden ist. Sie lautet

$$f(x)_{BeV} = \frac{1}{B(p,q)} x^{p-1}(1-x)^{q-1}, \qquad (4\text{-}98)$$

wobei

$$B(p,q) = \frac{\Gamma(p+q)}{\Gamma(p)\Gamma(q)} = \int_0^1 y^{p-1}(1-y)^{q-1} dy \qquad (4\text{-}99)$$

die sog. Betafunktion ist. ($F(x)_{BeV}$ und Kenngrößen siehe z.B. RINNE (2003). SUZUKI (1983) hat eine sog. *Hypergamma-Verteilung HGV* (s. auch MENDEL (1993))

$$f(x) = \frac{ab^{n/a}}{\Gamma(n/a)} x^{n-1} \exp(-bx^a) \qquad (4\text{-}100)$$

vorgeschlagen, aus der für a = 1 die Gammaverteilung ΓV, für a = n die WV (vgl. Kap. 4.10), für a = 2 sowie n = 1 die sog. Quasinormalverteilung und für a = -1 die sog. Pearson V-Verteilung folgt. Es handelt sich somit um einen sehr allgemeinen Ausdruck, der im übrigen auch als Verallgemeinerung der WV aufgefasst werden kann.

Sind die mittleren Werte einer Stichprobe diejenigen mit der geringsten Häufigkeit (ganz im Gegensatz zur NV), so dass sich eine U-förmige Verteilung ergibt (wie in der Meteorologie z.B. bei Daten des Wolkenbedeckungsgrads), so kann dies durch

$$f(x)_{UV} = \frac{1}{\pi} \frac{1}{\sqrt{1-x^2}}; \quad F(x)_{UV} = \frac{1}{2} + \frac{1}{\pi} arc \sin x \qquad (4\text{-}101)$$

simuliert werden. Diese *U-Verteilung UV* lässt sich wiederum verallgemeinern, z.B. durch Einführung von Parametern, z.B. als Faktoren von $1/\pi$ bzw. x.

Für Daten, die als Funktion von Winkelgraden vorliegen (z.B. Windrichtung in der Meteorologie, Feldstärken in der Geophysik), kann die von GUMBEL (1964) definierte *Kreisnormalverteilung KNV*

$$f(x)_{KNV} = a^{-1} \exp\{r \cos(x-x_0)\} \qquad (4\text{-}102)$$

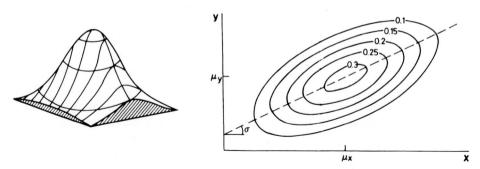

Abb. 32. Wahrscheinlichkeitsdichte der zweidimensionalen Normalverteilung (NV2) in dreidimensional-perspektivischer (links) und zweidimensionaler Isoplethen-Darstellung (rechts); nach SACHS (2004), etwas verändert.

herangezogen werden, die überdies von SNEYERS und VAN ISACKER (1983) verallgemeinert worden ist.

Alle hier bisher behandelten theoretischen Verteilungen sind eindimensional. Die Theorie der *mehrdimensionalen Verteilungen* (für Stichproben vgl. Kap. 3) ist in der Statistik nur sehr wenig entwickelt. Für d Dimensionen haben sie die allgemeine Form

$$f(x_1, x_2, \ldots, x_d),\tag{4-103}$$

sind jedoch nur im zweidimensionalen Fall als Flächen im Raum bzw. in Form von f(x)-Isolinien in einem x_1-x_2- Diagramm anschaulich vorstellbar; vgl. Abb. 32. So stellt beispielsweise der Schnitt längs der x_1-und x_2-Achse einer *zweidimensionalen Normalverteilung* jeweils eine eindimensionale Normalverteilung $f(x_1)_{NV}$ bzw. $f(x_2)_{NV}$ dar. Durch Modifikationen der Definitionsgleichung können wie im eindimensionalen Fall Verteilungsschiefe und andere Abweichungen von der NV simuliert werden. Hinweise zur Theorie mehrdimensionaler Verteilungen finden sich unter anderem bei BAHRENBERG et al. (1990, 1992) KREYSZIG (1991), RINNE (2003) und SACHS (2004).

4.12 Übersicht und Tabellierungsarten

Wie bereits in Kapitel 1.7 ausgeführt, gibt die Wahrscheinlichkeitsdichtefunktion f(x) an, mit welcher relativen Häufigkeit und somit Wahrscheinlichkeit bestimmte Wertebereiche des Intervalls $\{x_1 \leq x \geq x_2\}$ nach einem bestimmten *Verteilungsmodell f(x)$_{TV}$* zu erwarten sind; dabei ist TV eine beliebige theoretische Verteilung. Sind für alle Werte des Arguments x auch alle Werte der Wahrscheinlichkeitsdichtefunktion f(x)$_{TV}$ definiert, wie z.B. bei der NV, so gilt $\{-\infty = x = +\infty\}$, andernfalls gilt meist, wie z.B. bei der EV oder WV: $\{x \geq 0\}$. Prinzipiell ist aber bei allen Verteilungen durch die Einführung bzw.

Variation des Nullpunktparameters (Lageparameters) x_o eine Verschiebung von f(x) hinsichtlich x (unter Beibehaltung der Verteilungsform) möglich. Im Fall der NV ist $x_o = \mu$ dieser Nullpunktsparameter.

*Die f(x)$_{TV}$ - Definitionsgleichungen können in allgemeiner oder spezieller (*standardisierter*) Form vorliegen.* Das heißt, dass sich im ersten Fall durch die Wahl der Kurvenparameter (z.B. σ bei der NV, a und b bei der WV) der Funktionsverlauf von f(x) variieren lässt, während dies im zweiten Fall durch bestimmte Wertzuweisungen der Kurvenparameter eingeschränkt oder ausgeschlossen ist (z.B. durch σ = 1 bei der zV.) Diese Spezialisierung oder Standardisierung der Verteilung ist gleichbedeutend mit einer Achsentransformation (durch eine entsprechende Transformationsformel definiert, vgl. Kap. 4.5, NV → zV). Diese Transformation bzw. generell der Verteilungstyp lässt sich durch *spezielle Schreibweisen* des Arguments von f(x) oder Indizierung kennzeichnen; z.B. sind die Schreibweisen

$$f(x)_{zV} = f(z); \quad f(x)_{tV} = f(t); \quad f(\chi^2) = f(x)_{\chi^2V}. \tag{4-104}$$

synonym. Zur Kennzeichnung, welche Parameter jeweils in der Definitionsformel von f(x) enthalten sind, lässt sich weitergehend beispielsweise schreiben:

$$f(x;\mu,\sigma) \textit{für} f(x)_{NV} \textit{ bei NV}; \quad f(x;x_o,a,b) \textit{ für } f(x)_{WV} \textit{ bei WV} \tag{4-105}$$

(im letzteren Fall genauer bei „erweiterter WV"). Viele theoretische Verteilungen sind über die Variation dieser Parameter miteinander verwandt, vgl. Zuordnung in Abb. 33. Die Unterscheidung zwischen *kontinuierlichen* (d.h. *stetige* Funktion f(x)) und *diskreten* theoretischen Verteilungen ist hier nur durch Texthinweise und nicht bestimmte formale Kennzeichnungen vorgenommen. Man könnte im letzteren Fall auch $f(x_i)$ schreiben.

In Kap. 1.7 ist bereits darauf hingewiesen worden, dass sich die *Verteilungsfunktion F(x)* durch Integration aus f(x) und umgekehrt f(x) durch Differentiation aus F(x) errechnen lassen. Für die statistische Praxis ist insbesondere die Bestimmung definitiver Wahrscheinlichkeiten von Bedeutung, wie z.B. die *Eintrittswahrscheinlichkeit* p = $p\{x_1 \leq x \leq x_2\}_{TV}$ (d.h. die Wahrscheinlichkeit dafür, dass Werte x im so definierten Intervall nach dem jeweils angepassten Modell $f(x)_{TV}$ auftreten). Nach (1-23) gilt dafür

$$p\{x_1, x_2\} = 1 - q\{x_1, x_2\} = \int_{x_1}^{x_2} f(x)_{TV}\, dx \tag{4-106}$$

mit q = *komplementäre Wahrscheinlichkeit* (somit dafür, dass Werte x im genannten Intervall nicht auftreten). Für die Beantwortung derartiger Fragestellungen sind *Tabellierungen* $F(x)_{TV}$ sehr hilfreich. Um nun eine möglichst breite Anwendung solcher Tabellen zu ermöglichen, geht man erstens von möglichst weitgehend *standardisierten* Verteilungen aus (was dann Transformationen der Tabellenwerte im Fall von nicht standardisierten Verteilungsmodellen erfordert) und tabelliert zweitens ganz bestimmte Bereiche von (4-104) mittels der betreffenden *Verteilungsfunktion*. Dabei spielt natürlich eine Rolle, für welchen Wertebereich x die Funktion $f(x)_{TV}$ überhaupt definiert ist.

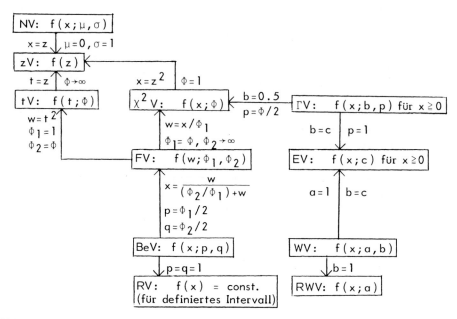

Abb. 33. Beziehungen zwischen einigen wichtigen Wahrscheinlichkeitsdichtefunktionen (theoretischen Verteilungen). Die Schreibweise entspricht Formel (4-105).

Konventionsgemäß wird einerseits meist

$$p\{0, x_+\} = p(x_+) = \int_0^{x_+} f(x)dx = F(x_+) \qquad (4\text{-}107)$$

(vgl. (1-23)) tabelliert, insbesondere zum Zweck von Anpassungen von theoretischen Verteilungen an Stichproben und im Rahmen der Schätztheorie (s. Kap.5). Diese *Tabellierungsart* kann man als „*zentral-einseitig*" oder „rechts-zentral" bezeichnen, vgl. Abb. 34 (mit $x_+=z$). Insbesondere die tV wird zu Testzwecken (s. Kap. 8) aber meist im Intervall $\{-\infty, x = t\}$ benötigt, wobei t hier einen bestimmten Wert darstellt. Die entsprechende Tabellierung kann „*rechts-offen*" genannt werden (vgl. wiederum Abb. 34).

Bei der praktischen Nutzung von $F(x)_{TV}$-Tabellen sollt sich der Anwender stets vergewissern, welche Tabellierungsart jeweils vorliegt und ob sie mit der jeweiligen *Problemstellung* (Fragestellung) übereinstimmt. Ist dies nicht der Fall, so werden Umrechnungen erforderlich. Handelt es sich beispielsweise um eine bezüglich x bzw. t = 0 symmetrische Verteilung (z.B. zV und tV), so müssen bei „zentral-einseitiger" Tabellierungsart (gemäß (4-105)), aber „zentral-zweiseitiger" Fragestellung – d.h. es wird $p\{-x_+ \leq x \leq +x_+\}$ betrachtet – die der Tabelle entnommenen p-Werte verdoppelt werden. Diese p-Werte heißen, wie schon früher eingeführt (vgl. Kap. 2.3), Quantile (oder auch

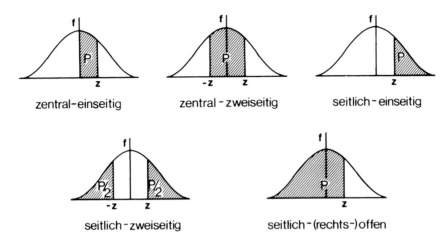

Abb. 34. Übersicht der häufigsten Tabellierungsarten (p als Funktion des Verteilungsparameters und ggf. der Freiheitsgrade oder umgekehrt; Erklärung siehe Text).

Fraktile), in spezieller prozentualer Form Perzentile (vgl. Kap. 2.3). Bei „zentral-einseitiger" Tabellierung und wie oben definierten symmetrischen Verteilungen gilt offenbar

$$2p_+ + 2q_+ = 1 \quad bzw. \ 100\% \tag{4-108}$$

mit $p_+ = p\{0,x\}$ und q_+ entsprechend. Ist nun nach der einseitigen *Überschreitungswahrscheinlichkeit* gefragt – d.h. $\{x \geq +x_+\}$ oder $p\{x \geq -x_+\}$, somit „*seitlich-einseitige" Fragestellung* – so erhält man die gesuchte Wahrscheinlichkeit offenbar durch Umrechnung des („zentral-einseitig") gegebenen Tabellenwertes p_+ in $p = q = 0.5 - p_+$.

Nicht symmetrische theoretische Verteilungen sind meist nur für $x \geq 0$ definiert und im Bereich $\{0 \leq x \leq x_+\}$ tabelliert, was eine „rechts-offene" Tabellierung darstellt. In solchen Fällen lassen sich beliebige Wahrscheinlichkeiten bzw. Quantile des Intervalls $\{x_1 \leq x \leq x_2\}$ durch die allgemein gültige Beziehung $F(x_2) - F(x_1)$ bestimmen.

Schließlich ist bei der Benutzung von Tabellen theoretischer Verteilungen noch zu beachten, ob die Werte $p(x_+)$ als Funktion von x_+ (bzw. z, t, χ^2 usw. bei speziellen Verteilungen) oder umgekehrt die Werte x_+ als Funktion von $p(x_+)$ tabelliert sind. Die zweite Art der Tabellierung findet man mit Ausnahme von zV (bzw. NV) fast immer, wobei statt der Wahrscheinlichkeit p_+ häufig die dazu komplimentäre Irrtumswahrscheinlichkeit $\alpha = q$ verwendet wird; dies hängt mit der häufigen Nutzung solcher Tabellen in Zusammenhang mit der Prüftheorie (Kap. 8) zusammen.

5 Schätzverfahren

5.1 Einführung

Als statistisches Schätzverfahren wird jede Methode bezeichnet, die geeignet erscheint, von der *bekannten Stichprobeninformation (SP)* auf entsprechende Informationen der *unbekannten Grundgesamtheit (GG, Population)* zu schließen. Dabei sind unter Informationen zunächst die Kenngrößen der betreffenden GG-Verteilung und somit auch die Wahrscheinlichkeitsdichtefunktion $f(x)_{GG}$ bzw. Verteilungsfunktion $F(x)_{GG}$ selbst gemeint, weitergehend die Informationen, die sich daraus ableiten lassen, insbesondere die Ereigniswahrscheinlichkeiten für künftige SPs, die aus der betreffenden GG stammen.
Im einzelnen lassen sich nun drei *Problemkreise der Schätztheorie* unterscheiden:
- Schätzung bestimmter *Kenngrößen (Momente, Momentkoeffizienten)* der GG, und zwar nur Schätzung dieser Größen selbst, mit Hilfe geeigneter Schätzformeln → sog. *Punktschätzung*. Aus diesen Kenngrößen lassen sich die Parameter der GG-Verteilung errechnen und umgekehrt, so dass die Punktschätzung i.a. die Schätzung der Wahrscheinlichkeitsdichtefunktion der vermutlich zugehörigen GG (und damit auch deren Verteilungsfunktion) mit einschließt, sog. *Verteilungsschätzung*. Unter bestimmten Voraussetzungen können jedoch auch verteilungsfreie Punktschätzungen (d.h. ohne Annahmen über die GG-Verteilung) durchgeführt werden.
- Schätzung des *Intervalls, in dem die* oben genannten *Kenngrößen der GG* mit definitiver Wahrscheinlichkeit *vermutet werden* → sog. *Intervallschätzung*. Derartige Intervalle werden daher als „Vermutungsbereiche" oder kurz „*Mutungsbereiche*" bezeichnet.
- Schätzung des *Intervalls, in dem* auf Grund eines angenommenen GG-Verteilungsmodells (theoretische Verteilung) *künftige SP-Daten* mit definitiver Wahrscheinlichkeit *vermutet werden*; dabei kann entweder ausgehend von einem Wertebereich Δx die zugehörige Ereigniswahrscheinlichkeit oder umgekehrt ausgehend von dieser Wahrscheinlichkeit der Wertebereich Δx künftiger Stichproben geschätzt werden (Exspektanz; Ereignisschätzung).

Die beiden letztgenannten Problemkreise können auch unter der Bezeichnung „*Intervallschätzung*" zusammengefasst werden.

Da über die „Verteilungsschätzung" meist, nach Errechnung der Mutungsbereiche der GG-Kenngrößen, mittels geeigneter Testverfahren („Anpassungstest", folgt in Kap. 8) entschieden wird, kann sie bei der Behandlung der Schätzverfahren zunächst ausgeklammert werden. Es ist aber zu beachten, dass Aussagen über künftige SPs erst nach Anwendung dieser Testverfahren abgesichert sind, soweit in der Statistik überhaupt von Sicherheit gesprochen werden darf, und somit die Anwendung dieser Testverfahren als Voraussetzung erfordern. Auf der anderen Seite bilden Schätzungen der GG-Kenngrößen und der zugehörigen Mutungsbereiche die Voraussetzung für die Anwendung der meisten Testverfahren, so dass hier die Schätz- vor den Testverfahren behandelt werden sollen. Aus den oben genannten Gründen wird im folgendem zwischen

Punkt- und Intervallschätzung unterschieden; die Verteilungsschätzung wird im Kap. 8 behandelt und bei der Intervallschätzung wird weitergehend zwischen der Schätzung von Mutungsbereichen und Wertebereichen künftiger SPs unterschieden.

5.2 Punktschätzung

Unter Punktschätzung versteht man Annahmen bzw. Näherungsberechnungen von Kenngrößen oder Parametern der unbekannten GG (= Grundgesamtheit; theoretischen Verteilung) auf Grund von Informationen über eine bekannte SP (= Stichprobe; empirische Verteilung). Dabei werden im wesentlichen zwei Methoden unterschieden:
- *Parametermethode* (auch „Momentmethode"), d.h. der bekannte SP-Parameter (bzw. Kenngröße bzw. Moment) h wird einfach mit dem betreffenden Parameter (bzw. Kenngröße bzw. Moment) Θ der unbekannten GG gleichgesetzt.
- *Prinzip der optimalen Mutmaßlichkeit (maximum likelihood)*, d.h. aus n unabhängigen SP-Daten ($x_1, x_2,...x_n$) wird die sog. „Mutmaßlichkeitsfunktion" (Likelihood-Funktion)

$$L(\Theta) = f(x_1, x_2,...,x_n;\Theta) = \prod_{i=1}^{n} f(x_i;\Theta) \qquad (5\text{-}1)$$

gebildet, welche die Wahrscheinlichkeit für das SP-Ergebnis als Funktion des unbekannten Parameters Θ angibt.
Dabei wird allerdings vorausgesetzt, dass die Wahrscheinlichkeitsdichtefunktion der GG bekannt ist (mit Ausnahme der darin enthaltenen Parameter). Der Schätzwert $\hat{\Theta}$ für Θ ergibt sich als Lösung von

$$\frac{dL(\Theta)}{d\Theta} = 0 \quad bzw. \quad \frac{d \ln L(\Theta)}{d\Theta} = 0 \quad und \quad \frac{d^2 L(\Theta)}{d\Theta^2} < 0. \qquad (5\text{-}2)$$

In der statistischen Praxis wird man i.a. in der Weise vorgehen, dass man zunächst die SP-Kenngrößen (Mittelwert, Varianz, Momentkoeffizient der Schiefe usw.) nach den üblichen Formeln errechnet (vgl. Kap. 2 und 3). Anschließend stellt man auf Grund der SP-Verteilung Vermutungen über die GG-Verteilung an (graphische Schnelltests, ein Beispiel folgt im Kap. 5.4, oder letztlich Anwendung des schon mehrfach genannten „Anpassungstests", wie in Kap. 8.2 beschrieben). Liegt diese Vermutung fest, lassen sich die SP-Kenngrößen näherungsweise den unbekannten GG-Kenngrößen gleichsetzen (Parametermethode). Dieser Schritt sollte aber unbedingt durch die Abschätzung der zugehörigen Mutungsbereiche (siehe folgenden Abschnitt) abgesichert werden. Aus den nunmehr geschätzten GG-Kenngrößen lassen sich die betreffenden GG-Parameter errechnen und somit der bekannten SP die geeignet erscheinende GG-Verteilung anpassen; vgl. dazu Theorie und Beispiele in Kap. 4.

Diese Vorgehensweise der statistischen Praxis lässt sich zudem dadurch begründen, dass die Berechnungsformeln der meisten SP-Kenngrößen nach dem Prinzip der optimalen Mutmaßlichkeit hergeleitet sind. Dies gilt insbesondere für den arithmetischen Mittelwert

$$\hat{\mu} = \bar{x} = \frac{1}{n}\sum_{i=1}^{n} x_i \quad (5\text{-}3)$$

als Punktschätzwert der GG-Kenngröße μ (vgl. Kap. 2.2, Formel (2-1)), sowie für die Varianz

$$\hat{\sigma}_*^2 = s_*^2 = \frac{1}{n}\sum_{i=1}^{n}(x_1 - \mu)^2 \quad (5\text{-}4)$$

(Momentformel, vgl. (2-26) und (2-38)) bzw.

$$\hat{\sigma}^2 = s^2 = \frac{1}{n-1}\sum_{i=1}^{n}(x_1 - \bar{x})^2 \quad (5\text{-}5)$$

als Punktschätzung der GG-Kenngröße σ^2 (vgl. Kap. 2, Formel (2-25)) bei bekanntem (5-4) bzw. unbekanntem (5-5) GG-Mittelwert. In diesen Fällen sind somit Parametermethode und Prinzip der optimalen Mutmaßlichkeit identisch.

Nach dem letztgenannten Prinzip entwickelte Schätzfunktionen E ($\hat{\Theta}$) heißen erwartungstreu, wenn

$$E(\hat{\Theta}) = \Theta, \quad (5\text{-}6)$$

mit $\hat{\Theta}$ = Kenngröße bzw. Parameter der auf SP-Informationen beruhenden Schätzfunktion und Θ = entsprechende GG-Maßzahl, und asymptotisch erwartungstreu, wenn

$$\lim_{n\to\infty} E(\hat{\Theta}) = \Theta \quad (5\text{-}7)$$

gilt. Diese Schätzfunktion heißt weiterhin konsistent, wenn für beliebig kleinen Wert ε

$$\lim_{n\to\infty} p\{|\hat{\Theta} - \Theta| < \varepsilon\} = 1 \quad (5\text{-}8)$$

ist. Sie heißt schließlich effizient, wenn die Varianz

$$Var(\hat{\Theta}) = E\{(\hat{\Theta} - \Theta)^2\} \quad (5\text{-}9)$$

kleiner ist als die Varianz irgendeiner anderen erwartungstreuen Schätzfunktion. Bei den oben genannten Formeln, wie sie bei der SP-Beschreibung verwendet werden, sind (5-3) und (5-4) erwartungstreu, konsistent und effizient, (5-5) dagegen nur erwartungstreu und konsistent (nach RINNE, 2003, bzw. CREUTZ und EHLERS, 1976; vgl. auch HENGST, 1967).

5.3 Intervallschätzung: Mutungsbereiche

Ein Werteintervall

$$Mu_{P(GG)} = \{(P(SP) - D) \leq P(SP) \leq (P(SP) + D)\} = P(SP) \pm D \qquad (5\text{-}10)$$

mit P(GG) = Parameter bzw. Kenngröße der GG, P(SP) = Parameter bzw. Kenngröße der SP und D = aus den im folgenden angegebenen Formeln errechnetem Zahlenwert heißt *Mutungsbereich* oder Konfidenz- oder Vertrauensintervall von P(GG). Anschaulich bedeutet dies, dass die betreffende unbekannte Maßzahl der GG in dem betreffenden Zahlenwertintervall „vermutet" wird. In der Statistik werden derartige Vermutungen mit einer definitiven Wahrscheinlichkeit p der richtigen Entscheidung bzw. Irrtumswahrscheinlichkeit $\alpha = 1 - p$ in der Form

$$Mu_{P(GG)}(p) = P(SP) \pm D(p) \qquad (5\text{-}11)$$

verknüpft; d.h. der Zahlenwertbereich D und somit auch der Mutungsbereich sind eine Funktion dieser Wahrscheinlichkeit. Dabei ist es Ansichtssache, ob jeweils p (in %, wie in diesem Buch bevorzugt) oder α (wie in der Literatur oft bevorzugt) angegeben wird.

Unter der Voraussetzung einer normalverteilten GG lassen sich aus den SP-Kenngrößen a (arithmetischer Mittelwert), s (Standardabweichung) und s^2 (Varianz), vgl. Kap. 2, nun folgende relativen Mutungsbereiche abschätzen:

$$\text{Mittelwert } Mu_\mu = \pm z \frac{\sigma}{\sqrt{n}} = \pm z \frac{s}{\sqrt{n}} \quad \text{falls GG infinit ;} \qquad (5\text{-}12)$$

$$Mu_\mu = \pm z \frac{\sigma}{\sqrt{n}} \sqrt{\frac{v-n}{v-1}} \quad \text{falls GG finit;} \qquad (5\text{-}13)$$

$$\text{Standard-} \atop \text{abweichung} \qquad Mu_\sigma = \pm z \frac{\sigma}{\sqrt{2n}} \approx \pm z \frac{s}{\sqrt{2n}} ; \qquad (5\text{-}14)$$

$$\text{Varianz} \qquad Mu_{\sigma^2} = z\sigma^2 \sqrt{\frac{2}{n}} \approx \pm z s^2 \sqrt{\frac{2}{n}} ; \qquad (5\text{-}15)$$

dabei ist n der SP-Umfang und v der Umfang der finiten GG. Die Größe z ist das Argument der zV (standardisierten Normalverteilung) und gestattet in der Form z(p) die Wahl der Wahrscheinlichkeit p, mit der die betreffende Vermutung richtig ist, bzw. $\alpha = 1 - p$, mit der sie falsch ist (vgl. oben). Ist die GG-Standardabweichung σ bzw. Varianz σ^2 unbekannt, so darf in den obigen Formeln nur dann näherungsweise mit den entsprechenden SP-Kenngrößen s bzw. s^2 gerechnet werden, falls n hinreichend groß ist; näherungsweise und empirisch gilt in diesem Fall n ≥ 50. Andernfalls muss in (5-12) bis (5-15) z durch t (Argument der tV) ersetzt werden. Um dem Praktiker die Anwendung dieser Formeln zu erleichtern, sind in der folgenden Tab. 32 die z- und t-Werte für bestimmte Vorgaben von p (Wahrscheinlichkeit der richtigen Entscheidung) bzw. α (Irrtumswahrscheinlichkeit) aufgelistet.

98 Schätzverfahren

Tab. 32. z- und t-Werte zur Schätzung von Mutungsbereichen bei vorgegebener Wahrscheinlichkeit p der richtigen Entscheidung bzw. Irrtumswahrscheinlichkeit α. Der Index von t zeigt die Anzahl der Freiheitsgrade an (zur zV vgl. Kap. 4.5, zu tV Kap. 4.7).

p in %	α	z	t_{10}	t_{15}	t_{20}	t_{25}	t_{30}	t_{40}	t_{50}	T_{100}
80	0.2	1.282	1.37	1.34	1.32	1.32	1.31	1.30	1.30	1,29
90	0.1	1.645	1.81	1.75	1.72	1.71	1.70	1.68	1.68	1.66
95	0.05	1.960	2.23	2.13	2.09	2.06	2.04	2.02	2.01	1.98
99	0.01	2.576	3.17	2.95	2.84	2.79	2.75	2.70	2.69	2.62
99.9	0.001	3.290	4.59	4.07	3.85	3.72	3.65	3.55	3.50	3.39

Beispiel:
43. Aus den Beispielen 12 bzw. 41 hat sich für die Oktobermitteltemperatur München 1911-1960 (n = 50, SP) ergeben: $\bar{a}$ = 7.97 °C und s = 1.43 °C. Auf Grund des relativ hohen SP-Umfangs ist eine Mutungsbereichschätzung mit Hilfe des z-Parameters erlaubt. Für Mittelwert und Standardabweichung der GG ergibt sich bei p = 95%:

$Mu_\mu = \pm 1.96 * 1.43 / \sqrt{50} \approx \pm 0.396 \approx \pm 0.40;$

$Mu_\sigma = \pm 1.96 * 1.43 / \sqrt{100} \approx \pm 0.280 \approx \pm 0.28;$

Somit wird μ im Intervall $\bar{a} \pm Mu_\mu$ = {57.97± 0.40} ≅ {8.0 ± 0.40}→ {7.6 ↔ 8.4} und σ im Intervall s ± Mu_σ = { 1.43 ± 0.28} →{ 1.15 ↔ 1.7 } vermutet. Die vorsichtigere t-Schätzung mit Zahl der Freiheitsgrade Φ ≈ n (exakt Φ = n-1) führt zu

$Mu_\mu = \pm 2.01 * 1.43 / \sqrt{50} \approx \pm 0.406 \approx \pm 0.41$ und

$Mu_\sigma = \pm 2.01 * 1.43 / \sqrt{100} \approx \pm 0.287 \approx \pm 0.29$ (*Einheiten jeweils °C*).

Aus diesem Beispiel ist ersichtlich, dass der Mutungsbereich jeweils ein symmetrisches Zahlenwertintervall um die betreffende Kenngröße der SP darstellt. Im Fall von Abweichungen von der NV lassen sich die Formeln (5-12) bis (5-15) auch „verteilungsfrei" (d.h. ohne Voraussetzungen hinsichtlich der Verteilung der GG, genauer unabhängig von der NV) anwenden, falls die SP hinreichend groß ist; als Faustregel kann man hier n ≥ 100 ansetzen. Dabei kann es auch von Interesse sein, Vermutungen über den Median der GG anzustellen. Es gilt:

$$Mu_{\mu+} = \pm z\sigma\sqrt{\frac{\pi}{2n}} \approx \pm z\, s\sqrt{\frac{\pi}{2n}}. \qquad (5\text{-}16)$$

Die Schätzformeln für die Mutungsbereiche lassen sich auch zur Schätzung einer unteren Schranke des SP-Umfangs n verwenden, wenn für den Mutungsbereich eine nicht zu überschreitende untere Schranke ε festgesetzt wird. Mit $Mu_\mu = \varepsilon$ folgt dann aus (5-15):

$$n \geq \frac{z^2 \sigma^2}{\varepsilon^2} \quad oder\ annähernd \quad n \geq \frac{z^2 s^2}{\varepsilon^2}. \qquad (5\text{-}17)$$

Beispiel:
44. Soll im Beispiel 43 der Mutungsbereich des GG-Mittelwertes nicht ungenauer als mit ± 0.2 °C abgeschätzt werden und somit | µ - $\bar{a}$ | = ε = 0.2 sein, so folgt bei einer Wahrscheinlichkeit von p = 95% (wie im Beispiel 43): n = 1.96^2 * 1.43^2 / 0.2^2 ≈ 196, d.h. der Stichprobenumfang (n = 50) müsste nahezu vervierfacht werden.

Werden Mittelwerte, Standardabweichungen usw. zweier Stichproben verglichen und wird insbesondere die Frage gestellt, ob sie der gleichen GG angehören oder nicht, so lässt sich dieser Fragestellung in erster Näherung mit Hilfe der obigen Formeln nachgehen und bei Überlappung der Mutungsbereiche mit „ja" beantworten. Bei näherer Betrachtung ist es aber durchaus problematisch, welche Überlappungsbereiche jeweils vorliegen sollten und mit welcher Wahrscheinlichkeit p derartige Fragestellungen entschieden werden können. In der Statistik sind für solche und andere Zwecke bestimmte Methoden der „Hypothesenprüfung" entwickelt worden (in diesem Fall hinsichtlich gemeinsamer oder unterschiedlicher GG), die hier nicht im Rahmen der Mutungsbereiche, sondern wie auch meist üblich im Rahmen der „Prüfverfahren" (Kap. 8) behandelt werden sollen.

5.4 Intervallschätzung: Exspektanz

Die im vorangehenden Kapitel behandelte Mutungsbereich-Schätzung lässt sich auch so interpretieren, dass bei bekannter oder vermuteter Wahrscheinlichkeitsdichtefunktion f(x) bzw. Verteilungsfunktion F(x) der GG und vorgegebener Wahrscheinlichkeit p abgeschätzt wird, welcher Wertebereich Δa symmetrisch um $\bar{a}$ (SP -Mittelwert) bei künftigen Stichproben zu erwarten ist. Ist $\bar{a} - \Delta a = a_1$ und $\bar{a} + \Delta a = a_2$, so gilt nach den Definitionen der allgemeinen statistischen Wahrscheinlichkeit

$$\int_{a_1}^{a_2} f(x)dx = F(a_2) - F(a_1) = p = Mu_\mu \tag{5-18}$$

vgl. Kap. 1.7 und 4.1

Diese Beziehung lässt sich offenbar für beliebige Werte a_1 und a_2, auch unabhängig von µ, sowie beliebige Verteilungen anwenden. Daher soll der allgemeine Wertebereich $\Delta a = a_2 - a_1$ der Wahrscheinlichkeitsdichtefunktion f(a) hier *Exspektanz* genannt werden. Dieser Wertebereich ist somit identisch mit einem verallgemeinerten Mutungsbereich, in dem künftige Stichprobenwerte mit der Wahrscheinlichkeit p erwartet werden. Der Begriff „Exspektanz" soll diese Erwartung künftiger Ereignisse zum Ausdruck bringen. Dabei lassen sich prinzipiell zwei unterschiedliche Vorgehensweisen unterscheiden:
- Die *Wahrscheinlichkeit p ist vorgegeben* und der zugehörige *Wertebereich Δa ist abzuschätzen.*

- Der *Wertebereich Δa ist vorgegeben* und die *zugehörige Eintrittswahrscheinlichkeit p ist abzuschätzen*.

Eine weitere Unterscheidung betrifft die verwendeten f(x)- bzw. F(x) -Funktionen: Es ist denkbar, dass zunächst mit einer empirischen Verteilungsfunktion (vgl. Kap. 2.5) gearbeitet wird, wobei die Verwendung eines „Wahrscheinlichkeitspapieres" (auch für beliebige Verteilungen) von Nutzen ist. Nach Möglichkeit sollte man jedoch versuchen, sich auf ein theoretisches Verteilungsmodell abzustützen, was die Anpassung einer solchen Verteilung an die jeweilige SP (vgl. Theorie und Beispiele in Kap. 4) und die statistische Prüfung der Güte dieser Anpassung (vgl. Kap. 8.2) vorausgesetzt.

Wird die Normalverteilung NV als Verteilungsmodell vermutet, so ist in erster Näherung auch folgendes Schnellverfahren anwendbar:
- Die SP muss einen Mindestumfang von n = 30 aufweisen (sog. große SP).
- Die SP wird in Klassen unterteilt (s. Kap. 1.6 und 2.5) und die Klassenobergrenzen (Abszisse) werden gegen die prozentualen kumulativen Häufigkeiten (Ordinate) in ein „Wahrscheinlichkeitsnetz" (s. Abb. 26) eingetragen. Ergibt sich annähernd eine Gerade, so kann eine normalverteilte SP angenommen werden.
- Die Mutungsbereiche Mu_μ und Mu_σ werden auf Grund der SP-Kenngrößen $\bar{a}$ und s (Mittelwert und Standardabweichung) abgeschätzt. Ergeben sich befriedigend kleine Differenzen $\bar{a} - Mu_\mu$ und $s - Mu_\sigma$ (vgl. Kap. 5.3), so darf auch hinsichtlich der GG eine NV vermutet werden.

(In der Praxis empfiehlt es sich, den dritten Schritt vor dem zweiten durchzuführen und ggf. den Stichprobenumfang zu erhöhen. Man beachte, dass ε und p frei wählbar sind. Als Faustregel kann davon ausgegangen werden, dass p=90% und ε < s/10 sein sollte.)

Für die definitive Schätzung der Exspektanz kann nun entweder die angepasste Verteilungsfunktion (NV) in das Wahrscheinlichkeitsnetz eingetragen (vgl. Beispiel 46 für beliebige Verteilung) oder eine zV-Tabelle (z-Verteilung = standardisierte Normalverteilung) verwendet werden. Im letzteren Fall ist die Umrechnung (Normierung)

$$z = \frac{\Delta a}{s} \quad bzw. \quad \Delta a = z\,s \tag{5-19}$$

erforderlich, um mit den Werten der zV-Tabelle arbeiten zu können.

Für die beiden oben allgemein angegebenen Vorgehensweisen folgt dann:
- p vorgegeben → Umrechnung je nach Fragestellung in die p-Werte der zur Verfügung stehenden Tabelle (Verteilungsfunktion zV) → dort Entnahme des z-Wertes → Δa(p) = z*s ist die gesuchte Exspektanz.
- Δa vorgegeben → z = Δa/s → Entnahme des zugehörigen p-Wertes aus der Tabelle → Umrechnen dieses p-Wertes je nach Fragestellung.

Bei Verwendung von Verteilungstabellen sind solche Abschätzungen am einfachsten, bei denen Δa symmetrisch um den Mittelwert oder einseitig neben dem Mittelwert oder unterhalb bzw. oberhalb einer bestimmten Schranke a_+ liegt. Bei sog. „kleinen" Stichproben (Faustregel n < 30, vorsichtiger auch n < 50) kann statt der z-Werte auch eine tV benützt werden, welche bei gleicher Wahrscheinlichkeit p etwas größere Wertespanne Δa zulässt.

Beispiele:

45. Es soll erneut auf das Beispiel 12 bzw. 41 zurückgegriffen werden (Oktobermitteltemperatur München 1911-1960, n = 50). Mit $\bar{a}$ = 7.97 ^{0}C und s = 1.43 ^{0}C folgen nach Beispiel 43 die 95% - Mutungsbereiche Mu_μ = ±0.40 und Mu_σ = ±0.28 (d.h. relativ groß, was bei höheren Genauigkeitsanforderungen eine Stichprobenerweiterung erforderlich machen würde, vgl. Beispiel 44). Die Frage lautet nun: In welchem Wertebereich Δa (Exspektanz) ist in 90% (= p) der Fälle die Oktobermitteltemperatur zu erwarten? Da die vermutete GG-Verteilung, vgl. Abb. 26 (wobei die Mu-Abschätzungen als einigermaßen befriedigend angesehen werden sollen), eingipfelig und symmetrisch ist (NV), wird man die zunächst mehrdeutige Frage auf den wahrscheinlichsten Bereich, d.h. symmetrisch um den Mittelwert, eingrenzen. Die Fragestellung ist somit zentral zweiseitig, die zu benützende Tabelle (zV, s. Anhang A.1b) aber zentraleinseitig. Der in der Fragestellung festgesetzten Wahrscheinlichkeit p_+ = 90% entspricht daher die Tabellenwahrscheinlichkeit p = 45% = 0.45. Es folgt z(0.45) = 1.645 und weiter nach (5-19) Δa = 1.645*1.43 ≈ 2.35. Die gesuchte Exspektanz ist somit (7.97±2.35) oder gerundet (8.0 ± 2.4) = {5.6 ↔ 10.4} °C. — Wegen der relativ großen Mutungsbereiche kann ein für die z-Schätzung zu kleiner Stichprobenumfang befürchtet werden, was eine entsprechende t-Schätzung nahelegt. Die t-Tabelle (s. Anhang A.3) ist rechts-offen, was wiederum Wahrscheinlichkeitsumrechnungen erfordert: Der in der Fragestellung festgesetzten Wahrscheinlichkeit p = 90% entspricht die Tabellenwahrscheinlichkeit (p(t)) → p = 95%. Es folgt $t(0.95)_{\Phi\,=\,50}$ = 1.676 und Δa = 1.676*1.43 ≈ 2.40. Die gesuchte Exspektanz, nach dieser vorsichtigen Schätzung, ist somit (7.97 ± 2.40). In gerundeter Form erhält man das gleiche Ergebnis wie oben bei der z-Schätzung: (8.0 ± 2.4) °C (Φ = n–1: Zahl der Freiheitsgrade).

46. Für die gleiche vermutlich einer normalverteilten GG entstammenden SP kann nun gefragt werden: Wie wahrscheinlich ist das Auftreten von Werten im Bereich a) {4↔12} ^{0}C, d.h. (±4) °C mit $\bar{a}$ ≈ 8.0 °C (s ≈ 1.43); b) ≤ 3 °C? — Mit Umrechnung der Δa-Werte bezüglich s und der p-Werte bezüglich der Unterschiede in Fragestellung und Tabellierung folgt mit Hilfe der zV (z-Schätzung): a) z = Δa/s = 4/1.43 ≈ 2.80 → p = 0.4974 → p_+ = 2p = 0.9948 $\hat{\approx}$ 99.5% (wegen zentral-einseitiger Tabellierung aber zentral-zweiseitiger Fragestellung). b) Die Schranke für die Abweichung von $\bar{a}$ ist a_+ = 3 → Δa = $\bar{a}$ - a_+ = 5 → z = Δa/s = 5/1.43 ≈ 3.50 → p_+ = 0.5 - p(z) ≈ 0.5 - 0.49998 = 0.002% (wegen zentral-einseitiger Tabellierung aber seitlich-einseitiger Fragestellung).

47. Wie wahrscheinlich ist auf Grund der gleichen SP das Auftreten von Werten im Intervall {3.5↔7.5} °C? – Die Abweichungen von $\bar{a}$ sind 4.5 und 0.5 (°C). Es folgt a_1 = 4.5/1.43 ≈ 3.15 und a_2 = 0.5/1.43 ≈ 0.35 → p_1 = 0.4992 und p_2 = 0.1368. Die gesuchte Wahrscheinlichkeit ist p = p_1 – p_2 = 0.3624 oder rund 36%. Bei der Benutzung des

Wahrscheinlichkeitsnetzes kommt man auf graphischem Weg annähernd zum gleichen Ergebnis, vgl. Abb. 26: F(7.5) – F(3.5) ≈ 36% – 0.1% ≈ 36%. (Die graphische Abschätzung der Fragestellung von Beispiel 45 für das Intervall {5.6 ↔ 10.4} führt nach der gleichen Abbildung zu F(10.4) – F(5.6) = 96.5% – 3.5% = 93%; vgl. p = 95% in Beispiel 45, wobei das betreffende Intervall durch Rundung etwas größer gewählt wurde, was die ebenfalls etwas größere Wahrscheinlichkeitsabschätzung erklärt.)

48. Die folgende Tabelle nach Beispiel 42 (Frosttage München, Monat April, 1930-1966, n = 37) zeigt eine deutlich positiv schiefe Häufigkeitsverteilung, die im Wahrscheinlichkeitsnetz, vgl. Abb. 35, durch entsprechende Krümmungen zum Ausdruck kommt. Legt man durch die aus Beispiel 42 errechneten Werte PKH_T, die auf die Werte H_K einer dort angepassten logarithmischen Normalverteilung LNV zurückgehen (vgl. auch die Abweichungen der empirisch gewonnenen SP-Werte PKH_E) eine Ausgleichskurve, so kann diese zu beliebigen Intervallschätzungen (Exspektanz) herangezogen werden. Beispielsweise gilt für das Intervall a > 10 Tage → p = 100% - 90% = 10% oder (2 < a < 10) Tage → p = 90% - 20% = 70%.

Klasse	H_E	H_T	KH_E	KH_T	PKH_E	PKH_T
0 - 2	8	7.3	8	7.3	21.6 %	20.0 %
3 - 5	13	14.0	21	21.3	56.8 %	58.4 %
6 - 8	8	8.8	29	30.1	78.4 %	82.5 %
9 - 11	6	4.0	35	34.1	94.5 %	93.4 %
12 - 14	1	1.7	36	35.8	97.3 %	98.1 %
15 - 17	1	0.7	37	36.5	100 %	100 %

Tab. 33. Häufigkeitsverteilung zu Beispiel 48 (vgl. auch Beispiel 42). Der Index E bedeutet empirisch (aus SP), T bezeichnet die angepasste theoretische Verteilung (hier LNV).

Nach dem Muster der vorstehenden Beispiele lässt sich auf graphischem Weg (unter Benutzung des Wahrscheinlichkeitsnetzes aber auch von linearen, logarithmischen, doppelt-logarithmischen usw. Diagrammpapieren) jede beliebige Intervallschätzung durchführen, und zwar sowohl ausgehend von einem vorgegebenen Wertebereich mit dem Ziel der abzuschätzenden Eintrittswahrscheinlichkeit als auch umgekehrt ausgehend von dieser Wahrscheinlichkeit mit dem Ziel der zu erwartenden Werte künftiger SPs (Exspektanz).

Bei vermuteter logarithmischer Normalverteilung LNV kann nach Logarithmierung der betreffenden SP wie bei der NV vorgegangen werden (z- bzw. t-Schätzung). Bei Benützung von Quantiltabellen anderer theoretischer Verteilungen ist zu beachten, dass bei schiefer Verteilung natürlich keine Symmetrie-Eigenschaften vorliegen und z.B. symmetrische Abschätzungen um den Mittelwert durch Addierung der Wahrscheinlichkeiten für $\{a_1 \leq \overline{a}\}$ und $\{a_2 \geq \overline{a}\}$ mit $a_1 \leq \overline{a}$ und $a_2 \geq \overline{a}$ ersetzt werden müssen. Bei Anpassung diskreter Verteilungen schließlich ist ein ganz anderes Vorgehen erforderlich: die Errechnung sukzessiver Wahrscheinlichkeiten, möglichst unter Nutzung der betreffenden Rekursionsformeln; vgl. folgendes Beispiel (Beispiel 49, nächste Seite).

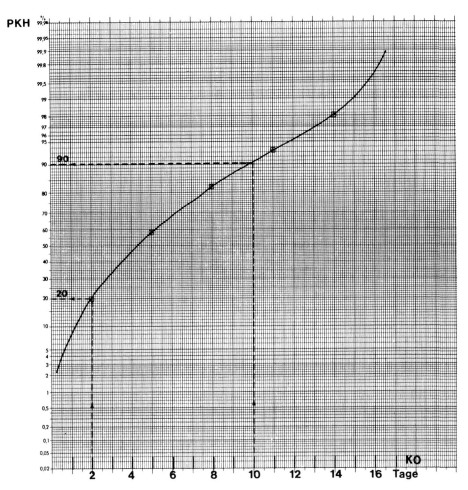

Abb. 35. Schätzung der empirischen Verteilungsfunktion zu Beispiel 48 unter Benützung des Wahrscheinlichkeitsnetzes und zugehörige Intervallschätzung (Exspektanz)).

Beispiel:

49. Im Beispiel 40, vgl. auch Tab. 29, ist die Anpassung einer PV (Poisson-Verteilung) an eine SP behandelt worden, welche die Erdbebenfälle pro Tag in Oxford (1925-1930, n = 2191) beinhaltet. Mit Hilfe der in Tab. 29 angegebenen $f(x)_{PV}$-Werte lassen sich nun beispielsweise folgende Fragen beantworten: Wie wahrscheinlich sind: a) kein, b) ≤ 2 und c) mehr als 4 Erdbeben pro Tag? — Es folgt

a) p = 0.3080 = 30.8% ;

b) p = 0.3080 + 0.3627 + 0.2135 = 0.8842 ≈ 88.4% ;

   c) p = 0.0058 + 0.0011 + 0.0002 = 0.0071 ≈ 0.7%.

(Bei umfangreicherem Datenmaterial ist es auch denkbar, auf graphischem Weg mit Hilfe der Verteilungsfunktion die gesuchten Wahrscheinlichkeiten abzuschätzen.)

104 Schätzverfahren

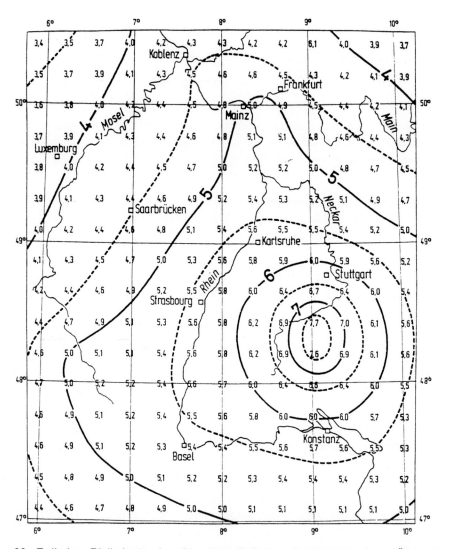

Abb. 36. Erdbeben-Risikokarte des Oberrhein-Gebietes. Dargestellt ist die Überschreitungswahrscheinlichkeit $p = 2*10^{-2}$/Jahr (entsprechend 63% in 50 Jahren) der angegebenen Erdbebenintensitäten (MSK = modifizierte Mercalli-Skala); nach AHORNER und ROSENHAUER (1978), mit freundlicher Genehmigung der Autoren und des Verlages.

Solche Wahrscheinlichkeiten lassen sich natürlich nicht nur für eine Station, sondern auch für eine bestimmte Region ermitteln. Als Beispiel ist in Abb. 36 ein Teilergebnis einer Erbeben-Risikoanalyse für die südwestdeutsche Region und das angrenzende Ausland wiedergegeben. Ausgehend von einem 25*25 km - Gitter beobachteter Erbeben ist die Überschreitungswahrscheinlichkeit bestimmter Intensitäten dargestellt. Als Verteilungsmodell diente die GUMBEL-Verteilung.

6 Fehlerrechnung

6.1 Einführung: Messung und Messfehler

In den Geowissenschaften beruhen die meisten statistisch auszuwertenden Stichprobendaten auf *Messungen* nach physikalischen (oder chemischen) Messprinzipien. Die Messung dient dabei der quantitativen Erfassung einer physikalischen Größe G (= Messgröße) bezüglich konstanter oder variabler Koordinaten (Raum: x,y,z; Zeit: t) i.a. unter konstanten Randbedingungen. Die *Messgröße G = G(x,y,z,t)* wird bei der Messung mit einer festen verbindlich definierten *Maßeinheit ME* verglichen und als Vielfaches bzw. Teil von ME angegeben:

$$G = G(x, y, z, t) = a * ME \qquad (6\text{-}1)$$

Dabei ist a der bei einer Messung auftretende Zahlenwert. Bei n wiederholten Messungen ergibt sich die Stichprobe SP = {a_i} vom Umfang n (i=1,2,...,n) bildet.

Diese *Messwerte* a_i, im statistischen Sinn SP-Daten (Merkmalswerte), unterliegen aus vielfältigen Gründen stets einer *begrenzten Messgenauigkeit*, die zudem durch Variationen des Messsytems selbst (Beispiele folgen) oder/und die menschliche Handhabung beeinträchtigt wird. Diese Beeinträchtigungen sind meist im Detail schwer nachweisbar, treten aber als *Variationen der Messwerte* trotz gleicher Randbedingungen in Erscheinung, falls die Messwerte so genau wie möglich bestimmt werden.

Theoretisch kann man diesen Sachverhalt so sehen, dass die Messgröße G zwar real in beliebig genauer Quantität vorliegt – genannt *Zielwert* oder deterministischer Anteil der Messung – , die bei der Messung aber stets wirksamen Beschränkungen bzw. Beeinträchtigungen aber verhindern, dass dieser Zielwert mit beliebiger Genauigkeit erfasst werden kann. Diese Beschränkungen bzw. Beeinträchtigungen können als Störungen der Messung, nicht deterministischer Anteil oder konventionsgemäß als *Messfehler* bezeichnet werden.

Nun unterscheidet man grundsätzlich zwei Arten von Messfehlern:
- Fehler, die Abweichungen vom Zielwert in bevorzugten Richtungen („systematisch") verursachen; solche Fehler werden *systematische Fehler* genannt. Die betreffenden Fehlerquellen sind zumindest potentiell erkennbar und nach Erkennung prinzipiell eliminierbar.
- Fehler, die Abweichungen vom Zielwert in bevorzugten Richtungen nicht erkennen lassen; solche Fehler werden als vermutlich zufallsgesteuert (stochastisch) angesehen und entsprechend als *zufällige Fehler* bezeichnet. Zufällige Fehler treten immer auf (sie können höchstens durch eine willkürliche Begrenzung der Messgenauigkeit überdeckt werden) und sind prinzipiell nicht eliminierbar.

Die Trennung der systematischen von den zufälligen Messfehlern kann entweder durch Erkennung der Ursachen der systematischen Fehler (kausal) und entsprechende Ausschaltung oder indirekt durch Erkennung von signifikantem Abweichen der Messwertvariationen vom gesetzmäßigen Verhalten der zufälligen Fehler (empirisch) erfolgen. Dieses gesetzmäßiges Verhalten wird im folgenden Kapitel 6.2 (Fehlerverteilungsgesetze) behandelt. Systematische Fehler wird man von vornherein zu vermeiden suchen (Fehlervorbeugung), ist jedoch selten ganz sicher, dass tatsächlich keine derartigen Fehler vorliegen. Bewirken systematische Fehler nämlich nur eine Verschiebung der Messwerte um einen konstanten Betrag c, ohne die Häufigkeitsverteilung der Messvariationen zu ändern, so sind diese Fehler indirekt nicht erkennbar (wohl aber ggf. kausal, wie oben ausgeführt).

Typische *Ursachen für das Auftreten systematischer Fehler* sind:
- *Apparaturfehler*, z.B. falsche Messanordnung, Eichfehler, Skalenfehler (ganze Skala nicht exakt am Messgerät angebracht, Teilstriche der Skala systematisch falsch), Trägheitsfehler, systematische Stromschwankungen;
- *Handhabungsfehler*, z.b. systematisches Auftreten von Parallaxenabweichungen bei der Ablesung der Messwerte, Körpertemperatur des Messenden (falls beeinträchtigend), Erschütterungen (und dadurch Änderungen der Justierung);
- *Auswertungsfehler*, z.B. falsche Umrechnung der Maßeinheiten, Rundungsfehler, falsche graphische Darstellung;
- *Interpretationsfehler*, d.h. Fehlinterpretationen der Messergebnisse z.B. wegen falscher oder fehlender Angaben im Messprotokoll.

In Kap. 2.2 ist bereits die *Rundungsregel* erläutert worden, wonach die Ziffer „5" stets so gerundet wird, dass die vorangehende Ziffer entweder gerade bleibt (Abrunden) oder gerade wird (Aufrunden). Dadurch können systematische *Rundungsfehler* durch überproportional häufiges Aufrunden vermieden werden (nach BRONSTEIN et al., 1999).

6.2 Fehlerverteilungsgesetze

Liegen bei einer Messung keine systematischen Messfehler vor, so verbleiben wie gesagt stets die *zufälligen Messfehler* (falls eine hinreichend große Messgenauigkeit realisiert wird). Für sie ist charakteristisch, dass die auf sie zurückgehenden Messwertvariationen gesetzmäßig verlaufen. Dies wird durch die *Fehlerverteilungsgesetze* nach C. F. GAUß (vgl. Kap. 4.5: NV) beschrieben:
- Ist V die Anzahl der Variationsmöglichkeiten der Messgröße, so stellt sich bei unendlich vielen Messungen a_i (n = ∞) im Fall von V < ∞ die Binomialverteilung BV und im Fall von V= ∞ die Normalverteilung NV jeweils exakt ein.

Auf Grund dieser Fehlerverteilungsgesetze kann man daher feststellen, und zwar bei der Errechnung der Häufigkeitsverteilung der betreffenden Messwerte a_i (= SP), ob man es vermutlich nur mit zufälligen Fehlern zu tun hat. (Dieses Kriterium ist allerdings nur notwendig und nicht hinreichend.) Die Ursachen der zufälligen Fehler können zum Teil die gleichen sein wie im Fall der systematischen Fehler (z.B. Parallaxenfehler bei der Ablesung, Stromschwankungen, nicht jedoch z.B. Eich- oder Skalenfehler). Ihr unregelmäßiges Auftreten verhindert jedoch eine eindeutige Erkennung.

Es ist nun wichtig, dass zufällige Fehler, die ja grundsätzlich nicht eliminierbar sind, die bei der Messung erreichte *Messgenauigkeit* bestimmen. Dem Ziel, diese Messgenauigkeit quantitativ abzuschätzen, dient die im folgenden beschriebene *Fehlerrechnung* bzw. *Fehlerschätzung* (Kap. 6.3 und 6.4, ebenfalls nach C. F. GAUß, wobei die Theorie der NV eine wichtige Rolle spielt).

Diese Fehlerrechnung ist im Sinn einer kritischen Bewertung der Messung unbedingt notwendig. So lässt sich beispielsweise rein rechnerisch aus drei oder vier verschiedenen Messwerten der arithmetische Mittelwert (als vermutliches „Messergebnis", näheres in Kap. 6.3) meist viel genauer angeben, als das auf Grund der auftretenden zufälligen Messfehler gerechtfertigt ist. Oft genug sind derartige Überinterpretationen von physikalischen Messungen anzutreffen. Somit trägt die Fehlerrechnung zu einer kritischen Bewertung der Messung bei.

Bleibt noch anzumerken, dass eine nicht zu übersehende Schwierigkeit die Fehlerverteilungsgesetze selbst betrifft: Da stets nur endlich viele Messungen vorliegen, stellen sich diese Gesetze nur annähernd ein. Soweit irgend möglich, sollte daher mit den bereits beschriebenen Mitteln der Statistik (vgl. Kap. 4.5 und 5, aber auch 8.2) festgestellt werden, ob die beobachteten Messwertvariationen auch wirklich mit hinreichender Näherung der BV bzw. NV folgen.

6.3 Fehlerschätzung

Kann davon ausgegangen werden, dass eine Messreihe oder ein System von Messreihen keine systematischen Fehler enthält, so stellt sich für die Praxis das Problem, das quantitative Ausmaß der zufälligen Fehler solcher Messreihen und somit die *Messgenauigkeit abzuschätzen*. Diesem Ziel dient wie bereits gesagt die *Fehlerrechnung* (Fehlerschätzung), wobei dieser Begriff somit ausdrücklich nur die zufälligen Messfehler anspricht.

Die Fehlerrechnung ist nur durchführbar, wenn die betreffende Messreihe (unter konstanten Randbedingungen) mehrere numerisch unterschiedlichen Messwerte a_i (i = 1,..., n) enthält. Wie gesagt beruht sie auf den Fehlerverteilungsgesetzen (vgl. Kap. 6.2). Zunächst soll jeweils nur eine Messreihe betrachtet werden; das ist die sog. einfache Fehlerrechnung. Dem Problem, wie sich die Messfehler mehrerer Messreihen auf ein zusammengesetztes Messergebnis dieser Messreihen auswirken, ist das nachfolgende Kapitel (6.4) gewidmet.

Liegt nun eine Messreihe a_i mit numerisch unterschiedlichen Messwerten vor, so ist in erster Näherung der arithmetische Mittelwert $\bar{a}$ (vgl. (2-1) in Kap. 2.2) nach GAUß der so genannte *Bestwert* der Messung, d.h. das wahrscheinlichste Resultat bei fiktiver Unterdrückung der zufälligen Messfehler. In besonderen Fällen kann es sinnvoll sein, statt dessen den gewichteten arithmetischen Mittelwert (vgl. (2-6) in Kap. 2.2) zu verwenden, z.B. wenn sich während der Messungen die Messgenauigkeit in bekannter Art und Weise ändert (z.B. durch Wechsel der Messgeräte). Da dies jedoch auch die Häufigkeitsverteilung der a_i - Werte beeinflusst und somit die Überprüfung der Gültigkeit der Fehlergesetze erschwert, sollte wenn immer möglich stets von Messwerten gleichen (instrumentellen) Genauigkeitsgrades ausgegangen werden.

108 Fehlerrechnung

Der *Fehler* selbst (genauer die Abweichung vom realen Zielwert der Messung auf Grund der Belastung der Messung mit zufälligen Messfehlern) ist als eine Art „*Unschärfe*" des einzelnen Messwertes bzw. des Bestwertes der Messung definiert: ±f. Wie im Fall der Mutungsbereiche (vgl. Kap. 5.3) handelt es sich um ein Zahlenwertintervall, in dem der Bestwert der Messung vermutet wird. Entsprechend der Theorie der Mutungsbereiche lassen sich die folgenden Formeln mit z(p)-Werten verbinden (vgl. Tab. 32), was Aussagen über die Wahrscheinlichkeit zulässt, mit der diese Vermutungen (Schätzungen) vorgenommen werden. Meist verzichtet man in der Fehlertheorie aber auf solche Aussagen; dann gilt in den folgenden Formeln jedoch nur die relativ geringe Schätzwahrscheinlichkeit von 68.26% (vgl. Anhang A.1b bzw. Abb. 25) für den jeweiligen einzelnen Messwert bzw. den Bestwert der Messung.

Sind nun

$$a_i' = a_i - \overline{a} \tag{6-2}$$

die in einer Messreihe auftretenden Abweichungen vom Bestwert der Messung (letzterer i.a. gleich dem arithmetischen Mittelwert $\overline{a}$), so ist

$$\pm d = \pm \frac{1}{n} \sum |a_i'| \tag{6-3}$$

der *Durchschnittsfehler* (mittlerer absoluter Fehler) und

$$\pm s = \pm \sqrt{\frac{1}{n-1} \sum a_i'^2} \tag{6-4}$$

der *Standardfehler* (mittlerer quadratischer absoluter Fehler) eines einzelnen Messwertes a_+. Dabei ist das Vorzeichen „±" wie gesagt als Zahlenwertintervall aufzufassen (n ist die Anzahl der Messwerte, Summierung jeweils i=1,..., n).

Wichtiger jedoch ist die Abschätzung des *absoluten Standardfehlers des Bestwertes der Messung*. Dieser ist natürlich kleiner als der Durchschnittsfehler (±d) bzw. der Standardfehler (±s) und durch

$$\pm \Delta a = \pm \sqrt{\frac{1}{n(n-1)} \sum a_i'^2} = \pm \frac{s}{\sqrt{n}} \tag{6-5}$$

gegeben. Dieses Fehlermaß legt zudem die erreichte Messgenauigkeit fest. Das Messergebnis (Bestwert) sollte daher nicht genauer angegeben werden als die erste in ± Δa in Erscheinung tretende Ziffer, vgl. Beispiel 50. Schließlich ist von Interesse, in welcher Relation dieser Fehler im Vergleich zum Messergebnis (Bestwert) steht, was üblicherweise prozentual durch

$$\pm \frac{\Delta a}{\overline{a}} 100\% = \pm \delta a \tag{6-6}$$

d.h. den relativen Standardfehler des Bestwertes, ausgedrückt wird.

Beispiel:

50. Eine Messreihe ergebe die in Tab. 34 aufgelisteten Messwerte a_i (n = 8) in bestimmten Maßeinheiten ME. Mit Hilfe der in der gleichen Tabelle aufgelisteten Rechenwerte erhält man: $\pm d = 0.85 / 8 \approx \pm 0.1062 \approx \pm 0.11$;

$$\pm s = \pm\sqrt{0.1548 / 7} \approx \pm 0.1487 \approx \pm 0.15$$
$$\pm \Delta a = \pm\sqrt{0.1548 / 56} \approx \pm 0.0526 \approx \pm 0.05; \Delta a / \bar{a} \approx 1.9\%.$$

Das Messresultat lautet somit:
$\bar{a} = (2.72 \pm 0.05)ME; \quad \Delta a / \bar{a} = \partial a \approx 1.9\%$.

a_i	$\|a_i'\|$	$a_i'^2$
2.6	0.125	0.0156
2.8	0.075	0.0056
2.7	0.025	0.0006
2.7	0.025	0.0006
3.0	0.275	0.0756
2.7	0.025	0.0006
2.5	0.225	0.0506
2.8	0.075	0.0056
Σ 21.8	0.850	0.1548

Tab. 34. Rechentabelle zu Beispiel 50.

n = 8; $\bar{a}$ = 21.8 / 8 = 2.725 ≈ 2.72 ;

(Rundungen der Ziffer "5" wie im Kap. 6.1 angegeben, d.h. Aufrundung nur dann, wenn die vorangehende Ziffer ungerade ist.)

Die Fehlerschätzung dient somit einer kritischen Beurteilung des Messergebnisses. Dabei ist zu beachten, dass bereits die erste auftretende Ziffer des absoluten Fehlers Δa des Bestwertes $\bar{a}$ den Ungenauigkeitsgrad bzw. Genauigkeitsgrad von $\bar{a}$ angibt und die folgenden Ziffern somit bedeutungslos sind. Entsprechend sind auch die folgenden Ziffern des Bestwertes ohne Bedeutung, auch wenn sie sich rein rechnerisch angeben lassen. Der Genauigkeitsgrad der Zwischenergebnisse sollte jedoch mindestens eine Ziffernstelle mehr umfassen als das zu erwartende Endergebnis von Δa bzw. $\bar{a}$. Im Endergebnis wird dann nur eine Stelle von Δa und $\bar{a}$ im darauf abgestellten Genauigkeitsgrad angegeben.

6.4 Fehlerübertragung

Im Gegensatz zur einfachen Fehlerrechnung, bei der man es immer nur mit einer Messgröße a zu tun hat, soll nun die Frage behandelt werden, welche Fehlerbelastung ein *zusammengesetztes Messergebnis E* aufweist, das in der Form

$$E = f(a,b,c,...) \tag{6-7}$$

eine Funktion verschiedener Messgrößen a, b, c usw. ist. Mit anderen Worten geht es darum, festzustellen, wie sich die Fehlerbelastung der Messgrößen a, b, c usw. (jeweils nach Kap. 6.3 einzeln abgeschätzt) auf das Gesamtergebnis E überträgt. An Stelle von Fehlerübertragung ist dafür der Begriff *Fehlerfortpflanzung* üblich.

Zunächst gilt, dass

$$\overline{E} = f(\overline{a}, \overline{b}, \overline{c}, \ldots) \tag{6-8}$$

im Sinne von Kap. 6.3 der *Bestwert des zusammengesetzten Messergebnisses* ist; d.h. es werden die (ggf. gewichteten) arithmetischen Mittelwerte der einzelnen Messgrößen in die Funktionsformel (6-7) eingesetzt und daraus errechnet sich nach (6-8) $\overline{E}$.

Im folgenden sollen Δa, Δb usw. die absoluten Standardfehler der Messgrößen a, b usw. und δa, δb usw. die zugehörigen relativen Standardfehler sein (vgl. Kap. 6.3), wobei bei allen Zwischenrechnungen die relativen Fehler stets in nicht-prozentualer Form angegeben werden sollten (um systematische Rechenfehler zu vermeiden). Für die entsprechenden Umrechnungen gilt dann nämlich einfach

$$\pm \delta a = \pm \frac{\Delta a}{\overline{a}} \quad bzw. \quad \pm \delta E = \pm \frac{\Delta E}{\overline{E}} \tag{6-9}$$

(und natürlich $\pm \Delta a = \pm \delta a * \overline{a}$; $\pm \Delta E = \delta E * \overline{E}$). Basis jeder Fehlerübertragungsrechnung ist nun das sog. *Fehlerfortpflanzungsgesetz* (Fehlerübertragungsgesetz) nach GAUß:

$$\pm \Delta E = \pm \sqrt{(\frac{\partial E}{\partial a} \Delta a)^2 + (\frac{\partial E}{\partial b} \Delta b)^2 + \ldots} \tag{6-10}$$

Nach den Regeln der Differentialrechnung lassen sich daraus für Summen bzw. Differenzen sowie für Produkte bzw. Quotienten von Messgrößen folgende Spezialfälle der Fehlerabschätzung herleiten:

$$E = a \pm b \pm \ldots \rightarrow \pm \Delta E = \pm \sqrt{(\Delta a)^2 + (\Delta b)^2 + \ldots} \tag{6-11}$$

(Hierbei bedeutet a ± b entweder a + b oder a – b usw. und nicht ein Zahlenwertintervall wie bei den Fehlergrößen und Mutungsbereichen.)

$$E = a * b * \ldots \rightarrow \pm \delta E = \pm \sqrt{(\frac{\Delta a}{\overline{a}})^2 + (\frac{\Delta b}{\overline{b}})^2 + \ldots} = \pm \sqrt{(\delta a)^2 + (\delta b)^2 \ldots} \tag{6-12}$$

Dies bedeutet, dass im Fall von Summen oder Differenzen von Messgrößen der absolute Standardfehler des zusammengesetzten Ergebnisses aus der Wurzel der Summe der quadratischen absoluten Standardfehler der einzelnen Messgrößen errechnet wird. Im Fall von Produkten von Messgrößen treten an die Stelle der absoluten die relativen Fehlergrößen. Manchmal wird in (6-11) und (6-12) sowohl die Quadrierung als auch Wurzelziehung weggelassen, was zu den sog. Größtfehlern führt (d.h. man erhält größere Fehlerintervalle). Die hier betrachten Fehlergrößen sind jedoch die genaueren wahrscheinlichen (absoluten bzw. relativen) Fehler.

Enthält die Funktionsformel für E nach (6-7) Potenzen von Messgrößen, so lässt sich mit Hilfe der TAYLOR-Entwicklung (Herleitung siehe z.B. BRONSTEIN et al., 1999; WESTPHAL, 1961) zeigen, dass

$$E = a^\alpha \quad \rightarrow \quad \pm \delta E = \pm \alpha \delta a \tag{6-13}$$

ist. Darauf wiederum lassen sich folgende weiteren Spezialfälle zurückführen:

$$E = \sqrt[\alpha]{a} \quad \rightarrow \quad \pm \delta E = \pm \frac{1}{\alpha} \delta a; \tag{6-14}$$

$$E = \frac{a}{b} = ab^{-1} \quad \rightarrow \quad \pm \delta E = \pm \sqrt{(\delta a) + (-1)^2 (\delta b)^2} = \pm \sqrt{(\delta a)^2 + (\delta b)^2}; \tag{6-15}$$

(letzteres mit Hilfe von (6-10) und somit identisch mit (6-12)). Schließlich folgt aus dem Fehlerfortpflanzungsgesetz (6-10) durch einfache Differentiation:

$$E = \ln a \quad \rightarrow \quad \pm \delta E = \pm \delta a / a \tag{6-16}$$

$$E = {}^b \log a \quad \rightarrow \quad \pm \delta E = \pm \delta a / (a \ln b) \tag{6-17}$$

$$E = K a \quad \rightarrow \quad \pm \delta E = \pm \delta a \tag{6-18}$$

mit K = fehlerfreie Konstante (d.h. Δa = 0).

In der Praxis lässt sich die Fehlerübertragungsrechnung entweder analytisch mit Hilfe von (6-10) oder durch sukzessive Errechnung und Einbringung der Fehlergrößen (Δa,δa), (Δb,δb) in die Funktionsgleichung (6-7) durchführen. Für die letztgenannte Vorgehensweise steht das folgende Beispiel.

Beispiel:
51. Für die Größe $E = 2ab + c^2$ mit den Messgrößen a, b und c soll die Fehlerübertragungsrechnung durchgeführt werden. Die Tabelle 35 enthält dazu die extrem kurzen (da nur zur Demonstration der Berechnung gedachten) Messreihen. (Alle Zahlenwerte in einer bestimmten Maßeinheit ME.)

a_i	$a_i'^2$	b_i	$b_i'^2$	c_i	$c_i'^2$
7	0	3.5	0.01	14	1
6	1	3.7	0.01	17	4
8	1	3.6	0	19	16
		3.6	0	10	25
Σ 21	2	14.4	0.02	60	46

Tab. 35: Rechentabelle zu Beispiel 51.

$n_a = 3$; $\bar{a} = 21 / 3 = 7$ (ME); $n_b = 4$; $\bar{b} = 14.4 / 4 = 3.6$ (ME);
$n_c = 4$; $\bar{c} = 60 / 4 = 15$ (ME).

(Fortsetzung des Beispiels siehe nächste Seite.)

(Fortsetzung Beispiel 51)
Zunächst erhält man den Bestwert $\overline{E}$ durch Einsetzen der arithmetischen Mittelwerte $\overline{a}$, $\overline{b}$ und $\overline{c}$ in die obige Funktionsformel: $\overline{E} = 2*7*3.6 + 15^2 = 275.4$; mit $2*7*3.6 = 50.4$ und $15^2 = 225$ (alles in ME).

Die Fehlergrößen der einzelnen Messgrößen sind:

$\Delta a = \pm\sqrt{2/6} \approx \pm 0.58$; $\delta a \approx \pm 0.58/7 \approx \pm 0.08 (\pm 8\%)$;

$\Delta b = \pm\sqrt{0.02/12} \approx \pm 0.04$; $\delta b \approx \pm 0.04/3.6 \approx \pm 0.01 (\pm 1\%)$;

$\Delta c = \pm\sqrt{46/12} \approx \pm 1.96$; $\delta c \approx \pm 1.96/15 \approx \pm 0.13 (\pm 13\%)$.

Nun wird in der gleichen Reihenfolge wie bei der numerischen Lösung der Funktionsgleichung vorgegangen. Bei den Zwischenrechnungen soll $2ab = d$ und $c^2 = e$ gesetzt werden.

$\delta d = \pm\sqrt{0 + \delta a + \delta b^2} = \pm\sqrt{0.08^2 + 0.01^2} \approx \pm 0.08$; $\Delta d = \pm 0.08 * 50.4 \approx \pm 4.03$;

$\delta e = \pm 2 * \delta c \approx \pm 2 * 0.13 = \pm 0.26$; $\Delta e = \pm 0.26 * 225 = \pm 58.50$.

Schließlich folgt

$\Delta E = \pm\sqrt{\Delta d^2 + \Delta e^2} = \sqrt{4.03^2 + 58.50^2} \approx \pm 58.64 \approx \pm 59$;

$\delta E = \pm 58.64 / 275.4 \approx \pm 0.21 = \pm 21\%$.

Somit lautet das Endergebnis $\overline{E} = (275 \pm 59)$ ME
oder konsequenter $\overline{E} = (28 \pm 6)*10$ ME; $\delta E = 21\%$.

7 Repräsentanz

7.1 Repräsentanz der Punktaussage

Der statistische *Repräsentanzbegriff* umfasst drei Aspekte:
- Repräsentanz der Punktaussage,
- Repräsentanz der örtlichen Übertragbarkeit,
- Repräsentanz der zeitlichen Übertragbarkeit.

Auch wenn die Repräsentanzfrage häufig auf das Problem der örtlichen Übertragbarkeit beschränkt bleibt (hier im Kap. 7.2 behandelt), so ist es doch sinnvoll, sich zunächst mit der Repräsentanz der Punktaussage zu beschäftigen.

Die Punktaussage ist eine i.a. quantitative Aussage über irgendeine Größe G bezüglich fester räumlicher und zeitlicher Koordinaten:

$$G = G(x_*, y_*, z_*, t_*). \tag{7-1}$$

Meistens wird es sich bei G um eine Messgröße handeln (vgl. Kap. 6.1). Bei der Frage, ob eine solche Punktaussage nun repräsentativ ist, spielen zwei Aspekte eine Rolle: erstens die *Fehlerbelastung* dieser Aussage bzw. Messung und zweitens die *zeitliche Variabilität* der Größe G.

Geht man davon aus, dass die zeitliche Variabilität zunächst keine Rolle spielt bzw. vernachlässigt werden kann und auch dass systematische Mess- bzw. Beobachtungsfehler nicht vorliegen, so führt die in Kap. 6 (insbesondere 6.3 und 6.4) behandelte Fehlerrechnung zur Abschätzung der Repräsentanz der Punktaussage; dabei wird offenbar vorausgesetzt, dass mehrere Messwerte a_i für diese Abschätzung zur Verfügung stehen. Auf dieser Grundlage ist die jeweilige Punktaussage für das Wertintervall ±f repräsentativ, das in Kap. 6 allgemein als Fehler bzw. „Unschärfe" einer Messung definiert worden ist. Konkret kommen dafür der Standardfehler einer Einzelmessung ±s (nach Formel (6-4)) bzw. der absolute Standardfehler ±Δa (nach Formel (6-5) des Bestwertes (Mittelwertes) $\bar{a}$ der Messung in Betracht, wobei natürlich ±s stets größer als ±Δa ist. Handelt es sich bei der betreffenden Punktaussage nicht um eine Messung (sondern z.B. Schätzung, Aussage über das Auftreten eines Phänomens), so ist die statistische Fehler- und Repräsentanzschätzung wesentlich erschwert oder sogar unmöglich.

Eine zusätzlich zur Fehlerbelastung auftretende zeitliche („natürliche") Variabilität der Messgröße macht die Schätzung der Repräsentanz der Punktaussage problematischer, unter anderem auch deswegen, weil sich die Fehlerbelastung der Messung und die überlagerte zeitliche Variabilität einer Messgröße nicht bzw. nicht sicher voneinander trennen lassen. Sind nun diese zeitlichen Messgrößen-Variationen nicht vernachlässigbar, so sollte zunächst festgestellt werden, ob sie stationär sind (vgl. Kap. 2.6). Falls das nicht der Fall ist, z.B. wegen eines gleichmäßigen Trends während der Messung, ist die Messung weder im Sinn einer Fehlerbetrachtung noch im Sinn einer Repräsentanzdiskussion interpretierbar. (Im statistischen Sinn ändert sich dann nämlich die Grundgesamtheit und für jeweils gleiche Randbedingungen existiert nur eine Messung, was die

Anwendung der Fehlerrechnung ausschließt.) Sind die zeitlichen Schwankungen jedoch stationär, so sollte durch Messungen über eine hinreichend lange Zeitspanne geprüft werden, ob das auf sie zurückgehende Streuungsmaß größer als die Fehlerbelastung ist.

In der geowissenschaftlichen Praxis kommt es im einzelnen nun sehr darauf an, um welche Messgröße es sich jeweils handelt. In der Meteorologie weisen beispielsweise der Luftdruck oder die Lufttemperatur eine weitaus geringere zeitliche Variabilität auf als der Wind oder der Niederschlag. Dabei spielt freilich auch das Messprinzip bzw. die Trägheit des Messgerätes eine Rolle, beispielsweise bei der Temperaturmessung mit dem Quecksilberthermometer: Es ist, z.B. im Vergleich zu einem Hitzdrahtthermometer, sehr träge und diese Trägheit wirkt wie ein Tiefpassfilter (Definition dazu folgt in Kap. 14.8), der zeitliche Variationen während der Zeit Δt des Messvorgangs verringert oder ganz unterdrückt; dies ist im Rahmen der Repräsentanzfrage ein durchaus erwünschter Effekt, weil dann der zeitliche Variationsanteil bei der Messung nicht in Erscheinung tritt. Auf der anderen Seite kann sich dies aber als systematischer Trägheitsfehler auswirken.

Die Frage nach der Repräsentanz der Punktaussage ist somit nicht immer ohne weiteres und problemlos zu beantworten. Um Fehlinterpretationen zu vermeiden, sollten die folgenden Faustregeln beachtet werden:

a) Messreihe so lange durchführen, bis nicht zu wenige (hinreichend großes n) numerische unterschiedliche Messwerte a_i zum Zweck der Fehlerrechnung vorliegen.

b) Prüfen, ob das Fehlerverteilungsgesetz annähernd erfüllt ist (vgl. Kap. 6.2) und ob kein zeitlicher Trend vorliegt ($\rightarrow$ Stationarität gegeben). Andernfalls sind Repräsentanzbetrachtungen nicht sinnvoll.

c) Soweit möglich, praktisch (Messungen) oder theoretisch prüfen, ob nichtvernachlässigbare „natürliche" zeitliche Variationen vorliegen und durch die Messreihe mit erfasst sind. Übersteigen sie das Fehlermaß $\pm f$ der Fehlerrechnung, so ist dies (i.a. darauf beruhende Standardabweichung $\pm s$) statt $\pm f$ das im folgenden zu betrachtende Repräsentanzmaß $\pm A$.

d) Sind die „natürlichen" zeitlichen Variationen nicht oder nicht hinreichend durch die jeweilig Messreihe erfasst, obwohl sie vermutlich nicht vernachlässigbar sind, so muss ein Weg gefunden werden, dies zu tun (notfalls Grobabschätzung). Gegebenenfalls ist dann das Repräsentanzmaß $\pm A$ entsprechend zu vergrößern.

Bei alledem ist wie gesagt vorausgesetzt, dass keine systematischen Fehler (einschließlich möglicher Trägheitsfehler) auftreten.

Das Repräsentanzmaß $\pm A$, das nun den weiteren Betrachtungen zugrunde gelegt wird, ist wie das Fehlermaß $\pm f$ (bzw. $\pm s$ oder $\pm \Delta a$) als Zahlenwertintervall aufzufassen, in dem sich der betreffende Messwert (Einzelwert oder Bestwert der Messung) mit gewisser Wahrscheinlichkeit bewegen kann. Da aber sowohl $\pm \Delta a$ als auch $\pm s$ eine relativ großzügige Interpretation der Messfehlerbelastung implizieren (nämlich p = 68.26 %; vgl. Kap. 6.1) und zudem auf der Theorie der Normalverteilung NV beruhen, ist es empfehlenswert, die Repräsentanzabschätzung der Punktaussage generell auf der Grundlage der Mutungsbereiche unter Nutzung der z-Faktoren (vgl. Kap. 5.3) durchzuführen, und zwar in der Form

$Mu_A(p) = \pm zA$, (7-2)

wobei z wie in (5-12) bis (5-15) der Parameter der standardisierten Normalverteilung zV ist (vgl. Kap. 5.3, insbesondere Tab. 32). Bei der Festlegung p = 95%, wie sie in der Praxis häufig als sinnvoll anzusehen ist, folgt dann z = 1.96 und somit rund das doppelte Intervall ±A. Innerhalb dieses Werteintervalls wird die jeweilige Punktaussage (Messergebnis) als repräsentativ bezeichnet.

7.2 Örtliche und zeitliche Repräsentanz

Ist die Repräsentanz der Punktaussage geklärt und liegt somit ein Repräsentanzintervall ± zA fest, von dem im weiteren ausgegangen werden kann, so lässt sich die Frage nach der örtlichen und zeitlichen Repräsentanz stellen, genauer die Frage nach der Repräsentanz der örtlichen bzw. zeitlichen Übertragbarkeit der Punktaussage. Wie in Ab. 37 veranschaulicht, ist dies identisch mit der Frage, ob die Grenzen des Intervalls $\pm zA$ überschritten werden, wenn die Aussage G (häufig identisch mit dem Bestwert $\bar{a}$ einer Messreihe a_i) auf andere Ortskoordinaten

$$G = G(x_* \to x_1, y_* \to y_1, z_* \to z_1; t_*)$$ (7-3)

(bzw. nur Transformation bezüglich einer oder zwei Ortskoordinaten) unter Beibehaltung der festen Zeitkoordinaten t_* oder auf eine andere Zeitkoordinate

$$G = G(x_*, y_*, z_*; t_* \to t_1)$$ (7-4)

unter Beibehaltung der Ortskoordinaten bezogen (übertragen) wird. Dabei bedeuten wie in (7-1) x_* usw. die ursprünglich festen Koordinaten, x_1 usw. dagegen die neuen Koordinaten. Natürlich kann G auch zugleich örtlich und zeitlich übertragen, d.h. gleichzeitig hinsichtlich möglicher Veränderungen in Abhängigkeit von der/den räumlichen und der zeitlichen Koordinaten betrachtet werden.

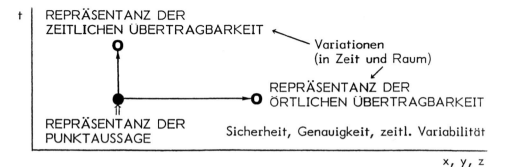

Abb. 37. Schema zum Repräsentanzbegriff (Erklärung siehe Text); t = Zeitkoordinate, x und y horizontale Koordinaten, z = vertikale Koordinate.

Die Beantwortung der Frage nach der örtlichen bzw. zeitlichen Repräsentanz ist nun im Grunde ein Vergleich zwischen dem Repräsentanzmaß ±A der Punktaussage und der örtlichen bzw. zeitlichen Variabilität der dabei betrachteten Größe G. Zur praktischen Durchführung dieses Vergleiches ist im Fall der örtlichen Repräsentanz noch zwischen der räumlich-horizontalen (kurz horizontalen) und räumlich-vertikalen (kurz vertikalen) Koordinate zu unterscheiden. Dabei handelt es sich im ersten Fall um eine zweidimensionale, im zweiten Fall (wie auch bei der zeitlichen Repräsentanzfrage) um eine eindimensionale Betrachtung.

Soll beispielsweise die zeitliche Repräsentanz einer Größe G abgeschätzt werden, so muss erstens das Repräsentanzintervall ±zA (vgl. (7-2), mit z.B. p = 95% → z = 1.96) bestimmt werden. Dabei ist denkbar, dass dieses Intervall bei vorsichtiger Interpretation noch etwas vergrößert wird (aufgerundet bzw. Wahl einer größeren Schätzwahrscheinlichkeit p). Zweitens muss das Zeitintervall festgelegt sein, für das Repräsentanzaussagen angestrebt werden; und drittens muss ermittelt werden, welche zeitlichen Variationen der Größe G in diesem Zeitintervall auftreten bzw. zu erwarten sind. In den Geowissenschaften werden dabei – abgesehen von überlagerten hochfrequenten Variationen, die aber ggf. von der Trägheit des Messgerätes unterdrückt werden – recht häufig zeitliche Variationen mit einer mittleren Periode von einem Tag (Tagesgang), einer Woche (Wochengang) und einem Jahr (Jahresgang) in Frage kommen, eventuell auch relativ langfristige zeitliche Trends. Das folgende Beispiel vermittelt einen Einblick in die mögliche Vorgehensweise.

Beispiel
52. Die Genauigkeit der Temperaturmessung mit einem Präzisionsquecksilberthermometer liegt bei $\Delta a = \pm 0.1$ bis ± 0.2 K. Werden Messungen an sog. „Strahlungstagen" (d.h. geringe bis keine Bewölkung, weitgehend ungehinderte solare Einstrahlung) im Freien, im Sommerhalbjahr und in zwei Meter Höhe über der Erdoberfläche (internationale meteorologisches Referenzhöhe) durchgeführt, so werden sich i.a. auf Grund der natürlichen Variabilität (Thermik usw.) gewisse Messwertvariationen ergeben.

Es werden nun auf sehr engen Raum, so dass örtlich gesehen von einer „Punktmessung" gesprochen werden kann, genau zur gleichen Zeit (zeitliche Punktmessung) 10 Messungen durchgeführt, für die sich eine Standardabweichung von $s = \pm 0.5$ K = ±A ergibt. Mit p = 95% folgt $zA \cong \pm 1.0$ K (genauer mit z = 1.96 → ± 0.98 K) als Repräsentanzintervall der Punktaussage, von dem im weiteren auszugehen ist. Da diese Messungen weiterhin für den Monat Juni und Frankfurt am Main gelten sollen, ist in Abb. 38 das Intervall ±zA mit dem entsprechenden mittleren Temperatur-Tagesgang verglichen, und zwar bezüglich 4 und 8 Uhr (MEZ). Durch graphische approximative Schätzung ergeben sich dann die folgenden zeitlichen 95% - Repräsentanzgrenzen: {02.00 ← 04.00 → 05.30}Uhr und {06.45 ← 07.00 → 07.15} Uhr, was dem Betrag nach im ersten Fall etwa 3,5 Stunden und im zweiten Fall nur 30 Minuten Repräsentanz der zeitlichen Übertragbarkeit bedeutet. Außerhalb dieser Zeitspannen ist die G-Punktaussage nicht mehr repräsentativ.

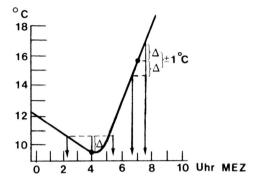

Abb. 38. Schätzung zeitlicher Repräsentanzintervalle (Pfeile) bei angenommener Wertgenauigkeit von ± 1 K (°C) für den Tagesgang der Lufttemperatur in Frankfurt am Main im Juni an sog. Strahlungstagen (keine oder geringe Bewölkung); Vorgehensweise vgl. Text (Beispiel 52).

In ganz entsprechender Weise kann man bei der Untersuchung der vertikalen Repräsentanz vorgehen und erhält dann statt der z. B. zeitlichen 95%-Repräsentanzgrenzen entsprechende vertikale Repräsentanzgrenzen (als Höhenangaben).

Bei zweidimensionalen horizontalen Repräsentanzuntersuchungen werden Feldanalysen der Größe G benötigt. Dabei ist zu beachten, dass sich sowohl das aus den Messungen hergeleitete Repräsentanzintervall ±zA als auch diese Feldanalyse auf die feste Zeit t_* beziehen müssen (bzw. ein hinreichend kleines Zeitintervall Δt der Messung). In der Abb. 39 ist als Beispiel eine relativ großräumige und großzügige Feldanalyse der bodennahen Lufttemperatur dargestellt, wobei wie üblich die Isolinienanalyse (hier Isothermen) zur Feldkennzeichnung dient. An zwei Stellen sind die horizontalen 95% - Repräsentanzfiguren (Repräsentanzbereiche) eingezeichnet, wie sie sich beispielsweise aus der Annahme $z_*A = \pm 1$ K ergeben (in Anlehnung an Beispiel 52).

Allgemein können bei Repräsentanzuntersuchungen eine ganze Reihe von Komplikationen auftreten. So ist es beispielsweise nicht nur möglich, sondern auch häufig, dass die eben angesprochenen Isolinienfelder zeitlich variabel sind (auch was den Abstand der Isolinien und somit die Gradienten der jeweiligen Größe betrifft), was dann unter Umständen erhebliche Änderungen der Repräsentanzfiguren zur Folge hat. Weiterhin kann es fraglich sein, ob der zeitliche Bezug von ±zA und Isolinienfeld richtig ist. Möglicherweise müssen zeitliche und örtliche Repräsentanz zugleich untersucht werden. Bei der Wahl relativ hoher p-Werte (möglicherweise schon ab 95%, besonders aber bei 99% und höher) können die Repräsentanzbreiche sehr groß ausfallen, was dann ein sehr ungenaues bzw. unkritisches Vorgehen bedeutet. Außerdem können, insbesondere bei horizontalen Repräsentanzbetrachtungen Informationslücken bestehen (wegen zu geringer räumlicher Messdichte u.ä.). Prinzipiell spielt der deterministische fachliche Hintergrund bei Repräsentanzuntersuchungen eine wesentlich größere Rolle als in anderen Bereichen der Statistik, was eine allgemein-gültige oder gar umfassende Darstellung der Problematik an dieser Stelle so gut wie unmöglich macht.

Schließlich ist zu beachten, dass nicht nur aus Messreihen hergeleitete Mittelwerte (als Messergebnis), sondern auch höhere Momente (z.B. Varianz, Verteilungsschiefe usw.) und andere statistische Kenngrößen und Funktionen (z.B. Varianzspektrum,

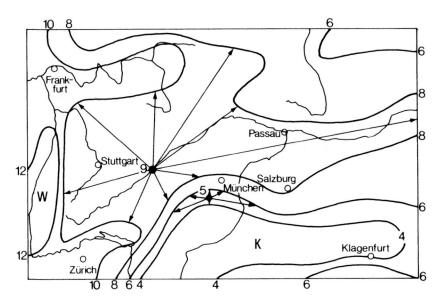

Abb. 39. Temperaturverteilung in Bodennähe (2 Meter über Grund) am 2.10.1977 in generalisierter Isothermenanalyse, wie sie sich aus dem synoptischen Netz der Wetterbeobachtungen ergeben hat (subskalige Abweichungen, insbesondere im Alpengebiet, vernachlässigt). Für die Region Ulm (9 °C) und Weilheim (südwestlich von München, 5 °C) sind die geschätzten „Repräsentanzfiguren" (Pfeile) für $z*A = \pm 1$ K (°C) eingezeichnet (vgl. Text).

vgl. Kap. 14.6) Gegenstand von Repräsentanzuntersuchungen sein können. Dabei spielt wiederum die Frage nach der Stationarität des betreffenden Vorgangs eine nicht zu übersehende Rolle. (Beispielsweise wirkt sich eine zeitlich nicht konstante Standardabweichung der betrachteten Größe G, somit eine Varianz-Instationarität, als Fehlerquelle bei den hier beschriebenen einfachen Repräsentanzuntersuchungen des Mittelwertes aus.)

Schließlich lässt sich das Repräsentanzproblem auch in der Weise auffassen, dass nach der Vereinbarkeit eines Stichprobenmittelwertes (Messergebnis im Sinne der Fehlerrechnung, aber auch Varianz u.a.) mit der entsprechenden Kenngröße der Grundgesamtheit (Population) gefragt wird. Unter solchen Aspekten lassen sich dann auch geeignete Hypothesenprüfungen, wie sie im folgenden Kap. 8 behandelt werden, bzw. weitere spezielle Methoden der Varianzanalyse (Kap. 9) oder Zeitreihenanalyse (Kap. 14) anwenden.

8 Hypothesenprüfungen (Prüfverfahren, Tests)

8.1 Einführung: Prinzip statistischer Hypothesenprüfungen

Die Entwicklung von Methoden zur *Hypothesenprüfung* gehört zu den ganz wesentlichen Aufgaben der Statistik und nimmt in den Lehrbüchern der allgemeinen Statistik entsprechend breiten Raum ein. Während diese Entwicklung, ähnlich dem Beweis von mathematischen Lehrsätzen, auf theoretischem Weg erfolgen muss, sollen uns hier im Rahmen der praktischen Statistik nur die Ergebnisse, sozusagen die Lehrsätze selbst, interessieren, und natürlich deren Anwendung auf statistisch zu untersuchende Daten.

Ein statistisches *Prüfverfahren (Testverfahren, Test)* ist stets so angelegt, dass einer sog. *Nullhypothese H_0* eine oder zwei *Alternativhypothesen A_1* bzw. A_1 und A_2 gegenübergestellt werden. Dabei besagt die Nullhypothese, dass eine zu prüfende Besonderheit (oder Unterschied o.ä.) zufällig ist, sozusagen „null und nichtig" (daher der Name „Nullhypothese"), während die Alternativhypothese das Gegenteil behauptet: Die Besonderheit, der Unterschied u.ä. ist nicht zufällig; statt „nicht zufällig" verwendet man in der Statistik den Begriff „überzufällig" oder „signifikant", wobei die letztere Ausdrucksweise i.a. eine definitive Wahrscheinlichkeit impliziert, das Signifikanzniveau Si des Prüfentscheids (näheres später).

Die Durchführung der Prüfverfahren erinnert an das Prinzip mathematischer Widerspruchsbeweise. Tatsächlich arbeitet man mit der Nullhypothese H_0 primär deswegen, um nach Möglichkeit die Alternativhypothese A_1 „beweisen" zu können. Da in der Statistik jedoch niemals sichere, sondern nur mehr oder weniger wahrscheinliche Aussagen möglich sind, handelt es sich nicht wirklich um Beweise, sondern um so genannte Mutmaßungen. Im Rahmen der statistischen Prüftheorie kommen dann zwei Möglichkeiten in Frage, nämlich dass

- entweder A_1 angenommen wird, was bedeutet, dass gleichzeitig H_0 abgelehnt wird (positiver, i.a. erwünschter Testentscheid),
- oder H_0 angenommen wird, was bedeutet, dass gleichzeitig A_1 abgelehnt wird (negativer Testentscheid).

Existiert eine zweite Alternativhypothese, so wird entweder A_1 oder A_2 angenommen (positiver Testentscheid) bzw. H_0 angenommen (somit A_1, A_2 abgelehnt). Die Summe aus $H_0 + A_1$, (falls A_2 nicht existiert) bzw. $H_0 + A_1 + A_2$ muss stets alle Möglichkeiten der Fragestellung umfassen.

Beispiel:
53. Zwei Stichproben SP_a und SP_b von jeweils gleichem Umfang $n_a = n_b = 30$ ergeben die Mittelwerte $\bar{a} = 5.7$ und $\bar{b} = 7.1$ (ME). Es wird die Frage gestellt, ob dieser Unterschied zufällig ist oder nicht. — Im Sinn der vorstehenden Definitionen ist dann:
Nullhypothese $H_0 = \{a = b\}$; Alternativhypothese $A_1 = \{a \neq b\}$.

120 Hypothesenprüfungen

> Es lassen sich zu H_o aber auch zwei Alternativhypothesen aufstellen:
> Alternativhypothese $A_1 = \{a < b\}$; Alternativhypothese $A_2 = \{a > b\}$.
> Nur falls eine dieser beiden Relationen auf Grund des fachlichen Hintergrunds nicht von Interesse oder gar die Möglichkeit $a > b$ bzw. $a < b$ ausgeschlossen ist, darf mit nur einer Alternativhypothese gearbeitet werden.
> (Der Testentscheid zu der hier genannten Fragestellung erfolgt in Beispiel 55 und 56.)

Bei der praktischen Durchführung von Hypothesenprüfungen ist der erste Schritt nun der, dass man ähnlich einem Lexikon in statistischen Methodensammlungen nachschlägt, ob für die jeweilige Fragestellung, die man untersuchen will (und die wie gesagt aus $\{H_o, A_1\}$ bzw. $\{H_o, A_1, A_2\}$ bestehen muss) ein *geeignetes spezielles Prüfverfahren* vorliegt. Dieses Prüfverfahren hat stets die Form einer Rechenformel

$$P = f(a, b, c, ...) \tag{8-1}$$

wobei P die *Prüfgröße* und (a, b, c, ...) die *Prüfparameter* (z.B. die im Beispiel 53 genannten Mittelwerte, aber ggf. auch Varianzen, Stichprobenumfänge usw.) sind. Weiterhin beruht jedes Prüfverfahren auf der Tatsache (und ist in der theoretischen Statistik entsprechend hergeleitet), dass die Prüfgröße P einer bestimmten theoretischen Verteilung folgt (vgl. Kap. 4). Die wichtigsten *Prüfverteilungen* $f(x)_{TV}$ sind: tV (t-Verteilung), $\chi^2 V$ (χ^2-Verteilung), FV (F-Verteilung) und zV (standardisierte Normal- oder z-Verteilung). Da jedes Prüfverfahren an eine bestimmte theoretische Verteilung gebunden ist, schreibt man in (8-1) meist statt „P" das entsprechende Verteilungssymbol, z.B. „t" oder „χ^2" und spricht von einem z.B. „t-Test" oder „χ^2-Test" usw.

Der letzte Schritt der Hypothesenprüfung ist der *Prüfentscheid* (*Testentscheid*, Entscheidung der Hypothesenprüfung) in der folgenden Form:

$$\hat{P} \begin{cases} < P_{\Phi,\alpha} \rightarrow H_0 \text{ annehmen (beibehalten)}, A_1(gff. A_2) \text{ ablehnen.} \\ > P_{\Phi,\alpha} \rightarrow A_1(ggf. A_2) \text{ annehmen}, H_0 \text{ ablehnen.} \end{cases} \tag{8-2}$$

Dabei ist $P_{\Phi,\alpha}$ das Argument (z.B. t, χ^2, F, z, usw.) einer theoretischen Verteilung, das in Abhängigkeit von der Zahl der Freiheitsgrade Φ und der gewählten Irrtumswahrscheinlichkeit $\alpha = 1 - Si$ bzw. Signifikanz $Si = 1 - \alpha$ meist in einer entsprechenden Tabelle (vgl. Anhang A.1-A.5) nachgesehen werden kann.

Die *Anzahl der Freiheitsgrade* ist bei Hypothesenprüfungen selten einfach $\Phi = n - 1$ (n = Stichprobenumfang), wie im simplen Fall der Beschreibung einer einzigen Stichprobe unabhängig von anderen Kollektiven, sondern ergibt sich aus der Theorie der Hypothesenprüfungen. Die jeweilige Formel für Φ muss daher wie die Formel für P nachgeschlagen werden. In der Aufbereitung für praktische Anwendungen ist meist beides zusammen angegeben.

Die Wahl von Si bzw. α bedeutet die Festlegung der Wahrscheinlichkeit p, mit welcher der Testentscheid der jeweiligen Hypothesenprüfung getroffen wird. Dabei heißt p *Signifikanzniveau Si*, wenn damit die Wahrscheinlichkeit eines richtigen

Testentscheids angegeben werden soll. Der stets dazu komplementäre Wert heißt *Irrtumswahrscheinlichkeit* α. Üblich ist im Fall von Si die prozentuale Angabe (z.B. 95 %), im Fall von α jedoch die (nicht-prozentuale) relative Angabe (z.B. 0.05, was 5 % entsprechen würde). In der Literatur gilt jedoch häufig die Konvention, für den jeweiligen Testbescheid nur α anzugeben und in ziemlich missverständlicher Weise vom „Signifikanzniveau" zu sprechen, beispielsweise in der Form, der Testentscheid werde auf dem Niveau 0.05 (5 %) getroffen oder dies oder jenes sei auf dem Niveau 0.05 (5 %) signifikant. Gemeint ist dabei jedoch stets die Irrtumswahrscheinlichkeit (d.h. die Wahrscheinlichkeit eines falschen Testentscheides und nicht die Wahrscheinlichkeit, dass der Testentscheid richtig ist).

Hier soll, zumindest bei den Beispielen, stets α und Si angegeben und von Signifikanz nur in Zusammenhang mit Si gesprochen werden. Häufig findet man die konventionellen Zuordnungen

$$\alpha = 0.1 \quad \rightarrow \quad Si = 90\% \quad \rightarrow \quad \text{„signifikant"}, \tag{8-3}$$

$$\alpha = 0.05 \quad \rightarrow \quad Si = 95\% \quad \rightarrow \quad \text{„sehr signifikant"}, \tag{8-4}$$

$$\alpha = 0.01 \quad \rightarrow \quad Si = 99\% \quad \rightarrow \quad \text{„hochsignifikant"}, \tag{8-5}$$

die zwar praktikabel, aber natürlich willkürlich sind. Daher ist es meist angebracht, anzugeben, bei welchem α-Wert (bzw. Si-Wert) die Annahme einer Alternativhypothese gerechtfertigt ist und wie signifikant ein Testentscheid im Einzelfall ist. Um Testmanipulationen zu vermeiden, soll aber im folgenden (8-3) als Minimum für ein zu wählendes Signifikanzniveau und (8-4) als das Niveau gelten, das im Zweifel zu wählen ist. Das schließt aber freilich nicht aus, bei einem Testentscheid auf dem Niveau von beispielsweise Si = 95 % auch zu prüfen, ob nicht auch 99%, 99.9 % usw. gegebenenfalls gerechtfertigt sind. Das heißt, Si bzw. a müssen nicht a priori fest gewählt werden, sondern lassen sich auch auf Grund der in der Prüfformel (8-2) auftretenden Zahlenwerte aufsuchen.

Im Gegensatz zu den Schätzverfahren (Kap. 5), wo außer Si und α keine anderen Wahrscheinlichkeitsdefinitionen zur Debatte stehen, hat man es bei den Prüfverfahren genau genommen mit vier unterschiedlichen Wahrscheinlichkeiten zu tun, die in Tab. 36 zusammengestellt und in Abb. 40 veranschaulicht sind. Diese Abbildung kann darüber hinaus der Veranschaulichung der Hypothesenprüfungen für einseitige und zweiseitige Tests allgemein dienen. Im einseitigen Fall existiert zu H_o nur eine Alternativhypothese A_1 (Abb. 40 oben). Da die Prüfgröße P stets einer bestimmten theoretischen Verteilung folgt, lassen sich Hypothesenprüfungen als Frage nach gemeinsamer ($\rightarrow H_o$) oder unterschiedlicher ($\rightarrow A_1$) Verteilung (in Abb. 40 an Hand der Normalverteilung NV dargestellt) auffassen. Ist beispielsweise die Frage nach zufälligem ($\rightarrow H_o$) oder überzufälligem (signifikantem, $\rightarrow A_1$) Unterschied der Mittelwerte zweier Stichproben gefragt (vgl. Beispiel 53), so ist dies letztlich mit der Frage nach gemeinsamer oder unterschiedlicher Population und somit Wahrscheinlichkeitsdichtefunktion ($\rightarrow$ Verteilung) identisch.

122 Hypothesenprüfungen

Tab. 36. Wahrscheinlichkeitsdefinitionen der Testtheorie, vgl. Abb. 40. Es bedeuten: p = allgemeine (hier variable) Wahrscheinlichkeit, α = Irrtumswahrscheinlichkeit, Si = Signifikanzniveau, β = Fehler 2. Art (falls α als Fehler 1. Art bezeichnet wird) und TS = Trennschärfe.

Wirklichkeit → Testentscheid ↓	H_o wahr, A_1 falsch	H_o falsch, A_1 wahr
H_o abgelehnt, A_1 angenommen	Fehler 1. Art mit p = α	richtiger Entscheid mit p = TS = 1 - β
H_o angenommen, A_1 abgelehnt	richtiger Entscheid mit p = Si = 1 - α	Fehler 2. Art mit p = β

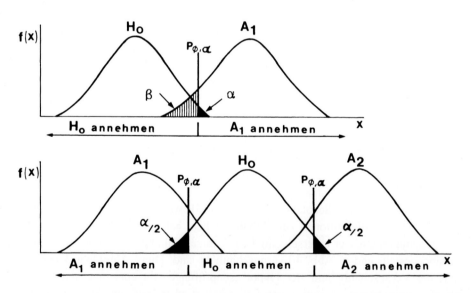

Abb. 40. Veranschaulichung des Prinzips einseitiger (oben) und zweiseitiger (unten) Prüfverfahren mit Nullhypothese H_o und Alternativhypothese A_1 bzw. Alternativhypothesen A_1 und A_2. Die Verteilung soll beliebig sein (hier in Anlehnung an NV dargestellt), P ist der aus der betreffenden Verteilungstabelle entnommene „Tabellenwert" (in Abhängigkeit vom gewählten Niveau α der Irrtumswahrscheinlichkeit und ggf. der Zahl Φ der Freiheitsgrade); β ist der sog. Fehler 2. Art. Die Signifikanz des Testentscheids ergibt sich als Fläche unter H_o abzüglich α und die sog. Trennschärfe als Fläche unter A_1 (bzw. unter A_1 und A_2) abzüglich β. Offenbar muss beim zweiseitigen Test α geteilt werden, und zwar mit gleichem Anteil beidseitig von H_o. Bei Wahl eines bestimmten α - Niveaus gelten dann rechnerisch $\alpha/2$ - Werte.

Beim zweiseitigen Test (vgl. auch „einseitige" und „zweiseitige" Fragestellung in Kap. 5, Schätzverfahren), siehe ebenfalls Abb. 40, müssen bei derartiger Veranschaulichung links und rechts von der als H_o definierten Verteilung zwei weitere Verteilungen betrachtet werden, entsprechend den beiden Alternativhypothesen A_1 und A_2. Die Größe $P_{\Phi,\alpha}$ (Tabellenwert nach (8-2)) variiert dann (mit variablem α und/oder Φ) zugleich und gleichmäßig zwischen H_o und A_1 einerseits sowie H_o und A_2 andererseits. Die Irrtumswahrscheinlichkeit α liegt entsprechend zu gleichen Teilen links und rechts von H_o. Beim Übergang vom einseitigen zum zweiseitigen Test muss daher mit $\alpha/2$ - Werten gerechnet werden. Bei der Nutzung von Tabellen, die für den einseitigen Test eingerichtet sind, bedeutet dies entsprechend, dass beim zweiseitigen Test die $\alpha/2$ - Werte zu verwenden sind. (Der Tabellenwert der betreffenden Verteilung wird dann größer).

Ein letzter wichtiger Punkt, der bei der Durchführung von Hypothesenprüfungen unbedingt zu beachten ist, sind die jeweiligen Testvoraussetzungen. Sie sollten neben den Formeln für die Prüfgröße P in der Literatur immer bei den jeweiligen Prüfverfahren mit angegeben sein. Da dies aber nicht immer bzw. nicht immer in aller Deutlichkeit geschieht, soll im folgenden auf einige häufig geltende Voraussetzungen hingewiesen werden.

Dies betrifft zum einen die Testparameter selbst, die in den jeweiligen Formeln für P zu finden sind. Dabei ist nämlich zu beachten, ob beispielsweise bei in die Prüfformel einzubeziehenden unbekannten Populationskenngrößen (z.B.: μ oder σ^2) diese ohne weiteres approximativ durch die entsprechenden Stichproben-Kenngrößen (z.B. $\bar{a}$ oder s^2) ersetzt werden dürfen oder ob nicht begleitend weitere entsprechende Prüfformeln angewendet werden müssen.

Weiterhin werden relativ häufig Voraussetzungen über den Stichprobenumfang gemacht, sei es was den Mindestumfang betrifft oder auch bei zwei (oder mehr) vorliegenden und zu vergleichenden Stichproben die Gleichheit bzw. Ungleichheit der Stichprobenumfänge (n_a, n_b, usw.). Meist werden für $n_a \neq n_b$ die Prüfformeln komplizierter. Wie in der Schätztheorie (vgl. Kap. 5) wird recht häufig bei $n < 30$ von einer „kleinen Stichprobe" gesprochen oder es gilt die Voraussetzung $n \geq 100$ (z.B. bei speziellen Übergängen von einem t- zu einem z-Test).

Besonders wichtig sind schließlich Voraussetzungen über den Verteilungstyp der betreffenden Kollektive. Allgemein gilt folgende Festlegung: Wird eine bestimmte Verteilung vorausgesetzt, so spricht man von verteilungsgebundenen (parametrischen) Prüfverfahren (Tests), andernfalls von verteilungsfreien (auch sog. Parameter-freien oder nonparametrischen) Verfahren. Da sehr häufig, insbesondere bei den weit verbreiteten Verfahren, die verteilungsgebundenen Tests nicht irgendeine sondern die Normalverteilung NV als Voraussetzung beinhalten, wird der Begriff „verteilungsfrei" auch im Sinn von „NV nicht vorausgesetzt" verwendet.

Das folgende stochastische Beispiel soll in die Anwendung der Hypothesenprüfungen einführen. Die im Kap. 8.2 aufgelisteten speziellen Verfahren enthalten dann etliche weitere Beispiele für die gängigsten Fragestellungen.

Beispiel:
54. Die Wahrscheinlichkeit, bei einem Münzenwurf „Wappen" zu erhalten (statt „Zahl"), beträgt stochastisch p(E) = 1/2 $\hat{=}$ 50% (vgl. Kap. 1.7). Für das wiederholte Ereignis gilt (vgl. Kap. 1.9, (1-39) bzw. Multiplikationssatz der Wahrscheinlichkeitsrechnung):
2 mal „Wappen" → p(E) = $(½)^2$ = 0.25;
3 mal „Wappen" → p(E) = $(½)^3$ ≈ 0.12;
4 mal „Wappen" → p(E) = $(½)^4$ ≈ 0.06;
5 mal „Wappen" → p(E) = $(½)^5$ ≈ 0.03; usw.
Wird nun α = 0.05 (entsprechend Si = 95%) als Signifikanzniveau gewählt, so ist das viermalige ununterbrochene Auftreten von „Wappen" noch als zufällig anzusehen (H_o wird angenommen, da die betreffenden p-Werte > 0.05 sind), während eine fünfmalige Folge als überzufällig (A_1 wird angenommen) vermutet wird (da ab diesem Ereignis die theoretischen p-Werte < 0.05 sind). Wie ersichtlich, ist für diesen einfachen Fall keine Prüfformel erforderlich, sondern es wird von der für elementare stochastische Prozesse gültigen Gleichverteilung GV (vgl. Kap. 4.2) ausgegangen.

Im nun folgenden Kapitel (8.2), das eine Auswahl spezieller Prüfverfahren vorstellt, werden durchweg die schon eingeführten Abkürzungen

*SP = Stichprobe, GG = Grundgesamtheit (*gleichbedeutend *Population)*

verwendet. Die Prüfgröße $\hat{P}$ ist jeweils in der Notation einer bestimmten theoretischen Verteilung, der sog. Prüfverteilung, geschrieben, z.B.: $\hat{P} \rightarrow \hat{z}$ (für zV = Standardnormalverteilung) oder $\hat{P} \rightarrow \hat{t}$ (für Student-Verteilung tV). Im Zweifel hilft auch die Symbolliste (Seite 277 ff.) weiter. Der bei der Hypothesenprüfung zu verwendende Tabellenwert P der jeweiligen Prüfverteilung ist immer eine Funktion der Irrtumswahrscheinlichkeit α und meist auch der Anzahl der Freiheitsgrade Φ; Ausnahmen: zV (kein Freiheitsgrad), FV (zwei Freiheitsgrade Φ_1 und Φ_2).

8.2 Auswahl spezieller Prüfverfahren

8.2.1 Vergleich zweier SP-Mittelwerte $\bar{a}$ und $\bar{b}$

Problem: Die SP-Mittelwerte $\bar{a}$ und $\bar{b}$ sollen auf zufälligen („verträglichen") bzw. überzufälligen (signifikanten) Unterschied hin geprüft werden. Somit ist H_o = {a = b} und einseitig A_1 = {a ≠ b} bzw. zweiseitig A_1 = {a > b}, A_2 = {a < b}.
Voraussetzungen: SPs (Stichproben) und GGs (Grundgesamtheiten) normalverteilt, Varianzen der SPs und GGs nicht signifikant unterschiedlich. – Die *Prüfgröße* lautet

$$\hat{t} = \frac{|\bar{a} - \bar{b}|}{\sqrt{\frac{n_a + n_b}{n_a n_b} * \frac{(n_a - 1)s_a^2 + (n_b - 1)s_b^2}{n_a + n_b - 2}}} \quad mit \; \Phi = n_a + n_n - 2, \quad (8\text{-}6)$$

wobei n_a und n_b die Umfänge und s_a^2 und s_b^2 die Varianzen der Stichproben a und b sind. ($\hat{t}$ ist die Prüfgröße, somit tV als Prüfverteilung („t-Test"), der zugehörige Tabellenwert $t_{\Phi,\alpha}$ wird der entsprechenden Tabelle (in diesem Fall Anhang A.3) in Abhängigkeit von den Freiheitsgraden Φ und der gewählten Irrtumswahrscheinlichkeit α entnommen.

Beispiel:

55. Es sei $\bar{a} = 5.7$ und $\bar{b} = 7.1$ (Maßeinheiten ME) bei $n_a = 30$ und $n_b = 20$ sowie $s_a^2 = 2.5$ und $s_b^2 = 2.9$ (ME^2). Ist der Unterschied (einseitiger Test) der Mittelwerte auf dem Niveau $\alpha = 0.05$ (entspricht einer Signifikanz von Si = 95%) signifikant? – Nach Einsetzen der Zahlenwerte in (8-6) folgt: $\hat{t} = 2.97 > 1.68 = t_{\Phi=48,\alpha=0.05}$ → A_1 annehmen; d.h. der Unterschied ist auf dem gewählten Niveau signifikant. (Da die Alternativhypothese A_1 angenommen wird, muss gleichzeitig die Nullhypothese H_o abgelehnt werden.) – Bei zweiseitigem Test, d.h. es wird jetzt speziell a < b geprüft, folgt der Tabellenwert t = 2.01 (da trotz gleichem α rechnerisch bei $\alpha/2$ in der Tabelle nachzuschlagen ist). Da auch in diesem Fall die Prüfgröße größer als der Tabellenwert ist, wird wiederum die Alternativhypothese (jetzt A_2) angenommen (H_o abgelehnt).

Modifikation: $n_a = n_b$ (gleicher Stichprobenumfang). Statt (8-6) gilt:

$$\hat{t} = \frac{|\bar{a}-\bar{b}|\sqrt{n}}{\sqrt{s_a^2 + s_b^2}} \quad \text{mit } \Phi = 2n-2 \quad (n = n_a = n_b). \tag{8-7}$$

Beispiel:

56. Mit den Zahlenwerten von Beispiel 55, aber $n_a = n_b = 30$ folgt (einseitig):
$\hat{t} = 3.30 > 1.68 = t_{\Phi=48,\alpha=0.05}$ → A_1 annehmen (somit gleicher Testentscheid wie in Beispiel 55).

Modifikation: $s_a^2 \neq s_b^2$ (signifikanter Unterschied der SP-Varianzen) und $n_a \neq n_b$. Statt (8-6) gilt:

$$\hat{t} = \frac{|\bar{a}-\bar{b}|}{\sqrt{\frac{s_a^2}{n_a} + \frac{s_b^2}{n_b}}} \quad \text{mit } \Phi = \frac{\left[\frac{s_a^2}{n_a} + \frac{s_b^2}{n_b}\right]^2}{\frac{\left[\frac{s_a^2}{n_a}\right]^2}{n_a+1} + \frac{\left[\frac{s_b^2}{n_b}\right]^2}{n_b+1}} - 2 \tag{8-8}$$

(sog. FISHER - BEHRENS - Problem).

126 Hypothesenprüfungen

Modifikation: $s_a^2 \neq s_b^2$ (signifikanter Unterschied der SP-Varianzen), jedoch $n_a = n_b$. Statt (8-6) gilt:

$$\hat{t} = \frac{|\overline{a} - \overline{b}|}{\sqrt{\frac{s_a^2 + s_b^2}{n}}} \quad \text{mit } \Phi = n - 1 + \frac{2n-2}{\frac{s_a^2}{s_b^2} + \frac{s_b^2}{s_a^2}} \quad (n = n_a = n_b). \tag{8-9}$$

Bei großen Stichproben (Faustregel hier ≥ 100) darf in (8-8) und (8-9) auch der z-Test verwendet werden (d.h. Prüfgröße $\hat{z}$ statt $\hat{t}$, entsprechend Verwendung der zV-Tabelle (Anhang A.1b) an Stelle der tV-Tabelle (Anhang A.3).

Beispiel:
57. Gegeben seien die beiden Stichproben a und b mit $\overline{a} = 18$, $s_a^2 = 34$, $n_a = 2000$; $\overline{b} = 12$, $s_b^2 = 73$, $n_b = 1000$ (in Maßeinheiten ME bzw. ME^2). Es soll entschieden werden, ob der Unterschied der Mittelwerte auf dem Niveau Si = 99.9% (entspricht $\alpha = 0.001$) signifikant ist (einseitiger Test). – Nach (8-8) folgt: $\hat{t} \approx 20$; $\Phi \approx 1479$. Mit großzügiger Näherung $\Phi \approx 1000$ entnimmt man der Tabelle Anhang A.3: t ($\Phi = 1000$, $\alpha = 0.001$) ≈ 3.1 und somit $\hat{t} > t (\Phi, \alpha) \rightarrow A_1$ annehmen. Der Unterschied ist offenbar hochsignifikant. – Wegen der großen SP-Umfänge kann auch der z-Test verwendet werden, der die etwas aufwendige Φ-Berechnung nicht erfordert. Es folgt: $\hat{z} = \hat{t} \approx 20$ (wie oben aus (8-8)); z ($\alpha = 0.001$) ≈ 3.3 (nach Tab. 32, indirekt auch Anhang A.1b zu entnehmen) und somit gleicher Testentscheid.

8.2.2 Vergleich SP-Mittelwert $\overline{a}$ mit bekanntem GG-Mittelwert μ

Problem: Der SP-Mittelwert $\overline{a}$ soll hinsichtlich zufälliger bzw. überfälliger Abweichung von einem bekannten GG-Mittelwert μ geprüft werden.
Voraussetzungen: SP und GG normalverteilt, die SP-Standardabweichung s soll eine hinreichend gute Näherung der GG-Standardabweichung σ sein.

$$\hat{t} = |\overline{a} - \mu| \frac{\sqrt{n}}{s} \quad \text{mit } \Phi = n - 1 \tag{8-10}$$

mit n = Stichprobenumfang. Bei großen Stichproben (Faustregel n > 100) kann dieser Test auch mit Hilfe der Prüfgröße $\hat{z}$ (z-Test) durchgeführt werden. Außerdem ist der t-Test für SPs mit n > 30 verteilungsfrei (d.h. NV wird nicht vorausgesetzt). Bei starken Abweichungen von der NV (z.B. U-Verteilung) sollte allerdings auch im Fall großer SPs (>100) beim t-Test geblieben werden.

Beispiel:
58. Ein geowissenschaftlich zu untersuchender Prozess folge in guter Näherung der NV mit μ = 10.0 und σ = 2.7 (ME). Es ist zu prüfen, ob die SP mit $\bar{a}$ = 7.5 und s = 1.8 (ME) damit vereinbar ist, wobei der SP-Umfang n = 50 betragen soll. – Bei Anwendung der Formel (8-10) wird als vorliegende beste Näherung $\hat{\sigma}$ an Stelle von s verwendet. Es folgt für Si = 95%: $\hat{t} = |7.5 - 10.0|(\sqrt{50} / 2.7) \approx 6.55$. Als Tabellenwert entnimmt man dem Anhang A.3: t(Φ = 49; α = 0.05) ≈ 1.68. Die Stichprobennahme ist somit nicht mit dem GG-Prozeß (μ) vereinbar da $\hat{t}$ > t(Φ, α).

8.2.3 Vergleich zweier SP-Varianzen s_a^2 und s_b^2

Problem: Die SP-Varianzen s_a^2 und s_b^2 sollen auf zufälligen bzw. überzufälligen Unterschied hin geprüft werden.

Voraussetzungen: SPs in guter Näherung normalverteilt (da der folgende F-Test gegenüber NV-Abweichungen wesentlich empfindlicher ist als der t-Test) und nicht zu kleine SPs (Richtwert: n_a bzw. n_b > 30).

$$\hat{F} = \frac{s_a^2}{s_b^2} \quad mit\ \Phi_1 = n_a - 1, \Phi_2 = n_b - 1; s_a > s_b \qquad (8-11)$$

(mit n_a und n_b Stichprobenumfänge und jeweils *größerem Varianzwert im Zähler*). Diese Problemstellung ist zugleich der Hintergrund für die FV-Definition (vgl. Kap. 4.9). Man beachte, dass bei F-Tests immer zwei Werte für die Anzahl der Freiheitsgrade gelten.

Modifikation: $n_a = n_b$ (gleicher Stichprobenumfang). Statt (8-11) gilt:

$$\hat{t} = \frac{\sqrt{n-1}(s_a^2 - s_b^2)}{2\sqrt{s_a^2 s_b^2}} \quad mit\ \Phi = n - 1 (n = n_a = n_b). \qquad (8-12)$$

Ist zudem der SP-Umfang hinreichend groß (Richtwert n > 100), gilt dieser Test annähernd verteilungsfrei; zum Vergleich von mehr als zwei Varianzen siehe Kap. 9 (einfache und doppelte Varianzanalyse).

Beispiel:
59. Für zwei Stichproben seien s_a^2 = 25, n_a = 21; s_b^2 = 16, n_b = 25. (Hier wie bei weiteren Beispielen jeweils ME bzw. ME².) Beide SPs sollen in guter Näherung der NV folgen. Die SP-Varianzen sind auf signifikanten (95%) bzw. zufälligen Unterschied zu prüfen. – Nach (8-11) gilt: $\hat{F}$ = 25/16 ≈ 1.56 < F(Φ_1 = 20, Φ_2 = 30, α = 0.05) = 1.93. Somit besteht auf dem Niveau Si = 95% kein signifikanter Unterschied (H_0 annehmen). – Falls in Beispiel 59 $n_a = n_b$ = 51, folgt nach (8-12) mit $\hat{t} = (\sqrt{50} * 9)/(2\sqrt{16 * 25}) \approx 1.59$ < t(Φ = 50, α = 0.05) ≈ 1.68 das gleiche Testergebnis.

8.2.4 Vergleich einer SP-Varianz s^2 mit der bekannten GG-Varianz σ^2

Problem: Die SP-Varianz s^2 soll hinsichtlich zufälliger bzw. überfälliger Abweichung von einer bekannten GG-Varianz σ^2 geprüft werden.
Voraussetzungen: SP und GG normalverteilt (approximativ, keine große SP erforderlich).

$$\hat{\chi}^2 = \frac{(n-1)s^2}{\sigma^2} = \frac{\Phi s^2}{\sigma^2} \quad mit \quad \Phi = n-1. \tag{8-13}$$

Bei einem Stichprobenumfang von n > 30 (vorsichtiger n > 50) kann an Stelle von (8-13) approximativ der z-Test

$$\hat{z} = \sqrt{2n}\frac{|\sigma - s|}{\sigma} \tag{8-14}$$

verwendet werden. Bei noch größeren SPs (Richtwert n > 100) gelten beide Beziehungen wieder verteilungsfrei (wenn auch (8-13) bevorzugt werden sollte).

Beispiel:
60. Eine SP-Varianz von $s^2 = 5.3$ bei n = 20 soll auf Verträglichkeit mit der bekannten GG-Varianz $\sigma^2 = 4.0$ eines zugehörigen NV-Modells geprüft werden. – Nach (8-13) folgt: $\hat{\chi}^2 = 19*5.3 / 4.0 \approx 25.2 < 30.1 \approx \chi^2$ ($\Phi = 19$, $\alpha = 0.05$). Offenbar ist auf dem Niveau Si = 95% kein signifikanter Unterschied nachzuweisen und das betreffende Verteilungsmodell ist anwendbar (Annahme der hier erwünschten Nullhypothese).

8.2.5 Beurteilung einer SP-Schiefe

Problem: Die bei einer SP-Häufigkeitsverteilung auftretende Schiefe soll hinsichtlich ihrer Zufälligkeit bzw. Überzufälligkeit geprüft werden.
Voraussetzung: Große Stichprobe, Richtwert n > 100 (eingipfelige Verteilung).

$$\hat{z} = \frac{|Sf|}{\sqrt{6/n}} \tag{8-15}$$

mit Sf = Momentkoeffizient der Schiefe (vgl. Kap. 2.6). Bei kleineren Stichproben darf an die Stelle von (8-15) auch ein entsprechender t-Test treten, doch sollte der SP-Umfang nicht unter n = 50 (Richtwert) liegen.

8.2.6 Beurteilung eines SP-Exzesses

Problem: Der bei einer SP-Häufigkeitsverteilung auftretende Exzeß soll hinsichtlich seiner Zufälligkeit bzw. Überzufälligkeit geprüft werden.
Voraussetzung: Sehr große Stichprobe, Richtwert n > 1000 (eingipfelige Verteilung).

$$\hat{z} = \frac{Ex}{2\sqrt{6/n}} \tag{8-16}$$

mit Ex = Momentkoeffizient des Exzesses (vgl. Kap. 2.6). Auch hier darf bei kleineren Stichproben ein entsprechender t-Test verwendet werden. Da (8-16) jedoch eine noch groberer Test als (8-15) ist, sollte der SP-Umfang n bei einigen Hundert Daten liegen.

8.2.7 Vergleich einer SP-Wahrscheinlichkeit $\hat{p}$ mit dem zugehörigen Parameter p einer Binomialverteilung

Problem: Der aus einer SP errechnete Wert $\hat{P}$ soll hinsichtlich zufälliger bzw. überzufälliger Abweichung von einem bekannten zugehörigen GG-Parameter p einer Binomialverteilung geprüft werden.
Voraussetzung: Prozess, auf den die Binomialverteilung anwendbar ist sowie hinreichend große SP (Richtwert n > 30, besser n > 50).

$$\hat{z} = \frac{|\hat{p} - p|}{\sqrt{(pq)/n}} \tag{8-17}$$

mit p = Parameter der Binomialverteilung (q = 1 - p, vgl. Kap. 4.3; n = SP-Umfang).

8.2.8 Vergleich zweier SP-Wahrscheinlichkeiten $\hat{P}_1$ und $\hat{P}_2$ mit dem zugehörigen Parameter p_1 und p_2 einer Binomialverteilung

Problem: Es liegen zwei binomialverteilte GGs mit den Parametern p_1 und p_2 vor. Es soll geprüft werden, ob die aus zwei zugehörigen SPs errechneten Schätzwerte $\hat{P}_1$ und $\hat{P}_1$ damit vereinbar (zufällige Abweichung) sind oder nicht (überzufällige Abweichung).
Voraussetzungen: Prozesse, auf welche die Binomialverteilung anwendbar ist, sowie hinreichend große SPs (Richtwerte wie in 8.2.7).

$$\hat{z} = \left| \frac{|\hat{p}_1 - \hat{p}_2| - |p_1 - p_2|}{\sqrt{\frac{p_1 q_1}{n_1} + \frac{p_2 q_2}{n_2}}} \right| \tag{8-18}$$

mit p_1, p_2 Parameter der Binomialverteilung (vgl. 8.2.7 und Kap. 4.3).

8.2.9 Vergleich zweier SP-Mittelwerte $\hat{\lambda}_1$ und $\hat{\lambda}_2$ von Poisson-Verteilungen

Problem: Zwei SP-Mittelwerte $\hat{\lambda}_1$ und $\hat{\lambda}_2$ sollen jeweils bei vermuteter PV (Poissonverteilung, GGs) auf zufälligen bzw. überzufälligen Unterschied hin geprüft werden.

130   Hypothesenprüfungen

Voraussetzung: SPs und vermutete GGs jeweils Poisson-verteilt, hinreichend große SPs (Richtwerte wie in 8.2.7).

$$\hat{F} = \frac{\hat{\lambda}_1}{\hat{\lambda}_2 + 1} \quad \text{mit } \hat{\lambda}_1 > \hat{\lambda}_2,\ \Phi = 2(\hat{\lambda}_2 + 1),\ \Phi_2 = 2\hat{\lambda}_1. \tag{8-19}$$

Beispiel:
61. Zwei Stichproben für Erdbebenhäufigkeiten in einer bestimmten Region sollen für zwei unterschiedliche Zeitabschnitte ergeben: $\hat{\lambda}_1 \approx 1.18$ (vgl. Beispiel 40) und $\hat{\lambda}_2 \approx 2.57$. Es wird jeweils ein Poisson-verteilter Prozeß vermutet. Sind die beiden Stichproben vereinbar, d.h. hat sich an den Randbedingungen etwas geändert? – Nach (9-19) folgt: $\hat{F} = 2.57/(1.18+1) \approx 1.18$; F ($\Phi_1 = 4.4$, $\Phi_2 = 2.4$, $\alpha = 0.05$) ≈ 14. Somit wird wegen $\hat{F} < F\ (\Phi_1, \Phi_2, \alpha)$ die Nullhypothese auf dem Niveau $\alpha = 0.05$ beibehalten, d.h. die beiden Stichproben erscheinen vereinbar (werden der gleichen GG und somit dem gleichen Prozess mit unveränderten Randbedingungen zugeordnet).

8.2.10 Vergleich einer empirischen (SP) mit einer theoretischen (GG) Häufigkeitsverteilung

Problem: Es liegt eine empirisch gefundene (SP-) Häufigkeitsverteilung vor. Dazu wird eine bestimmte zugehörige theoretische (GG-) Wahrscheinlichkeitsdichtefunktion vermutet und als theoretische Häufigkeitsverteilung der SP angepasst. Es soll geprüft werden, ob diese Anpassung statistisch vertretbar (zufälliger Unterschied) ist oder nicht (überzufälliger Unterschied).

Voraussetzungen: Die zu untersuchende SP muss klassenorientiert (vgl. Kap. 1.6) vorliegen, hinreichend groß sein (Richtwert n > 30, besser n > 50) und die Klassenbesetzungszahlen $n_J(k)$ (Häufigkeiten J innerhalb der k einzelnen Klassen) dürfen nicht zu klein (nach SACHS, 2004: $n_J(k) \geq 4$), keinesfalls aber Null sein. Bezüglich der zu prüfenden theoretischen Verteilungen bestehen keine Voraussetzungen, d.h. es handelt sich um einen verteilungsfreien Test.

$$\hat{\chi}^2 = \sum_{k=1}^{K} \frac{\{H_k(SP) - H_k(GG)\}^2}{H_k(GG)} \quad \text{mit } \Phi = K - Z, \tag{8-20}$$

wobei offenbar über k = 1,2,...K Klassen summiert wird (K = Klassenzahl) und Z die Anzahl der zu schätzenden Parameter ist (i.a. gleich der Zahl der Parameter der verwendeten theoretischen Verteilung). Im Gegensatz zu den weitaus meisten Prüfverfahren ist in (8-20) i.a. die Annahme der Nullhypothese und nicht der Alternativhypothese erwünscht, weil dann die Verteilungsanpassung als akzeptabel bewertet wird.

Hypothesenprüfungen 131

Beispiele:
62. In Beispiel 41 (vgl. dazu Tab. 30; auch Beispiel 12, Tab. 9) ist die Anpassung einer NV (Normalverteilung) an die SP-Häufigkeitsverteilung behandelt worden, welche die Oktober-Mitteltemperatur 1911-1960 in München beschreibt (SP-Umfang n = 50, Klassenzahl K = 7). Tab. 37 (links) enthält die Werte dieser SP-Häufigkeitsverteilung (SP), die Werte der angepassten NV, sowie nach Formel (8-20) die zur Berechnung erforderlichen quadratischen Abweichungen ΔH^2 (Zähler). – Die Durchführung des Tests ergibt (mit 7 Klassen und 2 freien Parametern der NV, somit $\Phi=5$), falls eine Signifikanz von Si = 95% gewählt wird, somit Irrtumswahrscheinlichkeit $\alpha = 0.05$:

$$\hat{\chi}^2 = \frac{0.81}{3.1} + \frac{4}{8} + \frac{3.61}{12.9} + \frac{65.61}{12.9} + \frac{16.81}{8.1} + \frac{1.44}{3.2} + \frac{1.44}{0.8} \approx 10.45; \chi^2_{\Phi=5,\ \alpha=0.05} = 11.07.$$

Da der Wert der Prüfgröße unter (wenn auch knapp) dem Tabellenwert liegt, ist die Anpassung vertretbar. (Zwischen SP und GG = NV besteht hinsichtlich der Anpassung einer Häufigkeitsverteilung auf dem gewählten Niveau von Si = 95% kein signifikanter Unterschied, die Nullhypothese wird beibehalten die Alternativhypothese abgelehnt).

63. In Beispiel 40 (vgl. dazu Tab. 29) ist die Anpassung einer PV (Poisson-Verteilung) an die SP-Häufigkeitsverteilung behandelt worden, welche die Erdbebenhäufigkeiten 1925-1930 in Oxford beschreibt (n = 2191, Klassenzahl K = 8). – Mit Hilfe von Formel (8-20) und Tab. 37 (Mitte) folgt (mit 8 Klassen und einem freien Parameter (λ) der PV, somit $\Phi = 7$; Signifikanz Si = 95% $\rightarrow \alpha = 0.5$, wie im Beispiel 63):

$$\hat{\chi}^2 = \frac{100}{675} + \frac{9}{795} + \frac{1}{468} + \frac{576}{184} + \frac{196}{54} + 0 + \frac{6.25}{2.5} + \frac{0.36}{0.4} \approx 10.32;$$

$$\chi^2_{\Phi=7,\alpha=0.05} \approx 14.07.$$

Da der Wert der Prüfgröße auf dem Niveau Si = 95% deutlich unter dem zugehörigen Tabellenwert liegt, ist die Anpassung gut akzeptabel.

64. In Beispiel 42 (vgl. dazu Tab. 31) ist die Anpassung einer logarithmischen Normalverteilung (LNV) an die SP-Häufigkeitsverteilung behandelt worden, welche die Anzahl der Frosttage 1930-1966 im Monat April in München beschreibt (n = 37, Klassenzahl K = 6). – Mit Hilfe von Formel (8-20) und Tab. 37 (rechts) folgt (mit 6 Klassen und 2 freien Parametern der LNV, somit $\Phi = 4$; Signifikanz=95%, $\alpha=0.5$):

$$\hat{\chi}^2 = \frac{0.49}{7.3} + \frac{1}{14} + \frac{0.64}{8.8} + \frac{4}{4} + \frac{0.49}{1.7} + \frac{0.09}{0.7} \approx 1.63; \chi^2_{\Phi=4,\alpha=0.05} \approx 9.49.$$

Auch bei diesem Beispiel bleibt die Prüfgröße deutlich (hier sogar ganz erheblich) unter dem Tabellenwert und die Anpassung kann statistisch auf dem gewählten Niveau (Si = 95%) nicht abgelehnt werden. (Die Irrtumswahrscheinlichkeit α ließe sich hier sogar bis 0.75 steigern, ohne dass sich das Testergebnis ändert.)

Obwohl das Prüfverfahren (8-20), das in der Literatur häufig „χ^2-Anpassungstest" genannt wird, von großer Wichtigkeit ist und entsprechend häufig angewandt wird, bestehen doch einige Schwierigkeiten. Dies betrifft erstens die Anzahl der Freiheitsgrade, die oft einfach $\Phi = K-1$ gesetzt wird. Sinnvoller ist es jedoch, die Anzahl

Tab. 37. Rechentabellen zu den Beispielen 63-65 (zu den Daten vgl. auch Tab. 29-31). Es gelten folgende Abkürzungen SP → Häufigkeitsverteilung der SP; NV bzw. PV bzw. LNV → Häufigkeitsverteilung der angepassten GG (in der Bezeichnung der jeweiligen theoretischen Verteilung), ΔH^2 → quadratische Differenz der Häufigkeitswerte (vgl. Zähler in Formel (8-20)), K → Klassenzahl der SP und Z → Zahl der freien Parameter der jeweiligen theoretischen Verteilung.

Zu Beispiel 62 (K=7, Z=2)   Zu Beispiel 63 (K=8, Z=1)   Zu Beispiel 64 (K=6, Z=2)

SP	NV	ΔH^2	SP	PV	ΔH^2	SP	LNV	ΔH^2
4	3.1	0.81	685	675	100.0	8	7.3	0.49
6	8.0	4.00	792	795	9.0	13	14.0	1.00
11	12.9	3.61	467	468	1.0	8	8.8	0.64
21	12.9	65.61	160	184	576.0	6	4.0	4.00
4	8.1	16.81	68	54	196.0	1	1.7	0.49
2	3.2	1.44	13	13	0.0	1	0.7	0.09
2	0.8	1.44	5	2.5	6.25			
			1	0.4	0.36			

der freien Parameter der jeweiligen Verteilung zu berücksichtigen, wie das in den Beispielen 63-65 auch geschehen ist. Zweitens besteht bei Vorzeichenhäufungen des Terms $\{H_K(SP)-H_K(GG)\}^2$, Zähler in der Formel (8-20), die Gefahr einer Fehlentscheidung hinsichtlich des Verteilungstyps. Die Vorzeichen dieses Terms sollten daher annähernd gleichverteilt sein. In dieser Hinsicht kann der im folgenden beschriebene Anpassungstest (8-21) als verlässlicher gelten, obwohl er nach SACHS (2004) auf Verteilungsirregularitäten empfindlicher reagiert als (8-20). Drittens ist der „χ^2-Anpassungstest" anfällig gegenüber relativ unwichtigen Verteilungsabweichungen im Bereich relativ geringer (auch sehr geringer) Häufigkeiten (bei eingipfeligen Verteilungen wie der NV im Bereich der „Verteilungsränder"). Dies kann eine Fehlentscheidung hinsichtlich zu schlechter Anpassung hervorrufen, die unter Umständen nicht gerechtfertigt ist. (Das heißt, es wird die Alternativhypothese statt der Nullhypothese angenommen. Vergleiche auch Anmerkung am Schluss des Beispiels 63.)

Es ist daher angebracht, noch mindestens einen weiteren Anpassungstest in Erwägung zu ziehen, insbesondere wenn die oben genannten Schwierigkeiten gravierend sind. Eine solche Alternative ist der *Anpassungstest nach KOLMOGOROFF und SMIRNOFF* (1933, 1948). Er lautet:

$$\hat{P} = \frac{|Max\{KH_k(SP) - KH_k(GG)\}|}{n}, \qquad (8-21)$$

wobei KH_K die kumulativen Häufigkeiten der klassenorientierten SP bzw. angepassten GG (Verteilungsmodell) sind; n ist wiederum der SP-Umfang. Für die spezielle Prüfgröße $\hat{P}$ (siehe Tab. 38) ist offenbar nur der maximale Wert (Max) der Differenzen der kumulativen Häufigkeiten von Bedeutung.

Die *Voraussetzungen* des Tests (8-21), der wie gesagt dem gleichen Ziel wie (8-20) dient, sind Klasseneinteilung, Errechnung der kumulativen Häufigkeiten sowie ein SP-Mindestumfang von n > 35 (nach SACHS (2004); mit n > 50 erzielt man jedoch verlässlichere Ergebnisse; dies entspricht einer Mindestklassenzahl von K = 6 nach der STURGES - Formel (1-18)).

Die Prüfgröße $\hat{P}$ wird bei diesem Test mit einem speziell tabellierten Wert $P_{n,\alpha}$ verglichen, siehe Tab. 38 (ausführliche Tabellen siehe z.B. RINNE (1997); SACHS (2004). Die Anzahl der Freiheitsgrade taucht nicht explizit auf, steckt aber natürlich in n. Der Testentscheid erfolgt wie üblich durch Vergleich von $\hat{P}$ mit dem Tabellenwert $P_{n,\alpha}$.

Tab. 38. Tabellenwerte P und somit Signifikanzgrenzen zum Anpassungstest nach KOLMOGOROFF und SMIRNOFF (vgl. Text); α ist wie üblich die Irrtumswahrscheinlichkeit, n der Stichprobenumfang.

α	0.20	0.10	0.05	0.01	0.001
P(n,α)	$1.073/\sqrt{n}$	$1.224/\sqrt{n}$	$1.358/\sqrt{n}$	$1.628/\sqrt{n}$	$1.040/\sqrt{n}$

Beispiele:
65. Die Anwendung bezüglich der Daten aus Beispiel 63, vgl. dazu auch Tab. 37, führt zu:

$$\hat{P} = \frac{|21-12.9|}{50} \approx 0.162; \quad P_{n=50, \alpha=0.05} = 1.358/\sqrt{50} \approx 0.192.$$

Somit ist auch nach diesem Test das Verteilungsmodell (NV) akzeptabel.

66. Im Gegensatz zum χ^2- Anpassungstest folgt dieses Ergebnis auch, wenn das Signifikanzniveau von Si = 95% auf Si = 90% erniedrigt wird (da auch $P_{n=50, \alpha=0.1} \approx 0.173$ größer als die Prüfgröße bzw. diese kleiner als dieser Vergleichswert n. Tab. 38 ist).

Wie ersichtlich, ist die Rechenarbeit bei diesem Test (8-21) gegenüber (8-20) wesentlich geringer. Man spricht bei einer derartigen Alternative bzw. Methode von einem „*Schnelltest*". Der Test kann auch auf graphischem Weg durchgeführt werden, was die Eintragung der kumulativen SP-Häufigkeiten in ein Wahrscheinlichkeitsdichtediagramm erfordert, zusammen mit der notfalls nach Augenmaß eingezeichneten angepassten Verteilungsfunktion des gewählten Verteilungsmodells. In diesem Fall muss dann die maximale Differenz der beiden Kurven abgelesen und in (8-21) eingesetzt werden. Die rasche Durchführbarkeit des KOLMOGOROFF - SMIRNOFF - Tests wird allerdings mit dem Nachteil erkauft, dass nur ein Abweichungswert der Verteilungskurven in die Hypothesenprüfung eingeht (Ausreißerproblem!).

8.2.11 Vergleich zweier beliebiger SP-Häufigkeitsverteilungen

Problem: Zwei beliebige SP-Häufigkeitsverteilungen sollen hinsichtlich zufälligem bzw. überzufälligem Unterschied geprüft werden.

Voraussetzungen: Die SPs dürfen nicht extrem klein sein (Richtwert n_a, $n_b > 10$). Die Daten müssen jeweils in Rangordnungen gebracht werden, da es sich um einen sog. *Rangtest* handelt. Die Verteilungen können beliebig sein (verteilungsfreier Test).
Sind allen Daten der beiden SPs gemeinsamer aufsteigender Wertefolge Rangplätze zugeordnet und sind die Summen R_a und R_b auf die jeweilige SP (a oder b) entfallenden Rangplätze errechnet, so führen folgende Formeln zur Testgröße:

$$U_1 = n_a * n_b + \frac{n_a(n_a+1)}{2} - R_a; \quad U_2 = n_a * n_b + \frac{n_b(n_b+1)}{2} - R_b; \quad (8\text{-}22)$$

$$U = Min(U_1, U_2); \quad (8\text{-}23)$$

$$\hat{z} = \frac{\left| U - \frac{n_a n_b}{2} \right|}{\sqrt{\frac{n_a n_b (n_a + n_b + 1)}{12}}}. \quad (8\text{-}24)$$

Dabei sind n_a und n_b die SP-Umfänge und U_1, U_2 sowie U Hilfsgrößen, die für den letztlich durchzuführenden z-Test benötigt werden. Nach den Autoren und Hilfsgrößen wird diese Methode als „*U-Test*" (auch verteilungsfreier U - Rangtest) *nach* WILCOXON, MANN *und* WHITNEY (vgl. SACHS, 2004)) bezeichnet. Er ist nach SACHS vor allem gegenüber Mediandifferenzen der untersuchten SPs empfindlich, wird aber häufig für Verteilungsvergleiche von SPs herangezogen, insbesondere, wenn erhebliche Abweichungen von der NV vorliegen. Es folgt ein Beispiel mit Zahlenwerten von SACHS (2004).

Beispiel:
67. Zwei SPs, und zwar SP_a = (7,14,22,36, 40,48,49,52), $n_a = 8$, und SP_b = (3,5,6,10,17,18,20,39), $n_b = 8$, sollen hinsichtlich gleichem Verteilungstyp bzw. Median verglichen werden. Tab. 39 zeigt die Aufstellung der gemeinsamen Rangfolge, die SP-Zuordnungen (a bzw. b) sowie die Errechnung der Rangplatzsummen R_a und R_b. (Schon vorweg ist in der nachfolgenden Tab. 39 eine Häufung der a-Daten auf den oberen Rangplätzen zu erkennen, was auf einen Verteilungsunterschied hinweist. Der Test ergibt:

$$U_1 = 8*8 + \frac{8(8+1)}{2} - 89 = 11; \quad U_2 = 8*8 + \frac{8(8+1)}{2} - 47 = 53; \quad U = Min(11,53) = 11;$$

$$\hat{z} = |11 - 64/2| / \sqrt{\frac{64(8+8+1)}{12}} \approx 2.205; \quad z_{\alpha=0.05} \approx 1.645.$$

Mit $\hat{z} > z_\alpha$ erfolgt auf dem Niveau Si = 95% ein positiver Testentscheid, d.h. die Vermutung eines signifikanten Unterschiedes der SPs bzw. SP-Mediane (Alternativhypothese) wird angenommen.

Tab. 39. Rangfolge und Rangplatzsummen zu Beispiel 67. Es bedeuten: r_i = Rangplätze, a_i = SP-Daten, SP→SP-Zuordnungen (a bzw. b) und R = Rangplatzsummen.

r_i	1	2	3	4	5	6	7	8	9	10	11	12	13	14	15	16	
a_i	3	5	6	7	10	14	17	18	20	22	36	39	40	48	49	52	
SP	b	b	b	a	b	a	b	b	b	a	a	b	a	a	a	a	
$R_a =$				4	+	6	+			10	+ 11	+	13	+ 14	+15	+16	= 89 ;
$R_b =$	1+	2	+ 3	+	5	+	7+	8+	9			12					= 47 .

Bei exakt gleichem SP-Umfang ($n_a = n_b = n$) vereinfachen sich die Formeln (8-22) und (8-24) zu folgender *Modifikation*:

$$U_1 = \frac{3n^2 +}{2} - R_a; \quad U_2 = \frac{3n^2 + n}{2} - R_b; \quad (8\text{-}25)$$

$$\hat{z} = \frac{|U - n^2/2|}{\sqrt{n^2(2n+1)/12}} \quad (8\text{-}26)$$

und der U-Test erweist sich in dieser Form als relativ einfach durchzuführender „Schnelltest". Nach SACHS (2004) ist er außerdem eines der schärfsten verteilungsfreien Prüfverfahren. (Die Testgröße ist eine komplizierte Funktion von Median, Schiefe und Exzess, wobei allerdings, wie bereits betont, primär der Medianunterschied getestet wird.) Natürlich sind auf das Beispiel 67 auch die einfacheren Formeln (8-25) und (8-26) anwendbar.

Treten beim U-Test mehrere gleiche Datenwerte auf, somit auch gleiche Rangplätze („Rangbindungen"), so dürfen bei nicht zu vielen gleichen Rangplätzen die arithmetischen Mittelwerte der Rangplätze verwendet werden (z.B. bei Rangfolge 2,2,3,4,4,4,6...) → r_i = (1.5,1.5, , 5,5,...). Bei zu vielen Bindungen (Richtwert > 30%) sollte, gleicher SP-Umfang n vorausgesetzt, an Stelle von (8-26)

$$\hat{z} = \left|U - \frac{n^2}{2}\right| / \sqrt{\frac{n^2}{2n(2n-1)} \frac{8n^3 - 2n}{12} \sum_{i=1}^{B} \frac{b_i^3 - b_i}{12}} \quad (8\text{-}27)$$

verwendet werden. Dabei ist B die Anzahl der Bindungen (Anzahl gleicher Datenwerte in der gemeinsamen Rangfolge) und b_i sind die Häufigkeiten jeweils gleicher Datenwerte (n wie bisher jeweiliger SP-Umfang).

8.2.12 Vergleich mehrerer SP-Verteilungen hinsichtlich gemeinsamer GG

Problem: Mehrere, und zwar mindestens drei vorliegende SP-Häufigkeitsverteilungen sollen dahingehend geprüft werden ob sie einer gemeinsamen GG angehören (zufällige Unterschiede) oder nicht (überzufällige Unterschiede).

Voraussetzungen: Entsprechend 8.2.11; es müssen daher wieder alle Daten in eine gemeinsame aufsteigende Rangfolge gebracht werden. Sind n_i die einzelnen SP-Umfänge mit $n = \Sigma n_i$ (i = 1,2,...,k) und R_i die zugehörigen Rangplatzsummen, so lautet die Prüfgröße:

$$\hat{H} = \frac{12}{n(n+1)} \sum_{i=1}^{k} \frac{R_i^2}{n_i} - 3(n+1). \tag{8-28}$$

Für diesen „*H-Test*" (verteilungsfreier H-Rangtest) *nach* KRUSKAL *und* WALLIS sind offenbar wieder spezielle Tabellierungen erforderlich, vergl. z.B. SACHS (2004). Für $n_i > 5$ und $k > 4$ gilt jedoch

$$\hat{H} = \chi^2 \quad mit \ \Phi = k-1, \tag{8-29}$$

so dass in diesem Fall die $\chi^2 V$ als Prüfverteilung verwendet werden kann. Als Rechenkontrolle dient die Beziehung

$$\sum_{i=1}^{k} R_i = n(n+1)/2. \tag{8-30}$$

Wie in 8.2.11 sollt das Auftreten relativ vieler Bindungen (Richtwert > 25%) durch die Korrektur

$$\hat{H} = \hat{H} / (1 - \frac{\sum_{j=1}^{B}(b_j^3 - b_j)}{n^3 - n} \tag{8-31}$$

berücksichtigt werden, wobei B und b_j die gleiche Bedeutung haben wie in 8.2.11 (vgl. (8-27)).

8.2.13 Prüfung einer SP auf Daten-Unabhängigkeit

Problem: Die Daten einer SP sollen auf gegenseitige Unabhängigkeit (H_o) bzw. Abhängigkeit (A_1) geprüft werden. Daten-Unabhängigkeit innerhalb einer Stichprobe ist eine häufige Voraussetzung bei statistischen Untersuchungen und sollte in solchen Fällen zumindest approximativ gegeben sein.

Voraussetzungen: Keine extrem kleine SP (Richtwert n > 10, besser jedoch > 30); sonst keine Voraussetzungen (d.h. verteilungsfreier Test). Es muss jedoch aufgelistet werden, ob der jeweilige Datenwert gegenüber dem vorangehenden Datenwert ansteigt (+) oder abfällt (-). Wird dann die Anzahl I der Iterationen festgestellt (d.h. der Vorzeichenwechsel noch obiger Definition), so lautet die Prüfgröße.

$$\hat{z} = \frac{\left|I - 1 - \frac{2n-7}{3}\right| - 0.5}{\sqrt{(16n - 29)/90}} \tag{8-32}$$

(n = SP-Umfang). Für n > 30 kann der Term „-0.5" entfallen. Nach den Autoren wird dieses Prüfverfahren als „*Iterationstest*" nach WALLIS und MOORE (vgl. SACHS, 2004) bezeichnet.

Beispiel:
68. Die folgende Tab. 41 enthält zunächst die gleichen Daten wie Beispiel 11 (Frosttage 1957-1968 im April in München, n = 12), dazu die Feststellung der Vorzeichen der Wertänderung gegenüber dem jeweils vorangehenden Wert und schließlich die Anzahl der Iterationen I (Vorzeichenwechsel). – Danach folgt mit Hilfe von (8-32):

$$\hat{z} = \left(7 - 1 - \frac{24-7}{3} - 0.5\right) / \sqrt{\frac{16*12-29}{90}} \approx -0.124; z_\alpha \approx 1.645 \ (bei Si = 95\%).$$

Eine signifikante Datenabhängigkeit kann somit nicht festgestellt werden. Da die Prüfgröße sogar einen negativen Wert erbringt, gilt dies mit beliebig hoher Signifikanz. Allerdings ist der SP-Umfang sehr klein.

Tab. 41. Zahlenwerte zu Beispiel 68 (a_i = Daten, V = Vorzeichen der Wertänderung, I = Zahl der entsprechenden Iterationen d.h. Vorzeichenwechsel).

Daten a_i:	9	12	4	3	0	4	2	1	4	2	9	7
Vorzeichen V:		+	-	-	-	+	-	-	+	-	+	-
Iterationen I:			1			2	3		4	5	6	7

Sind die zu untersuchenden Daten Zeitreihen (Definition vgl. Kap. 1.5), so sollte die Untersuchung der gegenseitigen Datenunabhängigkeit bzw. -abhängigkeit mit Hilfe der Autokorrelationsrechnung (folgt in Kap. 14.2) geprüft werden. Andererseits geben COX und STUART (vgl. z.B. JENKINS und WATTS (1968)) ein Prüfverfahren an, das ebenfalls mit Hilfe der Vorzeichen von Daten-Wertänderungen („Vorzeichentest") durchgeführt wird und speziell auf Zeitreihen zugeschnitten ist. Genauer gesagt besteht das *Problem* darin, festzustellen, ob der in der Zeitreihe ggf. beobachtete steigende bzw. fallende Trend zufällig (H_o) ist oder nicht (A). Die Prüfgröße für diesen *Trendtest nach COX und STUART* lautet:

$$\hat{z} = \frac{\left|S - \frac{n}{6}\right| - 0.5}{\sqrt{n/12}}, \tag{8-33}$$

wobei in (8-33) für einen SP-Umfang n > 30 der Term „–0.5" entfallen kann. Zur Durchführung des Tests muss die SP in drei zumindest approximativ gleiche Teile aufgespalten werden (ggf. ist das mittlere Drittel zu kürzen) und es wird festgestellt, ob die Datenwerte des 1. Drittels der Reihe nach kleiner (-) bzw. größer (+) als die des 3. Drittels sind. Der in (8-33) benötigte Wert S ist die größere Summe gleicher Vorzeichen (– bzw. + nach obiger Definition).

Beispiel:
69. Mit den Zahlenwerten aus Beispiel 68 kommt man zu den in Tab. 42 ersichtlichen Gegebenheiten:
Für „+" als auch für „–" ergibt sich in diesem Fall die gleiche Anzahl → S = 2.
Nach (8-33) folgt: $\hat{z} = (|2 - 12/6| - 0.5)\sqrt{12 \div 12} \approx -0.5$ und somit das gleiche Ergebnis wie in Beispiel 68. Somit wird wiederum die Nullhypothese (in diesem Fall bedeutet dies kein signifikanter Trend) angenommen bzw. beibehalten.

Tab. 42. Zahlenwerte und Vorzeichen zum Beispiel 69.

1. Drittel:	9	12	4	3	
3. Drittel:	4	2	9	7	
Vorzeichen:	+	+	–	–	(der Wertedifferenz)

Auch bei diesem Verfahren wird zu überlegen sein, ob das Problem nicht besser mit Hilfe der Korrelations- und Regressionsanalyse (Kap. 11) angegangen werden sollte. Auf der anderen Seite handelt es sich bei den hier vorgestellten Prüfverfahren um rasch durchzuführende Alternativen im Sinn statistischer „Schnelltests".

8.2.14 Prüfung des Zusammenhangs zweier jeweils in zwei Klassen unterteilter SPs („Vierfeldertest")

Problem: Zwei SPs gleichen Umfangs ($n_a = n_b = n$) sind nach einem bestimmten Kriterium in jeweils nur zwei Klassen unterteilt (meist alternative Kennzeichen wie z.B. wärmer oder kälter als im Mittel, vor und nach Änderung der Randbedingungen usw.). Es ist zu prüfen, ob zwischen diesen SPs ein überzufälliger Zusammenhang (A_1) besteht oder nicht (H_o).
Voraussetzungen: SP-Umfang (jeweils zwei Klassen) gleich und nicht zu klein (Richtwert n > 20, besser n > 30), keine Klassenbesetzungszahl < 4, ansonsten keine (d.h. verteilungsfreier Test). Die SP-Klassen müssen in Form einer einfachen (da je nur zwei Klassen) *Kontigenztafel* sinnvoll einander zugeordnet sein, mit den Häufigkeiten

- A → SP_a 1. Klasse, SP_b 1. Klasse;
- B → SP_a 2. Klasse, SP_b 1. Klasse;
- C → SP_a 1. Klasse, SP_b 2. Klasse;
- D → SP_a 2. Klasse, SP_b 2. Klasse;

und A+B+C+D = n. Dann lautet die Testgröße

$$\hat{\chi}^2 = \frac{n(AD-BC)^2}{(A+B)(C+D)(A+C)(B+D)} \quad mit\ \Phi = 1. \tag{8-34}$$

Beispiel:
70. In Tab. 43 sind Klimadaten 1781-1966 vom Hohenpeißenberg (Oberbayern) ausgewertet (nach FLIRI, 1969). Und zwar soll untersucht werden, ob die Sommer-Mitteltemperatur (Juni, Juli, August) von der Mitteltemperatur des vorangehenden Winters (Dezember, Januar, Februar) beeinflusst wird oder nicht. Die Daten mussten daher in eine Form gebracht werden, in der sie die positive (wärmer → W) bzw. negative (kälter → K) Abweichung von der jeweiligen vieljährigen Jahreszeit-Mitteltemperatur zum Ausdruck bringen. – Nach (8-34) folgt:

$$\hat{\chi}^2 = \frac{186(2860-1504)^2}{102*84*87*99} \approx 4.63;\ \chi^2{}_{\Phi=1,\alpha=0.05} \approx 3.84;\ somit\ \hat{\chi}^2 > \chi^2(\Phi,\alpha).$$

Auf dem Niveau Si = 95% ist der Zusammenhang offenbar signifikant, und zwar im Sinn gleichsinniger Temperaturbeeinflussung (Winter relativ kalt → nachfolgender Sommer ebenfalls relativ kalt und umgekehrt). Auf dem Signifikanzniveau Si 99% (χ^2 (Φ=1, α=0.01) ≈ 6.63) kann dieser Zusammenhang allerdings nicht mehr bestätigt werden.

Tab. 43. Kontingenztafel zu Beispiel 70 (Untersuchung eines Witterungszusammenhanges Winter-Sommer).

		Nachfolgender Sommer		Dabei bedeuten
		W	K	
Vorausgehender	W	A = 55	B = 47	W: wärmer als im Mittel,
Winter	K	C = 32	D = 52	K: kälter als im Mittel (Klassenkriterium)

Dieser relativ häufig abgewandte "χ^2-Vierfeldertest" stellt im Grunde eine extrem vereinfachte Korrelationsrechnung dar und darf daher in seiner Aussagekraft nicht überschätzt werden. Wann immer möglich, sollten die aufwendigeren Methoden der Korrelations- und Regressionsrechnung (folgen in Kap. 11) bevorzugt werden. Auf der anderen Seite erfüllt der „χ^2-Vierfeldertest" durchaus seine Aufgabe im Sinn einer ersten statistischen „Schnellprüfung" bei vermuteten SP-Zusammenhängen und sehr grober Klassifizierung.

8.3 Vertrauensbereiche

Der Begriff „*Vertrauensbereich*" VB (auch *Konfidenzintervall*) wird in der Statistik mit zweierlei Zielsetzungen verwendet. Erstens ist damit das Werteintervall gemeint, in dem auf Grund vorliegender SP-Informationen (SP = Stichprobe) bestimmte Kenngrößen bzw. Parameter der zugehörigen GG (= Grundgesamtheit, Population) vermutet werden. In diesem Sinn sind Vertrauensbereiche mit den in Kap. 5.3 besprochenen *Mutungbereichen* identisch. Es kann aber auch um die alternative Fragestellung gehen, nämlich ob die aus einer SP errechneten Kenngrößen bzw. Parameter mit den (exakt oder approximativ) bekannten entsprechenden Größen einer GG vereinbar sind (Nullhypothese H_o) oder nicht (Alternativhypothese A_1; auch zwei Alternativhypothesen A_1, A_2 bezüglich der oberen und unteren Grenze des Vertrauensbereiches möglich). In diesem Sinn sind Vertrauensbereiche eine *spezielle Art von Hypothesen-Prüfverfahren*, wie sie in den vorangehenden Abschnitten (Kap. 8.1 und 8.2) behandelt worden sind.

Entsprechend Formel (5-12) für den Mutungsbreich eines GG-Mittelwertes µ lautet eine einfache Formel für den zugehörigen Vertrauensbereich:

$$VB_\mu = \bar{a} \pm z_\alpha \frac{\sigma}{\sqrt{n}} \quad bzw. \tag{8-35}$$

$$VB_\mu = \bar{a} \pm z_\alpha \frac{\sigma}{\sqrt{n}} \sqrt{\frac{v-n}{v-1}} \tag{8-36}$$

gültig bezüglich des arithmetischen Mittelwerts µ einer normalverteilten GG bei bekannter GG-Varianz, großer SP (Richtwert $n \geq 30$) für infinite (8-35) bzw. finite (8-36) GG vom Umfang v ($\bar{a}$ = SP-Mittelwert).

Entsprechend den Mutungsbereichen (vgl. Kap. 5.3) ist auch zur Abschätzung der Vertrauensbereiche im Sinn der statistischen Prüftheorie stets die *zweiseitige Fragestellung* anzuwenden; d.h. die betreffende Größe (z.B. µ) kann innerhalb von VB liegen (Nullhypothese H_o), größer sein als die obere Grenze des VB-Intervalls (1. Alternativhypothese A_1) oder kleiner sein als die untere Grenze des VB-Intervalles (2. Alternativhypothese A_2). Wie bei der Einführung in die Hypothesenprüfungen (Kap. 8.1) beschrieben, muss daher bei Verwendung von Verteilungstabellen (Anhang), die für den einseitigen Test eingerichtet sind, mit $\alpha/2$-Werten gerechnet werden. Bei Verwendung der zV (z-Verteilung) bzw. der tV (t-Verteilung) und ausgewählten Fällen (hinsichtlich des SP-Umfanges) ist auch die Tab. 32 hilfreich.

Muss die GG-Varianz σ^2 durch $s^2 \approx \sigma^2$ aus der SP geschätzt werden und ist die SP nicht sehr groß (Richtwert $n < 100$), so sollte statt (8-35) die Beziehung

$$VB_\mu = \bar{a} \pm t_{\Phi,\alpha} \frac{s}{\sqrt{n}} \quad mit \quad \Phi = n-1 \tag{8-37}$$

verwendet werden. Bei hinreichend großem SP-Umfang (Richtwert n ≥ 100) gelten (8-37) und (8-35) verteilungsfrei und da sich mit wachsendem n die tV der zV annähert, kann in diesem Fall stets (8-35) zur Anwendung kommen.

Beispiel:
71. Für die Jahresmitteltemperatur 1954 - 1970 (n = 17) auf dem Hohenpeißenberg ist in Beispiel 28 ein Mittelwert von $\bar{a}$ = 6.24 (°C) und eine Standardabweichung von s = 0.73 (°C) errechnet worden. Die Normalverteilung ist näherungsweise gegeben (vgl. Beispiel 28, Tab. 20), die SP ist allerdings sehr klein. – Nach (8-36) folgt:

$$VB_\mu = 6.24 \pm t_{16, 0.05} \frac{0.73}{\sqrt{17}} \quad und\ mit \quad t_{\Phi, \alpha = 2.12}(zweiseitig!)$$

$$VB_\mu \cong 6.24 \pm 0.38.$$

Der zugehörige GG- Mittelwert ist somit auf dem Niveau Si = 95% im Intervall (6.24 ± 0.38) = (5.86 ↔ 6.62) zu vermuten. Angenommen, die SP hätte einen Umfang von n = 120, so würde nach (8-35) abweichend zu oben folgen:

$$VB = 6.24 \pm z_{0.05}(0.73 / \sqrt{120}) \quad und\ mit \quad z_\alpha = 1.96\ (zweiseitig):$$
$$VB_\mu \approx 6.24 \pm 0.13 = (6.11 \leftrightarrow 6.37).\ (Maßeinheit\ jeweils\ ^0C.)$$

Bei signifikanter Abweichung von der Normalverteilung NV (was im einzelnen durch den sog. χ^2-Anpassungstest zu prüfen ist, vgl. Kap. 8.2.10) ist es im Fall nicht sehr großer SPs (Richtwert n < 100; bei sehr starker Abweichung, z.B. U-Verteilung, aber verlässlicher n < 200) günstiger, den VB des Medians abzuschätzen. Dazu muss die jeweilige SP in eine aufsteigende Rangfolge gebracht werden und es gilt nach SACHS (2004) für n ≥ 50

$$VB_{\mu\pm} = \{a_h \leq \mu \leq a_{n-h+1}\} \quad mit \quad h = \frac{1}{2}(n - z_\alpha \sqrt{n} - 1) \tag{8-38}$$

und $a_i = a_1, a_2, ..., a_h, ..., a_n$ einer in Rangfolge geordneten Reihe von SP-Daten.

Beispiel:
72. Für eine stark von der NV abweichende SP vom Umfang n = 150 soll auf dem Niveau Si = 95% der VB des Medians abgeschätzt werden. – Nach (8-38) folgt:
h = ½ (150 - 1.96 $\sqrt{150-1}$) ≈ 125/2 ≈ 62; n - h + 1 = 150 - 62 + 1 = 89. Somit liegt der Median (auf dem Niveau Si = 95%) zwischen dem 62. und 89. Wert der in einer Rangfolge geordneten SP-Daten. (Wie ersichtlich, ist die Bestimmung des Medians bei dieser Abschätzung nicht erforderlich. Nach (2-17) gilt jedoch Med = (a_{74} + a_{76}) / 2.)

Hypothesenprüfungen

Bei nicht zu kleinen SPs (Richtwert n ≥ 30) und zumindest annähernder NV (SP und GG) lässt sich der VB der Varianz durch

$$VB_{\sigma^2} = \frac{s^2(n-1)}{\chi^2_{\Phi,\alpha/2}} \leq \hat{\sigma}^2 \leq \frac{s^2(n-1)}{\chi^2_{\sigma,1-\alpha/2}} \quad mit\ \Phi = n-1 \quad (8\text{-}39)$$

und den Schätzwert der GG-Varianz (falls erforderlich)

$$\hat{\sigma} = \frac{s^2(n-1)}{\chi^2_{\Phi,0.5}} \quad (8\text{-}40)$$

bestimmen.

Diese im Gegensatz zu (8-35) bis (8-38) nicht symmetrische Abschätzung gilt bei hinreichend großen SPs (Richtwert n ≥ 100) auch bei Abweichungen von der NV (z.B. Schiefe). Bei sehr drastischen Abweichungen von der NV (z.B. U-Verteilung) sollte aber auf die Bestimmung des Medians und der Interquartilbereiche (vgl. Kap. 2.3 und 2.4) ausgewichen werden. Den VB der Standardabweichung erhält man einfach durch Ziehen der Quadratwurzeln in (8-39) und (8-40).

Beispiel:
73. Für eine SP vom Umfang n = 51 mit s^2 = 2 (M.E.) ergibt sich auf dem Niveau Si = 95% (α = 0.05) mit χ^2 (50, 0.025) = 71.42; χ^2 (50, 0.975) = 32.36; χ^2 (50, 0.5) = 49.34 folgender VB für die Varianz: VB(σ^2) = (2∗50) / 751.42 ≤ 2.03 ≤ (2∗50) / 32.36 = {1.40 ≤ 2.03 ≤ 3.09} = {1.40 ↔ 3.09}. Für die Standardabweichung gilt entsprechend VB_0 = { $\sqrt{1.40}$ ↔ $\sqrt{3.09}$ } ≈ {1.18 ↔ 1.76}.

Der VB des Parameters $\hat{p}$ einer Binomialverteilung ($\hat{p}$ = Schätzung des zugehörigen GG-Parameters) lautet:

$$VB = \frac{x}{x+(n-x+1)F_{\Phi_1,\Phi_2}} \leq \hat{p} \leq \frac{(x+1)F_{\Phi_3,\Phi_4}}{n-x+(x+1)F_{\Phi_3,\Phi_4}} \quad (8\text{-}41)$$

mit Φ_1 = 2 (n - x + 1); Φ_2 = 2x; Φ_3 = 2 (x + 1); Φ_4 = 2 (n - x); vgl. auch Kap. 4.3. Für einen nicht zu kleinen SP-Umfang (Richtwert n ≥ 30, np ≥ 5 und n = (1 - ^p) ≥ 5 gilt auch die Approximation

$$VB_p = (\hat{p} - \frac{1}{2n}) - z_\alpha \sqrt{\frac{\hat{p}(1-\hat{p})}{n}} \leq \hat{p} \leq (\hat{p} + \frac{1}{2n}) + z_\alpha \sqrt{\frac{\hat{p}(1-\hat{p})}{n}} \quad (8\text{-}42)$$

(näheres und Beispiele siehe z.B. Sachs(2004).

Der VB des Parameters λ einer Poissonverteilung PV lässt sich für hinreichend groß SPs durch

$$VB_\lambda = (\frac{z_\alpha}{2} - \sqrt{x})^2 \leq \lambda \leq (z_\alpha + \sqrt{x+1})^2 \qquad (8\text{-}43)$$

schätzen, wobei für $\alpha = 0.1$ ($\to z = 1.645$) $n \geq 20$ und für $\alpha\ 0.05$ ($\to z = 1.96$) $n \geq 300$ sein sollte. (Für $\alpha = 0.01$ dürfte jedoch sogar $n \geq 1000$ als Bedingung anzusetzen sein.) Bei kleineren SPs und für den Spezialfall $\alpha = 0.1$ (Si = 90%) gilt exakt

$$VB_\lambda = \frac{1}{2}\chi^2_{0.95,2x} \leq \lambda \leq \frac{1}{2}\chi^2_{0.05,2(x+1)}. \qquad (8\text{-}44)$$

Beispiel:
74. In Beispiel 40 (vgl. dazu auch Tab. 29) ist für Oxford eine mittlere Erdbebenhäufigkeit von $\lambda = 1.775$ pro Tag festgestellt worden. Die Frage nach dem 95%-Vertrauensbereich von λ ist dann identisch mit der Frage, welche Erdbebenhäufigkeit mit einer Wahrscheinlichkeit von 95% (entspricht einer Irrtumswahrscheinlichkeit von $\alpha = 0.05$) zu erwarten ist. – Nach (8-43) folgt:

$$(\frac{1.96}{2} - \sqrt{1.775})^2 \approx 0.12 \approx 0;\quad (\frac{1.96}{2} + \sqrt{2.775})^2 \approx 7.00 = 7;$$

$VB_\lambda = \{0 \leftrightarrow 7\}$; d.h. mit 95% Wahrscheinlichkeit ist eine Bebenzahl zwischen 0 und 7 pro Tag zu erwarten. (Hinweis: Eine Tabelle für den Vertrauensbereich des Parameters λ einer Poisson-Verteilung ist z.B. bei SACHS (2004) zu finden.)

9 Varianzanalyse

9.1 Einfache Varianzanalyse

Bei den statistischen Hypothesenprüfungen (vgl. Kap. 8) werden im allgemeinen nur ein oder zwei Daten-Kollektive (Ausnahme z.B. Kap. 8.2.12) betrachtet. Die Prüfgröße $\hat{P}$ kann dann meist in einer einzigen mehr oder weniger komplizierten Prüfformel angegeben werden.

Die *Varianzanalyse* ist zwar im Prinzip nichts anderes als ein F-Test, d.h. ein Hypothesenprüfverfahren unter Verwendung der F-Verteilung (FV); die gegenüber den anderen Prüfverfahren abweichende Methodik, die eine gesonderte Darstellung rechtfertigt, besteht jedoch erstens in der *Aufteilung* eines SP-Kollektives *in mehrere Unter- oder Teilkollektive* und zweitens in dem je SP-Umfang n unter Umständen recht aufwendigen *schrittweisen Rechenverfahren*. Dabei spielt die Additivitätseigenschaft der Varianz (vgl. Kap. 2.4), genauer gesagt der zugehörigen „Quadratsummen" (näheres unten), eine fundamentale Rolle.

Das Hauptanwendungsgebiet der Varianzanalyse, die von der spektralen Varianzanalyse im Rahmen der Untersuchung von Zeitreihen (Kap. 14.6) zu unterscheiden ist, besteht in der *Prüfung von* ein, *zwei, drei usw. Einflüssen* (Einflussgrößen, Randbedingungen o.ä.) *auf ein SP-Datenkollektiv* nicht zu geringen Umfangs (Richtwert n ≥ 30, besser n ≥ 50, sowie bei den Teilkollektiven n_j ≥ 10). Je nach Zahl der zu prüfenden Einflüsse spricht man von der einfachen, zweifachen, dreifachen usw. Varianzanalyse. Hier sollen nur die ein- und zweifache Varianzanalyse behandelt werden (Kap. 9.1 und 9.2), jedoch auch einige spezielle Prüfverfahren, die im Zusammenhang mit der Varianzanalyse zu sehen sind (Kap. 9.3).

Die *Grundlage für die einfache Varianzanalyse* wird durch die folgenden Arbeitsschritte realisiert: Unterteilt man die Daten a_i (i = 1,2, ..., n = SP-Umfang) mit dem arithmetischen Mittelwert $\bar{a}$ in mehrere (i.a. ≥ 3) Unterkollektive, die im Rahmen der Varianzanalyse Gruppen j = 1,2, ..., J genannt werden, mit den (möglicherweise unterschiedlichen) Gruppenumfängen n_j und Gruppenmittelwerten $\bar{a}_j$, so gilt für die sog. *quadratische Gesamtsumme*

$$G = \sum_{i=1}^{n}(a_i - \bar{a})^2 = \sum_{i=1}^{n} a'^2_i = (n-1)s^2 \tag{9-1}$$

(mit Abweichungen a_i' vom Mittelwert $\bar{a}$ und s^2 = „Gesamtvarianz"), die sog. *quadratische Zwischengruppensumme* (Externsumme)

$$Z = \sum_{j=1}^{J} n_j(\bar{a}_j - \bar{a})^2 \tag{9-2}$$

und die sog. *quadratische Innerhalbgruppensumme* (Internsumme)

$$I = \sum_{j=1}^{J}\sum_{i=1}^{n_j}(a_i - \overline{a}_j)^2 \qquad (9\text{-}3)$$

mit der Additivitätseigenschaft

$$G = Z + I. \qquad (9\text{-}4)$$

Dabei wird offensichtlich in (9-2) die Varianz der Gruppenmittelwerte $\overline{a}_j$ um das Gesamtmittel $\overline{a}$ erfasst, sozusagen die Varianz „zwischen den Gruppen", dagegen beschreibt (9-3) zunächst die Datenvariationen der Einzeldaten um das jeweilige Gruppenmittel $\overline{a}_j$. Diese werden für alle Gruppen j = 1,..., J zusammengefasst, was dann sozusagen die zusammengefasste Varianz „innerhalb" der Gruppe darstellt. Die zugehörigen Varianzen lauten:

$$s^2(Z) = \frac{Z}{J-1} = \frac{1}{J-1}\sum_{j=1}^{J} n_j (\overline{a}_j - \overline{a})^2 \qquad (9\text{-}5)$$

und

$$s^2(I) = \frac{1}{n-j} = \frac{1}{n-j}\sum_{j=1}^{J}(a_1 - \overline{a}_j), \qquad (9\text{-}6)$$

wobei eine Additivitätseigenschaft ähnlich (9-4) natürlich nicht besteht.

Das *Problem*, das mit Hilfe der einfachen Varianzanalyse behandelt werden soll, ist nun die Frage, ob die SP-Teilkollektive (= Gruppen) hinsichtlich der gesamten SP homogen sind (Nullhypothese H_o), somit vermutlich auch einer gemeinsamen GG entstammen, oder nicht (Alternativhypothese A_1). Wird die Gruppenunterteilung gezielt unter Berücksichtigung eines zu beurteilenden Einflusses vorgenommen (z.B. drei Klassen „nicht", „leicht", „stark") oder in Orientierung an bestimmte Rand- (Rahmen-) Bedingungen (z.B. Zeit, Ort), so lassen sich dieser Einfluss bzw. diese Randbedingungen auf ihre signifikante bzw. nicht signifikante Wirkung hin prüfen.

Voraussetzungen sind dabei, dass zumindest annähernd für die SP und GG, möglichst auch für die Gruppen, die NV (Normalverteilung) gegeben ist und die SP-Varianz s^2 von der GG-Varianz σ^2 nicht signifikant verschieden ist. Es handelt sich somit um ein NV-gebundenes Prüfverfahren (nicht verteilungsfrei).

Die *Testgröße* lautet:

$$\hat{F} = \frac{s^2(Z)}{s^2(I)} \quad \text{mit} \quad \Phi_1 = J - 1 \quad \text{und} \quad \Phi_2 = n - J. \qquad (9\text{-}7)$$

Im Sinn einer Vereinfachung der Berechnungen genügt es, $s^2(Z)$ nach (9-5) zu berechnen und $s^2(I)$, falls die Gesamtvarianz s^2 bekannt ist, aus

$$s^2(I) = \{(n-1)s^2 - s^2(Z)*(J-1)\}/(n-J) \tag{9-8}$$

zu bestimmen. Im folgenden Beispiel, das wiederum einen extrem kleinen Umfang besitzt, wird die Beziehung (9-4) lediglich als Rechenprobe verwendet.

Beispiel:
75. Zur Klärung der Frage, ob die Daten einer geowissenschaftlichen Variablen (z.B. Jahresmittel der Lufttemperatur) am Ort A auch für die Orte B und C repräsentativ sind (vgl. auch Kap. 7) werden entsprechende SPs gleichen Zeitbezugs und in diesem Fall auch jeweils gleichen SP-Umfangs $n_j = 10$ (gesamte SP: $n = 30$) mittels der einfachen Varianzanalyse untersucht; siehe folgende Tabelle.

Tab. 44. Rechentabelle zu Beispiel 75.

Ort:	A		B		C		
	$a_i = (a_i)_{j=1}$	$a_i'^2$	$b_i = (a_i)_{j=2}$	$b_i'^2$	$c_i = (a_i)_{j=3}$	$c_i'^2$	
	9.6	0.04	9.8	0.04	10.0	0.04	
	9.8	0.00	9.9	0.01	10.3	0.01	
	10.1	0.09	10.3	0.09	10.4	0.04	
	9.6	0.04	9.9	0.01	9.8	0.16	
	9.8	0.00	10.0	0.00	10.1	0.01	
	9.9	0.01	10.2	0.04	10.2	0.00	
	9.8	0.00	10.0	0.00	10.2	0.00	
	9.8	0.00	9.8	0.04	10.3	0.01	
	9.7	0.01	10.1	0.01	10.2	0.00	
	9.9	0.01	10.0	0.00	10.5	0.09	
Σ	98.0	0.20	100.0	0.24	102.0	0.36	$\Sigma a_{ij} = 300$;
n_j	10		10		10		$n = 30$;
$\bar{a}_j$	9.8		10.0		10.2		$\bar{a} = 10.0$;
$(\bar{a} - \bar{a}_j)^2$	0.04		0.00		0.04		
s_j^2		0.0222		0.0267		0.0400	

Die Prüfung der Voraussetzungen darf nicht vernachlässigt werden. Trägt man die Gruppendaten getrennt in ein Häufigkeitsdiagramm ein (Histogramm, vgl. Kap. 1.6 und 2.5), so erweisen sich die arithmetischen Mittelwerte auch als die häufigsten Werte (Mod$_i \approx \bar{a}_i$). Daher wird in grober Näherung angenommen, daß die NV gegeben ist (genauer ist allerdings der χ^2-Anpassungstest, siehe Kap. 8.2.10).
Zur Prüfung der Varianzen auf signifikanten bzw. nicht signifikanten Unterschied kann der t-Test nach (8-12), siehe Kap. 8.2.3, herangezogen werden. Es ergibt sich dabei

für A / B(j = 1,2): $\hat{t} = (3*0.0045) / (2\sqrt{0.0222*0.0267}) \approx 0.28 < t(\Phi = 9, \alpha = 0.05)$;
für A / C(j = 1,3): $\hat{t} = (3*0.0178) / (2\sqrt{0.0222*0.04}) \approx 0.90 < t(\Phi = 9, \alpha = 0.05)$;
für B / C(j = 2,3): $\hat{t} = (3*0.0133) / (2\sqrt{0.0267*0.04}) \approx 0.61 < t(\Phi = 9, \alpha = 0.05)$.

Somit bestehen auf dem Niveau Si = 95% keine signifikanten Varianzunterschiede (nach Anhang, Tab. A.3, selbst dann nicht, wenn die Irrtumswahrscheinlichkeit auf α = 0.2 = 20 % erhöht wird).

Nach (9-5) und (9-6) folgt für die einfache Varianzanalyse:

$$s^2(Z) = \frac{1}{3-1}10(0.04 + 0 + 0.04) = \frac{1}{2}0.8 = 0.4\,(mit\,Z = 0.8);$$

$$s^2(I) = \frac{1}{30-3}(0.20 + 0.24 + 0.36) = \frac{1}{27}0.8\,(mit\,I = 0.8).$$

(Dabei ist (0.04 +...) der Zeile $(\bar{a} - a_i)^2$ und (0.20+...) den Summierungen $\sum a_i'^2$, ..., $\sum c_i'^2$ in Tab. 44 entnommen.) Mit Hilfe von (9-7) ergibt sich schließlich:

$\hat{F} = 0.4/0.0296 \approx 13.51 > 3.35 = F(\Phi_1 = 2, \Phi_2 = 27, \alpha = 0.05)$; vgl. Tab. Anhang A.5.
Als Testentscheid wird daher auf dem Niveau Si = 95% die Nullhypothese abgelehnt und die Alternativhypothese angenommen; d.h. die Gruppen bilden in ihrer Gesamtheit keine homogene SP und Repräsentanz der Daten an den Orten A, B und C jeweils gegenüber den anderen Orten darf nicht angenommen werden.

9.2 Doppelte Varianzanalyse

Die *Voraussetzungen* der doppelten Varianzanalyse sind die gleichen wie bei der einfachen. Die Problemstellung ist, wie schon ausgeführt, ähnlich, nur dass nun eine *SP-Homogenitätsprüfung bezüglich zweier Einflüsse* (bzw. Randbedingungen o.ä.) gleichzeitig (!) vorgenommen und die SP somit hinsichtlich der signifikanten bzw. nicht signifikanten Wirkung dieser Einflüsse beurteilt wird. Manchmal wird einer dieser Einflüsse in Zufallsauswahl simuliert, so dass man in diesem Fall von einem „Kontrolleinfluss" sprechen kann. Die Klassenunterteilung bezüglich der beiden Einflussnahmen ist beliebig (z.B. zwei alternative Klassen „klein" und „groß" oder vier Klassen „nicht", „leicht", „mäßig" und „schwer" oder ähnliches).

Die Technik der zweifachen Varianzanalyse ist die folgende: Die SP-Daten a_i vom Umfang n werden bezüglich der beiden vermuteten Einflüsse in einer Matrix ($a_i \rightarrow a_{jk}$) geordnet. Die Matrix sollte in der Form

$$SP = \{a_{jk}\} = \begin{Bmatrix} a_{11} & a_{12} & \cdots & a_{1o} \\ a_{21} & a_{22} & \cdots & a_{2o} \\ \vdots & \vdots & & \vdots \\ a_{m1} & a_{m2} & \cdots & a_{mo} \end{Bmatrix} \quad \begin{matrix} mit\,j = 1,2,\ldots,m\,Zeilen\,und \\ k = 1,2,\ldots,0\,Spalten \end{matrix} \quad (9\text{-}9)$$

vorliegen, wobei der Einfluss A von Zeile zu Zeile (j) und der Einfluß B von Spalte zu Spalte (k) variiert. Die nächsten Schritte bestehen nun aus der Berechnung der Zeilenmittelwerte

148 Varianzanalyse

$$\bar{a}_j = \frac{1}{o}\sum_{k=1}^{o} a_{jk} \quad (Anzahl: m),\tag{9-10}$$

der Spaltenmittelwerte

$$\bar{a}_k = \frac{1}{m}\sum_{j=1}^{m} a_{jk} \quad (Anzahl: o)\tag{9-11}$$

und des üblichen Gesamtmittelwertes

$$\bar{a} = \frac{1}{n}\sum_{i=1}^{n} a_i = \frac{1}{m}\sum_{j=1}^{m} \bar{a}_j = \frac{1}{o}\sum_{k=1}^{o} \bar{a}_k.\tag{9-12}$$

Auf Grund dieser Mittelwerte lassen sich die sog. quadratische Gesamtsumme

$$G = \sum_{k=1}^{o}\sum_{j=1}^{m}(a_{jk} - \bar{a})^2 = \sum_{i=1}^{n}(a_i - \bar{a})^2\tag{9-13}$$

(die sich nach dem rechten Ausdruck in (9-12) ganz einfach aus den Daten der „entfalteten" Matrix errechnen lässt), die sog. quadratische Zeilensumme

$$Z = o\sum_{j=1}^{m}(\bar{a}_j - \bar{a})^2\tag{9-14}$$

und die sog. quadratische Spaltensumme

$$S = m\sum_{k=1}^{o}(\bar{a}_k - \bar{a})^2\tag{9-15}$$

bestimmen. Die Additionseigenschaft

$$G = Z + S + R\tag{9-16}$$

beinhaltet, anders als bei der einfachen Varianzanalyse (vgl. Kap. 9.1), noch die sog. quadratische Restsumme

$$R = G - Z - S = \sum_{k=1}^{o}\sum_{j=1}^{m}(a_{jk} - \bar{a}_j - \bar{a}_k - \bar{a})^2,\tag{9-17}$$

die sich bei Verzicht auf Rechenkontrollen am einfachsten aus dem linken Ausdruck in (9-17) errechnen lässt.

Mit Hilfe der zugehörigen Varianzanteile

$$s^2(Z) = \frac{Z}{m-1}; \quad s^2(S) = \frac{S}{o-1}; \quad s^2(R) = \frac{R}{(m-1)(o-1)} \qquad (9\text{-}18)$$

lässt sich dann schließlich der Testentscheid herbeiführen, und zwar hinsichtlich des Einflusses A durch

$$\hat{F} = \frac{s^2(Z)}{s^2(R)} \quad mit \quad \Phi_1 = m-1, \quad \Phi_2 = (m-1)(o-1) \qquad (9\text{-}19)$$

und hinsichtlich des Einflusses B durch

$$\hat{F} = \frac{s^2(S)}{s^2(R)} \quad mit \quad \Phi_1 = o-1, \quad \Phi_2 = (m-1)(o-1). \qquad (9\text{-}20)$$

Auch hier handelt es sich offenbar um einen F-Test, wie bei der einfachen Varianzanalyse, wobei im Gegensatz dazu allerdings zwei Prüfgrößen auftreten. Wie das folgende Beispiel zeigt, sind die Berechnungen gar nicht so kompliziert, wie dies die obigen Indizierungen und zum Teil Doppelsummen vielleicht vermuten lassen. Bei der hier nicht mehr behandelten dreifachen Varianzanalyse, die wesentlich komplizierter ist, treten drei F - Prüfgrößen auf (siehe z.B. SACHS, 2004), bei der vierfachen vier und so weiter. Eine einfachere und übersichtlichere Alternative zu solchen multiplen Varianzanalysen ist allerdings die multiple Korrelationsanalyse (folgt in Kap. 11.6 bzw. 14.3).

Beispiel:
76. Ein geowissenschaftlicher Datensatz a_i vom Umfang n wird nach Messort (Einfluss A, örtliche Abhängigkeit) und Zeit (Einfluss B, zeitliche Abhängigkeit) in einer Datenmatrix a_{jk} geordnet. Mittels der doppelten Varianzanalyse soll untersucht werden, ob ein systematischer Orts- bzw. Zeiteinfluss bzw. beides bestehen. Die folgende Tabelle enthält die zu analysierende Datenmatrix und Rechentabelle.

Tab. 45. Datenmatrix und Rechentabelle zu Beispiel 76.

	Einfluß B, o=5 Klassen					Σ	Zeilenmittel $\bar{a}_j$	$(\bar{a}_j - \bar{a})^2$
Einfluß A, m=4 Klassen	6	8	11	13	17	55	11	0
	4	9	12	12	13	50	10	1
	7	9	11	12	16	55	11	0
	3	5	14	18	20	60	12	1
Σ	20	31	48	55	66			(Σ: 2)
Spaltenmittel $\bar{a}_k$	5	7.75	12	13.75	16.5	Gesamtmittel $\bar{a} = 11$		
$(\bar{a}_k - \bar{a})^2$	36	10.56	1	7.56	30.25	(Σ: 85.37)		

150 Varianzanalyse

Sind die Voraussetzungen geprüft, folgt zunächst nach (9-15) und (9-16):
$Z = o\Sigma (\bar{a}_i - \bar{a})^2 = 5*2 = 10; S = m\Sigma (\bar{a}_k - \bar{a})^2 = 4*85.37 = 341.48$.
Für G nach (9-13) und R nach (9-17) ergeben sich die folgenden Zahlenwerte:
$G = \Sigma a'_i{}^2 = 5^2 + 3^2 + 0 + 2^2 + 6^2 + 7^2 + 2^2 + 1 + 1 + 2^2 + 4^2 + 0 + 1 + 5^2 + 8^2$
$+ 6^2 + 3^2 + 7^2 + 9^2 = 418$. $R = 418 - 341.48 - 10 = 66.52$.
Die zugehörigen Varianzanteile sind dann nach (9-18):
$$s^2(Z) = \frac{10}{3} \approx 3.33; \quad s^2(S) = \frac{341.48}{4} = 85.37; \quad s^2(R) = \frac{66.52}{34} \approx 5.54.$$
Schließlich führen die beiden Prüfgrößen zu folgenden Ergebnissen:
Einfluss A: $\hat{F} = 3.33 / 5.54 \approx 0.60 < 3.49 = F(\Phi_1 = 3, \Phi_2 = 12; \alpha = 0.05)$;
Einfluss B: $\hat{F} = 85.37 / 5.54 \approx 15.41 > 3.26 = F(\Phi_1 = 4, \Phi_2 = 12; \alpha = 0.,05)$.
Auf dem Niveau Si = 95% (und mit F (4,12; α=0.01) = 5.41 auch auf dem Niveau Si = 99%) ist somit der zeitliche Einfluss (Trend) signifikant, während der örtliche Unterschied als zufällig erscheint.

9.3 Weitere varianzanalytische Prüfverfahren

9.3.1 SP-Varianz-Homogenitätsprüfung hinsichtlich eines Einflusses
         (nach BARTLETT)

Die einfache und die zweifache Varianzanalyse setzen neben der Normalverteilung homogene Varianz voraus. Ist letzteres fraglich, kann der sog. BARTLETT-Test (nach M.S. BARTLETT, 1939, siehe z.B. SACHS, 2004) verwendet werden. Während sich die Varianzanalyse an den Gruppenmittelwerten orientiert und letztlich diese zur Homogenitätsprüfung verwendet, stützt sich der BARTLETT-Test auf möglicherweise inhomogene Gruppenvarianzen innerhalb der Gesamt-SP ab.

Problem: Homogenitätsprüfung einer in Klassen unterteilten SP hinsichtlich eines Einflusses anhand der Varianzunterschiede in den Gruppen.
Voraussetzung: Normalverteilung muss in guter Näherung gegeben sein, sonst keine Voraussetzungen.
Die *Prüfgröße* lautet:

$$\hat{\chi}^2 = \frac{1}{c} 2.3026 (\Phi_g \lg \frac{\Sigma(\Phi_j * s_j{}^2)}{\Phi_g} - \Sigma(\Phi_j * \lg s_j{}^2)) \quad mit \quad \Phi = K - 1 \qquad (9-21)$$

(bei Summierung jeweils über = j = 1,2,...,K).
Dabei sind K = Anzahl der Klassen, in welche die SP (a_i) aufgeteilt ist,
  Φ_g = Gesamtzahl der Freiheitsgrade = n - K;
  Φ_j = Freiheitsgrade in den einzelnen Klassen;
  s^2_j = Varianzen in den einzelnen Klassen
Der Parameter c darf für $\Phi_j \geq 30$ näherungsweise c = 1 gesetzt werden. Andernfalls gilt

$$c = \frac{\Sigma(1/\Phi_j) - 1/\Phi_g}{3(K-1)} + 1 \; (Summierung\;wie\;oben). \tag{9-22}$$

Bei jeweils gleichem Umfang der Klassen (Gruppen) kann der einfachere und gegenüber Abweichungen von der NV weniger empfindliche HARTLEY-Test (siehe z.B. SACHS, 2004) verwendet werden, der jedoch spezielle Tabellierungen der Prüfverteilung erfordert. Es folgt ein Beispiel zum BARTLETT-Test.

Beispiel:
77. Eine NV-verteilte SP (a_i) vom Umfang n = 20 sei in K = 3 Klassen mit den Umfängen n_i = 9, 6 und 5 aufgeteilt. Auf dieser Grundlage ist die SP-Homogenität hinsichtlich unterschiedlicher Varianz zu prüfen. Die Klassenvarianzen seien 8.00, 4.67 und 4.00. Die folgende Tabelle fasst die erforderlichen Berechnungen zusammen.

Tab. 46. Rechentabelle zu Beispiel 77.

K	Φ_j	s_j^2	$\Phi_j s_j^2$	$\lg s_j^2$	$\Phi_j \lg s_j^2$
1	8	8.00	64.00	0.9031	7.2248
2	5	4.67	23.35	0.6693	3.3465
3	4	4.00	16.00	0.6021	2.4084
Σ	17		103.35		12.9797

$\Phi_g = \Sigma \Phi_j = n - K = 17$;

$$c = \frac{\frac{1}{8} + \frac{1}{5} + \frac{1}{4} - \frac{1}{17}}{3(3-1)} \approx 1.086;$$

$\frac{1}{c} \approx 0.921$.

Für die Prüfgröße ergibt sich: χ^2 = 0.921*2.3026 (17 lg (10.35/17) - 12.9797) ≈ 0.734 < 5.99 = χ^2 (Φ = 2, α = 0.05); d.h. Prüfgröße kleiner als Tabellenwert. Somit besteht mit Si = 95 % kein signifikanter Unterschied der Klassenvarianzen und die SP kann hinsichtlich dieser Eigenschaft als homogen angesehen werden (H_o angenommen).

9.3.2 SP-Homogenitätsuntersuchung hinsichtlich von einem oder zwei Einflüssen (ohne Voraussetzung der NV, nach FRIEDMANN)

Problem: Homogenitätsuntersuchung einer nach zwei Einflüssen (Randbedingungen) in Form einer Datenmatrix $a_i \to \{a_{jk}\}$ unterteilten SP (ähnlich der zweifachen Varianzanalyse). Soll nur ein Einfluss untersucht werden, so wird der zweite Einfluss zufällig (Kontrolleinfluss) gewählt.

Voraussetzung: n ≥ 30, sonst keine. Die Daten werden in Rangfolgen transformiert, somit verteilungsfreier Rangtest. Prüfgröße: $\hat{P}_{\Phi,\alpha} = \hat{\chi}^2$ (somit $\chi^2 V$ als Prüfverteilung; χ^2-Test). Nach seinem Autor führt dieser Test auch den Namen *FRIEDMANN-Test* (nach M. FRIEDMANN, 1937; siehe z.B. SACHS, 1994). Die Prüfgröße lautet:

Varianzanalyse

$$\hat{\chi}^2 = \frac{12}{m*o(o+1)} \sum_{j=1}^{o} (\sum_{j=1}^{m} R_j)_k^2 - 3m(o+1) \quad \text{mit } \Phi = o-1. \quad (9\text{-}23)$$

Dabei sind die Daten a_i vom Umfang n in einer Matrix mit j = 1, ...,m Zeilen und k = 1,...,o Spalten (wie bei der zweifachen Varianzanalyse) nach den Einflüssen A und B geordnet. R_j sind die Rangplätze der Zeilenwerte, die dann für alle Spalten in quadratischer Form summiert werden. Gleiche Rangplätze, gleichbedeutend mit Identitäten des Datensatzes a_i, sind nicht erlaubt. Das folgende Beispiel zeigt die Vorgehensweise.

Beispiel:
78. Die folgende Tabelle enthält sowohl die zu untersuchende Datenmatrix als auch die daraus bestimmte Matrix der Rangplätze. Der extrem kleine SP-Umfang ist hier wieder nur aus Gründen der Übersichtlichkeit gewählt. – Nach (9-23) ergibt sich folgender Testentscheid:

$$\hat{\chi}^2 = \frac{12}{3*4*5}(11^2 + 6^2 + 10^2 + 3^2) - 3*3*5 = 8.2 > 7.8 = \chi^2(\Phi=3, \alpha=0.05).$$

Somit ist der Einfluss A auf dem Niveau 95% signifikant und die SP kann dementsprechend nicht als homogen angesehen werden.

Tab. 47: Datenmatrix und Rangordnung zu Beispiel 78.

	j ↓	Einfluß A k→ 1	2	3	4(=o)	→		1	2	3	4 ←k
Zufallseinfluß B	1	27	23	26	21	Transfor-	j 1	4	2	3	1
	2	27	23	25	21	mation in	2	4	2	3	1
	3(=m)	25	21	26	20	Rangord.	3	3	2	4	1
						$(\sum_{j=1}^{m} R_j)_k$ →		11	6	10	3

Die geringe Rechenarbeit und die verteilungsfreie Handhabung sind die Hauptvorteile des FRIEDMANN-Tests. Dies erklärt, warum er in der Statistik ein beliebtes und häufig angewandtes SP-Homogenitäts-Prüfverfahren ist.

9.3.3 Prüfung zweier SPs hinsichtlich gemeinsamer GG bzw. hinsichtlich einer GG, die bezüglich des Medians schief ist

Problem: Es soll geprüft werden, ab zwei SPs einer gemeinsamen GG entstammen. Dies kann im Sinne der Varianzanalyse auch als Homogenitätsprüfung dieser beiden SPs aufgefasst werden (jedoch ohne Klassenunterteilung). Zur Ablehnung der Nullhypothese H_o kommt man allerdings auch, wenn die GG signifikant unsymmetrisch um den Median verteilt ist. Soll die erstgenannte Hypothese getestet werden, muss die genannte Symmetrie-Eigenschaft als Voraussetzung gelten.

Voraussetzung: SPs von gleichem Umfang und jeweils mindesten n > 25; ggf. Symmetrie der GG bezüglich des Medians, vgl. oben; sonst keine Voraussetzungen, daher und wegen der aufzustellenden Rangordnung verteilungsfreier Rangtest.
Prüfgröße: $\hat{z}$ (somit zV als Prüfverteilung, z-Test), die jedoch einige Vorarbeiten erfordert, wobei die Daten der beiden SPs paarweise zuordenbar sein müssen. Aus den jeweiligen Differenzen dieser Daten a_i (A) - a_j (B) werden bestimmt:
- N = Zahl der unterschiedlichen Differenzen (unter Berücksichtigung des Vorzeichens);
- R_+ und R_- = Rangplatzsummen für positives und negatives Vorzeichen der Differenzen;
- T = Min (R_+ , R_-), d.h. kleinerer Wert von R_+ und R_- .

Schließlich lautet die explizite Prüfgröße:

$$\hat{z} = \frac{\left| R - \frac{N(N+1)}{4} \right|}{\sqrt{\frac{N(N+1)(2N+1)}{24}}} \qquad (9\text{-}24)$$

Nach der angewandten Technik und dem Autor heißt dieser Test auch WILCOXON-*Paardifferenzen-Rangtest* (nach F. WILCOXON, 1965; näheres siehe z.B. SACHS, 2004).

Beispiel:
79. Die beiden in der folgenden Tabelle aufgelisteten Daten der Stichproben A und B sind auf Homogenität der beiden SPs zu prüfen. Die GG-Verteilung soll hinreichend symmetrisch sein. Wieder wird aus Gründen der Übersichtlichkeit von extrem kleinen SPs ausgegangen. Daraus folgen dann die Rangplatzsummen für positive (+) und negative (–) Vorzeichen: R_+ = 3.5 + 3.5 + 7 + 9 + 8 + 6 = 37; R_- = 1 + 2 +5 = 8; R = 8.
Zum Testentscheid führt schließlich :
$\hat{z}$ = | 8 - (9*10)/4 | / {9*10*(18+1)] / 24} ≈1.72 < 1.96 = z (α=0.05) → Nullhypothese annehmen. Dieser Testentscheid, auf dem Niveau Si = 95% homogene SPs, fällt knapp aus. Erhöht man die Irrtumswahrscheinlichkeit auf α = 0.1 (entsprechend Si = 90%), so ergibt sich z ≈ 1.72 > z (α= 0.01) = 1.645 und somit Inhomogenität der beiden SPs bezüglich gemeinsamer GG.

Tab. 48. Rechentabelle zu Beispiel 79.

A	9.6	9.8	10.1	9.6	9.3	9.1	9.5	9.8	10.3	10.5	(n = 10)
B	9.3	9.5	10.1	9.7	9.5	8.5	8.7	9.1	9.8	10.9	(n = 10)
Differenzen	0.3	0.3	0	-0.1	-0.2	0.6	0.8	0.7	0.5	-0.4	(N = 9)
R	3.5	3.5	-	1	2	7	9	8	6	5	
Vorzeichen.	+	+		-	-	+	+	+	+	-	

10. Clusteranalyse

10.1 Einführung

Die Unterteilung von jeweils einer oder mehreren Stichproben (SPs) in Klassen, wie bei der SP-Beschreibung (vgl. Kap. 1.6), oder Teilkollektive, wie bei der Varianzanalyse (vgl. Kap. 9), ist offenbar ein wichtiges statistisches Arbeitsprinzip. Dabei besteht bei der Varianzanalyse das Ziel der SP-Unterteilung darin, Daten-Unterschiede hinsichtlich bestimmter Einflüsse festzustellen und dann hinsichtlich Homogenität der gesamtem SP (Nullhypothese, keine unterschiedlichen Einflüsse) bzw. Inhomogenität (Alternativhypothese, unterschiedliche Einflüsse bei den Teilkollektiven) zu testen. Dazu müssen vorweg Informationen über solche Einflüsse vorliegen; die SP-Unterteilung erfolgt daher a priori, als Voraussetzung der Analysemethodik. Weiterhin sind wegen des Rechenaufwandes nur die einfache (ein Einfluss) und doppelte (zwei Einflüsse) Varianzanalyse verbreitet.

Nun kann es aber auch sein, dass solche Vorinformationen nicht vorliegen und indirekt danach gefragt wird, ob es nicht sinnvoll ist, eine SP in Teilkollektive bzw. Gruppen zu unterteilen, und zwar im Prinzip in beliebig viele (begrenzt nur durch die Datenverfügbarkeit). Eine solche Frage kann nur nach *Ähnlichkeitsgesichtspunkten* beantwortet werden, d.h. die SP-Daten müssen formal nach mehr oder weniger großer Ähnlichkeit in Gruppen sortiert werden und erst danach, im Rahmen der Interpretation, kann man sich Gedanken darüber machen, warum diese Gruppen so und nicht anders klassifiziert worden sind. Wird in dieser Weise vorgegangen, heißen die betreffenden Datengruppen *Cluster*, die Untersuchungsmethodik *Clusteranalyse*.

Zur Einführung stellt man sich am besten einen SP-Datensatz vor, der sich in einem Koordinatensystem anordnen lässt. Im anschaulichen zweidimensionalen Fall können diese Koordinaten, wie das beispielsweise bei geographischen Fragestellungen oft der Fall ist, horizontale *Raumkoordinaten* sein (Methodik und Beispiele dazu siehe BAHRENBERG et al., 1992; eine allgemeine Einführung in die Clusteranalyse findet man bei STEINHAUSEN und LANGER, 1977; siehe aber z.B. auch ANDERBERG, 1973; BACKHAUS et al., 1996; BOCK, 1974). Es kann sich aber auch um zwei *Einflussgrößen* handeln, beispielsweise Temperatur und Niederschlag bei klimatologischen Fragestellungen. Davon ausgehend lässt sich das Problem auf drei (z.B. alle räumlichen Koordinaten) bis beliebig viele Dimensionen (bzw. Einflüsse) erweitern, aber auch auf den eindimensionalen Fall reduzieren.

Um die einführende Vorstellung einer zweidimensionalen Koordinaten-Zuordnung einer SP fortzuführen, ist in Abb. 41 schematisch eine dementsprechende Punktwolke (bezüglich der Koordinaten x_1 und x_2) gezeigt. Die Grundidee der Clusteranalyse ist es nun, als Ähnlichkeitsmaß der Daten a_i (Punkte in Abb. 41) den Abstand zwischen den einzelnen Datenpunkten zu bestimmen und als *Ähnlichkeitsmaß* zu verwenden. Dies geschieht meist durch die Wahl eines geeigneten sog. *Distanzmaßes D*, wobei die größte Ähnlichkeit offenbar dann besteht, wenn D ein Minimum annimmt (zunächst für

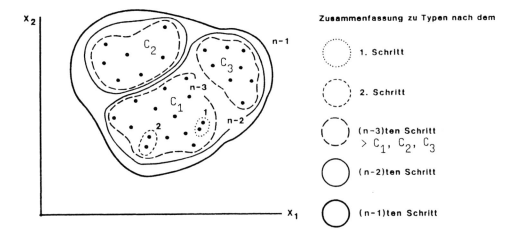

Abb. 41. Prinzip der schrittweisen hierarchischen Clusterbildung, veranschaulicht anhand des zweidimensionalen Falls; d.h. die Daten, dargestellt als Punkte, sind Funktionen von x_1 und x_2. Im 1. Schritt werden zunächst die beiden ähnlichsten, d.h. am nächsten benachbarten Daten zu einem Cluster vereinigt, im 2. Schritt die beiden zweitähnlichsten usw., bis sich immer weniger und zum Schluss nur noch ein Cluster (Schritt n-1) ergibt. Die Wahl einer sinnvollen Clusterzahl erfolgt auf dem Weg zurück, beispielsweise mit Akzeptanz von Schritt n-3 mit drei Clustern C_1, C_2 und C_3 (nach BAHRENBERG et al., 1992).

die beiden am nächsten benachbarten Daten = Punkte im x_2-x_1-Diagramm). Im Idealfall könnte es sein, dass sich die einzelnen Daten-Teilkollektive (Gruppen) bzw. Cluster C_1, C_2, usw. insgesamt deutlich separiert in verschiedenen Bereichen des Koordinatensystems verteilen, so dass der Abstand der Datenpunkte innerhalb dieser Cluster klein, zu den anderen Clustern aber groß ist; dann ergibt sich die gesamte Clustereinteilung sozusagen von selbst, ohne besondere eingehende Analysetechniken.

Der Normalfall ist jedoch der in Abb. 41 dargestellte, wo eine möglichst objektive Methodik der Clustereinteilung erst noch gefunden werden muss. Die einfachste und zugleich am weitesten verbreitete Vorgehensweise – die sog. hierarchische Clusteranalyse – findet unter Verwendung eines geeigneten Distanzmaßes im 1. Schritt (vgl. Abb. 41) die zwei am nächsten zusammenliegenden Punkte und separiert sie vom Rest. Im nächsten Schritt wird ein weiteres derartiges Datenpaar gefunden, dessen Distanz zwar größer als im 1. Schritt, jedoch kleiner als in allen anderen Fällen ist.

Nach einigen weiteren Schritten landet man im (n-3). Schritt bei drei Clustern C_1, C_2, und C_3, im (n-2). Schritt bei nur noch zwei Clustern und im (n-1). und zugleich letzten Schritt bei nur noch einem Cluster, das alle Daten umfasst. Dies ist natürlich nicht das gewünschte Ziel, so dass nun rückwärtsgerichtet zu entscheiden ist, bei welcher Clustereinteilung (z.B. Clusterzahl C = 3, vgl. Abb. 41) man landen möchte.

In Verallgemeinerung und Erweiterung dieser Betrachtung lassen sich die folgenden Schritte einer systematischen Clusteranalyse angeben:
- Auswahl und Aufbereitung der Daten, so dass die genannte (und in Abb. 41 schematisch für 2 Dimensionen dargestellte) Koordinatenzuordnung erfolgen kann.
- Auswahl des Ähnlichkeitsmaßes, i.a. in Form des ebenfalls bereits genannten Distanzmaßes.
- Auswahl des Algorithmus zur Bestimmung der Cluster (Clusteranalyse-Algorithmus).
- Separierung der Cluster und Interpretation der Ergebnisse, dabei Festlegung der Anzahl der Cluster, mit denen ggf. weitergearbeitet werden soll.

Im folgenden sollen diese Schritte für den Fall des hierarchischen Vorgehens näher beschrieben werden.

10.2 Hierarchische Clusteranalyse

In der Praxis der Clusteranalyse wird häufig mit EDV-Software-Paketen gearbeitet, die im allgemeinen nur die sog. hierarchischen Methoden beinhalten. Daher sollen diese Methoden nun näher beschrieben werden, obwohl sie einige Nachteile aufweisen.

Allerdings gelten die Definitionen für die Ähnlichkeitsmaße allgemein, d.h. sowohl für hierarchische wie auch für nicht-hierarchische Verfahren. Liegen die Daten nämlich in Form einer Matrix

$$\{ a_{ij} \} \text{, mit Einflüssen (Koordinaten, Dimensionen) i = 1, ..., m} \qquad (10\text{-}1)$$
$$\text{und Einzeldaten j,k = 1, ..., n}$$

aufbereitet vor, und werden als Ähnlichkeitsmaße die Distanzen der Daten bezüglich des Koordinatensystems verwendet, so ist dafür die sog. *Euklidische Distanz*

$$ED = \sqrt{\sum_{i=1}^{m}(x_{ij} - x_{ik})^2} \qquad (10\text{-}2)$$

geeignet; im zweidimensionalen Fall kann man sich das als direkte Entfernung zweier spezieller Datenpunkte a_p und a_q in einer Ebene vorstellen, wobei ED entsprechend dem Lehrsatz des Pythagoras die Hypotenuse eines rechtwinkligen Dreiecks darstellt (mit entsprechenden Abständen auf der i=1 - Achse (x_1) sowie i=2 - Achse (x_2) als Katheten; somit eigentlich quadratische ED).

Es sind diverse Alternativen dazu vorgeschlagen worden, die sich, einschließlich ED (10-2), als Spezialfälle der sog. *Minkowski-Metriken*

$$D^{(r)} = [\ \Sigma |\ a_{ij} - a_{ik}\ |^r\ ]^{1/r} \tag{10-3}$$

ergeben. Dabei wird der Effekt erzielt, dass mit wachsendem r (>2) die größeren Distanzen stärker gewichtet werden. Ist dies nicht erwünscht („Normalfall"), wird ED = $D^{(2)}$ zu bevorzugen sein. In der Geographie findet man aber relativ häufig auch die sog. „City-Block-" oder „Manhattan-Distanz" $D^{(1)}$. Sie ist dann sinnvoll, wenn beim Abstand der Datenpunkte nicht die direkte Entfernung, sondern der Weg parallel zu rechtwinkligen Koordinaten entscheidend sein soll (wie man sich z.B. in einem rechtwinklig angelegten Straßennetz bewegen würde). Eine weitere Alternative für Ähnlichkeitsmaße sind Korrelationskoeffizienten (Definition folgt in Kap. 11.2), die im Rahmen der Clusteranalyse allerdings nur selten verwendet werden.

In manchen Fällen ist zu erwägen, ob vor der Errechnung der Distanzwerte mittels (10-2) bzw. (10-3) – somit im Rahmen der Datenaufbereitung – die Daten bezüglich der Einflussgrößen und somit Koordinaten standardisiert werden sollten, insbesondere dann, wenn diese Einflussgrößen (sofern sie vorweg überhaupt bekannt sind) stark unterschiedliche Varianz aufweisen. Ein Beispiel dafür ist die Clusteranalyse von Klimadaten, wie sie an bestimmten Stationen gemessen worden sind, hinsichtlich der Einflüsse von x_1 = Temperatur und x_2 = Niederschlag (mit weitaus größerer Varianz von x_2). Die Standardisierung entspricht Formel (4-36): Subtraktion des Mittelwertes, Division durch die Standardabweichung (hier allerdings bezogen auf SP-Daten).

Das nächste Problem, nach der Bestimmung der Distanzwerte der einzelnen Datenpunkte, ist die stufenweise Fusion der so gefundenen Cluster, die eigentliche Clusteranalyse. Ohne sich gleich auf einen entsprechenden Algorithmus festzulegen, kann das Problem anhand des einfachen Beispiels der Abb. 42 veranschaulicht werden. Angenommen, es liegen nur j=1,..,7 = n Datenwerte a_j, hier Elemente e_i genannt, vor. Im 1. Schritt werde das Minimum der Distanzwerte D_i für das Datenpaar $\{e_4, e_5\}$ errechnet. Dies ist das 1. Cluster C_1 auf der Partitionsebene d_h mit h = 6. Im 2. Schritt sollen $\{e_1, e_2\}$ zu einem weiteren Cluster C_2 vereinigt werden. Da alle noch nicht mit anderen Datenwerten vereinigte Datenwerte formal zunächst als Cluster verbleiben, existieren somit auf dieser Partitionsebene $d_h(h=5) \rightarrow C = 5$ Cluster. Im 3. Schritt ergebe sich unter den verbleibenden Daten zwischen e_3 und e_1 oder e_2 (oder der Mitte von e_1 und e_2; Vorgehen hängt vom noch zu besprechenden Clusteralgorithmus ab) der minimale D-Wert. Dies führt zur Vereinigung von e_3 mit Cluster C_2 zum neuen Cluster $C_3 = \{e_1, e_2, e_3\}$. Auf der Ebene $d_h(h=4)$ werden somit 4 Cluster gefunden: C_3, C_1 und die verbleibenden Datenwerte e_6 und e_7. Auf der Ebene $d_h(h=3)$ soll sich die Vereinigung von C_3 und C_1 ergeben und erst auf der Ebene $d_h(h=2)$ (entsprechend n-2 in Abb. 41) vereinigen sich auch e_6 und e_7 zu einem Cluster. Wie immer bei diesem Vorgehen erhält man auf der letzten Ebene $d_h(h=1)$ (entsprechend n-1 in Abb. 41) nur noch ein Cluster, das alle Datenwerte enthält. Wiederum ist „rückwärtsgerichtet" zu entscheiden, auf welcher Partitionsebene man arbeiten will (z.B. d_2 mit 2 Clustern). Das Beispiel Abb. 42 folgt der Methodik, die als *agglomerative* hierarchische Clusteranalyse bezeichnet wird. Die umgekehrte Vorgehensweise, die vom Maximalwert D in Richtung kleinerer Werte fortschreitet, heißt *divisiv*.

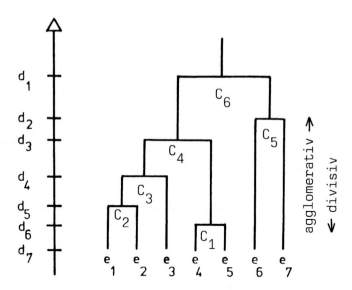

Abb. 42. Clusteralgorithmus-Prinzip bei hierarchischen Verfahren, wobei e_i die Daten (Elemente) und d_j die Partitionsebenen sind. Auf der untersten Ebene (d_7) sind noch alle Daten getrennt, auf den weiteren Ebenen sollen Clusterbildungen $e_4 \cup e_5$, $e_1 \cup e_2$ usw. erfolgen; wie in Abb. 41 verbleibt im letzten Schritt, hier der Partitionsebene d_1, nur noch ein Cluster (sinnvoll erscheint hier die Bildung von zwei Clustern, nämlich $\{e_1, e_2, e_3, e_4, e_5\}$ und $\{e_6, e_7\}$; vgl. auch Text; Abbildung nach STEINHAUSEN und LANGER, 1977).

Verallgemeinert bedeutet das obige Beispiel (Abb. 42) folgende Arbeitsschritte:
- (a) In der feinsten Partition werden alle Daten separat erfasst und den gewünschten Koordinaten zugeordnet.
- (b) Berechnung aller Distanzwerte zwischen allen Daten, was eine Distanzwert-Matrix ergibt, und Aufsuchen der beiden Datenwerte mit minimalem Distanzwert: $D_{pq} = \text{Min}(D_{ij})$.
- (c) Fusionierung der betreffenden beiden Datenwerte a_p und a_q zum 1. Cluster: $C_q(\text{neu}) = a_p \cup a_q$, wodurch sich die Datenzahl um eins erniedrigt. Formal werden auch alle verbleibenden Daten nun als „Cluster" bezeichnet.
- (d) Neuberechnung der Distanzwerte zwischen $C_q(\text{neu})$ und allen übrigen „Clustern" und entsprechende Änderung der q-ten Zeile und Spalte der Distanzwert-Matrix; die p-te Zeile und Spalte dieser Matrix werden gestrichen.
- (e) Fortsetzung dieser Methodik, bis alle Daten in einem einzigen Cluster vereinigt sind.
- (f) Rückwendung bis zu der Partitionsebene, die – vor dem fachlichen Hintergrund – sinnvoll erscheint.

LANCE und WILLIAMS (1966) haben eine Rekursionsformel vorgeschlagen, die insbesondere den Arbeitsschritt (d), den eigentlichen *Clusteralgorithmus*, in der folgenden allgemeinen Form zum Ausdruck bringt (bei Verwendung eines beliebigen Distanzmaßes D):

$$C_{qi}(neu) = \alpha_p D_{pi} + \alpha_q D_{qi} + \beta D_{pq} + \gamma |D_{pi} - D_{qi}| \qquad (10\text{-}4)$$

mit C = Clustern und D = Distanzwerten (indiziert mit i = fortlaufender Index, p und q = Indizes für bestimmte Werte). Im einfachsten Fall, dem sog. *Single-Linkage-Verfahren* (nearest neighbor), ist $\alpha_p = \alpha_q = 1/2$, $\beta = 0$ und $\gamma = -1/2$, oder in einer Formel ausgedrückt

$$C_{qi}(neu) \leftarrow Min\,(D_{pi}, D_{qi}). \qquad (10\text{-}5)$$

Das bedeutet, dass auf einer Distanzstufe d_h die Daten bzw. Cluster paarweise miteinander verglichen werden und das ähnlichste Paar, mit minimalem Distanzwert, den neuen Cluster bildet. Dieses Verfahren neigt zu einem eventuell unerwünschten „Aneinanderreihungseffekt", der relativ große (und somit relativ wenige) Cluster bildet und bei dem wegen der „Brücken" schlecht getrennte Cluster nicht aufgedeckt werden, hat aber den Vorteil, dass es verzweigte oder gekrümmte, linien- oder kreisförmige Clustergebilde erkennt, bei denen es mehr auf den Zusammenhang der Daten innerhalb eines Clusters als auf Ähnlichkeiten jedes einzelnen Datenpaares ankommt. Das Single-Linkage-Verfahren ist der älteste und zugleich einfachste Clusteralgorithmus.

Für $\alpha_p = \alpha_q = 1/2$, $\beta = 0$ und $\gamma = +1/2$ ergibt sich das sog. *Complete-Linkage-Verfahren* (furthest neighbor), bei dem die Clustervereinigung hinsichtlich der Daten/Cluster erfolgt, die untereinander höchstens den Distanzwert D_h aufweisen:

$$C_{qi}(neu) \leftarrow Max\,(D_{pi}, D_{qi}). \qquad (10\text{-}6)$$

Hier ist somit im Gegensatz zu (10-5) die Distanz zum am weitesten entfernten Nachbarn das entscheidende Kriterium. Dieses Verfahren tendiert eher zur Konstruktion relativ kleiner (und somit vieler) Cluster. Einen häufig genutzten Kompromiss stellt das *Average-Linkage-Verfahren* dar, mit $\alpha_p = \alpha_q = 1/2$, $\beta = \gamma = 0$, bei dem die durchschnittliche Distanz der Daten/Cluster betrachtet wird, somit

$$C_{qi}(neu) = \tfrac{1}{2}\,[D_{pi} + D_{qi}]. \qquad (10\text{-}7)$$

Spezialfälle dieses Verfahrens sind das Weighted-Average-Linkage- und das Median-Verfahren, die beide bei STEINHAUSEN und LANGER (1977) beschrieben sind.

Wird das durch Vereinigung gebildete neue Cluster mit Hilfe des arithmetischen Mittelzentrums (vgl. Kap. 3.2) repräsentiert, so erhält man das *Centroid-Verfahren*

$$C_{qi}(neu) \leftarrow (n_p/n)D_{pi} + (n_q/n)D_{qi} - 1/n^2\,(n_p n_q)\,D_{pq} \qquad (10\text{-}8)$$

(im Vergleich mit (10-4) somit ohne γ-Term) mit SP-Umfang $n = n_p + n_q$, $\alpha_p = n_p/n$, $\alpha_q = n_q/n$, $\beta = -(n_p n_q)/n^2$ und $\gamma = 0$. Dabei sollte sinnvollerweise zur Quantifizierung der Distanzen D speziell das Euklidische Distanzmaß ED verwendet werden. Dieser neben dem Average-Linkage-Verfahren am häufigsten verwendete Clusteralgorithmus hat die Eigenschaft, dass die Cluster entsprechend ihrer Größe gewichtet werden. Bei beiden Verfahren gehen jeweils alle Daten eines Clusters in die Bestimmung der Ähnlichkeit mit anderen Clustern ein, was zweifellos ein Vorteil ist.

Clusteranalyse

Schließlich hat das WARD-Verfahren (siehe wiederum STEINHAUSEN und LANGER, 1977; BAHRENBERG et al., 1992) nicht zum Ziel, bei jedem Schritt die beiden ähnlichsten Cluster/Daten zu fusionieren, sondern insgesamt möglichst homogene Cluster aufzufinden, und zwar mit bei jedem Fusionsschritt minimaler Heterogenität jeweils innerhalb der Cluster. Es gibt dazu verschiedene Varianten, meist gilt in (10-4) $\alpha_p = (n_p + n_i)/(n + n_i)$, $\alpha_q = (n_q + n_i)/(n + n_i)$, $\beta = n_i/(n + n_i)$ und $\gamma = 0$. Um das oben genannte Ziel minimaler Heterogenität zu erreichen, werden jeweils sukzessiv die Cluster/Daten fusioniert, die den geringsten Zuwachs zu einem definierten Heterogenitätsmaß liefern. Als ein solches Maß kann ein geeignetes Varianzkriterium dienen (näheres wiederum bei STEINHAUSEN und LANGER, 1977; Diskussion und klimatologische Anwendungen siehe auch GERSTENGARBE, 1995).

Beispiel
80. Von 348 deutschen Klimabeobachtungsstationen, Bezugsperiode 1961-1990, werden die mittleren auf die Monate bezogenen Jahresgänge des Niederschlages erfasst. Wie viele charakteristische Typen lassen sich daraus separieren? – Diese Frage kann mittels einer Clusteranalyse beantwortet werden, bei der die Daten auf die einzelnen Monate des Jahres bezogen werden müssen; es handelt sich somit um 12 Koordinaten (Dimensionen). Führt man dazu unter Verwendung der Euklidischen Distanz (ED, (10-2)) und des Clusteralgorithmus nach WARD eine hierarchische agglomerative Clusteranalyse durch, so findet man eine Reihe von Lösungen, von denen hier die mit 3 bzw. 5 Clustern näher betrachtet werden sollen, vgl. Abb. 43 (folgende Seite). Bei der 3 Cluster-Lösung ergibt sich für die meisten, nämlich 319 Stationen, ein ziemlich ausgeglichener Jahresgang mit schwach ausgeprägten Sommer- (Juni) und Winter- (Dezember) Maxima: C_1. Bei C_2 dominiert auf wesentlich höherem Niederschlagsniveau das Sommermaximum (19 Stationen, alle im Alpen- bzw. Voralpenbereich) und bei C_3, auf noch höherem Niveau des Gesamtniederschlages, das Wintermaximum (10 Stationen im Südwesten von Deutschland, eine alpine Bergstation und eine Station im Harz). Die 5 Cluster-Lösung erbringt mit C_4 noch einen weiteren, C_1-ähnlichen Typ mit etwas höherem Niederschlagsniveau und C_5 weist nur im Frühjahr sozusagen ein Eigenleben auf (Analyse nach RAPP, 1999).

10.3 Modifikationen

Obwohl sich die hierarchische Clusteranalyse großer Beliebtheit erfreut und insbesondere seit ungefähr 1970/80 mit Erfolg angewandt wird (zur historischen Entwicklung vgl. z.B. STEINHAUSEN und LANGER (1977)), ist sie nicht ohne Nachteile. Der wichtigste Schwachpunkt ist, dass dabei einmal gebildete Cluster nicht wieder getrennt werden können, auch wenn sich auf irgendeiner Partitionsebene dadurch bessere Lösungen ergeben könnten. Dies vermeidet die *nicht-hierarchische Clusteranalyse* (siehe wiederum STEINHAUSEN und LANGER, 1977). Dabei wird eine vorgegebene (ggf. hierarchische) Anfangspartition durch die Verschiebung der Daten

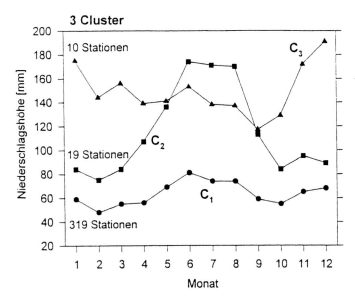

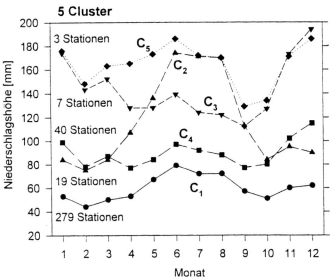

Abb. 43. Clusteranalyse des Niederschlag - Jahresganges für 346 Klima-Beobachtungsstationen in Deutschland; vgl. Beispiel 80. Die erhaltenen 3 bzw. 5 Cluster sind in ihren mittleren Jahresgängen dargestellt, wobei die Wahl von 3 Clustern als klimatologisch sinnvollere Trennung erscheint (nach RAPP, 1999).

zwischen den Clustern unter Vorgabe eines Gütekriteriums iterativ zu immer besseren Gruppierungen bis hin zu einem Optimum zusammengefasst. Am häufigsten wird dabei für die Güte ein Varianzkriterium und als Clusteralgorithmus das sog. „Shift-and-Shift-Verfahren" nach FORGY (1965) angewendet; näheres und Beispiele dazu siehe GERSTENGARBE (1995), allgemeiner-methodisch wiederum STEINHAUSEN und LANGER (1997) mit Diskussion weiterer Kriterien. Erwähnt sei in diesem Zusammenhang auch die *Rangsummenanalyse*, die GERSTENGARBE und WERNER (1992) ergänzend zur Clusteranalyse entwickelt haben (vgl. dazu GERSTENGARBE, 1995).

162 Clusteranalyse

Schließlich soll noch auf eine besonders wichtige Modifikation hingewiesen werden, nämlich die *Diskriminanzanalyse* (Details dazu siehe u.a. ERB, 1990; BAHRENBERG et al., 1992). Auch dabei geht es um die Aufspaltung eines Datenkollektivs in Gruppen, jedoch nicht durch Clusterung, sondern durch das Aufsuchen einer geeigneten Trennkoordinate. Dabei muss das Datenkollektiv wie bei der Clusteranalyse bezüglich eines definierten Koordinatensystems vorliegen. Im zweidimensionalen, dem sog. Zwei-Gruppen- oder Zwei-Variablen-Fall lässt sich das anhand der Abb. 44 veranschaulichen: Die zu bestimmende Diskriminanzachse trennt dort bezüglich des „Zwischen"-Minimums einer bimodalen Häufigkeitsverteilung. Mathematisch wird eine Diskriminanzfunktion

$$Y = ax_1 + ax_2 \qquad (10\text{-}9)$$

mit Hilfe der beiden betrachteten Variablen (Ausgangskoordinaten) x_1 und x_2 gebildet; a und b heißen dabei Diskriminanzkoeffizienten. Diese Koeffizienten müssen nun so errechnet werden, dass sich für den Überschneidungsbereich der beiden zu bildenden Gruppen ein Minimum ergibt (Anwendungsbeispiele siehe BAHRENBERG et al., 1992). Auch diese Methodik lässt sich im Prinzip auf eine größere Anzahl von Variablen bzw. Dimensionen erweitern.

Wie bei der Clusteranalyse ist es auch bei der Diskriminanzanalyse hilfreich, wenn die Daten bezüglich der Koordinaten (gewählten Variablen) eine ähnlich große Standardabweichung aufweisen (ggf. Daten daher standardisieren) und die betreffenden Bezugsvariablen nicht korreliert sind (vgl. EOF, Kap. 12).

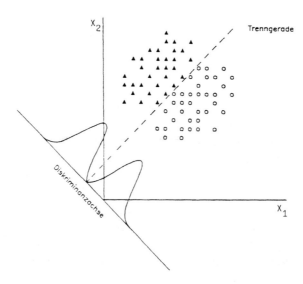

Abb. 44. Trennung eines bezüglich der Koordinaten x_1 und x_2 geordneten Datenkollektivs in zwei Gruppen mit Hilfe einer neuen Koordinate, genannt Diskriminanzachse, und der auf ihr senkrecht stehenden Trenngeraden (nach ERB, 1990).

11. Korrelation und Regression

11.1 Einführung

In den vorangegangenen Kapiteln war meist *ein* statistisches Kollektiv Gegenstand der Betrachtung, so beispielsweise bei der Stichprobenbeschreibung (Kap. 2 und 3), bei den theoretischen Verteilungen (Kap. 4), den Schätzverfahren (Kap. 5), der Fehlerrechnung (Kap. 6) und den weitaus meisten Hypothesenprüfungen (Kap. 8). Nun wollen wir uns der *Analyse des Zusammenhangs mehrerer Kollektive* (Datensätze) zuwenden, wobei zunächst die entsprechenden Stichproben im Vordergrund stehen. Zum Teil sind solche Problemstellungen schon im Rahmen der Hypothesenprüfungen behandelt worden (z.B. sog. χ^2-Vierfeldertest, Kap. 8.2.14, oder varianzanalytische Verfahren, Kap. 9). Dabei handelt es sich aber stets um einfache Schlüsse der Art „Zusammenhang ja" bzw. „Zusammenhang nein", nicht aber um die genaue *quantitative Bewertung der Zusammenhänge* bzw. Aufdeckung der betreffenden *mathematischen Funktionen*, die diesen Zusammenhang beschreiben. Genau dies aber ist das Ziel der Korrelations- und Regressionsanalyse.

Die Ausgangssituation besteht in der Betrachtung von zwei, drei, vier usw. Stichproben; entsprechend handelt es sich um eine zwei-, drei-, vier- usw. -dimensionale Korrelations- und Regressionsanalyse. Dabei wird in der *Korrelationsrechnung* der Frage nach der *Güte des Zusammenhangs* dieser SPs nachgegangen und in einer Gütemaßzahl ausgedrückt, dem *Korrelationskoeffizienten*. Die *Regressionsrechnung* dient dagegen der Ermittlung des expliziten *funktionalen Zusammenhangs*, der dann in einer (zwei-, drei- usw. -dimensionalen) Beziehungsgleichung beschrieben wird. Beides, Korrelation und Regression, sind jedoch methodisch und inhaltlich eng miteinander verknüpft.

Die Ermittlung der Beziehungsgleichung, im folgenden *Regressionsgleichung*

$$\hat{a} = f(b, c, d,...) \qquad (11\text{-}1)$$

genannt (mit â = abhängige Größe, Zielgröße; b,c,d,... unabhängige Größen, Einflussgrößen), geschieht i.a. – wie schon die Definition des arithmetischen Mittelwertes (vgl. Kap. 2.2) – nach der Methode der kleinsten Quadrate; d.h. in diesem Fall, die Regressionsgleichung wird unter der Bedingung errechnet, dass die quadratischen Abweichungen der Ausgangsdaten a_i von den entsprechenden Funktionswerten der Regressionsgleichung $\hat{a}_i$ minimal sind. Dabei werden die Eingangsgrößen (unabhängigen Variablen) des Regressionsmodells b, c,... als „fehlerfrei" angesehen. Im einfachsten Fall, der im folgenden Kapitel (11.2) behandelt werden soll, gehen wir von nur zwei SPs aus, $SP_a = \{a_i\}$ und $SP_b = \{b_i\}$ mit jeweils sinnvoll zugeordneten Daten gleichen Umfangs n, und einer vermuteten linearen Beziehung dieser beiden SPs; d.h. die optimale Beziehungsgleichung unter Anwendung der Methode der kleinsten Quadrate ist eine Gerade. Man spricht dann von der zweidimensionalen linearen Korrelations- und Regressionsanalyse, zu der als Maßzahl für die Güte des Zusammenhangs ein ganz bestimmter nur unter dieser Voraussetzung geltender (zweidimensionaler linearer) Korrelationskoeffizient r

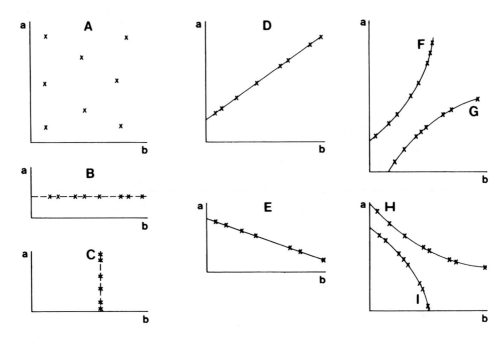

Abb. 45. Interpretation der Korrelation anhand idealisierter Streudiagramme (jeweils lineare Achsenteilung). Es bedeuten: A, B und C kein Zusammenhang (r = 0), D und E exakt linearer Zusammenhang (und zwar D positive Korrelation, r = +1, E negative Korrelation, r = –1), exakt nicht linearer Zusammenhang, und zwar F progressiv positiv, G degressiv positiv, H degressiv negativ und I progressiv negativ (wobei positiv gleichbedeutend mit ansteigender, negativ mit abfallender Regressionsgeraden bzw. -kurve ist).

gehört. Bis auf wenige Ausnahmen (z.B. multipler Korrelationskoeffizient, folgt in Kap. 11.5 und 11.6) ist dieser Koeffizient r eine Zahl zwischen den Werten „–1" und „+1":

$$-1 \leq r \leq +1, \tag{11-2}$$

wobei man im Index des Symbols r die betrachteten SPs (bzw. Variablen) zum Ausdruck bringen kann: $r = r_{ab}$ für den oben beschriebenen einfachsten Fall zweier Stichproben SP_a und SP_b. Dabei bedeutet r = 0 kein Zusammenhang, $|r| = 1$ vollkommener d.h. streng linearer Zusammenhang. Das Vorzeichen von r gibt an, ob mit steigenden Datenwerten b_i auch die Werte a_i ansteigen (+, positive Korrelation) oder hingegen fallen (–, negative Korrelation).

Anhand von sog. *Streudiagrammen* ist dies für den zweidimensionalen Fall in Abb. 45 veranschaulicht: Verteilen sich die Wertepaare $\{a_i, b_i\}$ gleichmäßig in diesem Diagramm oder ordnen sie sich exakt längs einer der beiden Koordinatenachsen an, so liegt keine Korrelation vor → r = 0. Liegen diese Wertepaare aber exakt auf einer Geraden, so liegt vollkommene (ideale, maximale) lineare Korrelation vor → $|r| = 1$. Weist diese Regressionsgerade darüber hinaus eine positive Steigung auf, so ist r = +1, bei negativer Steigerung r = −1. Im allgemeinen werden die Wertepaare aber mehr oder weniger um die Regressionsgerade streuen, was dann einen Wert 0 < |r| < 1 ergibt, bei großer Streuung näher an r = 0 und bei geringer Streuung näher an |r| = 1.

Es kann nun vorkommen, dass die Wertepaare {a_i, b_i} nur deswegen um die errechnete Regressionsgerade streuen, weil *keine lineare Beziehung* vorliegt. Dann ist die optimale Regressionsgleichung nicht die einer Geraden, sonder die einer höheren Funktion (z.B. quadratischer oder logarithmischer Zusammenhang). Wie in Abb. 45 zu sehen, kann in solchen Fällen zwischen *progressiven* (Steigung der Kurve nimmt mit steigenden Werten b_i zu) und *degressiven* Zusammenhängen (Steigung nimmt entsprechend ab) unterschieden werden, und zwar sowohl bei positiver als auch bei negativer Steigung (Korrelation). In solchen Fällen ist natürlich nicht mehr der lineare Korrelationskoeffizient die geeignete Gütemaßzahl für den Zusammenhang (führt zur Unterschätzung der Korrelation), sondern ein Korrelationskoeffizient, der der speziellen Funktionsgleichung des optimalen Regressionsmodells angepasst ist (näheres in Kap. 11.7).

Bei der Interpretation der Korrelationsanalyse ist es häufig sinnvoll, statt des Korrelationskoeffizienten seinen quadratischen Wert

$$B = r^2 \quad bzw. \quad B = r^2 * 100\% \tag{11-3}$$

anzugeben, das sog. *Bestimmtheitsmaß* (Strammheit, korrelative Varianz). Wie noch ersichtlich sein wird, gibt diese Maßzahl nämlich die *gemeinsame Varianz* der analysierten Stichproben (auch bei mehr als zwei Dimensionen und nicht linearem Zusammenhang) an, wobei meist die prozentuale Ausdrucksweise bevorzugt wird. Dementsprechend heißt B auch (durch das jeweilige Regressionsmodell) relative *erklärte Varianz* und das Residuum 1 − B bzw. 100% − B relative nicht erklärte Varianz. Diese Interpretation sollte, wenn immer sinnvoll, auch im Sinn einer kritischen Interpretation bevorzugt werden; denn beispielsweise erklärt ein Regressionsmodell mit einem Korrelationskoeffzienten von r = 0.5 (genau zwischen 0 und 1, vgl. oben) nur B = r^2 = 0.5^2 = 25% der (z.B. in Beobachtungsdaten) erfassten Varianz.

Wenige statistische Methoden werden so häufig und so gründlich fehlinterpretiert wie die Korrelationsanalyse. Dies trifft in besonderen Maße auf die Zeitreihenkorrelation zu (folgt in Kap. 14.2. Es soll, um solchen *Fehlinterpretationen frühzeitig vorzubeugen*, schon hier betont werden, dass der übliche, aus zwei Stichproben-Kollektiven errechnete lineare Korrelationskoeffizient ((11-6) bzw. (11-7))

- ganz bestimmte Voraussetzungen beinhaltet, neben der bereits erwähnten Linearität auch die Voraussetzung normalverteilter Stichproben und Grundgesamtheiten (zunächst kein verteilungsfreies Verfahren) sowie die Voraussetzung der gegenseitigen Datenunabhängigkeit innerhalb der analysierten SPs (näheres in Kap. 11.3 und insbesondere 14.3);
- durch dritte, vierte usw. Größen beeinflusst sein kann, so dass die zweidimensionale Korrelationsrechnung möglicherweise nicht vollständig und daher falsch ist;
- zunächst nur für die einfachen SPs und keinesfalls sofort auch für die zugehörigen Grundgesamtheiten und damit den betrachteten Prozess allgemein gilt.

Während nicht lineare Zusammenhänge durch entsprechende nicht lineare Regressionsmodelle (folgen in Kap. 11.7) und nicht gegebene Normalverteilung durch die sog. verteilungsfreie Korrelationsrechnung (Rangkorrelation bzw. Fisher - Transformation, näheres in Kap. 11.4) berücksichtigt werden können, sind die anderen Einwände problematischer.

Eine *Datenabhängigkeit* innerhalb der jeweiligen Stichproben ist gerade in den Geowissenschaften (ganz besonders bei Zeitreihen) häufig anzutreffen. Darauf wird in Kap. 14.3 (Autokorrelation) näher eingegangen. Werden die ursprünglich zu untersuchenden Daten durch geeignete Mittelwerte ersetzt, oder/und wird diese Abhängigkeit in der zu berücksichtigenden Zahl der Freiheitsgrade bei der Mutungsbereich -Abschätzung beachtet, so lässt sich auch dieses Problem entschärfen. Mit den *Mutungsbereichen* sind hier die Δr-Intervalle gemeint, in der auf Grund der SP-Analyse der Korrelationskoefizient ρ der zugehörigen GGs vermutet wird (vgl. methodisch Kap. 5.3). Wie bei allen derartigen Abschätzungen ergibt sich, vom SP-Umfang abhängig, mit einer definitiven Irrtumswahrscheinlichkeit α (bzw. Signifikanz Si = α − 1) ein derartiges Zahlenwertintervall. Da dieses Intervall so groß sein kann, dass sich die SP-Korrelationsrechnung als wertlos erweist, ist es unerlässlich, die entsprechende Abschätzung vorzunehmen. Die häufiger zu findende *r -Hypothesenprüfung* hinsichtlich nicht signifikanter (Nullhypothese H_o) bzw. signifikanter (Alternativhypothese A_1) Korrelation der zugehörigen GGs erweist sich demgegenüber als weniger kritisch (näheres in Kap. 11.3).

Ein besonders schwieriges Problem, das ebenfalls in den Geowissenschaften besonders häufig auftritt, ist die mögliche Beeinflussung einer vermeintlich zweidimensionalen Korrelation *durch eine nicht erfasste dritte, vierte usw. Größe*. Dabei kann es sein, dass gar nicht a mit b, sondern beispielsweise a mit c und b mit c korreliert sind und somit zwischen a und b eine sog. *Scheinkorrelation* vorliegt. Sind diese dritten, vierten, ..., D-ten Größen erfassbar, so wird dem in einer entsprechenden dreidimensionalen, vierdimensionalen, ... , D-dimensionalen Korrelations- und Regressionsrechnung Rechnung getragen. Und zwar lassen sich durch die *partielle* Korrelations- und Regressionsrechnung dritte, vierte usw. „Störvariable" ausschalten und damit möglicherweise vorliegende Scheinkorrelationen aufdecken; auf der anderen Seite lassen sich durch die *multiple* Korrelations- und Regressionsrechnung im Prinzip beliebig viele Einflussgrößen (b, c, ...) berücksichtigen, falls sie alle mit der Zielgröße a real korreliert sind (näheres in Kap. 11.6).

Das eigentliche geowissenschaftliche Problem besteht aber oft darin, dass diese weiteren Einflussgrößen nicht bekannt oder quantitativ nicht (bzw. schwer) erfassbar sind. Insbesondere bei meteorologischen Untersuchungen hat man es sehr häufig mit einer unübersichtlichen Vielzahl von Einflussgrößen zu tun, die sich nicht selten auch noch gegenseitig beeinflussen und deren Daten in sich (d.h. innerhalb jeweils einer SP) nicht unabhängig sind. Aus diesem Dilemma führt nur ein Grundsatz: *Niemals Größen (bzw. SPs) korrelieren, die in keinem deterministischen (z.B. physikalischen)Zusammenhang stehen*. Wenn immer möglich, sollten daher die statistischen Untersuchungen mit deterministischen Betrachtungen, möglichst Modellrechnungen, Hand in Hand gehen. Es handelt sich somit um einen Problemkreis, der mit statistischer Methodik allein nicht lösbar ist oder der bei rein statistischer Vorgehensweise große Gefahren der Fehlinterpretation beinhaltet. Aus diesen Gegebenheiten folgt im übrigen auch zwingend die Durchführung von Mutungsbereich- und Signifikanzabschätzungen. Der Korrelationskoeffizient zweier SPs *allein* sagt sehr wenig, streng genommen gar nichts aus. Bei Zeitreihenanalysen (vgl. Kap. 14) kommt noch hinzu, dass die Korrrelationsrechnung nur die Phasen und nicht die Amplituden erfasst, was bedeutet, dass ein SP-Korrelationskoeffizient zunächst nichts anderes als eine Art Phasenähnlichkeitsindex ist (insbesondere bei der Zeitreihenkorrelation; näheres in Kap. 14.3). Diese Ähnlichkeit kann sich natürlich bei Phasenverschiebungen ändern, was durch die Kreuzkorrelationsrechnung zu berücksichtigen ist (auch dazu näheres in Kap. 14.3).

Bei allen diesen Schwierigkeiten und Fußangeln sollte man aber andererseits nicht der Gefahr unterliegen, die Korrelations- und Regressionsanalyse in ihrer Bedeutung für die Geowissenschaften zu unterschätzen. Die *Sammlung statistischer Indizien*, oft in umfangreicher und mühsamer Kleinarbeit, ist ein wesentlicher *Beitrag zur schrittweisen Klärung von Zusammenhängen*, die deterministisch nicht oder noch nicht vollständig verstanden sind. Hier befindet sich der Statistiker in der vordersten wissenschaftlichen Front und braucht sich nicht hinter der Tatsache zu verstecken, dass seine Analysen stets nur phänomenologischer Art sind (d.h. allein auf Beobachtungsdaten beruhen, was im übrigen keinesfalls ein Nachteil ist). Es muss nur jedem, dem Statistiker wie dem Kritiker statistischer Arbeit, klar sein, *dass Korrelationsrechnungen keine ursächlichen Zusammenhänge behaupten wollen und können*. Sie sind stets nur *Hinweise auf mögliche ursächliche Zusammenhänge* (solange sie nicht im Widerspruch zum deterministischen Hintergrund der Korrelation, speziell zu den physikalischen, eventuell auch pjysikochemischen Hintergrund-Gegebenheiten, stehen). Allerdings können sie darüber hinaus auch dazu dienen, im Prinzip deterministisch *bekannte Zusammenhänge quantitativ genauer einzugrenzen* (insbesondere bei der schrittweisen multiplen Korrelationsrechnung). Dazu gehört die schon in der Einführung zu diesem Buch betonte Tatsache, dass die Statistik nie sichere, sondern stets nur Aussagen gewisser *Wahrscheinlichkeit* aufstellen kann. Dem Kritiker kann entgegengehalten werden, dass solche Wahrscheinlichkeitsaussagen, zumal mit quantitativ definitiver Wahrscheinlichkeit, sicherlich besser sind als gar keine. Und einem Kriminalkommissar würde man es sicher sehr verübeln, wenn er die Indizienaufnahme (sprich statistische Analyse) nur deswegen unterlassen würde, weil er den Täter (sprich deterministischer Zusammenhang) nicht (oder noch nicht) kennt.

Eine letzte Vorbemerkung soll noch der Frage gelten, ob erst die Korrelationsrechnung und dann die Regressionsrechnung erfolgen sollte oder umgekehrt. Abgesehen davon, dass beide eng miteinander verknüpft sind (beispielsweise über die Art des Regressionsmodells: linear oder nicht linear) lautet im Zweifel die Antwort stets: zuerst die Korrelationsabschätzung; denn die Regressionsrechnung und somit das Auffinden einer Regressionsgleichung ist formal immer möglich, selbst bei einem Korrelationskoeffizienten von $r = 0$ (!). Die Errechnung der Regressionsgleichung sagt somit über die Güte des Zusammenhangs nichts aus und ist immer dann sinnlos, wenn ein solcher Zusammenhang in der erforderlichen Güte gar nicht vorliegt.

168 Korrelation und Regression

11.2 Zweidimensionale lineare Korrelation und Regression von Stichproben

In der zweidimensionalen linearen Korrelations- und Regressionsrechnung für die Wertepaare $\{a_i, b_i\}$ gleichen Umfangs n aus den Stichproben SP_a und SP_b wird davon ausgegangen, dass für den zu untersuchenden Zusammenhang keine anderen Größen (Variablen) eine Rolle spielen und das lineare Regressionsmodell, explizit die Regressionsgleichung

$$\hat{a} = A + Bb \tag{11-4}$$

(Gleichung einer Geraden) mit B = Geradensteigung und A = Achsenabschnitt (zur graphischen Darstellung und Interpretation siehe Abb. 46), die optimale Näherung nach der Methode der kleinsten Quadrate darstellt. Als weitere Voraussetzungen sind zu beachten:
- keine zu kleinen SPs (Richtwert $n \geq 30$);
- Datenunabhängigkeit innerhalb der SPs $\{a_i\}$ und $\{b_i\}$;
- Normalverteilung (zumindest annähernd) hinsichtlich der zu analysierenden SPs und vermuteten zugehörigen GGs (über die aber zunächst nichts ausgesagt wird; vgl. dazu Kap. 11.3).

Ist nun

$$s_{ab} = \frac{1}{n-1} \sum a_i' b_i' \tag{11-5}$$

(hier wie in folgenden Summierung über $i = 1,...,n$, soweit nicht anders angegeben) die sog. *Kovarianz* mit $a'_i = a_i - \bar{a}$ und $b'_i = b_i - \bar{b}$ (vgl. Analogie zur Varianz, Kap. 2.4, hier jedoch zwei SPs betrachtet) und sind s_a und s_b nach (2-24), vgl. Kap. 2.4, die Standardabweichung der SPs $\{a_i\}$ und $\{b_i\}$, so schätzt

$$r_{ab} = \frac{s_{ab}}{s_a s_b} = \frac{\sum a_i' b_i'}{(n-1)s_a s_b} = \frac{\sum a_i' b_i'}{\sqrt{\sum a_i'^2 \sum b_i'^2}} \tag{11-6}$$

den *zweidimensionalen linearen Produkt-Moment-Korrelationskoeffizienten* nach PEARSON (1972) für die Beschreibung der Güte des SP-Zusammenhanges der Variablen a und b (genauer für die diskreten Wertepaare $\{a_i\}$ und $\{b_i\}$; in sinnvoller Zuordnung). Für den Korrelationskoeffizienten r_{ab}, kurz r, gilt der in (11-2) angegebene Wertebereich. Die Ausdrucksweisen in (11-6) sind identisch; dies gilt auch für die folgende bei der Rechenprogrammierung günstigere Form

$$r_{ab} = \frac{\sum a_i b_i - (1/n) \sum a_i \sum b_i}{\sqrt{\left[\sum a_i^2 - (1/n)(\sum a_i)^2\right]\left[\sum b_i^2 - (1/n)(\sum b_i)^2\right]}} \tag{11-7}$$

Wie aus den Formeln (11-6) und (11-7) ersichtlich ist, gilt für den in dieser Weise definierten Korrelationskoeffizienten die *Symmetrieeigenschaft*

$$r_{ab} = r_{ba}, \qquad (11\text{-}8)$$

d.h. es ist gleichgültig, ob a als abhängige und b als unabhängige Variable angesehen werden oder umgekehrt, ganz im Gegensatz zur Regressionsanalyse (vgl. unten). Außerdem ist r eine dimensionslose Zahl, bei der – wie in der ersten Form von (11-6) ersichtlich – jeweils die Dimensionen einer Varianz im Zähler und Nenner stehen; dies weist schon formal auf die *varianzanalytische Bedeutung* der Korrelationsanalyse hin. Das zum Korrelationskoeffizienten r_{ab} gehörige Regressionsmodell (11-4) ist, wie gesagt, die Gleichung einer Geraden mit den Unbekannten A und B. In diesem Zusammenhang wird a als Zielgröße (Prädiktand, abhängige Variable) und b als Einflussgröße (Prädiktor, unabhängige Variable) angesehen. Zur Bestimmung der Unbekannten führt die Aufstellung und Lösung der sog. Normalgleichungen. Diese lassen sich durch den folgenden einfachen Algorithmus entwickeln (keine Herleitung): Die Regressionsgleichung wird der Reihe nach mit 1 und den unabhängigen Variablen (hier nur b) multipliziert und für i = 1, ..., n summiert:

$$\hat{a} = A + Bb \; \bigg|\; \begin{matrix} *1, \textit{Summierung} \to \sum a_i = An + B\sum b_i; \\ *b, \textit{Summierung} \to \sum a_i b_i = A\sum b_i + B\sum b_i^2. \end{matrix} \qquad (11\text{-}9)$$

(Dabei stehen rechts vom Pfeil a_i die Ausgangsdaten und nicht die Schätzwerte $\hat{a}_i$.)

Dies sind zwei Gleichungen für zwei Unbekannte (A und B) und somit ein lösbares lineares Gleichungssystem. In vielen Fällen ist es allerdings einfacher, die aus (11-9) hergeleiteten Beziehungen

$$B_{ab} = \frac{s_{ab}}{s_b^2} = \frac{\sum a_i' b_i'}{\sum b_i'^2} = \frac{n\sum a_i b_i - \sum a_i \sum b_i}{n\sum b_i^2 - (\sum b_i)^2} \qquad (11\text{-}10)$$

$$A_{ab} = \overline{a} - B_{ab}\overline{b} \qquad (11\text{-}11)$$

(mit $\overline{a}, \overline{b}$ arithmetische Mittelwerte der SPs) zu benützen. Offensichtlich gilt jetzt nicht mehr die Symmetrie-Eigenschaft, wie im Fall des Korrelationskoeffizienten, und man erhält durch Vertauschung von a und b (nunmehr b Zielgröße und a Einflussgröße)

$$B_{ba} = \frac{s_{ba}}{s_a^2} = \frac{\sum a_i' b_i'}{\sum a_i'^2} \quad \text{und} \quad A_{ba} = \overline{b} - B_{ba}\overline{a} \qquad (11\text{-}12)$$

eine zweite Regressionsgerade, bei der im übrigen nun die quadratischen Abweichungen der b-Werte von den entsprechenden Regressionswerten $\hat{b}_i$ ein Minimum sind, vgl. Abb. 46. Die beiden Regressionsgeraden schneiden sich unter einem Winkel ω, der zum Korrelationskoeffizienten umgekehrt proportional ist; für r = 1 ist er $\omega = 0°$ und für r = 0 → $\omega = 90°$. Das folgende Beispiel, das aus Gründen der Übersichtlichkeit wieder viel zu kleine Stichproben enthält, soll die Anwendung die obigen Formeln erläutern.

Beispiel:
81. In der folgenden Tabelle sind nach FLIRI (1969) die Zahl der Gewittertage für Bad Tölz (→ a_i) und für den Hohenpeißenberg (→ b_i) der Jahre 1951-1960 (→ n = 10) zusammengestellt. Es wird ein linearer Zusammenhang vermutet, Korrelation und Regression sind zu errechnen (vgl. dazu auch Abb. 46).

Tab. 49. Rechentabelle zu Beispiel 81.

Jahr	a_i	a_i'	$a_i'^2$	b_i	b_i'	$b_i'^2$	$a_i' b_i'$
1951	29	-3	9	41	3	9	-9
1952	41	9	81	40	2	4	18
1953	25	-7	49	28	-10	100	70
1954	25	-7	49	35	-3	9	21
1955	33	1	1	40	2	4	2
1956	32	0	0	39	1	1	0
1957	27	-5	25	39	1	1	-5
1958	30	-2	4	30	-8	64	16
1959	35	3	9	47	9	81	27
1960	40	8	64	43	5	25	40
Σ	317		291	382		298	180

n = 10;
$\bar{a}$ = 317/10 ≈ 32;
$\bar{b}$ = 382/10 ≈ 38;
(bei jeweils großzügiger Rundung und daher eingeschränkter Rechenge-nauigkeit.)

$s_a = \sqrt{291/9} \approx 5.69$;
$s_b = \sqrt{298/9} \approx 5.75$;
$s_{ab} = 180/9 \approx 20$.

Nach (11-6), 2. Term (d.h. direkt aus Tab. 49 ohne Berechnung von s_a usw.) bzw. 1. Term (über Berechnung von s_a und s_b), ist der Korrelationskoeffizient

$$r_{ab} = \frac{180}{\sqrt{291*298}} \approx +0.61 \quad bzw. \quad r_{ab} = s_{ab}/(s_a s_b) = 20/(5.69 * 5.75) \approx +0.61).$$

$B = r_{ab}^2 = 0.61^2 \approx 0.37$ *entsprechend* 37%.

Der Zusammenhang ist somit nur mäßig. Für die beiden Regressionsgeraden ergibt sich nach (11-10) und (11-12), jeweils 2. Term, sowie (11-11) und (11-12, rechts):
$B_{ab} = 180/298 \approx 0.60; A_{ab} = 31.7 - 0.6*38.2 \approx 8.78; \rightarrow \hat{a} = 8.78 + 0.60b;$
$B_{ba} = 180/291 \approx 0.62; A_{ba} = 38.2 - 0.62*31.7 \approx 18.55; \rightarrow \hat{b} = 18.55 + 0.62a$
(wiederum direkt aus Tab. 49), vgl. auch Abb. 46.
(Anmerkung: Soll beispielsweise aus den Beobachtungen auf dem Hohenpeißenberg auf die Gewitterhäufigkeit in Bad Tölz geschlossen werden, so ist a = f (b) zu verwenden.)

Sind in Gleichung (11-4) die Regressionskoeffizienten A und B bekannt, sei es aus der Entwicklung der Normalgleichungen (11-9) oder der direkten Berechnung gemäß (11-10,11) vgl. wieder Beispiel 81, so lassen sich natürlich durch Einsetzen beliebiger Werte b in die Regressionsgleichung â=A+Bb beliebige Funktionswerte â errechnen. Man spricht bei Berechnungen für Daten außerhalb des durch die jeweilige SP erfassten b-Bereichs (d.h. b < oder > b∗ mit b∗ ∋ {b_{min}, b_{max}}) von *Extrapolation*, andernfalls, sozusagen für Zwischenwerte von b, von *Interpolation* (d.h. b ∋ {b_{min}, b_{max}}, jedoch b ≠

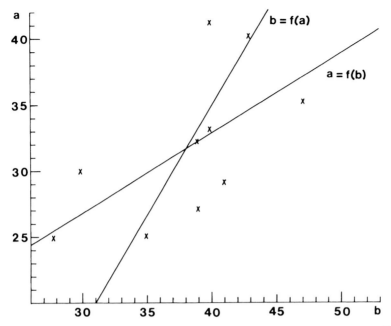

Abb. 46. Streudiagramm und Regressionsgeraden zu Beispiel 81 (vgl. Tab. 49; der lineare Korrelationskoeffizient beträgt in diesem Fall r = + 0.61).

b_i (der SP). Dies gilt ganz analog auch für nicht-lineare Regressionsgleichungen (folgt in Kap. 11.7); in solchen Fällen handelt es an Stelle der linearen Extrapolation bzw. Interpolation um nicht-lineare Extrapolation bzw. Interpolation.

Zwischen dem Korrelationskoeffizienten $r_{ab} = r_{ba} = r$ nach (11-6) und den Regressionskoeffizienten nach (11-10) und (11-11) bzw. (11-12) bestehen eine Reihe von *Beziehungen*, deren Kenntnis und Anwendung hilfreich sein kann. So lässt sich beispielsweise der Regressionskoeffizient durch

$$s_a r = s_b B_{ab} \rightarrow B_{ab} = r(s_a / s_b) \qquad (11\text{-}13)$$

$$s_b r = s_a B_{ba} \rightarrow B_{ba} = r(s_b / s_a) \qquad (11\text{-}14)$$

auch aus dem Korrelationskoeffizienten und den SP-Standardabweichungen bestimmen. In Anlehnung daran lassen sich die Regressionsgeraden auch in der Form

$$\hat{a} = \bar{a} + r\frac{s_a}{s_b}(b - \bar{b}) \quad bzw. \quad \hat{b} = \bar{b} + r\frac{s_b}{s_a}(a - \bar{a}) \qquad (11\text{-}15)$$

schreiben. Außerdem gilt

$$r^2 = B_{ab} B_{ba} . \qquad (11\text{-}16)$$

Besonders wichtig ist die Beachtung des *varianzanalytischen Aspekts* der Korrelations- und Regressionsanalyse. Ganz allgemein, d.h. bei beliebig vielen Dimensionen und somit beliebig vielen erfassten Einflussgrößen (b, c, ... → Schätzgröße $\hat{a}$ = f (b, c, ...)), und übrigens auch im nicht linearen Fall, gilt die Schätzung

$$B = r^2 = \frac{\Sigma(\hat{a}_i - \bar{a})^2}{\Sigma a_i'^2} = \frac{"erklärte\,Varianz"}{"Gesamtvarianz"}.$$ (11-17)

Folgerichtig ist der quadratische Korrelationskoeffizient (Bestimmtheitsmaß vgl. (11-3)) gleich der relativen erklärten Varianz, wobei die „erklärte Varianz" nichts anders als die durch das Regressionsmodell (im linearen Fall Regressionsgerade) erfasste Varianz ist, während die „Gesamtvarianz" natürlich die übliche bereits in Kap. 2.4 eingeführte SP-Varianz darstellt. In (11-17) ist die eigentliche Bedeutung des Korrelationskoeffizienten zum Ausdruck gebracht und gleichzeitig begründet, warum sein quadratischer Wert, wie schon in Kap. 11.1 gesagt, i.a. aussagekräftiger ist. Bestimmt man in (11-17) nun das Residuum, die relative „unerklärte Varianz" (1 - B), so gilt ebenfalls ganz allgemein

„*Gesamtvarianz*" = „*erklärte Varianz*" + „*unerklärte Varianz*"   (11-18)

bzw.

$$\frac{\Sigma a_i'^2}{n-1} = \frac{\Sigma(\hat{a}_i - \bar{a})^2}{n-1} + \frac{\Sigma(a_i - \hat{a}_i)^2}{n-1}.$$ (11-19)

Voraussetzung für diese Identität ist natürlich, dass alle Terme den gleichen Nenner „n-1" aufweisen. Außerdem ist zu beachten, dass es sich bei diesen Formeln (vgl. insbesondere (11-6) und alternativ (11-17), aber auch (11-18,19)) um Schätzungen handelt, deren Güte auch davon abhängt, ob die Voraussetzungen erfüllt sind (insbesondere Linearität bzw. Korrektheit des Regressionsmodells; Häufigkeitsverteilungen).

Die „unerklärte Varianz", oben als rechter Term von (11-19) definiert, kann in erster Näherung als Maß für die Abweichungen der SP-Werte a_i von der Regressionsgleichung $\hat{a}$ = f (b, c,...) aufgefaßt werden. Exakt gilt im zweidimensionalen Regressionsmodell

$$s_{a*b}^2 = \frac{\Sigma(a_i - \hat{a}_i)^2}{n-2} = s_a^2(1-r^2)\frac{n-1}{n-2} \quad bzw.$$ (11-20)

$$s_{b*a}^2 = \frac{\Sigma(b_i - \hat{b}_i)^2}{n-2} = s_b^2(1-r^2)\frac{n-1}{n-2}$$ (11-21)

(zweite Form (11-21), falls b die Zielgröße ist); der betreffende Zahlenwert wird als *Restvarianz* bezeichnet. Bei sehr großen SPs (Richtwert n > 100) ist n ≈ (n -1) bzw. (n-1) ≈ (n -2) und das „Korrekturglied" (n -1)/(n-2) in (11-20,21) kann entfallen. Die momentanalytische Schreibweise (vgl. Kap. 2.6), bei der nicht nur für die Größen Standardabweichung bzw. Varianz, sondern auch für die Restvarianz (11-20,21) im Nenner der Wert „n" geschrieben wird (wie das in manchen Statistik-Büchern und Software-Paketen geschieht), ist allerdings unexakt.

Beispiel:
82. Für die Zahlenwerte des Beispiel 81 soll, falls a als Zielgröße aufgefasst wird, die „erklärte" und „unerklärte" Varianz, daraus der Korrelationskoeffizient und schließlich die Restvarianz der Regression errechnet werden. – Dazu wird die folgende Rechentabelle (Tab. 50) benötigt, in der zunächst nach der Regressionsgleichung $\hat{a} = 8.78 + 0.60\, b$ die Schätzwerte $\hat{a}_i$ sowie die daraus hergeleiteten Zahlenwerte bestimmt sind, wie sie zur weiteren Berechnung benötigt werden.

b_i	$\hat{a}_i$	a_i	$(a_i - \hat{a}_i)^2$	$(\hat{a}_i - \bar{a})^2$
41	33.4	29	19.36	2.89
40	32.8	41	67.24	1.21
28	25.6	25	0.36	37.21
35	29.8	25	23.04	3.61
40	32.8	33	0.04	1.21
39	32.2	32	0.04	0.25
39	32.2	27	27.04	0.25
30	26.8	30	10.24	24.01
47	37.0	35	4.00	28.09
43	34.6	40	29.16	8.41
Σ			180.52	107.14

Tab. 50: Rechentabelle zu Beispiel 82.

n = 10
(vgl. dazu auch Tab. 49)

Nach (11-17) und mit Hilfe von $\Sigma a_i'^2 = 291$ aus Tabelle 49 folgt für r:
$r = \sqrt{107.14/291} \approx \sqrt{0.368} \approx 0.61$ (in Übereinstimmung mit Beispiel 81). Die „Gesamtvarianz" ist $s_a^2 = 291/9 \approx 32.2$ (vgl. Tab. 49 und (11-19); entsprechend 100%). Nach Tab. 50 ist die „erklärte Varianz" $107.14/9 \approx 11.9$ (entsprechend $11.9/32.2 * 100\% \approx 37\%$). Für die „unerklärte Varianz" gilt $180.52/9 \approx 20.1$. Noch stärker gerundet gilt: $32 = 12 + 20$ entsprechend $100\% = 38\% + 62\%$; vgl. (11-18). Für die Restvarianz ergibt sich hingegen nach (11-20): $s_{a*b}^2 = 180.52/8 \approx 22.6 \approx 23$. (Diese Betrachtungsweise verdeutlicht im übrigen den in diesem Fall nur schwach ausgeprägten Zusammenhang, da die erklärte Varianz nur rund 37% beträgt).

Wie beim Korrelationskoeffizienten r nach (11-7) und Regressionskoeffizient B nach (11-10), rechter Term, werden auch bei der Restvarianz manchmal Formeln benützt, die zwar relativ kompliziert aussehen, jedoch die Errechnung von Abweichungswerten der Art $(a_i - \bar{a})$, $(a_i - \hat{a}_i)$ usw. erübrigen. Dies ist für Taschen- und Tischrechner leichter zu programmieren und erspart Rechenzeit. Eine solche Formel ist auch

$$s_{a*b}^2 = \frac{1}{n-2}\left(\Sigma a_i^2 - A_{ab}\Sigma a_i - B_{ab}\Sigma a_i b_i\right) \qquad (11\text{-}22)$$

Bei Verwendung nicht programmierbarer Taschenrechner, Aufstellung von Rechentabellen und näherungsweisen Überschlagrechnungen sind hingegen i.a. die großen Zahlen

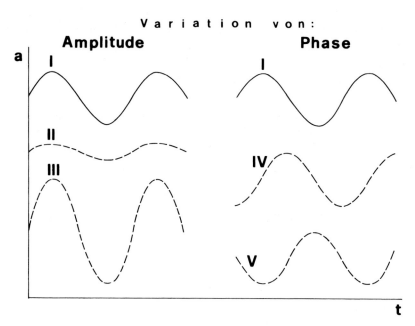

Abb. 47. Hinweise zur Zeitreihenkorrelation. Zwischen den Zeitfunktionen I einerseits und II als auch III anderseits besteht exakte lineare Korrelation (r = +1). Dies gilt auch für I und V (rechter Bildteil, jedoch Gegenphase, somit r = -1). Hingegen erhält man für I und IV (Phasenverschiebung $\pi/2$) ohne Kreuzkorrelationsrechnung (näheres dazu folgt in Kap. 14.2) den Wert r = 0.

lästig, die sich durch Terme wie $\sum a_i^2$ u.a. ergeben. In diesem Fall, auch falls die Regressionskoeffizienten (noch) nicht bekannt sind, wird man als Rechenformel für die Restvarianz eher

$$s^2_{a*b} = \frac{1}{n-2}(\sum a_i' - \frac{(\sum a_i' b_i')}{\sum b_i'^2}) \tag{11-23}$$

bevorzugen.

In den Geowissenschaften werden häufig *Zeitreihen* analysiert. Die dabei verfügbaren statistischen Methoden sollen zwar erst im Kap. 14 im Zusammenhang behandelt werden, doch müssen schon hier einige Probleme der Zeitreihenkorrelation angesprochen werden. Zeitreihen sind SPs der Form (vgl. auch Kap. 1.5)

$$a_i(t_i) \text{ mit } t_{i+1} - t_i = \Delta t = const., i = 1,...,n \tag{11-24}$$

mit t = Zeit. Es handelt sich somit um Daten, die sich auf äquidistante Zeitschritte beziehen (näheres siehe Kap. 14.1). Derartige Daten erfüllen i.a. nicht die Voraussetzungen der bisher beschriebenen Korrelationsanalyse. Vor allem sind sie meist nicht gegenseitig unabhängig; auf diese Autokorrelation wird in Kap. 14.3 eingegangen werden. Weiterhin sind sie nicht immer normalverteilt, was die Beachtung in Kap. 11.4 beschriebenen Modifikationen erfordert. Schließlich spielen bei Zeitreihen Amplitude und Phase eine besondere Rolle. Wie in Abb. 47 veranschaulicht, ist der Korrelationskoeffizient gegenüber Amplitudenvariationen invariant, da bei der Korrelationsrechnung eine Normierung bezüglich der Abweichungen vom Mittelwert vorgenommen wird (vgl. (11-6)). Dies kann unter Umständen eine besondere Betrachtung der Amplituden erfordern, z.B. der Art, dass die Amplitudendaten korreliert werden. Dagegen ist die Korrelationsrechnung empfindlich gegenüber Phasenverschiebungen. Zur Aufdeckung der Zusammenhänge ist es daher häufig sinnvoll, die Korrelationsrechnung bei unterschiedlicher Phase durchzuführen (vgl. Kreuzkorrelation, Kap. 14.3)

11.3 Schätzung der Korrelation und Regression von Grundgesamtheiten

Wie schon mehrfach betont, gilt der nach (11-6) oder vergleichbaren Formeln errechnete Korrelationskoeffizient r zunächst nur für die Stichproben-(SP)-Daten, die dieser Berechnung zugrunde liegen. Entsprechend ist natürlich auch die jeweils zugehörige Regressionsgleichung (sog. Ausgleichsgerade bzw. -kurve) nur auf diese SP-Daten bezogen. Beides, r wie Regressionsgleichung, ändern sich somit i.a. bei Erhöhung (bzw. allgemein Veränderung) des SP-Umfangs n. Mit Recht ist daher die Frage zu stellen, was sich auf Grund der SP-Korrelations- und Regressionsanalyse über die zugehörigen Grundgesamtheiten (GGs) vermuten lässt. Ganz ähnlich wie bei der Suche nach z.B. dem Mittelwert einer GG aufgrund des bekannten SP-Mittelwertes $\bar{a}$ (vgl. Intervallschätzung, Kap. 5.3) wird diese Frage durch die Schätzformeln für die *Mutungsbereiche der Korrelations- und Regressionskoeffizienten* beantwortet.

Unter den weiterhin geltenden Voraussetzungen (insbesondere Datenunabhängigkeit und Normalverteilung, vgl. Auflistung in Kap. 11.2 nach Gleichung (11-4)) des zweidimensionalen linearen Regressionsmodells wird basierend auf einer SP-Analyse, speziell der Errechnung des SP-Korrelationskoeffizienten r_{ab}, der *GG-Korrelationskoeffizient* im Intervall

$$\rho_{ab} = r_{ab} \pm z_\alpha \frac{1-r_{ab}^2}{\sqrt{n-1}} \quad (11\text{-}25)$$

vermutet, mit n = (identische) Stichprobenumfänge der SPs a und b. Wie früher (vgl. Mutungsbereich, Kap. 5.3; Vertrauensbereich, Kap. 8.3) ist z der Parameter der zV (standardisierten Normalverteilung), dessen Wert in Abhängigkeit von der Irrtumswahrscheinlichkeit α bzw. Signifikanz Si in Tab. 32 oder im Anhang A.1c nachgesehen werden kann. Im übrigen lässt sich (11.25) als zweiseitige *Hypothesenprüfung* interpretieren, und zwar mit der Nullhypothese H_o, dass ρ in dem betreffenden, in (11-25) nach dem Term r_{ab} definierten Mutungsbereich („Unschärfe"-Intervall) liegt.

176 Korrelation und Regression

Außerdem lässt sich die Alternativhypothese A_1 = {signifikante Korrelation} gegen die Nullhypothese H_o = {keine signifikante Korrelation} auf dem Niveau $Si = 1-\alpha$ auch durch

$$\hat{t} = r\sqrt{\frac{n-2}{1-r^2}} \quad mit \ \Phi = n-2 \quad (somit \ t-Test) \tag{11-26}$$

prüfen. Diese relativ häufig verwendete Hypothesenprüfung der Korrelationsanalyse erweist sich in der Praxis jedoch gegenüber (11-25) als weniger kritisch. Zudem muss im Rahmen der Zeitreihenanalyse bei Vorliegen von Autokorrelation insbesondere Formel (11-26) mit reduzierten Freiheitsgraden gerechnet werden (näheres in Kap. 14.3).

Komplizierter ist die Schätzung des *Mutungsbereiches der GG-Regressionskoeffizienten* des ebenfalls zweidimensionalen linearen Regressionsmodells. Zunächst sind

$$s(B_{ab}) = \frac{s_{a*b}}{\sqrt{\sum b_i'^2}} \quad und \quad s(A_{ab}) = s(B_{ab})\frac{\sum b_i'^2}{n} \tag{11-27}$$

die sog. Standardabweichungen der Regressionskoeffizienten B_{ab} und A_{ab}. Die entsprechenden Formeln für die Mutungsbereiche (Vertrauensbereiche) lauten:

$$B_{ab} \pm t_{\Phi,\alpha} s(B_{ab}) \quad und \quad A_{ab} \pm t_{\Phi,\alpha} s(A_{ab}), \Phi = n-2; \tag{11-28}$$

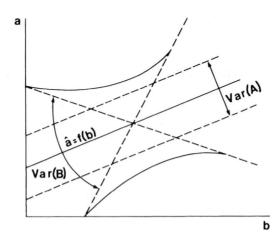

Abb. 48. Zur Schätzung des Vertrauensbereichs einer Regressionsgeraden $\hat{a} = f(b)$, wie er durch Variation des Achsenabschnitts (Var(A)) und der Steigung (Var(B)) zustande kommt.

Wie in der Abb. 48 veranschaulicht, ergibt sich daraus eine Figur, die bei den Mittelwerten $\bar{a}$, $\bar{b}$ der SP-Daten den geringsten Durchmesser aufweist und mit wachsender Entfernung von diesem Punkt sich erweitert. Diese Figur ist der *Mutungsbereich der Regressionsgeraden*.

Da Korrelations- und Regressionsanalyse eng miteinander gekoppelt sind, wird es nicht in jedem Fall notwendig sein, den Mutungsbereich der Regressionskurven zu bestimmen. Einfacher ist es, sich auf den Mutungsbereich und die Signifikanzprüfung des Korrelationskoeffizienten zu beschränken und die Restvarianz des Regressionsmodells zu berechnen. Manchmal ist es aber durchaus auch von Interesse, zu einer Abschätzung des oben beschriebenen Mutungsbereiches der Regressionskurve zu kommen.

Beispiel:
83. Der 95%-ige Mutungsbereich ($\alpha = 0.05$) des in Beispiel 81 errechneten Korrelationskoeffizienten lautet:

$M_\rho = \pm 1.96 \, (1-0.37) / \sqrt{9} \approx \pm 0.41$. Mit $r = 0.61$ folgt der Bereich (0.2 ↔ 1.0), in dem der Korrelationskoeffizient ρ der zugehörigen GGs vermutet werden kann. Mit den zugehörigen erklärten Varianzen zwischen 4% und 100% wird offenbar, dass diese Korrelationsrechnung praktisch kein verwertbares Ergebnis erbringt (was der unkritische Bearbeiter wegen $r = 0.61$ vielleicht nicht erwartet hat). Bei einer Irrtumswahrscheinlichkeit von $\alpha = 0.01$ (Si = 99%) folgt sogar ein Bereich zwischen 0% und 100% erklärter Varianz und somit ein völlig wertloses Ergebnis (Werte unter 0% und über 100% sind definitionsgemäß nicht möglich). Dagegen kommt man auf dem Niveau Si = 95% ($\alpha = 0.05$) wegen

$$\hat{t} = \frac{0.61\sqrt{8}}{\sqrt{1-0.37}} \approx 2.18 > 1.18 = t_{8, 0.05}$$

zu dem Schluss, dass die diese Korrelation auf dem Niveau Si = 95% signifikant ist.

11.4 Verteilungsfreie Korrelationsrechnung

Bestehen bei den zu korrelierenden Stichproben (SPs) *signifikante Abweichungen von der NV* (Normalverteilung), was dann möglicherweise auch für die zugehörigen Grundgesamtheiten (GGs) gilt (Prüfung durch den χ^2-Anpassungstest, vgl. Kap. 8.2.10), so gibt es im wesentlichen zwei Möglichkeiten, dies zu berücksichtigen:
- Erstens Abschätzung eines verteilungsfreien Mutungsbereiches (→ FISHER-Transformation)
- Zweites verteilungsfreie Korrelationsrechnung (insbesondere Rangkorrelation, aber auch andere Verfahren).

Nach FISHER (1970) lässt sich für SPs mit $n \geq 10$ durch die Transformation

$$\dot{r} = arc\tanh r \; (= \tanh^{-1} r) = \frac{1}{2} \ln \frac{1+r}{1-r} \qquad (11\text{-}29)$$

(tanh = Tagens hyperbolicus) eine „Normalisierung" der analysierten SPs erreichen. Diese *FISHER-Transformation* (beim Autor $\dot{z}$-Tranformation genannt) lässt sich in der Praxis als die Berücksichtigung nicht normalverteilter Kollektiver (SPs und zugehöriger GGs) durch die Abschätzung entsprechender *asymmetrischer verteilungsfreier* ρ - *Mutungsbereiche* auffassen. Der Mutungsbereich für den Korrelationskoeffizienten ρ lautet unter Verwendung dieser Transformation:

$$M_{\dot{\rho}} = \dot{r} \pm \frac{z_\alpha}{\sqrt{n-3}} \qquad (11\text{-}30)$$

(mit r = r_{ab}, $\rho = \rho_{ab}$). Die sich daraus ergebenden Grenzen r_1 und r_2 des Mutungsintervalls müssen anschließend mittels

$$r = \tanh \dot{r} = \frac{\exp(\dot{r}) - \exp(-\dot{r})}{\exp(\dot{r}) + \exp(-\dot{r})} \quad \left(= \frac{e^{\dot{r}} - e^{-\dot{r}}}{e^{\dot{r}} + e^{-\dot{r}}} \right) \qquad (11\text{-}31)$$

detransformiert werden (vgl. dazu (11-29)), was dann wie gesagt ein asymmetrisches verteilungsfreies Schätzintervall für den GG-Korrelationskoeffizienten ρ ergibt. Die entsprechende *verteilungsfreie Signifikanzprüfung der Korrelation* ist durch

$$\hat{z} = \dot{r}\sqrt{n-3} \qquad (11\text{-}32)$$

erreichbar (somit z-Test, der i.a. zweiseitig durchgeführt werden sollte).

Beispiel
84. Es sei nach (11-6) r = +0.687 und n = 50 bei signifikanter Abweichung von der NV. Der verteilungsfreie Mutungsbereich (Si = 95%) ist zu bestimmen und auf dem gleichen Niveau ist die Signifikanz der Korrelation zu prüfen. – Die FISHER-Transformation nach (11-29) lautet: $\dot{r}$ = $\tan h^{-1}$ (0.687) ≈ 0.842. Mit z_α(α = 0.05) = 1.96 ist nach (11-30) der transformierte Mutungsbereich: M_ρ = {0.842 ± 1.96 / $\sqrt{47}$} ≈ {0.556 ↔ 1.128}. Durch Detransformation nach (11-31) kommt man zu M_ρ = {0.505 ↔ 0.810}. Mit einer Wahrscheinlichkeit von Si = 95% lässt sich in diesem Fall eine Varianz zwischen 0.505^2 * 100% ≈ 25.5% und 0.081^2 * 100% ≈ 65.6% durch die errechnete Korrelation erklären. Die Signifikanzprüfung weist nach (11-32) mit $\hat{z}$ = 0.842 * $\sqrt{47}$ ≈ 5.77 > 1.96 = $z_{0.05}$ auf eine signifikante Korrelation hin (Annahme der Alternativhypothese). Mit $z_{0.001}$ = 3.29 gilt dies sogar noch mit einer Signifikanz von Si = 99.9%.

Die am häufigsten angewandte Methode, die Korrelationsrechnung von Anfang an verteilungsfrei durchzuführen, ist die *Rangkorrelationsrechnung nach SPEARMAN* (1908). Dieses Verfahren weist noch den weitergehenden Vorteil auf, auch bei nicht linearen Regressionen (z.B. logarithmischer oder exponentieller Zusammenhang) brauchbare Abschätzungen für die Korrelation zu liefern. Jedoch wird ein monotoner

Verlauf der Regressionskurve (d.h. ohne relative Maxima und Minima) vorausgesetzt. Der Rangkorrelationskoeffizient nach SPEARMAN lautet:

$$r_R = 1 - \frac{6\sum D_i^2}{n^3 - n}, \quad i = 1,\ldots,n; \quad 0 \leq |r_R| \leq +1, \tag{11-33}$$

wobei beide SPs in eine aufsteigende Rangfolge gebracht werden müssen und D_i die Rangplatzdifferenzen sind. Wie aus (11-33) ersichtlich, gehen die quadratischen Rangplatzdifferenzen in die Berechnung ein. Bei gleichen Rangplätzen („Bindungen", d.h. numerisch gleichen SP-Werten a_i bzw. b_i) werden wie bei anderen Verfahren (vgl. z.B. Kap. 8.2) gleiche Rangplätze vergeben; jedoch sollte bei vielen Bindungen (Richtwert > 25%) die korrigierte Formel nach KENDALL (1968)

$$r_{R*} = 1 - \frac{6\sum D_i^2}{n^3 - n - T_a - T_b} \quad (i \; und \; Wertebereich \; wie \; oben) \tag{11-34}$$

mit

$$T_a = \frac{1}{2}\sum_{j=1}^{J}\left[h_j^3(a) - h_j(a)\right]; \quad T_b = \frac{1}{2}\sum_{j=1}^{J}\left[h_j^3(b) - h_j(b)\right] \tag{11-35}$$

verwendet werden, wobei h_j die Anzahl jeweils gleicher Rangplätze in den SPs (a und b) ist und J angibt, wie oft dies der Fall ist; vgl. folgendes Beispiel.

Beispiel:
85. Für die Daten in Beispiel 81 (Gewittertage Bad Tölz und Hohenpeißenberg; vgl. auch Tab. 49) ist verteilungsfrei eine Rangkorrelationsrechnung sowie die zugehörige Mutungsbereichabschätzung für ρ durchzuführen. Die folgende Tabelle (Tab. 51) enthält dazu die nötigen Rangplatzordnungen sowie die Errechnung der quadratischen Rangplatzdifferenzen der beiden SPs.
Nach (11-33) folgt $r_R = 1 - (6*48.5) / (10^3 - 10) \approx 0.706$.
Werden die Bindungen berücksichtigt, so ergibt sich nach (11-35) und (11-34):
$T_a = 1/2(2^3 - 2) = 3$; $T_b = 1/2[(2^3-2) + (2^3-2)] = 6$; $r_{R*} = [1 - (6*48.4)]/[10^3 - 10 - 3 - 6] = [1 - (6*48.5)/981 \approx 0.703$ und somit eine äußerst geringe Abweichung gegenüber der Berechnung nach (11-33). (Bei der Errechnung von T_a und T_b wird somit zunächst festgestellt, wie oft in SP $_a$ und SP$_b$ gleiche Rangplätze auftreten. Das ist im obigen Beispiel bei SP$_a$→ J = 1 = einmal der Fall (Rangplatz 1.5)), bei der SP$_b$ jedoch →J = 2 = zweimal (Rangplatz 4.5 und 6.5). Folglich enthält T_a nur einen Term ($h_i^3 - h_j$), T_b jedoch zwei solcher Terme. Die Häufigkeit gleicher Rangplätze ist in beiden Fällen h = 2). Man erkennt, dass die verteilungsfreie Korrelationsrechnung einen besseren Zusammenhang ergibt als die Produkt-Momentkorrelation nach (10-6), vgl. r = 0.61 in Beispiel 80. – Die Mutungsbereich-Abschätzung für $ρ_R$ ist nur mit Hilfe der FISHER-Transformation sinnvoll. Mit (11-29) und (11-31) folgt: $\dot{r}$ = arc tan h (0.706) ≈ 0.879; $M_ρ$ = {0.879±1.96 / 7} ≈ {0.138↔1.620}; die Detransformation (tan h $\dot{r}$ = r) ergibt $M_ρ$ {0.137↔0.925}. Auch dieser Mutungsbereich (vgl. Beispiel 83) mit zwi-

schen $0.137^2 * 100\% \approx 2\%$ und $0.925^2*100\% \approx 86\%$ erklärter Varianz ist sehr groß und die Korrelationsrechnung daher aufgrund der sehr geringen SP-Umfänge wiederum denkbar wenig aussagekräftig.

Tab. 51. Rechentabelle zu Beispiel 85 (n = 10; vgl. auch Beispiel 80); a_i, b_i = Daten der beiden Stichproben, R_i = Rangplätze, D_i = Rangplatzdifferenzen ($D_i = R_i(a_i) - R_i(b_i)$).

Jahr	51	52	53	54	55	56	57	58	59	60
a_i	29	41	25	25	33	32	27	30	35	40
$R_i(a_i)$	4	10	1.5	1.5	7	6	3	5	8	9
b_i	41	40	28	35	40	39	39	30	47	43
$R_i(b_i)$	8	6.5	1	3	6.5	4.5	4.5	2	10	9
D_i	4	3.5	0.5	1.5	0.5	1.5	1.5	3	2	0
D_i^2	16	12.25	0.25	2.25	0.25	2.25	2.25	9	4	0

$\sum D_i^2 = 48.5$

Als Alternative zu (11-33) bzw. (11-34) kann als weiteres verteilungsfreies Maß zur Schätzung von Zusammenhängen der *Korrelationskoeffizient nach* KENDALL

$$r_K = [2 (KO - DI)] / n(n-1) , \qquad (11-36)$$

auch „KENDALL's τ" genannt, verwendet werden, wobei n wiederum der (identische) Umfang der beiden zu untersuchenden SPs ist. Die Besonderheit von (11-36) ist die Feststellung der sog. *Konkordanzen* KO und *Diskonkordanzen* DI der SP-Wertepaare. Dies bedeutet, dass beginnend mit dem Schritt i=1→2 verglichen wird, ob sich die Werte a_1→a_2 und b_1→b_2 gleichsinnig (konkordant) ändern oder nicht (diskonkordant), sodann a_2→a_3 und b_2→b_3 usw. bis das Wertepaar a_n, b_n erreicht ist, danach folgen alle Wertepaare im Abstand j=2 (also a_1→a_3 und b_1→b_3 usw.), j=3 usw.; dies ergibt insgesamt n(n-1) Möglichkeiten der Werteänderungen-Vergleiche. Sind alle Änderungen konkordant, ist KO= n(n-1) und es folgt r_K = +1, sind sie alle diskordant, folgt $r_K = -1$, und für die gleiche Anzahl KO und DI ergibt sich $r_K = 0$. Somit kann sich r_K in den gleichen Grenzen bewegen wie r nach (11-6). Falls relativ viele Bindungen auftreten, muss auch (11-36) modifiziert werden; dazu und zu weiteren Varianten und Modifikationen der Korrelationskoeffizienten-Berechnung siehe z.B. RINNE (2003) oder PRESS et al. (1992). Für r_K kann als Signifikanztest (11-26) verwendet werden; bei Mutungsbereich-Schätzungen ist jedoch die FISHER-Transformation (10-29, 10-30, 10-31) angebracht.

Beispiel
86. Mit den Zahlenwerten aus Beispiel 85 bzw. 81 (vgl. auch Tab. 51) ergeben sich folgende Anzahlen von Konkordanzen und Diskonkordanzen: KO = 33, DI = 9, oder falls zur Vermeidung von Bindungen a_4 = 25.1; b_5 = 40.1 und b_7 = 39.1 gesetzt werden: KO = 34, DI = 11. Daraus folgt r_K = [2(33-9)]/10*9 ≈ 0.53 bzw. [2(34-11)/10*9] ≈ 0.51. Somit ergibt sich ein deutlich niedrigerer Wert des Korrelationskoeffizienten

gegenüber der Rangkorrelationsrechnung nach SPEARMAN (11-33, 11-34; Beispiel 85) und sogar auch gegenüber der Produkt-Moment-Korrelations-rechnung nach PEARSON (11-6, Beispiel 81). Im Rahmen der Mutungsbereichschätzungen (vgl. Beispiele 83 und 84) sind diese Unterschiede jedoch nicht signifikant.

Eine weitere Möglichkeit der verteilungsfreien Korrelationsrechnung, die hier schließlich noch erwähnt werden soll, ist die sog. *Quadrantenkorrelation*. Dabei ist die graphische Darstellung der SP-Datenpaare in einem Streudiagramm erforderlich, das auf Grund der Mediane Med_a und Med_b in vier Quadranten aufgeteilt wird. Für diese Quadranten ist die minimale und maximale Zahl erhaltener Wertepaare („Punkte") zu bestimmen. Mit Hilfe spezieller Tafeln (siehe z.B. SACHS (2004)) kann aus der Differenz dieser Zahlen die Signifikanz der Korrelation abgeschätzt werden. Liegen die SP-Daten jeweils in zwei Klassen vor, kann in Ergänzung oder an Stelle oder ergänzend zum „χ^2-Vierfeldertest" (vgl. Kap. 8.2.14) der sog. *Vierfelder-Korrelationskoeffizient* errechnet werden. Bei entsprechender Definition dieser vier Felder (genauer: der Häufigkeiten in diesen Feldern), gilt nämlich

$$r_V = \frac{AD - BC}{\sqrt{(A+B)(A+C)(B+D)C+D)}}, \quad mit \ -1 \le r_V \le +1. \tag{11-37}$$

Gelegentlich findet man dafür auch die Formel

$$r_V = \cos\left[180° / (1 + \sqrt{\frac{AD}{BC}}\right] \tag{11-38}$$

(auch als „Phi-Koeffizient" Φ bezeichnet). Die Signifikanzprüfung erfolgt in diesem Fall am sinnvollsten mit Hilfe des χ^2-Vierfeldertests (Kap. 8.2.14), während bei der Abschätzung des Mutungsbereiches wieder die FISHER-Transformation anzuwenden ist.

Beispiel:
87. Mit den Zahlenwerten des Beispiels 70 (Vergleich Winter und nachfolgender Sommer Hohenpeißenberg, wärmer bzw. kälter als im Mittel), A = 55, B = 47, C = 32 und D = 52 (vgl. dazu auch Tab. 43), findet man:

$$r_V = \frac{55*52 - 47*32}{102*87*99*84} \approx 0.16 \ ; \quad r_{V*} = \cos\left[180° / (1\sqrt{\frac{55*52}{47*32}})\right] \approx 0.25$$

Beide Formeln liefern einen denkbar schlechten Zusammenhang, während sich der zugehörige χ^2-Test als weniger kritisch erweist, da sich in Kap. 8.2.14 für dieses Beispiel eine Signifikanz von 95 % ergeben hatte.

11.5 Dreidimensionale lineare Korrelations- und Regressionsrechnung

Bisher sind im Rahmen der Korrelations- und Regressionsrechnung jeweils nur zwei Stichptoben (SPs) bzw. Grundgesamtheiten (GGs) einander zugeordnet und hinsichtlich ihres Zusammenhangs untersucht worden. Die Problemstellung soll nun auf *drei Kollektive (drei Dimensionen)* mit einer Zielgröße a und zwei Einflussgrößen b und c erweitert werden. Dabei gibt es zwei prinzipiell unterschiedliche Möglichkeiten:
- Die dritte Einflussgröße c wird als „Störgröße" aufgefasst, welche die Korrelation r_{ab} beeinträchtigt oder sogar verfälscht (im negativen oder positiven Sinn). In diesem Falle sollte der Einfluss von c auf die Korrelation r_{ab} ausgeschaltet werden, was durch die *partielle* Korrelationsrechnung geschieht.
- Die dritte Einflussgröße c ist zusätzlich zu b bei der Korrelation beteiligt, so dass a zugleich von b und c abhängt. In diesem Fall muss diese dritte Größe c hinzugenommen werden, was durch die *multiple* Korrelationsrechnung geschieht.

Im folgenden gelten jedoch noch weiterhin einige Voraussetzungen wie bei der zweidimensionalen linearen Korrelations- und Regressionsanalyse (vgl. Kap. 11.2), nämlich lineare Zusammenhänge, normalverteilte Kollektive und Datenunabhängigkeit. Eine verteilungsfreie dreidimensionale Korrelationsrechnung ist analog zum zweidimensionalen Fall über die Berücksichtigung asymmetrischer Mutungsbereiche nach der Fisher-Transformation möglich (vgl. Kap. 11.4). Der Einfluss einer dritten Variablen ist jedoch, gemäß der Problemstellung dieses Kapitels, zugelassen, nicht aber der Einfluss vierter usw. Einflussgrößen (Methodik dazu folgt in Kap. 11.6).

Für die *partielle Korrelationsrechnung* ist es zunächst nötig, alle möglichen Korrelationskoeffizienten nach (11-6) zu berechnen: r_{ab}, r_{ac} und r_{bc}. (Aus Unterscheidungsgründen ist es im folgenden nötig, die Korrelationskoeffizienten durch Indizes zu kennzeichnen.) Der *dreidimensionale lineare partielle Korrelationskoeffizient* der Variablen a und b unter Ausschaltung von c lautet dann:

$$r(part)_{ab*c} = r_{ab*c} = \frac{r_{ab} - r_{ac}r_{bc}}{\sqrt{(1 - r_{ac}^2)(1 - r_{bc}^2)}} \tag{11-39}$$

wobei das Sternsymbol hier zur Kennzeichnung der nachfolgend aufgeführten ausgeschalteten Variablen dient. Der partielle Korrelationskoeffizient kann sich wie der zweidimensionale im Bereich $-1 \leq r \leq +1$ bewegen.

Der eigentliche Grund für die partielle Korrelationsrechnung ist nun *der Vergleich der partiellen mit den nicht partiellen Korrelationskoeffizienten*. Dabei gibt es folgende Möglichkeiten:
- $| r(part)_{ab*c} | < |r_{ab}| \rightarrow$ *Überschätzung* der Korrelation r_{ab} wegen des Einflusses von c; durch die Berechnung von $r(part)_{ac*b}$ sollte überprüft werden, ob nicht r_{ac} den besseren Zusammenhang repräsentiert. Im Extremfall wird durch $| r(part)_{ab*c} | \approx 0$ bei $|r_{ab}| > 0$ eine *Scheinkorrelation* erkannt; dann repräsentiert r_{ac} den wahren Zusammenhang.

- | r(part)$_{ab*c}$ | > |r$_{ab}$| → *Unterschätzung* der Korrelation r$_{ab}$ wegen des Einflusses von c; der betreffende partielle Korrelationskoeffizient ist für die Beschreibung des Zusammenhangs r$_{ab}$ geeigneter.
- | r(part)$_{ab*c}$ | ≈ r$_{ab}$ → keine Störung durch die dritte Variable c, das zweidimensionale Korrelations- und Regressionsmodell beschreibt den Zusammenhang korrekt.
- Sowohl | r(part)$_{ab*c}$ | als auch | r(part)$_{ac*b}$| signifikant von Null verschieden → die multiple Korrelationsrechnung kommt in Betracht (folgt unten).

Die partielle Korrelationsrechnung und der Vergleich von r(part)$_{ab*c}$ sowie von r(part)$_{ac*b}$ mit r$_{ab}$ führt somit zur Entscheidung, ob mit einem zwei- oder dreidimensionalen Regressionsmodell gearbeitet werden soll. Dabei wird stets a als Zielgröße (abhängige Variable) aufgefasst, b bzw. b und c sind die Einflussgrößen (unabhängigen Variablen). Zur Abgrenzung der oben aufgelisteten Möglichkeiten ist es unerlässlich, die zugehörigen Mutungsbereiche und Signifikanzen abzuschätzen. Dafür können die gleichen Methoden verwendet werden wie im zweidimensionalen Fall (vgl. Kap. 11.3 bzw. verteilungsfrei Kap. 11.4).

Kommt auf Grund der Ergebnisse der partiellen Korrelationsanalyse die entsprechende multiple (hier dreidimensionale) lineare multiple Korrelationsanalyse in Frage, so müssen zunächst wieder alle möglichen zweidimensionalen Korrelationskoeffizienten r$_{ab}$, r$_{ac}$ und r$_{bc}$ berechnet vorliegen. Dann lautet der zugehörige *lineare multiple Korrelationskoeffizient*

$$r(mult)_{a*bc} = r_{a*bc} = \sqrt{\frac{r_{ab}^2 + r_{ac}^2 - 2r_{ab}r_{ac}r_{bc}}{1 - r_{bc}^2}} \quad , \tag{11-40}$$

der sich offenbar nur im Intervall 0 ≤ r(mult) ≤ +1 bewegen kann und somit definitionsgemäß stets positiv ist. Auch auf diese Maßzahl können die Mutungsbereich-Formeln nach Kap. 11.3 bzw. verteilungsfrei nach Kap. 11.4 angewendet werden. Der *Hypothesentest zur Signifikanzprüfung* des multiplen Korrelations- und Regressionsmodells lautet jedoch

$$\hat{F} = \frac{r^2(mult)*(n-2)}{1 - r^2(mult)} \quad mit \quad \Phi_1 = 1 \quad und \quad \Phi_2 = n - 2 \tag{11-41}$$

mit n wie bisher SP-Umfang, jetzt (identisch) für SP$_a$, SP$_b$ und SP$_c$; somit n „Datentripel". (In der Praxis kann es angebracht sein, r(mult) alternativ aus dem zugehörigen Regressionsmodell zu errechnen; die Formeln hierfür folgen).

Je nach den Ergebnissen der dreidimensionalen Korrelationsanalyse (partielle und ggf. multiple Korrelationsrechnung) ist entweder das zweidimensionale Regressionsmodell ausreichend oder es sollte eine *dreidimensionale Regressionsgleichung* aufgestellt werden. Diese Gleichung, hier zunächst in linearer Form (lineares dreidimensionales Regressionsmodell), lautet

$$\hat{a} = A + Bb + Cc \tag{11-42}$$

und ist anschaulich eine (Regressions-) Gerade im dreidimensionalen Raum. In diesem Raum befindet sich auch die Streufigur der Werte-Tripel $\{a_i, b_i, c_i\}$. Das Arbeiten mit dreidimensionalen Streudiagrammen ist für die Praxis jedoch meist zu aufwendig, so dass man sich daher meist auf die entsprechenden Rechengrößen (Restvarianz bzw. unerklärte Varianz, näheres folgt unten) beschränkt. Die unbekannten Regressionskoeffizienten A, B und C lassen sich ganz analog zum zweidimensionalen Fall (vgl. Kap. 11.2) durch Entwicklung und Lösung der sog. Normalgleichung bestimmen. Wird (11-42) der Reihe nach mit 1, b und c multipliziert und jede dieser drei Gleichungen über i = 1,..., n (= SP-Umfang) summiert, so erhält man die *Normalgleichungen des dreidimensionalen linearen Regressionsmodells* in der Form

$$\sum a_i = An + B\sum b_i + C\sum c_i ; \qquad (11\text{-}43)$$

$$\sum a_i b_i = A\sum b_i + B\sum_i^2 + C\sum b_i c_i ; \qquad (11\text{-}44)$$

$$\sum a_i c_i = A\sum c_i + B\sum b_i c_i + C\sum c_i^2 . \qquad (11\text{-}45)$$

Wie das folgende Beispiel (88) zeigen wird, sind diese Berechnungen allerdings schon recht aufwendig, so dass bei relativ umfangreichen Datensätzen eigentlich nur Rechenhilfen (PC usw.) dafür in Frage kommen (i.a. problemlos, da die übliche statistische Standardsoftware die multiple lineare Korrelations- und Regressionsrechnung enthält).

Setzt man zur Errechnung der Werte $\hat{a}_i$ die SP-Daten der Einflussgrößen (b_i und c_i) in die Regressionsgleichung (11-42) ein (mit den nach (11-43) bis (11-45) errechneten Werten für die Regressionskoeffizienten A, B und C), so lässt sich mittels

$$s_{a*bc}^2 = \frac{1}{n-3}\sum(a_i - \hat{a}_i)^2 \qquad (11\text{-}46)$$

die *Restvarianz* dieses Regressionsmodells errechnen. Wie im zwei- so gilt auch im dreidimensionalen Fall (und für beliebig viele Dimensionen) die Relation

$$\sum a_i'^2 = \sum(a_i - \overline{a})^2 = \sum(\hat{a}_i - \overline{a})^2 + \sum(a_i - \hat{a}_i)^2 \qquad (11\text{-}47)$$

(vgl. (11-19) bzw. (11-18), nach Multiplikation mit dem dort angegebenen, gleich lautenden Nenner). Aufgrund von (11-17), (11-46) und (110-47) folgt daraus

$$r^2(mult)_{a*bc} = \frac{\sum(\hat{a}_i - \overline{a})^2}{\sum a_i'^2} = 1 - \frac{s_{a*bc}^2(n-3)}{\sum a_i'^2} \qquad (11\text{-}48)$$

und somit die Möglichkeit, den multiplen Korrelationskoeffizienten aus dem zugehörigen Regressionsmodell zu errechnen (was oben bereits als in der Praxis mögliche Alternative erwähnt worden ist).

Das folgende Beispiel (Beispiel 88) zeigt, dass bereits die dreidimensionale Korrelations- und Regressionsrechnung „per Hand" (Taschenrechner) sehr viel Aufwand erfordert, selbst wenn – wie generell bei den Beispielen dieses Buches – die Stichprobenumfänge extrem klein sind.

Beispiel:

88. Der jährliche Abfluss a eines peruanischen Flusses (Quebrada Parròn, nach FLIRI, 1969) soll in Abhängigkeit von Temperatur b (Jahresmittel) und Niederschlag c (Jahressummen) mittels einer dreidimensionalen linearen Korrelations- und Regressionsrechnung untersucht werden. Dazu enthält zunächst die folgende Tabelle 52a die zur Errechnung der zweidimensionalen Korrelationskoeffizienten erforderlichen Daten und Berechnungen. (Die Maßeinheiten sind im folgenden jeweils weggelassen; sie lauten: a und b in cm, c in °C.) In der gleichen Tabelle (Tab. 52a) ist auch die dreidimensionale Korrelationsrechnung durchgeführt. Die Berechnungen sind vergleichend interpretiert, wobei offenbar sowohl das zwei- als auch das dreidimensionale Regressionsmodell in Frage kommt. Für die zweidimensionale (lineare) Regressionsgleichung erhält man nach (11-10) und (11-11):

$B_{ac} = 90.15 / 2.38 \approx 37.878 \approx 37.88$; $A_{ac} = 133.1 - 37.878 * 2.55 \approx 36.511 \approx 36.51$.

Somit lautet die zweidimensionale Regressionsgleichung: $\hat{a} = 36.51 + 37.88$ c.

Tab. 52a: Rechentabelle zu Beispiel 88 mit Errechnung der zwei- und dreidimensionalen Korrelationskoeffizienten sowie Interpretation der Ergebnisse (a = Abfluss in cm, b = Niederschlag in cm und c = Temperatur in °C).

a_i	a_i'	$a_i'^2$	b_i	b_i^2	b_i'	$b_i'^2$	$a_i b_i$	$a_i' b_i'$
130	-3.1	9.61	71	5041	-2	4	9230	6.2
104	-29.1	846.81	87	7569	14	196	9048	-407.4
101	-32.1	1030.41	71	5041	-2	4	7171	64.2
127	-6.1	37.21	62	3844	-11	121	7874	67.1
151	17.9	320.41	66	4356	-7	49	9966	-125.3
186	52.9	2798.41	68	4624	-5	25	12684	-264.5
126	-7.1	50.41	84	7056	11	121	10584	-78.1
140	6.9	47.61	75	5625	2	4	10500	13.8
∑ 1065		5140.88	584	43156		524	77021	-724.0

c_i	c_i^2	c_i'	$c_i'^2$	$a_i c_i$	$b_i c_i$	$a_i' c_i'$	$b_i' c_i'$
2.5	6.25	-0.05	0.0025	325.0	177.5	0.155	0.10
2.0	4.00	-0.55	0.3025	208.0	174.0	16.005	-7.70
1.8	3.24	-0.75	0.5625	181.8	127.8	24.075	1.50
1.9	3.61	-0.65	0.4225	241.3	117.8	3.965	7.15
3.2	10.24	0.65	0.4225	483.2	211.2	11.635	-4.55
3.2	10.24	0.65	0.4225	595.2	217.6	34.385	-3.25
2.9	8.41	0.35	0.1225	365.4	243.6	-2.485	3.85
2.9	8.41	0.35	0.1225	406.0	217.5	2.415	0.70
∑ 20.4	54.40		2.38	2805.9	1487.0	90.150	-2.20

mit n=8; $\bar{a}$=1065/8≈133.1; $\bar{b}$=584/8≈73.0; $\bar{c}$=20.4/8≈2.55; s_a^2 =5140.88/7≈734.41 (cm²).

Daraus ergibt sich folgende Berechnung der zweidimensionalen Korrelationskoeffizienten und Bestimmtheitsmaße:

$$r_{ab} = \frac{-724.0}{\sqrt{5140.88*524}} \approx -0.441 \rightarrow B_{ab} \approx 19.4\%;\ r_{ac} = \frac{90.15}{5140.88*2.38} \approx +0.815$$

$$\rightarrow B_{ac} \approx 66.4\%;\ r_{bc} = \frac{-2.2}{\sqrt{524*2.38}} \approx -0.062; \rightarrow B_{bc} \approx 0.4\%.$$

Erwartungsgemäß erscheint der Abfluss sowohl mit dem Niederschlag als auch mit der Temperatur korreliert, während sich zwischen Niederschlag und Temperatur nach diesen Berechnungen kein Zusammenhang ergibt. Es folgen nun die Berechnungen der partiellen und des multiplen Korrelationskoeffizienten:

$$r(part)_{ab*c} = \frac{-0.441-(0.815*(-0.062))}{\sqrt{(1-0.815^2)(1-0.062^2)}} \approx -0.675 (\rightarrow B \approx 45.6\%);$$

$$r(part)_{ac*b} = \frac{0.815-(-0.441*(-0.062))}{\sqrt{(1-0.441^2)(1-0.062^2)}} \approx +0.879 (\rightarrow B \approx 77.3\%);$$

$$r(part)_{bc*a} = \frac{-0.062-(-0.441*(0.815))}{\sqrt{(1-0.441^2)(1-0.815^2)}} \approx +0.572 (\rightarrow B \approx 32.7\%);$$

$$r(mult)_{a*bc} = \sqrt{\frac{0.441^2 + 0.815^2 - 2(0.441*0.815*0.062)}{1-0.062^2}} \approx 0.904 (\rightarrow B \approx 81.7\%).$$

Mit Hilfe der partiellen Korrelationsrechnung lässt sich somit aufdecken, dass die Korrelationen zwischen Abfluss einerseits sowie Niederschlag und Temperatur andererseits besser sind, als es die zweidimensionale Korrelationsrechnung anzeigt. Auch die Korrelation zwischen Niederschlag und Temperatur wird nun erst offenbar. Den größten Anteil erklärter Varianz erbringt das multiple Modell (a*bc). Doch ist die partielle Korrelation (ac*b) nur unwesentlich schlechter.

Somit lautet die zweidimensionale Regressionsgleichung: $\hat{a} = 36.51 + 37.88$ c.

Zur Errechnung der dreidimensionalen Regressionsgleichung werden nach (11-43) bis (11-45) die Normalgleichungen aufgestellt.

I. $1065 = 8A + 584B + 20.4C; \rightarrow$ I'. $A = 133.125 - 73B - 2.55C;$
II. $77021 = 584A + 43156B + 1487C;$
III. $2805.9 = 20.4A + 1487B + 54.4C;$

Einsetzen von I' in II führt zu:
II.' $77021 = 77745 - 42632B - 1489.2C + 43156B + 1487C;$
$\rightarrow -724 = 524B - 2.2C; \rightarrow$ II." $B = -1.3817 + 0.0042C;$

Aus Einsetzen von II'' in I' folgt:
I.'' $A = 133.125 + 100.8641 - 0.3066C - 2.55C = 233.9891 - 2.8566C;$

Mit Einsetzen des letzten Ergebnisses in III erhält man:
III.' $2805.9 = 47773.3776 - 58.2746C + 1487B + 54.4C;$
$\rightarrow$ mit II'' $\rightarrow$ III'' $87.1103 = 2.3708C ;\ \rightarrow C = 36.743;$

Damit lässt sich in II'' bestimmen: $B = -1.3817 + 1487*36.743 = -1.227;$

Schließlich ergibt sich durch Einsetzen von C und B in I': $A \approx 129.031.$

Die dreidimensionale Regressionsgleichung lautet daher:
$\hat{a} = 129.03 - 1.23b + 36.74c.$

Weitere Beispiele:

89. Für die Zahlenwerte des vorstehenden Beispiels sollen Restvarianz, erklärte Varianz und daraus der multiple Korrelationskoeffizient errechnet werden. Dazu müssen die $\hat{a}_i$-Werte aus den beiden obigen Regressionsgleichungen bestimmt werden, was mit Hilfe der folgenden Tabelle (Tab. 52b) geschieht..

Tab. 52b. Rechentabelle zu Beispiel 89; dabei bedeuten (2) → zweidimensionales und (3) → dreidimensionales Regressionsmodell).

a_i	$\hat{a}_i(2)$	$[a_i - \hat{a}_i(2)]^2$	$\hat{a}_i(3)$	$[a_i - \hat{a}_i(3)]^2$	b_i	c_i
130	131.2	1.44	133.6	12.96	71	2.5
104	112.3	68.89	95.5	72.25	87	2.0
101	104.7	13.69	107.8	46.24	71	1.8
127	108.5	342.25	122.6	19.36	62	1.9
151	157.8	46.24	165.4	207.36	66	3.2
186	157.8	795.24	163.0	529.00	68	3.2
126	146.4	416.16	132.3	39.69	84	2.9
140	146.4	40.96	143.3	10.89	75	2.9
Σ		1724.87		937.75		

Die Varianz der SP-Werte a_i ist $s_a^2 = 734.41$ (vgl. Tab. 52, Beispiel 88). Für das zweidimensionale Regressionsmodell folgt nach (11-20) die Restvarianz $s^2_{a*b} = 1724.87 / 6 \approx 287.48$, für die unerklärte Varianz jedoch $1742.87 / 7 \approx 246.41$ oder relativ prozentual $[246.41/734.41]*100\% \approx 33.6\%$. Die erklärte Varianz ist dann $734.41 - 246.41 = 488.0$ oder relativ prozentual 66.4%. Nach (11-17) lautet dann der Korrelationskoeffizient

$$r_{ab} = \sqrt{\frac{488.0}{734.41}} \approx 0.815 \quad \text{(in Übereinstimmung mit } r_{ac} \text{ in Beispiel 88).}$$

Natürlich folgt auch daraus die relativ prozentuale erklärte Varianz $0.815^2*100\% \approx 66.4\%$.

Für das dreidimensionale Regressionsmodell folgt nach (11-46) die Restvarianz $s^2_{a*bc} = 937.75 / 5 \approx 187.55$, für die unerklärte Varianz jedoch $937.75 / 7 \approx 133.96$ ($\hat{=} 18.2\%$). Die erklärte Varianz ist dann $734.41 - 133.96 = 600.45$ oder relativ prozentual $600.45 / 734.41 \approx 81.8\%$. Auch in diesem Fall kann der (nun multiple) Korrelationskoeffizient nach (11-17) berechnet werden:

$$r_{a*bc} = \sqrt{\frac{600.45}{734.41}} \approx 0.904 \quad \text{(in Übereinstimmung mit Beispiel 88).}$$

Die daraus errechnete erklärte Varianz von $0.904^2*100\% \approx 81.7\%$ stimmt bis auf einen kleinen Rundungsfehler mit dem obigen Wert überein.

90. Wie lauten die Mutungsbereiche (Si = 95%) des Korrelationskoeffizienten für das zwei- und dreidimensionale lineare Regressionsmodell in Beispiel 89? – Wird zunächst NV vorausgesetzt, gilt zweidimensional mit $r(part)_{ac*b} = 0.879$ (vgl. Beisp. 88):

188   Korrelation und Regression

$$\rho_{ab} = 0.879 \pm 1.96 \frac{1-0.879^2}{\sqrt{7}} \approx \{0.711 \leftrightarrow 1.00\} \; (\rightarrow \text{mind. } 50.6\% \text{ erklärte Varianz}).$$

Dreidimensional folgt mit $r(\text{mult})_{a*bc} = 0.904$ (vgl. wiederum Beispiel 88):

$$\rho_{ab} = 0.904 \pm 1.96 \frac{1-0.904^2}{\sqrt{7}} \approx \{0.769 \leftrightarrow 1.00\} \; (\rightarrow \text{mind. } 59.1\% \text{ erklärte Varianz}).$$

Zur verteilungsfreien Abschätzung ergibt sich mit Hilfe der Fisher-Transformation zweidimensional:

$$\dot{r} = tanh^{-1}(0.879) = 1.371; \; \dot{\rho}_{ac} = \{1.371 \pm 1.96 / \sqrt{5}\} \approx \{0.494 \leftrightarrow 2.248\};$$

Detransformation: $\rho_{ac} = \{0.457 \leftrightarrow 0.978\}$ ($\rightarrow$ mind. 24.4% erklärte Varianz).
Dreidimensional ergibt sich:

$$\dot{r} = tanh^{-1}(0.904) = 1.494; \quad \dot{\rho}_{a*bc} = \{1.494 \pm 1.96 / \sqrt{5}\} \approx \{0.617 \leftrightarrow 2.371\};$$

Detransformation führt zu $\rho_{a*bc} = \{0.59 \pm 0.893\}$ (mind. 30.1% erklärte Varianz).
Die verteilungsfreie Mutungsbereichsabschätzung führt offenbar zu wesentlich größeren Intervallen, in denen ρ vermutet wird, als die verteilungsgebundene (NV). Außerdem erkennt man, dass (vor allem wegen des extrem geringen SP-Umfanges) das dreidimensionale Regressionsmodell kein signifikant besseres Ergebnis erbringt als das zweidimensionale.

91. Die Signifikanz des multiplen Korrelationskoeffizienten von Beispiel 88 (0.904; n = 8) ist zu prüfen, und zwar auf dem Niveau Si = 99% (α = 0.01; einseitig).
Der F-Test nach (11-41) ergibt:

$$\hat{F} = \frac{0.904^2}{1-0.904^2}(8-2) \approx 26.83 > 13.7 = F(\Phi_1 = 1, \Phi_2 = 6; \alpha = 0.01);$$

d.h. signifikante Korrelation auf dem Niveau Si = 99%.

11.6 (D > 3) - dimensionale lineare Korrelations- und Regressionsrechnung

Das Beispiel 88 hat gezeigt, wie aufwendig die dreidimensionale Korrelations- und Regressionsrechnung selbst bei extrem geringem Datenumfang n ist. Spätestens bei der Erweiterung auf 4 Dimensionen ist ein Punkt erreicht, bei dem die Lösung statistischer Probleme mit Hilfe eines Taschenrechners (bzw. mehr oder weniger „per Hand") nicht mehr sinnvoll ist. Damit gibt es auch keine Möglichkeit mehr, die statistische Methodik mit Hilfe von einfachen, überschaubaren und somit relativ kurzen Berechnungen zu demonstrieren. Andererseits ist die (D > 3) - dimensionale lineare Korrelations- und Regressionsanalyse beim Einsatz von programmgesteuerten Rechenanlagen (PC usw.) rasch zu bewältigen und in der üblichen statistischen Standard-Software enthalten (i.a. bis zu einer Größenordnung von ca. D = 10 Dimensionen). Der Nutzer solcher Rechen-

Korrelation und Regression

programme sollte jedoch in der Lage sein, die Rechenschritte zu verstehen, damit er die Ergebnisse richtig interpretieren kann. Manchmal wird es auch erforderlich sein, ergänzende Programmierungen selbst vorzunehmen, da die Standard-Software oft nicht alle gewünschten Aspekte, insbesondere der Hypothesenprüfung und Mutungsbereichschätzung, enthält.

Für die multidimensionale (D>3) lineare Korrelations- und Regressionsanalyse ist eine Strategie erforderlich, die zielstrebig und mit nicht zu hohem Rechenaufwand zu den gewünschten Analysen und Ergebnissen führt. Diese Strategie besteht zuerst in der Aufstellung der vermuteten Regressionsgleichung und der daraus abgeleiteten Normalgleichungen. In der Praxis sollte man schrittweise vorgehen und vor jeder Erweiterung von D auf (D + 1) Dimensionen die durch das D-dimensionale Regressionsmodell erklärte Varianz (oder auch die Restvarianz) berechnen und prüfen, ob diese Erweiterung einen wesentlichen Fortschritt bringt. Dabei spielen auch die Mutungsbereiche der Korrelationskoeffizienten (SP bzw. GG → ρ) eine wichtige Rolle.

Die *multidimensionale lineare Regressionsgleichung* lautet

$$\hat{a} = A + Bb + Cc + Dd + Ee + Ff + \ldots \tag{11-49}$$

oder in anderer Form geschrieben

$$\hat{a} = A + B_1 b_1 + B_2 b_2 + B_3 b_3 + \ldots + B_D b_D = A + \sum_{d=1}^{D} B_d b_d \quad (d = 1, \ldots, D) \tag{11-50}$$

mit der Zielgröße (Prädiktant) $\hat{a}$, D Dimensionen, den Einflußgrößen (Prädiktoren) b, c, d, e, f, ... , bzw. b_d und den Regressionskoeffizienten A, B, C, E, F, ... bzw. B_d; d = 1, ..., D. Die zugehörigen Normalgleichungen erhält man durch die Erweiterung des in Kap. 11.5 für D = 3 beschriebenen Algorithmus, nämlich der Multiplikation der Regressionsgleichung der Reihe nach mit 1, b bzw. b_1, c bzw. b_2 usw. und Summierung der SP-Daten über den SP-Umfang i = 1, ..., n. (Bei D = 3 besteht die SP aus den Daten-Tripeln {a_i, b_i, c_i} bzw. {a_i, b_{1i}, b_{2i}}, bei D = 4 aus dem Daten-Quadrupeln { a_i, b_i, c_i, d_i} bzw. {a_i, b_{1i}, b_{2i}, b_{3i}} und so fort. Die Normalgleichungen stellen stets ein System von D linearen Gleichungen für D Unbekannte dar.

Beispiel:
92. Für D = 4 Dimensionen sollen die Normalgleichungen des linearen Regressionsmodells entwickelt werden. Man erhält:

$$\hat{a} = A + Bb + Cc + Dd \begin{vmatrix} *1, \sum \to \sum a_i = An + B\sum b_i + C\sum c_i + D\sum d_i \\ *b, \sum \to \sum a_i b_i = A\sum b_i + B\sum b_i^2 + C\sum b_i c_i + D\sum b_i d_i \\ *c, \sum \to \sum a_i c_i = A\sum c_i + B\sum b_i c_i + C\sum c_i^2 + D\sum c_i d_i \\ *d, \sum \to \sum a_i d_i = A\sum d_i + B\sum b_i c_i + C\sum c_i d_i + D\sum d_i^2 \end{vmatrix}$$

Dies ergibt D=4 Gleichungen für D=4 Unbekannte (Regressionskoeffizienten).

Korrelation und Regression

Beim *vereinfachten schrittweise Vorgehen* kann man notfalls zunächst auf die Errechnung der partiellen Korrelationskoeffizienten verzichten, insbesondere wenn die Einflussgrößen zumindest näherungsweise als voneinander unabhängig angesehen werden können. (Zur Prüfung dieser Unabhängigkeit mittels der Korrelationsrechnung benötigt man allerdings die partielle Korrelationsrechnung und eine Korrelationsmatrix aller Größen; vgl. Beispiel 88.) Im allgemeinen wird man zunächst die zweidimensionalen Korrelationen zwischen der Wirkungsgröße a und den Einflussgrößen b, c, d, ... bzw. b_d berechnen, soweit diese zur Debatte stehen, dementsprechend eine Reihe von Korrelationskoeffizienten r_{ab}, r_{ac}, r_{ad}, ... bzw. $(r_{ad})_d$ erhalten und diese nach absteigender Wertfolge ordnen.

Mit dem dreidimensionalen Regressionsmodell auf Grund der beiden besten Korrelationen r_{ab} und r_{ac} wird begonnen. Nach Berechnung der drei Regressionskoeffizienten A, B und C (vgl. Beisp. 89) können die zugehörigen Werte $\hat{a}_i$ der dreidimensionalen Regressionsgleichung bestimmt werden. Es folgt mit Hilfe von

$$S^2_{a*bcd...} = \frac{\sum(\hat{a}_i - \overline{a})^2}{n-1}; \quad \underline{S}^2_{a*bcd} = \frac{\sum(a_i - \hat{a}_i)^2}{n-1} \qquad (11\text{-}51)$$

die Bestimmung der „erklärten" (linker Ausdruck) bzw. „unerklärten" (rechter Ausdruck) Varianz sowie der Restvarianz

$$s^2_{a*bcd...} = \frac{\sum(\hat{a}_i - a_i)^2}{n-D} = \frac{(n-1)}{(n-D)}\underline{S}^2_{a*bcd...} \qquad (11\text{-}52)$$

mit D = Anzahl der Dimensionen. Da

$$s^2_a \approx S^2_{a*bcd...} + \underline{S}^2_{a*bcd...} \qquad (11\text{-}53)$$

(vgl. 11-18) und (11-19), ist bei bekannter (ggf. leicht zu errechnender) Varianz s^2_a der Wirkungsgröße nur die Errechnung der erklärten oder unerklärten Varianz notwendig. Dabei gelten die Formeln (11-52) und (11-53) offenbar für beliebig viele Dimensionen (und somit für jeden Schritt der Erweiterung des Regressionsmodells von D auf D+1 Dimensionen). Ebenso lässt sich auch der multiple Korrelationskoeffizient für beliebig viele Dimensionen aus dem Regressionsmodell durch

$$r(mult)^2_{a*bcd...} = S^2_{a*bcd...}/s_a^2 = 1 - \underline{S}^2_{a*bcd...}/s_a^2 \qquad (11\text{-}54)$$

(in Analogie zu (11-48)) errechnen. Werden die partiellen Korrelationskoeffizienten benötigt, so sind die folgenden Regressionsformeln von Nutzen:

$$\underline{r}^2_{a*bc} = \underline{r}^2_{ab}\underline{r}^2_{ac*b} \qquad (11\text{-}55)$$

$$\underline{r}^2_{a*bcd} = \underline{r}^2_{ab}\underline{r}^2_{ac*b}\underline{r}^2_{ad*bc} \qquad (11\text{-}56)$$

$$\underline{r}^2_{a*bcde} = \underline{r}^2_{ab}\underline{r}^2_{ac*b}\underline{r}^2_{ad*bc}\underline{r}^2_{ae*bcd} \qquad (11\text{-}57)$$

$$\underline{r}^2_{a*bcdef} = \underline{r}^2_{ab}\underline{r}^2_{ac*b}\underline{r}^2_{ad*bc}\underline{r}^2_{ae*bcd}r^2_{af*bcde} \quad \text{usw.} \qquad (11\text{-}58)$$

Dabei sind $\underline{r}$ die komplementären Korrelationskoeffizienten mit

$$\underline{r} = 1 - r; \quad (11\text{-}59)$$

und auf der linken Seite von (11-55) und (11-58) stehen jeweils die multiplen Korrelationskoeffizienten (kenntlich daran, dass jeweils nach „a" der Punkt mit der Liste der Einflussgrößen geschrieben steht), auf der rechten Seite als 2. und ggf. als 3., 4. usw. Faktor die partiellen Korrelationskoeffizienten („Punkt" nach jeweils zwei Buchstabensymbolen, vor diesem Punkt stehen die korrelierten, danach die ausgeschalteten Größen).

Beispiel:
93. In Beispiel 88 war $r_{ab} \approx -0.441$; $r_{ac*b} \approx +0.879$. Dann ist $\underline{r}^2_{ab} \approx (1 - 0.441^2) \approx 0.8055$; $\underline{r}^2_{ac*b} \approx (1 - 0.879^2) \approx 0.2274$. Nach (11-55) folgt: $\underline{r}^2_{a*bc} \approx 0.8055 * 0.2274 \approx 0.1834$ und $r^2_{ab*c} \approx 1 - 0.1834 = 0.8166$. Dann ist $r_{a*bc} \approx \sqrt{0.8166} \approx 0.904$ bei rund 81.7% erklärter Varianz, in Übereinstimmung mit den Ergebnissen in Beispiel 88. Angenommen, es ließe sich mit Hilfe einer 3. Einflussgröße d (vierdimensionale Regression) der multiple Korrelationskoeffizient auf $r_{a*bcd} = 0.950$ erhöhen, so ließe sich daraus der partielle Korrelationskoeffizient r_{ad*bc} wie folgt errechnen:

$$\underline{r}^2_{a*bcd} = 1 - 0.95^2 = 0.0975; \quad \underline{r}^2_{ab} * \underline{r}^2_{ac*b} = \underline{r}^2_{ac*bc} \approx 0.1834 \, (vergl. \, oben).$$

$$\underline{r}^2_{ad*bc} = \frac{\underline{r}^2_{a*bcd}}{\underline{r}^2_{ab} * \underline{r}^2_{ac*b}} \approx 0.5316; \quad r^2_{ad*bc} \approx 1 - 0.5316 = 0.4684;$$

$$r^2_{ad*bc} \approx \sqrt{0.4684} \approx 0.684.$$

(Das Vorzeichen dieses partiellen Korrelationskoeffizienten ist unbestimmt und muss aus der Regression zu r_{ad} geschätzt werden.)

Das obige Rechenbeispiel, aber auch schon die Formeln (11-55) bis (11-58) legen nahe, diese Formeln noch in eine alternative Form zu bringen (z.B. für Rechenprogrammierung vorteilhaft):

$$\underline{r}^2_{a*bc} = \underline{r}^2_{ab} \underline{r}^2_{ac*b} \quad (11\text{-}60)$$

$$\underline{r}^2_{a*bcd} = \underline{r}^2_{a*bc} \underline{r}^2_{ad*bc} \quad (11\text{-}61)$$

$$\underline{r}_{a*bcde} = \underline{r}^2_{a*bcd} \underline{r}^2_{ae*bcd} \quad (11\text{-}62)$$

$$\underline{r}^2_{a*bcdef} = \underline{r}^2_{a*bcde} \underline{r}^2_{af*bcde} \quad (11\text{-}63)$$

usw.

Daneben gelten eine Reihe von Identitäten, die zwar selbstverständlich sind, auf die aber doch teilweise hingewiesen werden soll. So ist bei der dreidimensionalen Korrelation

$$r_{a*bc} = r_{a*cb} \quad (11\text{-}64)$$

Korrelation und Regression

und bei der vierdimensionalen Korrelation

$$r_{a*bcd} = r_{a*cdb} = r_{a*bdc} \quad \text{usw.,} \tag{11-65}$$

d.h. bei der multiplen Korrelationsrechnung, sind die Einflussgrößen beliebig vertauschbar.

Die partiellen Korrelationskoeffizienten des dreidimensionalen Modells r_{ab*c}, r_{ac*b} und r_{bc*a} sind natürlich nicht gleich, wohl aber ist

$$r_{ab*c} = r_{b a*c}; \quad r_{ac*b} = r_{ca*b} \quad \text{usw.} \tag{11-66}$$

und bei vier Dimensionen

$$r_{ab*cd} = r_{ba*cd} = r_{ad*dc} = r_{ba*dc} \tag{11-67}$$

Dies ist beachtenswert, wenn für den (D > 3) - dimensionalen Fall Formeln für die partiellen und multiplen Korrelationskoeffizienten entwickelt werden, beispielsweise

$$r_{ab*cd} = \frac{r_{ab*c} - r_{ad*c} r_{bd*c}}{\sqrt{(1 - r_{ad*c}^2)(1 - r_{bd*c}^2)}} \tag{11-68}$$

für den vierdimensionalen partiellen Korrelationskoeffizienten.

Wie bereits erwähnt, gilt für beliebig-dimensionale partielle und multiple Korrelationskoeffizienten die Mutungsbereich-Abschätzung des zugehörigen GG-Korrelationskoeffizienten ρ nach (11-25), ggf. unter Anwendung der Fisher-Transformation (vgl. Kap. 10.4) zur verteilungsfreien Abschätzung. Die Signifikanzprüfung der multiplen Korrelation für beliebig viele Dimensionen geschieht mit Hilfe des F-Tests in der Form

$$\hat{F} = \frac{r^2(mult)}{1 - r^2(mult)} * \frac{n - 1(D - E) - 1}{D - E} \quad \text{mit } \Phi_1 = D - E; \Phi_2 = n - (D - E) - 1; \tag{11-69}$$

mit D = Anzahl der Dimensionen und E = Anzahl der betrachteten Einflussgrößen. Im allgemeinen ist (D-E) = 1, so dass sich (11-69) zu

$$\hat{F} = \frac{(n - 2)r^2(mult)}{1 - r^2(mult)} \quad \text{mit } \Phi_1, \Phi_2 \text{ wie oben (11-69)} \tag{11-70}$$

vereinfacht. Die wichtige Frage, ob ein Regressionsmodell D_2 signifikanter ist als ein Regressionsmodell $D_1 < D_2$ (ob also die Berücksichtigung einer größeren Zahl von Einflussgrößen berechtigt ist), beantwortet die Prüfgröße (ebenfalls F-Test)

$$\hat{F} = \frac{(r_2^2(mult) - r_1^2(mult))n - D_2 - 2)}{(1 - r_2^2(mult))(D_2 - D_1)} \quad \text{mit } \Phi_1 = D_2 - D_1, \Phi_2 = n - D_2 - 2 \tag{11-71}$$

mit D_1, D_2 jeweils Anzahl der Dimensionen bzw. betrachteten Einflussgrößen.

11.7 Nicht-lineare Korrelations- und Regressionsrechnung

Bisher ist stets ein linearer Zusammenhang zwischen der Wirkungsgröße a und der bzw. den Einflussgrößen b bzw. b, c, d,... vorausgesetzt worden. Bestehen daran Zweifel, so kann in erster Näherung graphisch mit Hilfe der Streudiagramme $a_i = f(b_i)$ und ggf. auch $a_i = f(c_i)$, $a_i = f(d_i)$ usw. abgeschätzt werden, ob diese Linearität tatsächlich gegeben ist. Das wohl einzige bisher dazu entwickelte Prüfverfahren (folgt in Kap 11.8) setzt leider einen wesentlich größeren SP-Umfang der a_i-Daten (Wirkungsgröße) als der Einflussgröße/n voraus und ist daher in der Praxis selten anwendbar.

Wird nun ein *nicht linearer aber monotoner Zusammenhang vermutet* (d.h. im anschaulichen zweidimensionalen Fall, vgl. Abb. 45, F - I, dass sich die Kurvensteigung progressiv bzw. degressiv, nicht aber ihr Vorzeichen ändern darf), so gelten auch im zweidimensionalen Fall nicht mehr die Formeln für den PEARSON-Korrelationskoeffizienten (11-6) bzw. (11-7), wohl aber die Formeln für die Rangkorrelationskoeffizienten (11-33) bzw. (11-34) und (11-36) sowie die grundlegenden Relationen (11-17) bis (11-19) in Zusammenhang mit den sog. Normalgleichungen. Dies bedeutet, dass bei der nicht linearen Korrelations- und Regressionsanalyse auch so vorgegangen werden kann, dass zuerst ein geeignetes Regressionsmodell gesucht wird; mit Hilfe der betreffenden Regressionsbeziehung und den daraus errechneten Werten $â_i$ lässt sich dann, auch im (D > 2) - dimensionalen Fall, der zugehörige Korrelationskoeffizient abschätzen. Wie früher (Kap. 11.2) beschrieben, geschieht dies durch den Vergleich der erklärten Varianz ($\rightarrow \sum (â_i - \overline{a})^2 /n - 1$) oder der unerklärten Varianz ($\rightarrow \sum (a_i - â_i)^2 /n - 1$) mit der Gesamtvarianz ($\sum (a_i'^2 /n - 1)$) der SP-Daten a_i (mit $\overline{a}$ = deren arithmetischer Mittelwert a'_i Abweichungen davon). Es gilt somit nach wie vor die Schätzung

$$r^2 = \frac{\sum (â - \overline{a})^2}{\sum a_i'^2} = 1 - \frac{\sum (a_i - â_i)^2}{\sum a_i'^2} \tag{11-72}$$

vgl. (11-17) und (11-19). Da es keine einfachen und zugleich verlässlichen Kriterien gibt, die eindeutig aufzeigen, dass eine bestimmtes nicht lineares Regressionsmodell angewendet werden sollte, und da außerdem eine Vielzahl in Frage kommender nicht linearer Funktionen existieren, wird in der Praxis meist nichts anderes übrig bleiben, als die empirische Suche nach dem geeignetsten nicht linearen Regressionsmodell, ein mehr oder weniger oft wiederholtes „Probieren" also, wobei das (relativ!) beste Regressionsmodell das mit der maximalen erklärten Varianz bzw. minimalen unerklärten Varianz (auch Restvarianz nach (10-20)) ist.

Gehen wir wieder vom einfachsten und anschaulichsten Fall aus, dem zweidimensionalen $â_i = f(b_i)$, so kommt wie gesagt eine Vielzahl nicht linearer Beziehungsgleichungen in Frage. In Tabelle 53 ist eine Auswahl davon mit den zugehörigen Normalgleichungen zusammengestellt. (Die Aufstellung dieser Normalgleichungen erfolgt im übrigen nach dem gleichen Prinzip wie in Kap. 11.6; vgl. z.B. Beispiel 92.) In der Praxis ist es am naheliegendsten, zunächst zu prüfen, ob sich die vermutlich nicht lineare Beziehung

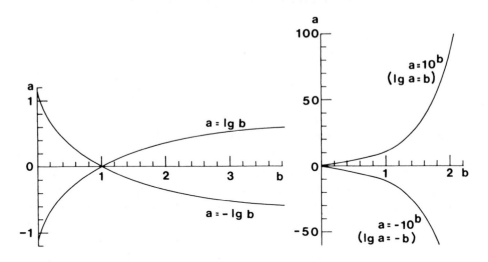

Abb. 49. Einfache Grundtypen nicht linearer Regression (hier mit lg = dekadischer Logarithmus).

Tab. 53. Auswahl nicht linearer zweidimensionaler Regressions- und Normalgleichungen, wobei unter Nr.1 auch der lineare Fall zum Vergleich mit einbezogen ist. Statt des dekadischen Logarithmus (lg) kann auch der natürliche (ln) verwendet werden.

Nr.	Regressionsgleichung	Zugehörige Normalgleichungen
1	$\hat{a} = A + Bb$	$\sum a_i = An + B\sum b_i$ $\sum a_i b_i = A\sum b_i + B\sum b_i^2$
2	$\lg \hat{a} = A + Bb$	$\sum \lg a_i = An + B\sum b_i$ $\sum (b_i \lg a_i) = A\sum b_i + B\sum b_i^2$
3	$\hat{a} = A + B \lg b$	$\sum a_i = An + B\sum \lg b_i$ $\sum (a_i \lg b_i) = A\sum \lg b_i + B\sum (\lg b_i)^2$
4	$\lg \hat{a} = A + B \lg b$	$\sum \lg a_i = An + B\sum \lg b_i$ $\sum (\lg a_u \lg b_i) = A\sum \lg b_i + B\sum (\lg b_i)^2$
5	$\hat{a} = AB^b$ bzw. $\lg \hat{a} = \lg A + (\lg B) b$	$\sum \lg a_i = (\lg A)n + \lg B \sum b_i$ $\sum (b_i \lg a_i) = (\lg A) \sum b_i + (\lg B) \sum b_i^2$
6	$\hat{a} = A + Bb^2$	$\sum a_i = An + B\sum b_i^2$ $\sum a_i b_i = A\sum b_i + B\sum b_i^3$

Anmerkung: Nr. 6 modifizierbar durch $a = A + Bb^3$; $a = A + Bb^4$; usw.; außerdem können die Steigungen (Koeffizienten B) auch negativ sein.

durch eine einfach-logarithmische Regressionsgleichung annähern lässt. Mit den einfachen Gleichungen

$\hat{a} = A + B \lg b \quad bzw. \quad \hat{a} = A - B \lg b$ (11-73)

$\lg \hat{a} = A + Bb \quad bzw. \quad \lg \hat{a} = A - Bb$ (11-74)

lassen sich nämlich schon die vier Grundformen nicht linearer Funktionen simulieren:
- progressiv steigend → (11-74), linke Seite;
- degressiv steigend → (11-73), linke Seite;
- progressiv fallend → (11-74), rechte Seite;
- degressiv fallend → (11-73), rechte Seite.

Für $A = 0$ und $B = 1$ sind diese vier Grundtypen nicht linearer zweidimensionaler Regressionsgleichungen in der Abb. 49 dargestellt; vgl. auch Kap. 11.1, insbesondere Abb. 45. Die Abschätzung mittels Streudiagramm wird durch die Benutzung handelsüblicher einfach-logarithmischer Diagrammpapiere vereinfacht. Man kann aber auch rein mathematisch auf Grund der vorliegenden Kurvenform nach dem geeignetsten nicht linearen Regressionsmodell suchen, Alternativen berechnen und sich für das Modell mit der geringsten Restvarianz entscheiden. Das folgende Beispiel zeigt, wieder an Hand einer extrem kleinen SP (Daten in geringer Abweichung nach SACHS, 2004), wie das mögliche Vorgehen aussehen könnte. Dabei ist zum Vergleich auch das hier sicher nicht zutreffende lineare Regressionsmodell mit einbezogen. Die Mutungsbereich-Formel (11-25) ist allerdings nicht anwendbar, da sie einen linearen Zusammenhang voraussetzt.

Beispiel:
94. Die folgende Tabelle enthält sowohl eine SP = $\{a_i, b_i\}$ als auch die zur Entwicklung des linearen und zweier nicht linearer Regressionsmodelle notwendigen Berechnungen. Die Lösung der Normalgleichungen und Abschätzungen der Korrelationen wird anschließend gezeigt.

1	2	3	4	5	6	7
a_i	$\lg a_i$	b_i	b_i^2	$a_i b_i$	$b_i \lg a_i$	$a_i'^2$
3	0.477	1	1	3	0.477	289
7	0.845	2	4	14	1.690	169
12	1.079	3	9	36	3.237	64
26	1.415	4	16	104	5.660	36
52	1.716	5	25	260	8.580	1024
Σ 100	5.532	15	55	417	19.644	1582

Tab. 54: Rechentabelle zu Beispiel 94.

$n = 5;$
$\bar{a} = 100 / 5 = 20;$
$\bar{b} = 15 / 5 = 3;$
$s_a^2 = 1582 / 4 = 395.5$

Zunächst wird die lineare Regression durchgeführt; vgl. Normalgleichungen Nr.1 in Tab. 53. Aus Tab. 54 sind zunächst die Spalten 1,3,4 und 5 erforderlich.
I. $100 = 5A + 15B;$ *3 und Subtraktion von II → II′
II. $417 = 15A + 55B;$

Korrelation und Regression

II'. $117 = 10B \rightarrow B = 11.7$; in I $\rightarrow A = \dfrac{100}{5} - \dfrac{15*11.7}{5} = -15.1$.

Somit lautet die Regressionsgerade: $\underline{\hat{a} = -15.1 + 11.7\,b}$.
Als vermutlich besseres Regressionsmodell wird nun die Form "$\lg \hat{a} = A + B\,b$" gewählt; vgl. Normalgleichungen Nr.2 in Tab. 53. Aus Tab. 54 sind nun die Spalten 2,3,4 und 6 erforderlich.

I. $5.532 = 5A + 15B$; * 3 und Subtraktion von II $\rightarrow$ II' $\rightarrow$
II. $19.644 = 15A + 55B$;

II'. $3.048 = 10B \rightarrow B = 0.3048 \approx 0.305$; in I $\rightarrow A = \dfrac{5.532}{5} - \dfrac{15*0.3048}{5} = 0.192$.

Somit lautet die (nicht lineare) Regressionskurve: $\underline{\lg \hat{a} = 0.192 + 0.305\,b}$.
Als weitere nicht lineare Alternative wird schließlich noch die Annäherung mittels der Form $\underline{\hat{a} = AB^b}$ gleichbedeutend mit $\lg \hat{a} = \lg A + (\lg B)b$ versucht; vgl. Normalgleichungen Nr. 5 in Tab. 53. Aus Tab. 54 werden wieder die Spalten 2,3,4 und 6 (wie oben) benötigt.

I. $5.532 = 5 \lg A + 15 \lg B$; *3 und Subtraktion von II $\rightarrow$ II' $\rightarrow$
II. $19.644 = 15 \lg A + 55 \lg B$;
II'. $3.048 = 10 \lg B$; $\rightarrow \lg B = 0.3048 \rightarrow B = 10^{0.3048} \approx 2.017$;
In I $\rightarrow \lg A = 0.192$; $A = 10^{0.192} \approx 1.556$.

Somit lautet die Gleichung der alternativen Regressionskurve: $\underline{\hat{a} = 1.556 * 2.017^b}$.
Die folgende Tabelle (Tab. 55) gibt schließlich noch die durch die drei Regressionen (1 = linear, 2 = nicht linear im ersten Versuch, 3 = nicht linear in der Alternative) erreichbaren Annäherungen $\hat{a}_i$ der SP-Daten a_i an, einschließlich der Errechnung der erklärten Varianz und der daraus errechneten Korrelationskoeffizienten.

Das Regressionsmodell 2 erklärt offenbar den höchsten Varianzanteil (im Rahmen der Rundungsfehler praktisch 100% $\rightarrow$ r = 1; vgl. 6. Spalte in Tab. 55 in Relation zur 7. Spalte in Tab. 54), ist aber nur unwesentlich besser als das Modell 3. Dagegen liegt der erklärte Varianzanteil des linearen Modells (1) etwas darunter (r $\approx$ 1368.9/1582 $\approx$ 0.930).

Tab. 55. Regressionswerte $\hat{a}_i$ der drei Regressionen von Beispiel 94 (gekennzeichnet durch die Ziffern 1,2,3) und Berechnung der erklärten Varianz bzw. Korrelation.

b_i	a_i	$\hat{a}_i(1)$	$(\hat{a}_i(1) - \bar{a})^2$	$\hat{a}_i(2)$	$(\hat{a}_i(2) - \bar{a})^2$	$\hat{a}_i(3)$	$(\hat{a}_i(3) - \bar{a})^2$
1	3	-3.4	547.56	3.14	284.26	3.14	284.26
2	7	8.3	136.89	6.34	186.60	6.33	186.87
3	12	20.0	0.00	12.79	51.98	12.77	52.27
4	26	31.7	136.89	25.82	33.87	25.75	33.06
5	52	43.4	547.56	52.12	1031.69	51.94	1020.16
Σ			1368.90		1588.40		1576.62

Im vorangehenden Beispiel ist das Regressionsmodell der Form Nr. 2 in Tab. 53 als das optimale zur Anpassung an die SP $\{a_i, b_i\}$ erkannt worden, wobei die Errechnung der Regressionskoeffizienten mit Hilfe der zugehörigen Normalgleichungen erfolgte.

Der Unterschied zum linearen Regressionsmodell bestand in diesem Fall nur darin, dass die Variable a logarithmisch in die Berechnungen einging. Zur graphischen Betrachtung im Streudiagramm kann man entweder von einem linearen Diagramm ausgehen, um die jeweilige Kurvenform zu erkennen, oder aber, wie bereits erwähnt, logarithmisches Diagrammpapier verwenden (in diesem Fall einfach logarithmisch bezüglich a).

Die Verwendung logarithmischen Papiers aber bedeutet eine graphische Linearisierung, zu der es natürlich auch eine mathematische Entsprechung gibt. Im Beispiel 94 bräuchte man dann nur ganz einfach von den logarithmierten Werten lg a_i ausgehen und die entsprechend transformierte (linearisierte) SP {lg a_i, b_i} könnte nach der Methodik der linearen Korrelations- und Regressionsanalyse behandelt werden. Dies hat außerdem den Vorteil, dass dann auch die Schätz- und Prüfverfahren ihre Gültigkeit haben, welche die Voraussetzung der Linearität beinhalten (z.B. Mutungsbereich nach (11-25).

Beispiel:
95. Das Beispiel 94 wird nach der Transformation $a_i \rightarrow$ lg a_i wie im Fall der linearen Korrelations- und Regressionsanalyse behandelt.

a_i	lg a_i	(lg a_i)'	(lg a_i)'^{2}	b_i	b_i'	$b_i'^2$	(lg a_i)' b_i'
3	0.477	-0.629	0.3961	1	-2	4	1.258
7	0.845	-0.261	0.0683	2	-1	1	0.261
12	1.079	-0.027	0.0008	3	0	0	0.000
26	1.415	0.309	0.0952	4	1	1	0.309
52	1.716	0.610	0.3716	5	2	4	1.220
∑ 100	5.532		0.9320			10	3.048

Tab. 56. Rechentabelle zu Beispiel 95.

$n = 5$;
$\overline{lg\,a} \approx 1.1064$;
$\overline{b} = 3$

Nach (10-6) folgen für den (nun linear berechenbaren) Korrelationskoeffizienten r = 3.048 $/\sqrt{0.932*10} \approx 0.998$ und entsprechend für die Regressionskoeffizienten B = 3.048 / 10 ≈ 0.305, A = 1.1064 - 0.3048*3 ≈ 0.192. Die „Regressionsgerade" lautet dann: lg â = 0.192 + 0.305 b.
(Mutungsbereich für ρ: 0.998 ± 1.96 (1 - 0.998^2) /$\sqrt{4}$ ≈ 0.004 bei Si = 95%.)

In der Tabelle 57 ist eine Auswahl von nicht linearen Funktionen zusammengestellt, die sich durch geeignete Transformationen linearisieren lassen. Bei Betrachtung des Beispiel 94 ist dann zu erkennen, dass die dort behandelte „alternative" nicht lineare Regressionsgleichung der Form lg â = lg A + (lg B)b mit der Linearisierungstransformation Nr. 1 von Tab. 57 identisch ist.

Wie bei der linearen Korrelations- und Regressionsanalyse der Übergang von zwei auf drei und schließlich beliebig viele Dimensionen behandelt worden ist, so lässt sich natürlich auch bei der nicht linearen Korrelations- und Regressionsrechnung eine Er-

Tab. 57. Linearisierung zweidimensionaler Regressionsgleichungen.

Nr.	Vermutete nicht-lineare Regressionsgleichung	Linearisierungstransformation der Variablen		Entsprechende Transformation der Regressionskoeffizienten	
		$a_* =$	$b_* =$	$A_* =$	$B_* =$
1	$\hat{a} = AB^b$	lg a	b	lg A	lg B
2	$\hat{a} = Ab^B$	lg a	lg b	lg A	B
3	$\hat{a} = A\,e^{Bb}$	ln a	b	ln A	B
4	$\hat{a} = A\,e^{B/b}$	ln a	1/b	ln A	B
5	$\hat{a} = A + Bb^C$	a	b^C	A	B
6	$\hat{a} = A + B/b$	a	1/b	A	B
7	$\hat{a} = A/(A+b)$	1/a	b	B/A	1/A
8	$\hat{a} = Ab/(B+b)$	1/a	1/b	1/A	B/A
9	$\hat{a} = b/(A+Bb)$	b/a	b	A	B

weiterung auf mehr als zwei Dimensionen erreichen. Und wie im Fall der multiplen linearen Analyse ist es auch im nicht linearen multiplen Fall praktikabel, zunächst die Regressionsgleichung zu bestimmen und aus der erklärten (bzw. unerklärten bzw. Rest-) Varianz auf den zugehörigen Korrelationskoeffizienten zu schließen. Nach dem in Kap. (11-6) behandelten Verfahren lassen sich z.B. für eine vermutete dreidimensionale nicht lineare Regressionsgleichung der Form

$$\hat{a} = A + B\,b + C\,c^2 \tag{11-75}$$

die folgenden Normalgleichungen zur Bestimmung der Regressionskoeffizienten A, B und C entwickeln:

$$\sum a_i = An + B \sum b_i + C \sum c_i^2 \,; \tag{11-76}$$
$$\sum a_i b_i = A \sum b_i + B \sum b_i^2 + C \sum b_i c_i^2 \,; \tag{11-77}$$
$$\sum a_i c_i^2 = A \sum c_i^2 + B \sum b_i c_i^2 + C \sum c_i^4 \,. \tag{11-78}$$

(Durch Vertauschen von b und c in (11-76) bzw. in den SP-Daten (a_i, b_i, c_i) lässt sich dies natürlich sofort auch in der Form $\hat{a} = A + B\,b^2 + C\,c$ auffassen.) Es kann aber auch der Fall eintreten, dass eine zweidimensionale nicht lineare Regressionsgleichung drei Regressionskoeffizienten enthält, z.B. in der Form

$$\hat{a} = A + B\,b + C\,b^2, \tag{11-79}$$

was zur Lösung ebenfalls drei Normalgleichungen erfordert. In Analogie zu (11-76) bis (11-78) wird dann einfach b^2 als dritte Variable (zweite Einflussgröße) aufgefasst und ganz ähnlich wie oben lauten die Normalgleichungen für dieses nicht-lineare dreidimensionale Regressionsmodell:

$$\Sigma a_i = An + B \Sigma b_i + C \Sigma b_i^2 \ ; \tag{11-80}$$

$$\Sigma a_i b_i = A \Sigma b_i + B \Sigma b_i^2 + C \Sigma b_i^3 \ ; \tag{11-81}$$

$$\Sigma a_i b_i^2 = A \Sigma b_i^2 + B \Sigma b_i^3 + C \Sigma b_i^4 \ ; \tag{11-82}$$

Allgemein nennt man (11-79) eine Regressionsgleichung 2. Ordnung, weil die unabhängige Variable b maximal im Quadrat vorkommt (wobei der Term Bb auch entfallen könnte; vgl. Tab. 53, Nr. 6). Entsprechend führt die Einführung eines Terms b^3 zu einer Regressionsgleichung 3. Ordnung, b^4 zur 4. Ordnung und so weiter. Und ebenfalls allgemein können die Regressionskoeffizienten A,B,C, ... sowohl positiv als auch negativ sein.

An Stelle von quadratischer Variabler lassen sich auch beliebige Potenzen oder Wurzeln einführen, wobei die c-te Wurzel gleich der 1/c-ten Potenz ist. So lauten für die Regression

$$\hat{a} = A + B b + C \sqrt{b} \tag{11-83}$$

die Normalgleichungen:

$$\Sigma a_i = An + B \Sigma b_i + C \Sigma \sqrt{b_i} \ ; \tag{11-84}$$

$$\Sigma a_i b_i = A \Sigma b_i + B \Sigma b_i^2 + C \Sigma \sqrt{b_i^3} \ ; \tag{11-85}$$

$$\Sigma a_i \sqrt{b_i} = A \Sigma \sqrt{b_i} + B \Sigma \sqrt{b_i^3} + C \Sigma b_i \ . \tag{11-86}$$

Schließlich soll noch erwähnt werden, dass auch in diesem Zusammenhang an logarithmische Umformungen gedacht werden kann; so lässt sich beispielsweise die Regressionsbeziehung

$$\hat{a} = AB^b C^{b^2} \tag{11-87}$$

umformen in

$$lg\ \hat{a} = lg\ A + (lg\ B)b + (lg\ C)b^2 , \tag{11-88}$$

was ebenfalls eine zweidimensionale nicht lineare Regressionsbeziehung mit drei Regressionskoeffizienten darstellt. Dementsprechend werden die drei Normalgleichungen

$$\Sigma lg\ a_i = (lg\ A)\ n + (lg\ B) \Sigma b_i + (lg\ C) \Sigma b_i^2 \tag{11-89}$$

$$\Sigma (lg\ a_i)\ b_i = (lg\ A) \Sigma b_i + (lg\ B) \Sigma b_i^2 + (lg\ C) \Sigma b_i^3 \tag{11-90}$$

$$\Sigma (lg\ a_i)\ b_i^2 = (lg\ A) \Sigma b_i^2 + (lg\ B) \Sigma b_i^3 + (lg\ C) \Sigma b_i^4 \tag{11-91}$$

zur Bestimmung der Regressionskoeffizienten A, B und C benötigt.

Den Möglichkeiten nicht linearer multipler Korrelations- und Regressionsanalyse sind somit kaum Grenzen gesetzt. Dies führt in der Praxis unter Umständen zu der Situation, dass man sich einer anscheinend nie endenden Suche nach einem geeigneten Regressionsmodell gegenübersieht. Dabei ist jedoch stets zu bedenken, ob der damit verbundene Aufwand angesichts der Probleme von Datenungenauigkeit (vgl. Fehlerrechnung, Kap. 6), Mutungsbereichen und Signifikanz gerechtfertigt ist, auch wenn mit jedem Schritt (Hinzunahme weiterer Einflussgrößen, bessere Approximation durch nichtlineare Regressionsgleichungen) die erklärte Varianz ansteigen sollte. Ähnlich der Bewertung von Signifikanzen gelten erklärte Varianzen von ca. 90 % als gut, 95 % als sehr gut und 99% als hervorragend.

Schließlich bestehen zur multiplen linearen bzw. nicht linearen Korrelations- und Regressionsanalyse auch Alternativen, insbesondere die Faktorenanalyse (folgt in Kap. 12) und die Technik der neuronalen Netze (folgt in Kap. 13). Davor sind im folgenden Abschnitt jedoch erst noch einige ergänzende Hypothesenprüfverfahren der Korrelations- und Regressionsanalyse zusammengestellt.

11.8 Hypothesenprüfverfahren der Korrelations- u. Regressionsanalyse

Die wohl wichtigste Hypothesenprüfung der Korrelations- und Regressionsanalyse ist die Beantwortung der Frage, ob auf Grund der vorliegenden SP-Information die zugehörige *GG-Korrelation signifikant* ist oder nicht. Dabei wird offenbar die Nullhypothese $H_o = \{\rho = 0\}$ gegen die Alternativhypothese $A_1 = \{\rho \neq 0\}$ getestet bzw. zweiseitig $A_1 = \{\rho > 0\}$, $A_2 = \{\rho < 0\}$. Die entsprechenden Prüfgrößen sind in Kap. 11.3 schon beschrieben worden: (11-26) für die zweidimensionale und (11-41) für die (D > 2) - dimensionale (multiple) Analyse. (Beim multiplen Korrelationskoeffizient darf prinzipiell die einseitige Prüfung vorgenommen werden, da definitionsgemäß ρ (mult) > 0 gilt.)

Da sich diese Tests aber nicht als sehr kritisch erweisen, ist eine wichtige Alternative dazu die Abschätzung des *Mutungsbereiches* von ρ, vgl. (11-25) bzw. (11-30), was jeweils als z-Test interpretiert werden kann. Die Alternativhypothese wird angenommen, falls auf dem gewählten Signifikanzniveau der Mutungsbereich den Wert $\rho = 0$ nicht einschließt. Ebenfalls unter Benutzung der Mutungsbereich-Formel (z-Test) lässt sich die Frage beantworten, ob sich zwei SP-Korrelationskoeffizienten signifikant unterscheiden oder nicht. In diesem Fall wird die Nullhypothese H_o angenommen, falls sich die entsprechenden beiden auf der SP-Information beruhenden Mutungsbereiche überlappen, andernfalls die Alternativhypothese (einseitig $A_1 = \{r_1 \neq r_2\}$; zweiseitig $A_1 = \{r_1 > r_2\}$; $A_2 = \{r_1 < r_2\}$).

Die Frage, ob im zweidimensionalen linearen Regressionsmodell *die Geradensteigung B signifikant* ist oder nicht, $H_o = \{B = 0\}$ und einseitig $A_1 = \{B \neq 0\}$ (zweiseitig $A_1 = \{B>0\}$, $A_2 = \{B<0\}$, prüft der t-Test

$$\hat{t} = \frac{B_{ab}}{S^2_{a*b}} \sum b_i'^2 \quad mit\ \Phi = n - 2 \tag{11-92}$$

mit s^2_{a*b} = Restvarianz, vgl. (11-23).

Ein anderer t-Test prüft *die Verträglichkeit der Geradensteigungen B_1 und B_2 aus zwei SPs* und darauf basierenden zweidimensionalen linearen Regressionsmodellen:

$$\hat{t} = |B_1 - B_2| \bigg/ \left[\frac{(s_{a*b}^2)_1(n_1-2) + (s_{a*b}^2)_2(n_2-2)}{n_1+n_2-4} \cdot \frac{1}{\sum(b_i'^2)_1} + \frac{1}{\sum(b_i'^2)_2} \right] \quad (11\text{-}93)$$

mit $\Phi = n - 2$.

Der *zugehörige Test für die Achsenabschnitte A_1 und A_2* (Verträglichkeit A_1 aus SP_1 mit A_2 aus SP_2) lautet

$$\hat{t} = \frac{|A_1 - A_2|}{s_A} \quad mit \ \Phi = n - 2 \quad (11\text{-}94)$$

mit $s_A = \sum b_i^2/n$ = Standardabweichung des Achsenabschnittes. Dabei ist $(s_{A1}) \approx (s_A)_2$ vorausgesetzt; im Zweifel ist der größere der beiden SP-Werte für s_A zu verwenden.

Alle diese Prüfverfahren setzen *normalverteilte Kollektive* und *lineare Zusammenhänge* voraus. Bei Abweichungen von der Normalverteilung sollte bei relativ kleinen SPs (Richtwert n < 100) die Signifikanzprüfung auf die Abschätzung der Mutungsbereiche unter Verwendung der Fisher-Transformation (vgl. Kap. 11.4) beschränkt werden. Bei großen SPs (entsprechend n ≥ 100) gelten die z- und t-Tests auch für nicht normalverteilte Kollektive (ausgenommen extreme Abweichungen wie z.B. U-Verteilung). Der F-Test ist jedoch gegenüber solchen Abweichungen sehr empfindlich. Dies gilt auch für die bereits genannte Prüfung des Regressionsmodells (D+1) gegenüber D (mit D = Zahl der Dimensionen bei der multiplen Analyse) mittels F-Test nach (11-69) bzw. (11-70). Bei nicht linearen Zusammenhängen können diese Testverfahren nach Linearisierung des Zusammenhanges (vgl. z.B. Tab. 56) angewendet werden.

Die *Vertrauensbereiche* der Korrelationskoeffizienten sind mit deren Mutungsbereichen (vgl. Kap. 11.3) identisch; entsprechendes gilt für die Standardabweichungen von A und B im zweidimensionalen linearen Regressionsmodell nach (11-27), wobei unter der Voraussetzung normalverteilter Kollektive die Faktoren z_a (z = Parameter der zV, vgl. dazu auch Tab. A1 im Anhang) approximativ zu ergänzen sind. Der Vertrauensbereich der Restvarianz im zweidimensionalen Modell ist

$$\frac{s_{a*b}^2(n-2)}{x_{n-2,\alpha/2}^2} \leq \sigma_{a*b}^2 \leq \frac{s_{a*b}^2(n-2)}{x_{n-2,-\alpha/2}^2} \quad (11\text{-}95)$$

mit σ_{a*b}^2 = vermutete GG-Restvarianz. Bei multiplen (D > 2) - Zusammenhängen kann der entsprechende Vertrauensbereich aus dem Mutungsbereich des multiplen Korrelationskoeffizienten über den Anteil der unerklärten Varianz abgeschätzt werden (vgl. (11-19)).

11.9 Polynome und Transinformation

Im Rahmen der Korrelations- und Regressionsrechnung werden Zusammenhänge meist in monotoner Form betrachtet; das heißt, die Steigung der jeweiligen Regressionskurve ist entweder konstant (linearer Zusammenhang; Regressionsgerade) oder aber progressiv bzw. regressiv veränderlich (nicht-linearer Zusammenhang; Regressionskurve k-ter Ordnung), jedoch stets ohne Vorzeichenänderung der Regressionskoeffizienten. Man kann das auch so ausdrücken, dass die jeweilige nicht-lineare Regressionskurve keine relativen Maxima bzw. Minima aufweist. Dies ist bei allen bisher betrachteten Beispielen der Fall (vgl. dazu z.B. Abb. 45, F - I; Abb. 49).

Es kann nun aber auch *nicht-monotone Zusammenhänge* geben, die im allgemeinen hinsichtlich der Regression durch *Polynome k-ter Ordnung* beschrieben werden:

$$a = A_0 + \sum A_k b^k, \quad k = 1,2,3, \ldots K \tag{11-96}$$

So stellt beispielsweise

$$a = A_0 + A_1 b + A_2 b^2 + A_3 b^3 \tag{11-97}$$

ein Polynom 3. Ordnung dar. Formal ist dieser Ausdruck mit Gleichung (11-79) identisch. Dies bedeutet, dass in Kap. 11.7 bereits derartige Fälle aufgetaucht sind (einschließlich ihrer Normalgleichungen), aber noch nicht in ihrem Funktionsverlauf näher betrachtet worden sind. Dies wird in Abb. 50 nachgeholt, wo einige Beispiele für Polynome unterschiedlicher Ordnung zu sehen sind. Im Sinn der noch zu behandelnden Zeitreihenanalyse (Kap. 14) handelt es sich um relativ niederfrequente Fluktuationen, d.h. es treten sehr wenige relative Maxima und Minima auf; man spricht in diesem Zusammenhang auch von der „glatten Komponente" einer Zeitreihe (vgl. auch Kap. 1.5). Die im Rahmen der Zeitreihenanalyse in Kap. 14.8 behandelte numerische Zeitreihenfilterung kann unter Umständen als Alternative zur Polynomberechnung gesehen werden, wobei dort keine Einschränkung bezüglich der Anzahl der relativen Maxima und Minima der jeweils betrachteten Funktion notwendig ist.

Während nun die *Anpassung beliebiger Polynome* an beliebige Stichproben zumindest im Prinzip kein Problem ist, wobei hier allerdings nur der zweidimensionale Fall a = f(b) gemeint ist – und zwar kann unter Maximierung der Anpassung und somit Minimierung der Restvarianz (i.a. unter Verwendung entsprechender EDV-Software) unter einer Vielzahl von Möglichkeiten die optimale polynome Regression ausgewählt werden – ist die *Berechnung des betreffenden Korrelationskoeffizienten problematisch.*

So wie nämlich im Fall nicht-linearer monotoner Zusammenhänge der lineare Produktmoment-Korrelationskoeffizient nach PEARSON die Güte des Zusammenhangs unterschätzt und Rangkorrelationskoeffizienten (nach SPEARMAN bzw. KENDALL, vgl. Kap. 11.4 und 11.7) geeigneter weil realistischer sind, so unterschätzen diese Rangkorrelationskoeffizienten diese Güte im Fall nicht-monotoner Zusammenhänge. Geeigneter ist in solchen Fällen die auf der Informationsentropie - Theorie beruhende Transinformation, die im folgenden kurz definiert werden soll (Details siehe Literatur, z.B. OLBERG u. RAKOCZI, 1984; WEINGÄRTNER, 1985).

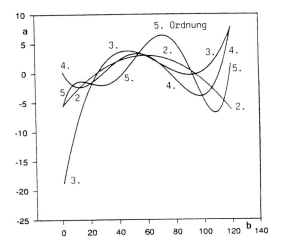

Abb. 50. Beispiele für Polynome 2., 3. 4. und 5. Ordnung; nach WERNER (1999).

Die in einer Stichprobe $X = \{x_i\}$, enthaltene Informationsentropie H ist als das folgende Integral über die Wahrscheinlichkeitsdichtefunktion $p(x) = f(x)$ definiert:

$$H(X) = \int_{-\infty}^{+\infty} p(x) \ln p(x) dx \qquad (11\text{-}98)$$

Sind nun zwei miteinander zu vergleichende Stichproben $X = \{x_i\}$, Umfang N, und $Y = \{y_i\}$, Umfang M, voneinander unabhängig, so erhält man aus der Summe der beiden betreffenden Informationsentropien die Gesamtinformation

$$H(X,Y) = H(X) + H(Y) \qquad (11\text{-}99)$$

Besteht jedoch eine stochastische Abhängigkeit, und zwar in dem Sinn, dass ein Teil der Information H(X) auch in H(Y) zu finden ist, so gilt für die Gesamtinformation

$$H(X,Y) = H(X) + H(Y) - I(X,Y) \qquad (11\text{-}100)$$

In diesem Fall ist offenbar die Gesamtinformation um den Betrag I geringer als die Summe der Einzelinformation aus H(X) und H(Y). Aus (11-98) und (11-100) ergibt sich dafür (vgl. dazu OLBERG und RAKOCZI, 1984; WEINGÄRTNER, 1985)

$$I(X,Y) = \iint_{x\ y} p(x,y) \ln [(p(x,y) / \{p(x) p(y)\}] dx\, dy \qquad (11\text{-}101)$$

Dieser Ausdruck I(X,Y) wird als *Transinformation* der beiden Stichproben X und Y bezeichnet und gibt die gesuchte Güte des Zusammenhangs im Fall nicht-monotoner (zugleich nicht-linearer) Regressionsfunktionen an. Der Test auf Signifikanz erfolgt mittels

$$\chi^2_{\Phi,\alpha} = 2nI(x,y) \text{ mit } \Phi = (N-1)(M-1) \text{ Freiheitsgraden} \qquad (11\text{-}102)$$

(mit n = gesamter SP-Umfang, N und M vgl. oben; zum Testprinzip vgl. Kap. 8).

12. EOF-, Hauptkomponenten- und Faktorenanalyse

12.1 Einführung

Um in die Technik der EOF-Analyse (Entwicklung empirischer Orthogonalfunktionen), einzuführen, ist es sinnvoll, sich zunächst an die in Kap. 11.5 und 11.6 behandelte multiple Korrelations- und Regressionsanalyse zu erinnern. Dort wird der Zusammenhang zwischen den SP-Daten der Wirkungsgröße (a_i) und den zugehörigen Daten der Einflussgrößen (b_i, c_i, d_i,...) betrachtet. Alle Daten sind i.a. Mess- bzw. Beobachtungswerte, die sich auf bestimmte räumliche und/oder zeitliche Koordinaten beziehen. Das Regressionsmodell besteht aus einem linearen

$$\hat{a} = A + Bb_i + Cc_i + Dd_i + ... \qquad (12\text{-}1)$$

(mit den Regressionskoeffizienten A, B, ...) oder nicht-linearen Gleichungssystem, wobei die Daten der erfassten Größen auch als Matrix

$$M = \begin{Bmatrix} a_1 & b_1 & c_1 & d_1 & ... \\ a_2 & b_2 & c_2 & d_2 & ... \\ \vdots & \vdots & \vdots & \vdots & \\ a_n & b_n & c_n & d_n & ... \end{Bmatrix} \qquad (12\text{-}2)$$

darstellbar sind. Dabei können die Ordnungsprinzipien dieser Datenmatrix sehr unterschiedlich sein: z.B. Zeilen (i = 1,..., n) nach Beobachtungsstationen und Spalten nach Ziel- (a) bzw. Einflussgrößen (b,c,d...) geordnet; oder Zeilen mit Zeitbezug (Zeitreihen) und Spalten wie oben, oder Zeilen nach Beobachtungsstationen und Spalten nach Jahreszeiten, oder alle Daten bezüglich eines horizontalen (räumlichen) Koordinatensystems (Zeilen geographische Breite, Spalten geographische Länge). Immer wird man es in solchen Fällen mit real-bekannten Einflussgrößen zu tun haben und den Grad des Regressionsmodells (Anzahl der berücksichtigten Dimensionen, z.B. Größen) wie im Kap. 11.6 beschrieben nach gewissen Schranken der erklärten Varianz (möglichst hoher Anteil, z.B. 90 % oder 95 %) bzw. der unerklärten Varianz (Restvarianz, möglichst geringer Anteil) begrenzen. Bei stufenweiser Entwicklung des Regressionsmodells (Erhöhung um jeweils eine Dimension bzw. Einflussgröße) erfolgt dann der Abbruch bei Erreichen solcher Schranken.

Sind nun aber die Einflussgrößen korreliert, so beinhaltet die Entwicklung des multiplen Regressionsmodells mehr oder weniger große Redundanz (Überinformation). Das heißt, man könnte eigentlich mit weniger Einflussgrößen auskommen, sofern diese unkorreliert wären. Was den Zusammenhang zwischen Korrelationskoeffizient und zugehörigen Regressionsfunktionen betrifft, so ist in Kap. 11.2 für das zweidimensionale lineare Regressionsmodell gezeigt worden, dass – anschaulich im Streudiagramm – der Winkel ω zwischen den beiden Regressionsgeraden um so kleiner wird, je größer der Korrelationskoeffizient ist (im Grenzfall ω = 0 für r = $|1|$), bzw. umgekehrt mit abnehmender Korrelation größer wird, um für r = 0 (exakt keine Korrelation) ω = 90° zu erreichen. Mit anderen Worten: Für zwei exakt unkorrelierte Größen ergeben sich orthogonale (rechtwinklig aufeinander stehende) Regressionsgeraden, und diese Gegebenheit lässt sich auf beliebig viele Dimensionen D (für D > 3 natürlich nicht mehr anschaulich) und beliebige Arten von Zusammenhängen verallgemeinern.

Das Problem, aus einem redundanten (d.h. mit korrelierten Einflussgrößen) zu einem *nicht redundanten Regressionsmodell* zu finden – d.h. mit unkorrelierten und zudem möglichst wenigen Einflussgrößen und dabei möglichst hoher erklärter Varianz –, wird im linearen Fall durch die Entwicklung orthogonaler Regressionsgeraden gelöst, die allgemein (somit einschließlich des nicht-linearen Falls) *empirische Orthogonalfunktionen* (EOF) heißen und im folgenden Abschnitt erklärt werden. Möchte man im weiteren erreichen, dass der Einfluss der Amplituden der erfassten Zeitreihen zugunsten der Zeitreihenstrukturen unterdrückt wird, so kommt vor dem weiteren Vorgehen eine Standardisierung der Zeitreihen in Frage, d.h. es wird Zeitreihe für Zeitreihe jeweils der (i.a.) arithmetische Mittelwert abgezogen und durch die Standardabweichung dividiert:

$$a_i^* = (a_i - \bar{a}) / s_a; \quad b_i^* = (b_i - \bar{b}) / s_b; \quad usw. \tag{12-3}$$

(mit $a_i, b_i, ...$ Ausgangsdaten, $a_i^*, b_i^*, ...$ transformierte Daten, $\bar{a}, \bar{b}...$ arithmetische Mittelwerte und $s_a, s_b, ...$ Standardabweichungen). Anschaulich bedeutet die Subtraktion des Mittelwertes, dass im Streudiagramm der Ursprung des Koordinatensystems in das Mittelzentrum des Datenkollektivs (vgl. Kap. 3.2) gelegt wird; zudem wird die Daten-Streuung der einzelnen Größen vereinheitlicht. Ob eine solche Standardisierung durchgeführt werden soll, hängt von der jeweiligen Problemstellung ab. Das weitere mathematische Vorgehen bleibt davon unberührt. Die im folgenden nur sehr kurz zusammengefassten Aspekte der EOF- bzw. Hauptkomponenten- und Faktorenanalyse sind ausführlich u.a. bei PREISENDORFER und MOBLEY (1988) zu finden, unter klimatologischen Aspekten bei von STORCH und ZWIERS (1999) und unter geographischen Gesichtspunkten bei BAHRENBERG et al. (1992). Bezüglich aller Details wird auf diese Literatur verwiesen. Dabei ist noch anzumerken, dass die Bezeichnung EOF in der Meteorologie weitaus mehr verbreitet ist als in anderen Bereichen der Geowissenschaften (bzw. anderen Wissenschaften generell). Dort wird meist direkt von der Hauptkomponenten- (engl. Principal Component, PC) bzw. Faktorenanalyse gesprochen.

12.2 Entwicklung empirischer Orthogonalfunktionen (EOF)

Am besten stellt man sich zunächst ein zweidimensionales Streudiagramm mit einer Punktwolke vor, vgl. Abb. 51, die bezüglich eines üblichen rechtwinkligen Koordinatensystems beliebig angeordnet ist. Die oben (in Kap. 12.1) genannte Standardisierung (12-3) aller betrachteten Datensätze würde den Schwerpunkt der betrachteten Punktwolke in den Ursprung des Koordinatensystems verschieben und

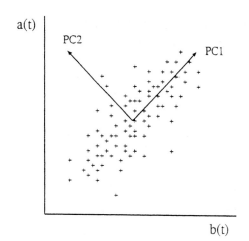

Abb. 51. Schematische Veranschaulichung der Koordinatenachsentransformation, um in Richtung der anfänglichen bzw. bei den anschließenden Schritten der verbleibenden jeweils maximalen Varianz die neuen Hauptachsen zu finden, wobei in Richtung dieser Hauptachsen die als Vektoren aufgefassten EOFs = Principal Components PCs weisen.

somit als *Achsentransformation* aufzufassen sein; ggf. stellt sie den ersten Schritt der EOF-Analyse dar. Im zweiten Schritt wird das *Koordinatensystem so gedreht*, dass die Achse der unabhängigen Variablen (b nach der in (12-1) verwendeten Nomenklatur) *in Richtung der größten Varianz* weist. Damit ist die *erste EOF* gefunden. Sie kann als Vektor interpretiert werden, der vom Koordinatenursprung aus in Richtung der neuen durch Varianzmaximierung („Varimax") gefundenen Richtung weist, der *ersten Hauptachse, engl. der ersten Principal Component = PC1*. Im dritten Schritt bleibt diese erste Hauptachse bestehen und wiederum orthogonal (rechtwinklig) dazu wird durch Drehung um sie eine weitere neue Achse gesucht, die in Richtung der verbleibenden maximalen Varianz weist. Das ist die *zweite EOF* bzw. *zweite Hauptachse bzw. die PC2*. In dieser Weise lässt sich das Vorgehen beliebig fortsetzen und auf beliebig-dimensionale Datenräume erweitern.

Im konkreten Fall der EOF-Analyse benötigt man zu der Datenmatrix **M** der Form (12-2) die zugehörige *Korrelationsmatrix* $\mathbf{K}_r$.

	a	b	c	d	...
a	r_{aa}	r_{ab}	r_{ac}	r_{ad}	...
b	r_{ab}	r_{bb}	r_{bc}	r_{bd}	...
c	r_{ac}	r_{bc}	r_{cc}	r_{cd}	...
d	r_{ad}	r_{bd}	r_{cd}	r_{dd}	...
.	.	.	.	.	...
.	.	.	.	.	...
.	.	.	.	.	...

(mit wie oben a = Zielgröße; b,c,... Einflussgrößen, r_{ij} = Korrelationskoeffizienten). Im Fall der Standardisierung der Datenwerte (Datenmatrix **M**) bzw. Anwendung der

Kovarianz- statt der Korrelationsformel ((10-5) statt (10-6), vgl. Kap. 11.2) geht diese Korrelationsmatrix in die zugehörige *Kovarianzmatrix* über:

$$\mathbf{K}_s = \begin{Bmatrix} s_{aa} & s_{ab} & s_{ac} & s_{ad} & \cdots \\ s_{ab} & s_{bb} & s_{bc} & s_{bd} & \cdots \\ s_{ac} & s_{bc} & s_{cc} & s_{cd} & \cdots \\ \cdots & \cdots & \cdots & \cdots & \cdots \end{Bmatrix} \quad (12\text{-}5)$$

Die Korrelations- bzw. Kovarianzmatrix ist symmetrisch bezüglich der Diagonalen, wo im übrigen bei $\mathbf{K}_r$ die Koeffizienten r_{aa}, r_{bb} usw. alle gleich eins sein müssen.

Zur Kovarianzmatrix (12-5) mit $\mathbf{K}_s = \{s_{jk}\}$ mit j,k = 1, ..., N (bei N betrachteten Größen) existiert nun eine Gleichung der Form

$$\{a_{jk}\}\, \mathbf{g} = \lambda\, \mathbf{g}, \quad (12\text{-}6)$$

die *Eigenwertgleichung* mit dem *Eigenwert* λ und dem *Eigenvektor* $\mathbf{g}$ genannt wird. Diese Gleichung lässt sich auch in der Form

$$\sum a_{jk}\, g_k = \lambda\, g_j, \quad j = 1,2, \ldots N \quad (12\text{-}7)$$

schreiben. Um nun aber die Eigenwerte λ zu bestimmen, wird die mathematische Lösung des Eigenwertproblems benötigt. Diese lautet

$$det\{\mathbf{K} - \lambda \mathbf{I}\} = 0 \quad (12\text{-}8)$$

mit $\mathbf{I}$ = Einheitsmatrix (det = Determinante) und $\mathbf{K}$ Matrix gemäß (12-4) bzw. (12-5). Da $\mathbf{K}$ eine Matrix mit N Zeilen und Spalten ist (N x N), existieren genau N Eigenwerte. Mit den nun bekannten Eigenwerten λ lässt sich schließlich durch

$$\{\mathbf{K} - \lambda_i \mathbf{I}\} * \mathbf{g}_j = 0 \quad (12\text{-}9)$$

der jeweils j-te Eigenvektor $\mathbf{g}_j$ bestimmen. Die x-te Komponente des j-ten Eigenvektors ist dabei das *Gewicht*, manchmal auch *Ladung* genannt, mit dem der x-te Orignaldatensatz in den j-ten Eigenvektor des gedrehten Systems eingeht.

Wie erwähnt werden vor allem in der Meteorologie die Eigenvektoren $\mathbf{g}_j$ die empirischen Orthogonalvektoren bzw. bei stetigen Variablen die *empirischen Orthogonalfunktionen (EOFs)* genannt, wobei die zugehörigen Eigenwerte jeweils die erfasste Varianz angeben. Es lassen sich daher die EOFs nach abfallender Rangfolge der Eigenwerte ordnen und man erhält durch die Summe der Eigenwerte der berücksichtigten Eigenvektoren eine Abschätzung der erklärten Varianz. Wie bei der multiplen Korrelations- und Regressionsanalyse kann die Reihe der Eigenvektoren bzw. EOFs dann abgebrochen werden, wenn ein befriedigend großer Anteil der Varianz erklärt ist.

Beispiel
96. Die folgende Tabelle enthält die Monatsmitteltemperaturen (Jahr 1990, alternativ könnten es auch vieljährige Mittelwerte sein) von vier Stationen des Mittelmeergebietes in 1/10 °C. Um die Rechenarbeit zu verkürzen, sind nur die Monate Januar bis einschließlich Juni berücksichtigt. Es handelt sich somit um eine Datenmatrix mit 4 Zeilen (Stationen), geordnet nach 6 Charakteristika (die man formal auch als

Einflußgrößen ansehen kann; somit 6 Dimensionen). Dazu sollen die Eigenwerte und Eigenvektoren bestimmt werden (Berechnung nach GRIESER, 1999).

Tab. 57. Monatsmittelwerte der bodennahen Lufttemperatur für die angegebenen Stationen und Monate in 1/10 °C (Datentabelle zu Beispiel 96).

Station / Monat	Januar	Februar	März	April	Mai	Juni	Mittelwert
Athen	84	109	140	166	205	247	158.5
Gibraltar	138	157	161	165	197	223	173.5
Luqa	132	141	147	167	197	239	170.5
Palma	101	135	128	128	181	219	148.66

mit Mittelzentrum, hier gleich Mittelvektor **MZ** = {158.5, 173.5, 170.5, 148.66}.

Nach Normierung ergibt sich daraus die in Tab. 58 zusammengestellte Kovarianzmatrix, nach Standardisierung die in Tab. 59 wiedergegebene Korrelationsmatrix.

Tab. 58. Kovarianzmatrix zu Beispiel 96 (bzw. Tab. 57).

3678.701	1820.498	2406.300	2436.602
1820.498	952.698	1238.098	1318.599
2406.300	1238.098	1662.299	1694.200
2436.602	1318.599	1694.200	1861.068

Tab. 59. Korrelationsmatrix zu Beispiel 96 (bzw. Tab. 57).

1	0.9724	0.9731	0.9311
0.9724	1	0.9838	0.9903
0.9731	0.9838	1	0.9632
0.9311	0.9903	0.9632	1

(Fortsetzung Beispiel 96)
Die hohen Korrelationen hängen damit zusammen, dass es an allen untersuchten Stationen zwischen Januar und Juli wärmer wird (Jahresgang). Aus der Kovarianzmatrix ergeben sich nach Formel (12-8) die folgenden Eigenwerte, geordnet in absteigender Rangfolge:
7937.275, 180.048, 37.224, 0.219; bzw. prozentual 97.333%, 2.208%, 0,4565%, 0.003 %.
Die zugehörigen, bereits normierten (d.h. Summe der Komponenten jeweils gleich eins) Eigenvektoren lauten:
g_1 = {+0.6733, +0.3448, +0.4535, +0.4713};
g_2 = {- 0.6539, +0.2059, +0.0604, +0.7255};
g_3 = {- 0.3041, - 0.1625, +0.8888, - 0.3020};
g_4 = {- 0.1630, +0.9013, - 0.0271, - 0.4005}.
(Dass es sich dabei um orthogonale Vektoren handelt, lässt sich dadurch überprüfen, dass im Rahmen der Rechengenauigkeit das Skalarprodukt zwischen ihnen jeweils Null ist.)
Offenbar erklärt in diesem Fall der erste Eigenvektor bzw. Eigenwert die weitaus größte Varianz. Da alle seine Komponenten positiv sind, erfasst er in seiner Struktur aufsteigende

Zahlenwerte, nämlich vom Winter zum Sommer ansteigende Temperatur, das dominante Charakteristikum dieses Beispiels.

12.3 Anwendungen: Hauptkomponenten- und Faktorenanalyse

Die EOF-Analyse wird nun in vielfältiger Weise bei statistischen Analysen angewandt. Da sich der Rechenaufwand dafür, wie eigentlich bereits beim obigen Beispiel und auch schon im Fall der multiplen linearen bzw. nicht linearen Korrelations- und Regressionsanalyse, selbst bei mäßigen Stichprobenumfängen kaum mehr mittels Taschenrechner in akzeptabler Zeit bewältigen lässt, muss im folgenden auf konkret durchgeführte Rechenbeispiele verzichtet werden. Es gibt aber genügend entsprechende Standard-Software für programmgesteuerte Rechner (PC bis Großrechenanlage). Die folgenden kurzen Hinweise sollen dem Leser einen gewissen Einblick in die Möglichkeiten und Methodik geben und ihn dadurch in die Lage versetzen, wenigstens prinzipiell zu verstehen, was die entsprechenden Verfahren bzw. Rechenprogramme leisten und wie die Ergebnisse zu interpretieren sind. (Dies gilt weitgehend auch für die folgenden Kapitel 13 und 14). Details findet der geowissenschaftlich interessierte Leser u.a. bei BAHRENBERG et al. (1992; darauf basieren auch die folgenden Ausführungen) bzw. bei PREISENDORFER und MOBLEY (1988) sowie von STORCH und ZWIERS (1999).

Die *Hauptkomponentenanalyse* (engl. Principal Component Analysis, PCA) versucht mittels der oben (Kap. 12.2) beschriebenen EOF-Techniken Faktoren zu finden, mit deren Hilfe sich die gesamte Varianz der ursprünglichen Datenmatrix **M** reproduzieren lässt, somit auch die gesamte Varianz der Wirkungsgröße a. Ähnlich der multiplen linearen Regressionsanalyse ergeben sich diese Faktoren als Linearkombination

$$a_i = A_{i1}F_1 + A_{i2}F_2 + A_{i3}F_3 + \ldots + A_{iq}F_q + , \tag{12-10}$$

nur dass F_j nicht die realen Einflussgrößen, sondern die sog. *Hauptkomponenten*, und A,B,C ... deren Gewichte oder „Ladungen" sind, die jeweils der EOF-Analyse entstammen. Man kann die Hauptkomponentenanalyse somit als „varianzorientiertes" algebraisches EOF-Analyseverfahren bezeichnen. Die Summe, über alle i, der quadrierten Ladungen einer Hauptkomponente ist im übrigen ihr Eigenwert.

Im Gegensatz dazu wird bei der *Faktorenanalyse* die Annahme gemacht, dass nicht die gesamte Varianz der Datenmatrix reproduziert werden kann, was in Analogie zu (12-10) bedeutet:

$$a_i = A_{i1}F_1 + A_{i2}F_2 + A_{i3}F_3 + \ldots + A_{ir}F_r + uU, \ r < q \tag{12-11}$$

mit U = Restfaktor und u = dessen Ladung. Mehr noch als bei der Hauptkomponentenanalyse geht man bei der Faktorenanalyse davon aus, dass die gefundenen Faktoren F_j zunächst neue fiktive Größen sind, die aufgrund der Variationsstruktur, die sie beschreiben, erst noch sinnvoll interpretiert werden müssen. Und wie der Name sagt, wird die Faktorenanalyse gezielt zur Ermittelung von solchen neuen (wie bei der PCA natürlich unkorrelierten) Einflussfaktoren eingesetzt, wobei A_{il} die sog. Faktorladungen sind. Beide Verfahren setzen im übrigen voraus, dass die Daten metrisch skaliert sind und die Hauptkomponenten bzw. Faktoren lineare Beziehungen beschreiben. Ist die letztgenannte Voraussetzung nicht erfüllt, was übrigens bei multiplen Techniken prinzipiell schwer feststellbar ist, so kommen wie bei der Korrelations- und Regressionsanalyse Linearisierungsansätze in Frage. Meist wird jedoch mit Linearkombinationen der Art (12-10) bzw. (12-11) gerechnet.

Ein wichtiges meteorologisches Anwendungsgebiet der Hauptkomponentenanalyse (neben der in Kap. 14 behandelten entsprechend modifizierten Zeitreihenanalyse), das hier aber nur erwähnt werden kann, ist die Zerlegung von (i.a. zweidimensionalen) Feldern des Luftdrucks, der Lufttemperatur, des Niederschlags usw. in Hauptkomponenten, die bestimmte dekorrelierte räumliche Strukturen darstellen, wegen ihrer unterschiedlichen Varianzerklärung mit entsprechend unterschiedlicher Häufigkeit auftreten und meist in Zusammenhang mit Vorstellungen über die atmosphärische Zirkulation interpretiert werden. Auch bei Zeitreihen (Kap. 14) ist eine entsprechende Zerlegung in dekorrelierte Komponenten möglich. Erwähnt seien schließlich noch neuere EOF-Methoden wie die „Principal Interaction Patterns" (PIPs) und „Principal Oscillation Patterns" (POPs), wobei letztere ein Spezialfall der ersteren sind; Definitionen und Erläuterungen dazu siehe von STORCH und ZWIERS (1999).

12.4 Kanonische Korrelationsanalyse

Im Gegensatz zur üblichen Korrelationsanalyse (vgl. Kap. 11), bei der jeweils zwei, drei usw. Variable (Stichproben-Datenreihen) betrachtet werden, bewertet die kanonische Korrelationsanalyse die Zusammenhänge zwischen Gruppen von Variablen. Im einfachsten, zweidimensionalen Fall geht es dann um zwei derartige Gruppen, nämlich **A** und **B**, die sich in *Matrixform* schreiben lassen:

$$\mathbf{A} = \begin{Bmatrix} a_{11} \cdots a_{1m} \\ a_{21} \cdots a_{2m} \\ \cdots \quad \cdots \\ a_{n1} \cdots a_{nm} \end{Bmatrix} \quad \mathbf{B} = \begin{Bmatrix} b_{11} \cdots b_{1k} \\ b_{21} \cdots b_{2k} \\ \cdots \quad \cdots \\ b_{n1} \cdots b_{nk} \end{Bmatrix} \tag{12-12}$$

Dabei kann es sich um charakteristische Merkmale einer Wirkungsgröße a und einer Einflussgröße b handeln, die nicht nur jeweils n-mal quantitativ erfasst werden (wie bei der üblichen Korrelationsanalyse, SP-Umfang somit jeweils n), sondern auch unter m bzw. K verschiedenen Randbedingungen oder an m bzw. k verschiedenen Orten. Ein anderes Beispiel sind räumliche Strukturen von Variablen, die anhand eines Gitterpunktnetzes für a und b jeweils getrennt erfasst werden. Somit geht es offenbar um die Ermittlung der Zusammenhänge zwischen Feldgrößen.

Die Analyse beginnt nun mit der Standardisierung der Matrixdaten **A** und **B** (so dass ihr Mittelwert 0 und ihre Standardabweichung 1 ist; vgl. Kap. 4.5) und der Berechnung der Linearkombinationen

$x_1 = c_{11}a_1 + c_{12}a_2 + \ldots + c_{1m}a_m$; $a_1 = \sum a_{in}$ usw.

$y_1 = d_{11}b_1 + d_{12}b_2 + \ldots + d_{1k}b_k$; $b_1 = \sum b_{in}$ usw. (12-13)

(mit Summierung jeweils über den Zeitindex i = 1,...,n), und zwar unter der Bedingung, dass die Korrelation zwischen ihnen möglichst hoch ist, das heißt

$r(x_1, y_1) = Max.$ (12-14)

Im nächsten Schritt wird dementsprechend ein weiteres Paar von Linearkombinationen berechnet, nämlich

$x_2 = c_{21}a_1 + \ldots + c_{lm}b_m$; a_1 usw. wie oben

$y_2 = d_{21}a_1 + \ldots + d_{2k}b_k$; b_1 usw. wie oben (12-15)

wiederum unter der Bedingung maximaler Korrelation, also

$r(x_2, y_2) = Max$, (12-16)

jedoch zusätzlich unter den Unabhängigkeitsbedingungen

$r(x_1, x_2) = 0$, $r(y_1, y_2) = 0$, $r(x_1, y_2) = 0$, $r(x_2, y_1) = 0$. (12-17)

Man bezeichnet dann x_p, y_p (p = 1, ...,Q) als *kanonische Variable* und die jeweiligen maximalen Korrelationen zwischen ihnen als *kanonische Korrelationen*. Die Wahl von Q erfolgt in Zusammenhang mit einem Abbruchkriterium bzw. in Abhängigkeit von der gewählten Signifikanz Si.

Die praktische Berechnung erfolgt nun wie bei der EOF-Entwicklung mit Hilfe des Konzepts der Kovarianzmatrix (vgl. 12-5) und der Lösung des Eigenwertproblems. Falls $\mathbf{K}_{11}$ die m-reihige Kovarianzmatrix der Variablen a und $\mathbf{K}_{22}$ die k-reihige Kovarianzmatrix der Variablen b sind, weiterhin $\mathbf{K}_{12} = \mathbf{K}_{21}^T$ (d.h. transponierte Matrix, die man durch Vertauschen von Zeilen- und Spaltenwerten in $\mathbf{K}_{12}$ erhält) sowie $\mathbf{K}^{-1}$ inverse Matrix von $\mathbf{K}$ (d.h. $\mathbf{K}*\mathbf{K}^{-1} = \mathbf{K}^{-1}*\mathbf{K} = \mathbf{I}$ = Einheitsmatrix mit jeweils Zahlenwert „1" in allen Zeilen und Spalten), so lassen sich **c** und **d** aus den Eigenwertgleichungen

$\mathbf{K}_{21} \mathbf{K}_{11}^{-1} \mathbf{K}_{12} \mathbf{d} = \mathbf{I} \mathbf{K}_{22} \mathbf{d}$ (12-18)

$\mathbf{K}_{12} \mathbf{K}_{22}^{-1} \mathbf{K}_{21} \mathbf{c} = \mathbf{I} \mathbf{K}_{11} \mathbf{c}$ (12-19)

berechnen, wobei $\mathbf{I} = \mathbf{I}_q$ wie in (12-6) und (12-7) als Eigenwerte und $\mathbf{c}_q$ sowie $\mathbf{d}_q$ wie in (12-9) als Eigenvektoren aufzufassen sind. Da schließlich

$\mathbf{c}_q = l_q^{-1/2} \mathbf{K}_{11}^{-1} \mathbf{K}_{12} \mathbf{d}_q$ (12-20)

gilt, ist nur (12-18) oder (12-19) zu lösen. Analog zu Beispiel 96 lassen sich die Eigenwerte in absteigender Rangfolge ordnen, wobei sie die jeweils erklärte Varianz angeben. Nähere Details siehe wiederum von STORCH und ZWIERS (1999), auch zur Principal Oscillation Pattern (POP) - Analyse, sowie ESSENWANGER (1986).

13. Neuronale Netze

13.1 Einführung

Die neuronalen Netze (neuronalen Netzwerke) stellen ein zur Korrelations- und Regressionsanalyse alternatives statistisches Konzept dar, das sich im übrigen auch mit EOF-Analysen kombinieren läßt. Die ursprüngliche, aus der *Neuroinformatik* stammende Idee, tauchte zuerst in den vierziger Jahren des 20. Jahrhunderts auf (vgl. z.B. MCCULLOCH und PITTS, 1943); neuere allgemeine Lehrbücher dazu existieren u.a. von BRAUSE (1991), FREEMAN und SKAPURA (1991), SMITH (1993) sowie RITTER et al. (1994). Wiederum sollen hier nur einige grundlegende Aspekte dargestellt und hinsichtlich der Details auf die weiterführende Literatur verwiesen werden.

Der Name *„neuronale Netze"* (NN) stammt aus der Biologie bzw. Biophysik. Gemeint sind dabei die Neuronen, d.h. die Nervenzellen von Organismen, die aufgrund äußerer Reize Informationen an das Gehirn weiterleiten; dort erfolgt dann die Auslösung einer entsprechenden Reaktion. Ein Beispiel dafür sind die auf Wärmereize spezialisierten Zellen der menschlichen Haut (sog. Wärmepunkte), die bei Überschreiten gewisser Schwellenwerte über die Neuronenverbindungen zum Gehirn dort vom vegetativen Nervensystem (und somit unbewusst) gesteuert beispielsweise Schwitzen als Abwehrreaktion des Organismus auf zu große Wärmebelastung auslösen können. In Verallgemeinerung, Vereinfachung und statistischer Anwendung lässt sich das Problem so auffassen, dass *gewisse Einflussgrößen gewisse Reaktionen von Wirkungsgrößen auslösen* und danach gefragt wird, *wie der entsprechende Zusammenhang aussieht*. Im Gegensatz zur Korrelations- und Regressionsanalyse (Kap. 11), wo im Fall nicht-linearer Zusammenhänge immer insofern Schwierigkeiten auftreten, als die betreffenden nicht-linearen Beziehungen sozusagen auf Verdacht vorgegeben werden müssen, sucht das NN in einer Art *Training* diese *Beziehungen* unter *Optimierungskriterien* und im Prinzip *in beliebiger Form* selbst auf. Außerdem ist erlaubt, dass sich die Einflussgrößen auch gegenseitig beeinflussen. Man kann im NN somit eine Art verallgemeinerter nicht-linearer Regressionsanalyse sehen.

In den letzten etwa 10 - 20 Jahren haben die NNs eine stürmische Entwicklung genommen und erfreuen sich in allen wissenschaftlichen Bereichen immer dann großer Beliebtheit, wenn auf Grund der Kenntnis von Beobachtungsdaten von Einflussgrößen und ebenfalls beobachteten Wirkungsdaten eine möglichst gute Anpassung („Fitting") ohne Kenntnis der ggf. hochkomplizierten Ursache-Wirkung-Mechanismen vorgenommen werden soll (somit auch unter Umgehung eventuell sehr aufwendiger oder wegen dieser Unkenntnis unmöglicher physikochemischer und somit deterministischer Modellierung). Man spricht dann von einem NN-Modell (NNM), das gelegentlich auch zur Vorhersage benutzt wird. Dies setzt allerdings voraus, dass die – unbekannten – Wirkungsmechanismen stationär bleiben. Dem Vorteil der NNMs, beliebige nicht-lineare Funktionen zu approximieren, steht der Nachteil gegenüber, dass das NNM wegen seiner multiplen Struktur im allgemeinen diese Funktionen nicht verrät (wie z.B.

bei der im folgenden beschriebenen Backpropagation-Architektur) und somit eine „Black-Box-Methode" darstellt (obwohl es auch Alternativen dazu gibt wie z.B. die hier nicht behandelten radialen Basisfunktionsnetzwerke).

13.2 Backpropagation

Die weitere Einführung in die NN-Technik erfolgt an besten anhand der einfachsten und am häufigsten angewandten NN-Architektur, die als „*Backpropagation*" (BPN) bezeichnet wird. Dabei, vgl. Abb. 52, wird zwischen einer Eingabe-, einer versteckten oder verarbeitenden und einer Ausgabeschicht unterschieden (input layer, hidden layer, output layer). Die Eingabeschicht wird von einer Anzahl von Neuronen repräsentiert, die jeweils die Daten einer Einflussgröße aufnehmen, wobei es sich in der praktischen Anwendung häufig um Zeitreihen handeln wird. In der Ausgabeschicht erscheint die Wirkung, ggf. ebenfalls in Zeitreihenform, wobei es sich um eine (wie in Abb. 52), aber auch um mehrere Wirkungsgrößen handeln kann. Beim sog. *überwachten Lernen* sind die betreffenden Wirkungsdaten bekannt, beim *nicht-überwachten Lernen* nicht. In der versteckten oder verarbeitenden Schicht findet die Anpassung der Ursache-Wirkung-Funktionen statt, wobei es auch NN-Architekturen mit mehreren solcher verarbeitender Neuronenschichten gibt.

Es soll nun der häufigere Fall des *überwachten Lernens mit Hilfe eines BPN-NNM* weiterverfolgt werden. Die Einflussgrößen können dabei als Eingabevektor

$$x = \{x_1, x_2, \ldots, x_N\} \tag{13-1}$$

geschrieben werden, wobei jede der j=1,2,...,N Komponenten eine Einflussgröße repräsentiert. Bestehen diese Komponenten wie im Fall einer Zeitreihenanalyse jeweils aus einer bestimmten Anzahl von Daten (i=1,2,...,n), so geht (13-1) in eine Matrix über. Über die Neuronen der Eingabeschicht wird diese Information nun an die Neuronen der verarbeitenden Schicht weitergegeben und erzeugt in der Ausgabeschicht eine „Antwort" y_*, falls der sog. *Neuronenimpuls*

$$I = \sum w_j x_j > w_0 \tag{13-2}$$

ist; dabei sind die w_j die Gewichte, die den Komponenten des Eingabevektors vom NN zugeordnet werden, und w_0 ist eine (mehr oder weniger willkürlich) festzulegende Schwelle, die im Bereich $0.01 < w_0 < 0.2$ liegen kann, je nach Anwendung aber auch darüber. In Analogie zu biologischen Wirkungsfunktionen wird die Reaktion y_* meist als *sigmoide Funktion* von I aufgefasst, d.h. einer zunächst schwach anlaufenden Wirkungsfunktion folgt eine mit der Einflussgröße relativ stark (eventuell zum Teil auch linear) wachsende, die dann im weiteren in eine Sättigung und somit wieder schwächere Abhängigkeit hineinläuft. Ein mathematisches Beispiel dafür ist der Tangens Hyperbolicus (tanh).

Im Fall des überwachten Lernens kann nun die Reaktion y_* des/der Ausgabeneurons/en mit der tatsächlichen Wirkung y_0 verglichen werden. Der *Fehler*

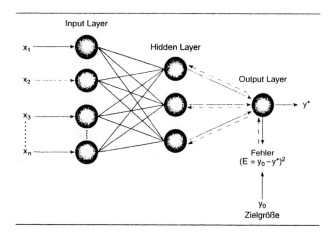

Abb. 52. Schema eines Backpropagation - Netzwerkes (BPN) mit Reaktion y_*, beobachtetem Wirkungswert y_o, Fehler E und Fehlerrückfluss (gestrichelt); nach WALTER et al. (1998).

$(y_o - y_*)^2$ sollte dabei, z.B. dem Algorithmus von WIDROW und HOFF (1960) folgend, minimiert werden. Dies führt zu einem Informationsrückfluss – daher auch der Name *Backpropagation* – von der Ausgabe- in die verarbeitende Neuronenschicht mit anschließend entsprechend verbesserter NN-Reaktion y_{**}. Diese Fehlerkorrektur eines überwacht lernenden BPN-NNM erfolgt iterativ, wobei im Rahmen der Optimierung sowohl auf die Werte der Lernparameter als auch der Anzahl (einschließlich ggf. Unterschichten) der verarbeitenden Neuronenschicht Einfluss genommen werden kann. Um eine Überanpassung zu vermeiden, sollte die Anzahl der versteckten Neuronen jedoch nicht zu groß werden. Weiterhin ist wichtig, die zu analysierenden Datensätze in eine *Trainings- und Verifikationsgruppe* (bei Zeitreihen -intervall) zu unterteilen und zu überprüfen, ob die trainierte Ursache-Wirkung-Beziehungen stationär und somit auch für Datensätze gültig sind, die nicht in die Trainingsgruppe eingegangen sind.

Beispiel
98. In Abb. 53 sind die beobachteten Jahresanomalien (d.h. Abweichungen vom Referenzmittelwert 1961-1990) der bodennahen global gemittelten Lufttemperatur 1874-1993 zu sehen (ausgezogen). Ein neuronales Netz (BPN) wurde nun dazu verwendet, diese Daten mit Hilfe der Einflussgrößen „Treibhausgase", Sulfatpartikel (beides anthropogene Einflüsse), Sonnenaktivität, Vulkanismus und El Niño zu reproduzieren, vgl. Abb. 53, gepunktete Kurve. Der quadratische multiple Korrelationskoeffizient (und somit die erklärte Varianz) dieser beiden Zeitreihen beträgt 79% (Trainings- und Verifikationsperiode ähnlich); Details dazu siehe WALTER, DENHARD und SCHÖNWIESE (1998).

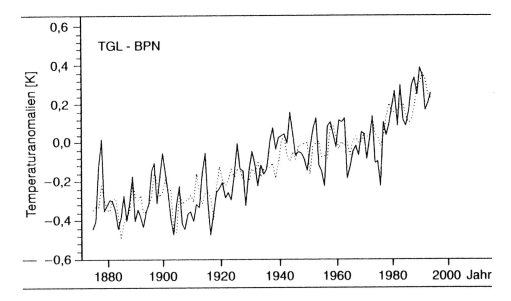

Abb. 53. Beobachtete (ausgezogen) und durch ein neuronales Netz der Backpropagation-Architektur (NNM-BPN; vgl. Beispiel 98) reproduzierte (gepunktet) Jahresanomalien der bodennahen global gemittelten Lufttemperatur 1874-1993; nach WALTER et al. (1998).

In vielen Fällen, so auch beim Beispiel 98, ist es von Interesse, die verschiedenen Einflussgrößen in den Wirkungsdaten zu separieren. In der Klimatologie spricht man dabei von „*Klimasignalen*", die jeweils solchen einzelnen Einflussgrößen zugeordnet werden. Die Gesamtvariabilität der Klima-Wirkungsgröße heißt „*Klimarauschen*". Natürlich lässt sich diese Sichtweise und Nomenklatur auch auf andere Problemkreise übertragen. Die Separierung der Signale durch ein NNM kann jedoch nur dann erfolgreich gelingen, wenn die verschiedenen Einflussgrößen nicht oder zumindest nicht signifikant korreliert sind bzw. wenn sich im Fall von Zeitreihen deren Struktur deutlich unterscheidet. Beispielsweise könnte eine Einflussgröße einen Langfristtrend und eine andere lediglich Fluktuationen um diesen Trend herum erzeugen. Nur in solchen Fällen lassen sich die Signale aufgrund des zuvor durchgeführten NNM-Trainings für jede einzelne Einflussgröße vertrauenswürdig abschätzen (wobei die zuvor erfolgte Adaption der Gewichte nicht mehr verändert wird) und nur dann ist auch die Summe (Superposition) der Signale annähernd gleich dem Gesamtsimulationsergebnis (wie im Fall der gepunkteten Kurve von Abb. 53). Das Residuum einer solchen NNM-Simulation sollte – wie im übrigen auch bei der multiplen Regressionsanalyse – hinsichtlich Normalverteilung (NV) getestet werden (vgl. Kap. 4.5 und 8.2). Klimatologische Anwendungen dazu sind in der Fachliteratur zu finden (in Fortführung des Beispiels 98 siehe z.B. WALTER et al., 1998).

13.3 Alternative Netzwerke

Zur Backpropagation-Architektur neuronaler Netzwerke, wie sie im vorangehenden Abschnitt beschrieben worden ist, gibt es eine ganze Reihe von Alternativen und diese Entwicklung ist noch keineswegs abgeschlossen. Es seien hier nur zwei dieser Alternativen erwähnt. Eine davon ist das nach seinem Autor KOHONEN (1982) benannte *KOHONEN-Netzwerk (KOH)*. Es ist ein unüberwacht und sich somit völlig selbst organisierendes Lernsystem, das die versteckte Neuronenschicht durch ein zweidimensionales Neuronenfeld ersetzt, vgl. Abb. 54, in dem alle diese informationsverarbeitenden Neuronen wechselwirken können. Jedes Neuron erhält somit nicht nur die Informationen des Eingabevektors, sondern auch der benachbarten Neuronen. Für jedes Neuron dieser Kohonen-Schicht wird dann errechnet, wie nahe sein Gewicht dem Eingangsvektor kommt und das Neuron mit dem höchsten Gewicht ist dann sozusagen der „Gewinner" des Wettbewerbs. Im weiteren wird nur diesem Gewinnerneuron und seinen unmittelbaren Nachbarn erlaubt, die Anpassung fortzuführen. Mit jedem Schritt, beispielsweise für jeden Zeitschritt i von Zeitreiheninformationen, wird eine derartige Aktivierung von verarbeitenden Neuronen erreicht und schließlich lässt sich in einer Art Aktivierungskarte die Anregungszustand des Kohonen-Neuronenfeldes (der verarbeitenden Schicht) angeben.

Eine weitere, relativ häufig verwendete Alternative ist die Kombination eines BPN- mit einem KOH-Netzwerk nach HECHT-NIELSEN (1988). Dabei wird die Eingabeschicht ähnlich wie in Abb. 54 zunächst mit einer verarbeitenden Schicht mit Kohonen-(KOH-) Struktur verbunden, jedoch mit einer modifizierten BPN-Ausgabeschicht verbunden, der sog. GROSSBERG-Schicht (nach GROSSBERG, 1980). Dies ermöglicht ein überwachtes Lernen mit Fehlerkorrektur wie bei einem BPN-Netzwerk, jedoch eine Informationsverarbeitung wie im KOH-Netzwerk. Bezüglich aller weiteren Varianten und Details muss auf die Fachliteratur verwiesen werden (vgl. Kap. 13.1).

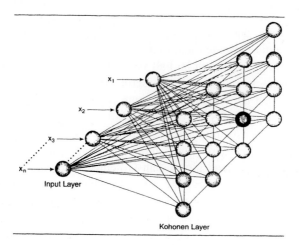

Abb. 54. Schema eines Kohonen-Netzwerks (KOH) mit schwarz markiertem aktivierten Neuron; nach Walter et al. (1998).

14. Zeitreihenanalyse

14.1 Allgemeine Zeitreihencharakteristika

Eine *Zeitreihe* ist ein Datenkollektiv (vgl. auch Kap. 1.5), i.a. eine Stichprobe SP = $\{a_i\}$ vom Umfang n (i=1,...,n; gelegentlich auch GG vom Umfang n), deren numerische Werte sich der Reihe nach auf diskrete Zeiten t_i beziehen. Dabei wird, wie das für die im folgenden beschriebenen Analyseverfahren meist auch vorausgesetzt wird, im allgemeinen ein konstanter Zeitschritt $\Delta t = t_{i+1} - t_i$ verwendet (äquidistante Zeitreihendaten; Abb. 53 ist ein Beispiel dafür). Somit hat eine Zeitreihe mathematisch die Form

$$a_i\,(t_i);\ t_{i+1} - t_i = \Delta t = const.;\ i = 1,...,n\ ; \qquad (14\text{-}1)$$

während eine *Zeitfunktion* a(t) eine stetige (kontinuierliche) Funktion der betrachteten Größe a in Abhängigkeit von der Zeit t ist.

Bei Zeitreihen sind prinzipiell drei Arten zu unterscheiden:

a) Die Daten liegen nach Ablauf jeweils gleich großer Zeitschritte Δt_i real vor (wobei möglicherweise aus technischen Gründen eine in Wirklichkeit stetige Variable nur zu den Zeitpunkten t_i gemessen wird).

b) Die Daten kommen durch Akkumulation innerhalb der Zeitintervalle Δt_i zustande und werden, ebenfalls real, jeweils nach Ablauf dieser Zeitintervalle festgehalten.

c) Die Daten sind zeitliche Mittelwerte, die aus den real vorliegenden Werten jeweils für ein Zeitintervall Δt errechnet werden (wobei möglicherweise der jeweilige Mittelwert des betreffenden Zeitsubintervalls in den Einzeldaten gar nicht vorkommt).

In jedem Fall ist wichtig, zu beachten, vgl. Abb. 55, dass sich im letztgenannten Fall die Zeitreihendaten $a_i(t_i)$ stets auf die Mitten der Zeitsubintervalle ΔL_i beziehen, aus denen die Mittelwerte gebildet werden. Die Länge L dieser Subintervalle kann beliebig (aber gleich) gewählt werden, so lange nicht das gesamte Zeitintervall $n*\Delta t$ einer (i.a. endlichen) Zeitreihe überschritten wird. Dagegen beziehen sich Zeitreihendaten akkumulierter Größen jeweils auf die Obergrenzen der Zeitsubintervalle.

Beispiele:

99. Zeitreihendaten der Form a) sind z.B. zu jeder vollen Stunde gemessene Werte der bodennahen Lufttemperatur (und andere Daten des Wetter- bzw. Kimabeobachtungsmessnetzes) oder des erdelektrischen Feldes an der jeweiligen Messstation; täglich jeweils einmal gemessene Flusspegelstände; Ergebnisse von Bevölkerungszählungen alle 20 Jahre in einem bestimmten Land.

100. Zeitreihendaten der Form b) sind z.B. Anzahl der Gewitter- oder Frosttage an einer Station in aufeinander folgenden Monaten bzw. Jahren; tägliche Sonnenscheindauer; monatliche bzw. jährliche Niederschlagssummen; monatlicher Energieverbrauch einer Stadt; Zahl der Erdbeben pro Jahr in einer bestimmten Region; jährliches Bruttosozialprodukt eines Landes.

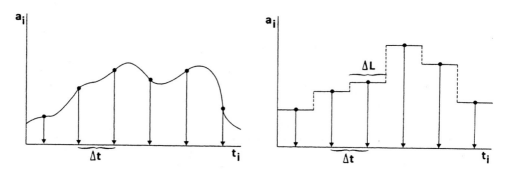

Abb. 55. Schematische Darstellung von zwei Arten von Zeitreihen: Links liegen die Daten $a_i(t_i)$ nur zu den „Zeitpunkten" t_i vor (Zeitschritt Δt, die zusätzlich eingezeichnete Kurve ist der mögliche i.a. unbekannte Verlauf der zugehörigen Zeitfunktion); rechts handelt es sich um Daten $a_i(t_i)$, die jeweils über das Zeitintervall ΔL (hier numerisch gleich Δt) gemittelt sind.

Beispiele:
101. Zeitreihendaten der Form c) sind z.B. Zehnminutenmittel der Windgeschwindigkeit; Jahresmittel der Vulkanstaubkonzentration in der Stratosphäre; stündliche, tägliche, monatliche, jährliche oder 30-jährige Mittelwerte der Lufttemperatur (bzw. eines anderen Klimaelements) an einer bestimmten Station; aus Monatsdaten errechnete Jahresmittel der an einem Arbeitsamt registrierten offenen Stellen.
102. Beispiele für Zeitfunktionen sind die graphischen Registrierungen von Temperatur (Thermogramm) oder Luftdruck (Barogramm), der Komponenten des erdmagnetischen Feldes, der seismischen Aktivität usw.; solche kontinuierlichen (stetigen) Registrierungen sind der statistischen Auswertung aber i.a. nicht direkt zugänglich, sondern müssen in bestimmten Zeitschritten „digitalisiert" werden, woraus dann i.a. Zeitreihen der Form a) entstehen (z.B. durch „Ablesen" der Werte der Zeitfunktion in bestimmten Zeitabständen).

Für die Technik der statistischen Zeitreihenanalyse ist es ohne Belang, ob die ursprünglichen Zeitreihendaten zuvor irgendeiner, ggf. weitergehenden *zeitlichen und/oder räumlichen Mittelung* unterworfen werden, so lange die zeitliche Äquidistanz gemäß (14-1) erhalten bleibt. So können beispielsweise aus einer Zeitreihe von Monatsmittelwerten (gemäß c), vgl. oben) Jahresmittelwerte gebildet werden (was natürlich den Umfang der betreffenden Zeitreihe um den Faktor 1/12 reduziert). Übliche Zeitsubintervalle geowissenschaftlicher Zeitreihen sind Minuten (nur in Ausnahmefällen auch darunter), Stunden, Tage, Pentaden (5 Tage), Wochen, Monate, Jahre, Dezennien (10 Jahre; auch Dekaden genannt, obwohl die Wortbedeutung eigentlich 10 Tage sind), Jahrhunderte und so weiter. In der Klimatologie sind außerdem 30-jährige Mittelwerte von Bedeutung, insbesondere die Zeitintervalle 1901-1930, 1931-1960, 1961-1990 usw., auf die sich die sog. Klimanormalwerte (CLINO = climate normals) verschiedener Klimaelemente beziehen. Ebenfalls in der Klimatologie ist in Abweichung von der üblichen arithmetischen Mittelwertberechnung (vgl. Kap. 2.2) die gewichtete Mittelwertbildung (vgl. Formel (2-6)) nach den historischen sog. Mannheimer Stunden von Bedeutung (siehe z.B. SCHÖNWIESE, 2003), nämlich die Errechnung von approximativen Tagesmittelwerten aus den Termin-Messungen um 7, 14 und 21 Uhr Ortszeit mit dem Gewicht w=2 für die 21 Uhr - Messung (in den angelsächsischen Ländern auch ungewichtet aus dem Maximum- und Minimumwert eines Tages).

Aus nicht oder in dieser Weise beliebig zeitlich gemittelten Zeitreihendaten können stets räumliche Mittelwerte gebildet werden, beispielsweise für eine geographisch definierte Landschaft, politische Einheit (z.B. Deutschland), einen Erdteil, eine Klimazone und ähnliches, schließlich global für alle Landgebiete oder einschließlich des Ozeans für die gesamte Erde. Meist wird es sich dabei um zweidimensionale Betrachtungen in Orientierung an geographische Koordinaten (horizontal orientierte Mittelwerte) handeln, obwohl auch dreidimensionale, sog. Schichtmittelwerte vorkommen. Bei ungleichmäßiger geographischer Verteilung der Stationen, von denen die zunächst nicht räumlich gemittelten Zeitreihendaten stammen, ist diese räumliche Mittelung jedoch problematisch. Daher sollten solche Daten unter Anwendung *räumlicher Interpolationen* zunächst in einen regelmäßigen Gitterpunktbezug gebracht werden; aus den so transformierten Daten können dann i.a. problemlos räumliche Mittelwerte errechnet werden.

Dabei stehen rechnerisch verschiedene räumliche Interpolationsschemen zur Verfügung, beispielsweise das sog. „Ordinary Kriging" (siehe z.B. BROWN und EISCHEID, 1992), das inzwischen auch Eingang in entsprechende EDV-Graphik-Software-Pakete gefunden hat. In besonderen Fällen werden auch geographisch fein auflösende Informationssysteme benötigt, beispielsweise wenn Flächenmittelwerte des Niederschlages für bestimmte Flusseinzugsgebiete benötigt werden. In allen Fällen räumlicher Mittelung sind im übrigen Repräsentanzüberlegungen und -abschätzungen unumgänglich (vgl. Kap. 7). Ist der räumliche Repräsentanzbereich signifikant kleiner als der oben genannte Gitterpunktabstand, muss diesem Problem durch Verwendung eines engeren Gitters begegnet werden.

Die in den Geowissenschaften anfallenden Zeitreihen sind somit überaus vielfältig und entsprechend bedeutend sind die Techniken der statistischen Zeitreihenanalyse. Bevor auf einige von ihnen eingegangen wird, sollten jedoch noch einige weitere *Zeitreihencharakteristika* betrachtet werden. Dazu gehören unter anderem die typischen zeitlichen Variationscharakteristika, die eine Zeitreihe prinzipiell aufweisen kann. Prinzipiell lassen sich dabei *nicht-zyklische und zyklische Variationsanteile* unterscheiden. Zu den nicht-zyklischen Variationsanteilen gehört beispielsweise ein linearer oder nicht-linearer *Trend*, der über entsprechende Korrelations- und Regressionsrechnung der betrachteten Größe in Abhängigkeit von der Zeit zugänglich ist (wird in Kap. 14.4 behandelt). Es wird dabei von der zweidimensionalen linearen (vgl. Gleichungen (11-9) bis (11-11)) bzw. nicht linearen (vgl. Gleichungen (11-73) bis (11-91), Teilübersicht Tab. 53) Regression ausgegangen und die unabhängige Variable b einfach durch die Zeit t ersetzt. Bei nicht-linearen Trends ist zu beachten, dass dabei – im Gegensatz zur zyklischen Variabilität bzw. sog. glatten Zeitreihenkomponente (s. Kap. 14.4) – definitionsgemäß keine relativen Maxima und Minima auftreten. Gelegentlich wird für diese Art der zeitlichen Variabilität auch der Begriff „transient" verwendet (vgl. Abb. 56).

Zyklische Variationen weisen in mehr oder weniger regelmäßigen Zeitabständen relative Maxima und Minima auf. Sind nicht nur diese Abstände, nämlich die Perioden T_k (mit Frequenz f = 1/T), sondern auch die Amplituden exakt konstant, so handelt es sich um *periodische Variationen* (die sich in harmonischer Art und Weise auch aus einer „Grund-" und diversen „Oberschwingungen" zusammensetzen können). Somit gilt, vgl. auch Abb. 56,

- *periodisch* $a_i(t_i) = a_i(t_i + T)$;   (14-2)
- *zyklisch* $a_i(t_i) \approx a_i(t_i + \overline{T})$;   (14-3)

wobei im lediglich zyklischen und nicht periodischen Fall (was gelegentlich auch als rhythmisch bezeichnet wird) offenbar nur eine mittlere Periode $\overline{T}$ angegeben werden kann. Im transienten Fall gilt dagegen, vgl. wiederum Abb. 56,

- *transient* $a_{i+1}(t_{i+1}) >$ *oder* $< a_i(t_i)$,   (14-4)

(somit ohne relative Maxima bzw. Minima, im mathematischen Sinn monotone Zeitreihe bzw. Zeitfunktion). Beispiele für periodische Zeitfunktionen sind die mathematische Sinus- bzw. Cosinusfunktion sowie deren Überlagerungen (Superposition); derartige (exakt) periodische Daten treten in den Geowissenschaften jedoch so gut wie nie auf. Geowissenschaftliche Beispiele für lediglich zyklische (im engeren Sinn) Zeitreihenvariationen sind der Tages- und Jahresgang meteorologischer Größen (auch wenn sie auf den ersten Blick fast- (quasi-) periodisch aussehen sollten) oder der Sonnenflecken-Zyklus (mit Perioden zwischen ca. 7 und 15 Jahren und deutlich variierender Amplitude).

Bei *stochastisch (zufällig, unstrukturiert) variierenden Zeitreihendaten* treten relative Maxima und Minima sowie die zugehörigen Amplituden völlig unregelmäßig auf (vgl. erneut Abb. 56). Im Rahmen der Zeitreihenanalyse spricht man dabei vom „Zufallsrauschen", dessen Zufallseigenschaften durch einen Test auf Normalverteilung (NV; vgl. Kap. 4.5 und 8.2) geprüft werden sollten. Kann die Nullhypothese (d.h. NV) nicht angenommen werden, enthält das „Rauschen" noch Struktur, möglicherweise von der NV signifikant abweichende *Extremwerte* (sofern die weiteren strukturierten Zeitreihenkomponenten aus dem betreffenden Datenkollektiv zuvor entfernt worden sind; vgl. Kap. 14.9, zum Problem der Autokorrelation Kap. 14.3).

Ein weiterer möglicher strukturierter Zeitreihenanteil, der ebenfalls Abweichungen von der stochastischen Struktur erzeugt, ist die sog. *glatte Variationskomponente*. Darunter sollte man im Grenzbereich transienten und zyklischen Verhaltens das Auftreten von nur einem relativen Maximum und zwei relativen Minima oder umgekehrt

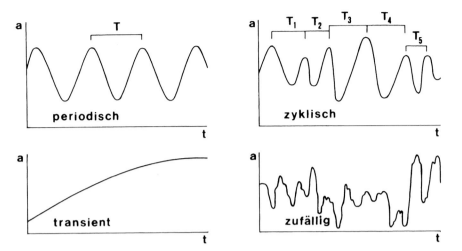

Abb. 56. Schematische Darstellung einiger typischer Variationscharakteristika von Zeitreihen (hier in stetiger Darstellung, d.h. streng genommen Zeitfunktionen).

verstehen (Grieser et al., 2000; vgl. dazu auch Kap. 11.9 mit Abb. 50), obwohl die so definierte Komponente, in den Wirtschaftswissenschaften auch „Konjunkturkomponente" genannt wird und in den Lehrbüchern zum Teil etwas anders aussieht. Weitere Anmerkungen dazu folgen in Kap. 14.4; ansonsten siehe Details dazu wie zur Zeitreihenanalyse allgemein bei z.B. ERHARD et al., 1992; ESSENWANGER, 1986; SCHLITTGEN und STREITBERG, 2001).

Insgesamt *kann eine Zeitreihe somit folgende Komponenten enthalten*: Trend (zugleich transiente Komponente, linear oder nicht linear) bzw. Mittelwert (falls kein signifikanter Trend existiert); glatte Komponente(n); zyklische Komponente(n); stochastische Komponente; davon signifikant abweichende Extremwerte (die von der Art von Extremwerten zu unterscheiden sind, die durch Einführung mehr oder weniger willkürlicher Wertintervalle um den Mittelwert, sog. Schranken, dann identifiziert werden, wenn sie außerhalb des Intervalls Mittelwert ± S mit S = jeweilige Schranken liegen; die Ursache dafür kann nämlich u.a. zyklische Variabilität oder ein Trend sein; zur Methodik dieser Unterscheidung siehe GRIESER et al., 2000).

Eines der zentralen Probleme der statistischen Zeitreihenanalyse ist es nun, derartige charakteristische zeitliche Variationskomponenten aufzudecken und möglichst zu separieren. Dabei treten in der Praxis jedoch mehrere Schwierigkeiten auf. So lassen sich die meisten der beobachteten geowissenschaftlichen Zeitreihen nicht einfach in eine der oben genannten charakteristischen Typen einordnen, sondern man hat es mit *Überlagerungen* (Superpositionen) dieser Typen zu tun; zudem sind die Übergänge oft fließend. Außerdem sind Zeitreihen i.a. Stichproben (SPs) in zweierlei Hinsicht: Erstens sind sie SP-Daten, weil sie diskret vorliegen und somit nur eine Auswahl einer in Wirklichkeit möglicherweise stetig variierenden Größe sind; und zweitens stellt die endliche Länge $L = n*\Delta t$ nur einen Ausschnitt der zugehörigen möglicherweise zeitlich

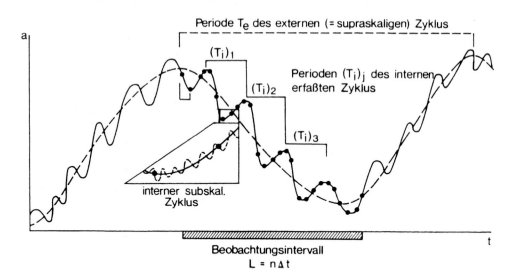

Abb. 57. Schema zur Definition interner und externer Zyklen. Die ausgezogene Kurve (Zeitfunktion) mit den innerhalb des Beobachtungsintervalls markierten „Messpunkten" (kleine ausgefüllte Kreise) kann interne subskalige Zyklen enthalten, siehe Kästchen und darunter skizzierte Vergrößerung, die wegen des Messstands oder der Trägheit des Messinstruments nicht auflösbar sind. Der externe supraskalige Zyklus erscheint im Beobachtungsintervall L als transienter Variationsanteil (Trend), obwohl er möglicherweise stationär ist. Erfassbar (skalig) sind offenbar nur solche Zyklen, die in ihrem zeitlichen Verlauf durch mehrere Messpunkte „gestützt" werden und die insgesamt mehrmals im Beobachtungsintervall L auftreten.

infiniten GG dar. Bei zyklischen Variationsanteilen kann es in Konsequenz dazu somit interne (subskalige) Zyklen $Z_j < \Delta L$, aber auch externe (supraskalige) Zyklen $Z_k > L$ geben, vgl. Abb. 57. Dabei ist von Bedeutung, dass sich ein Zyklus Z bzw. eine Periode T nur dann erfassen lässt, wenn mindestens drei Extremwerte, d.h. zwei relative Maxima und ein relatives Minimum bzw. umgekehrt, in das jeweilige Beobachtungsintervall fallen. Dies kann zu Problemen führen, auf die zum Teil im folgenden noch eingegangen wird (z.B. sog. aliasing, folgt in Kap. 14.5).

Prinzipiell sind nun alle bisher besprochenen Methoden, insbesondere die der Stichprobenbeschreibung (Kap. 2 und 3), auch auf Zeitreihen anwendbar. Bei den Schätz- und Prüfverfahren, der Fehlerrechnung und insbesondere der Korrelations- und Regressionsanalyse ist jedoch zu beachten, ob die jeweils geforderten Voraussetzungen gegeben sind. So erfüllen z.B. transiente (Trend) bzw. zyklische Zeitreihendaten nicht die Voraussetzung der *Datenunabhängigkeit* innerhalb jeweils einer SP (bzw. GG). Dieses Phänomen der Autokorrelation wird in Kap. 14.3 behandelt. Bei Abweichungen von der NV (Normalverteilung) kommt man i.a. mit verteilungsfreien Verfahren bzw. hinreichend großen SPs weiter.

Eine andere Voraussetzung, die gerade bei geowissenschaftlichen Zeitreihen häufig nicht gegeben ist, betrifft die *Stationarität*. Wie in Kapitel 2.6 ausgeführt, versteht man darunter die Unabhängigkeit der Momente von der Erhöhung des SP-Umfanges, was im Fall der Zeitreihen zugleich Unabhängigkeit der Momente von der Erhöhung des erfassten gesamten Zeitreihenintervalls L = n∗Δt bedeutet. Dabei spielt der Mutungsbereich der Momente eine wesentliche Rolle, weil bei sehr kleinem SP-Umfang (entsprechend relativ kleine Zeitreihenlänge L) die Momentvariationen für den Übergang n → n + 1 i.a. relativ groß sind. In der Praxis wird man daher von einem Mindestumfang der SP mit hinreichend kleinen Mutungsbereichen der Momente ausgehen und die Stationarität bzw. Nicht-Stationarität zunächst empirisch anhand beispielsweise zeitlich progressiv errechneter Momente (für n, n+1, n+2, usw.) abschätzen Möglich ist auch, für eine Zeitreihe zunächst Intervallmittelwerte zu berechnen und nach der Schätzformel

$$st = \pm z_\alpha \; s \sqrt{\frac{n}{m(m-1)}} \qquad (14\text{-}5)$$

zu prüfen, ob wenigstens Stationarität des Mittelwertes vorliegt (mit z Parameter der Standardnormalverteilung, vgl. Kap. 4.5, s = Standardabweichung, n = SP-Umfang und m = Anzahle der Daten, die bei jedem Subintervall erfasst werden; dabei wird wenigstens approximativ vorausgesetzt, dass die Daten der Normalverteilung NV folgen, vgl. wiederum Kap. 4.5). Liegen ein oder mehrere Subintervallmittelwerte außerhalb des st-Bereichs, so muss Nicht-Stationarität hinsichtlich des Mittelwertes vermutet werden. Alternativ lässt sich natürlich auch prüfen, ob ein signifikanter Trend (vgl. Kap. 14.4) vorliegt oder nicht. Diese Betrachtung ist jedoch nicht vollständig, da sie die weiteren Momente (Varianz usw.) nicht mit einbezieht. Außerdem sollte bei einer stationären Zeitreihe diese Bedingung auch bezüglich der Autokorrelationsfunktion (näheres folgt in Kap. 14.3) gegeben sein.

Als Faustregel für die Feststellung, ob eine Zeitreihe stationär ist oder nicht, sollte dies in der Praxis zumindest für Mittelwert, Varianz und Autokorrelation geprüft werden. Dabei sind außer den hier genannten schrittweise-progressiven Methoden auch statistische Tests anwendbar, welche den signifikanten bzw. nicht signifikanten Unterschied von Mittelwerten, Varianzen usw. prüfen (vgl. Kap. 8.2). Auch dabei ist es sinnvoll, die zugehörigen Mutungsbereich-Schätzungen (vgl. Kap. 5.3) bzw. Fehlergrenzen (der zufälligen Fehler, vgl. Kap. 6.3 und 6.4) mit einzubeziehen. Eventuell kommen auch varianzanalytische Methoden in Betracht (vgl. Kap. 9). Ganz allgemein handelt es sich bei der Stationaritätsfrage in den Geowissenschaften um ein meist sehr schwer zu bewältigendes Problem, so dass man sich häufig mit mehr oder weniger scharf definierter Quasi-Stationarität zufrieden gibt. Hilfreich ist in jedem Fall, mit nicht zu kurzen (Faustregel n > 100) Zeitreihen zu arbeiten und sie vorweg graphisch darzustellen, weil sich dann ggf. schon auf diesem empirisch-„optischen" Weg Verdachtsaspekte auf eventuell mehr oder weniger deutlich vorhandene Nicht-Stationarität ergeben können.

14.2 Zeitreihenhomogenität/ -inhomogenität

Die Ursachen von Zeitreihen-Instationaritäten (vgl. Kap. 14.1) können sehr unterschiedlich sein. Dabei kommen auch *systematische Fehler* (vgl. Kap. 6.1) in Frage, deren Erkennen und Ausschalten möglicherweise solche Nicht-Stationaritäten beseitigt. Ein besonders in der Klimatologie auftretendes Hemmnis der Zeitreihenanalyse ist die Belastung einer auf Messdaten beruhenden Zeitreihe mit systematischen Fehlern, die auf folgende Maßnahmen während der Messwerterhebung zurückgehen können:

- Wechsel der verwendeten Messgeräte oder von deren Handhabung;
- Änderung der Umgebungsbedingungen der Messstation, z.B. durch Bebauung;
- Änderung der Beobachtungsprozedur (z.B. Veränderung des Zeitpunkts der Messung oder der Anwendung von Korrekturen);
- örtliche Verlegung der Messstation (mehr oder weniger weit).

Klimatologisch lässt sich die Wirkung solcher Eingriffe so zusammenfassen, dass dadurch der Zeitreihe möglicherweise zusätzliche zeitliche Variationen aufgeprägt werden, die durch messtechnische Artefakte und nicht klimatologisch bedingt sind. Man spricht dann von *Inhomogenitäten* der betreffenden klimatologischen Zeitreihe. Typisch sind dabei „Sprünge", d.h. abrupt auftretende Mittelwert-Instationaritäten (z.B. bei der örtlichen Verlegung einer Messstation) oder abrupte Veränderungen der Varianz (z.B. falls ein neues Messgerät eine größere Empfindlichkeit als das vorhergehende aufweist); es kann sich aber auch um längerfristige Trends handeln, beispielsweise wenn durch allmähliche Bebauung die Umgebungsbedingungen der Station verändert werden. Unter solchen Gesichtspunkten sind klimatologisch vor allem allmähliche Urbanisierungseffekte von Bedeutung, insbesondere eine „schleichende" Erwärmung aufgrund des Wachstums einer Stadt und dem damit verbundenen und sich intensivierenden Effekt der sog. städtischen Wärmeinsel (fachlich siehe dazu z.B. FEZER, 1995; HUPFER und KUTTLER, 2005; SCHÖNWIESE, 2003).

Am besten ist es natürlich, wenn solche messtechnischen Eingriffe und deren Effekte auf die Zeitreihendaten bekannt sind, z.B. durch zeitlich überlappende Messungen bei Messgeräte- bzw. Standortwechsel, und mit Hilfe entsprechender Umrechnungen (z.B. lineare oder nicht lineare Regressionsrechnung, vgl. Kap. 11.2) korrigiert werden (Homogenisierung klimatologischer Zeitreihen). Problematisch aber sind unbekannte Ursachen von Inhomogenitäten; d.h. man sieht „Sprünge" bzw. Trends in den Daten, weiß aber nicht, ob sie (klimatologisch) real oder durch Inhomogenitäten hervorgerufen worden sind. Dann muss nämlich indirekt versucht werden, ggf. solche Inhomogenitäten aufzudecken, wobei dieser indirekten Aufdeckung „Sprünge" weitaus zugänglicher sind als relativ langfristige Trends. Ganz allgemein ist die Situation immer dann problematisch, wenn die zeitliche Struktur der Inhomogenitätseffekte ähnlich wie die der tatsächlich existierenden klimatologischen Variationen ist (wie z.B. bei Urbanisierungseffekten und einem gleichzeitig auftretenden ebenfalls relativ langfristigen Trend aufgrund von Klimaänderungen). Außerdem kann die „natürliche" Variabilität das Ausmaß der Inhomogenitätseffekte überdecken. Die im folgenden beschriebenen Methoden zur indirekten Aufdeckung von möglichen Inhomogenitäten lassen sich im Prinzip auch auf nicht-klimatologische Anwendungsbereiche übertragen, nämlich immer dann, wenn zwischen einer realen Zielgröße und deren Überlagerung durch messtechnische Artefakte unterschieden werden kann.

Methoden, die erlauben sollen, aus der Betrachtung von nur einer Datenreihe Inhomogenitäten indirekt aufzudecken, sog. *absolute Homogentitätstests*, lassen sich aus den genannten Gründen i.a. nur mit Vorbehalt anwenden. Zu den dabei üblichen Techniken (vgl. z.B. MITCHELL et al., 1966; SCULTETUS, 1969) gehört das HELMERTsche Homogentitätskriterium, das von den Vorzeichen der Abweichungen $a_i'(t_i)$ vom Mittelwert $\bar{a}$ ausgeht. Bezeichnet man mit g die Anzahl gleicher aufeinander folgender Vorzeichen und mit w die Anzahl der Vorzeichenwechsel, so sollte bei einem mittleren Fehler von

$$\pm\sqrt{n-1} \; (mit \; n = SP-Umfang)$$
$$\rightarrow -\sqrt{n-1} \leq g - w \leq +\sqrt{n-1} \tag{14-6}$$

gelten. In das häufiger verwendete ABBEsche Homogentiätskriterium gehen auch die Beträge der Abweichungen a_i' ein. Ist nämlich

$$A = \sum_{i=1}^{n} a_i'^2 - \frac{a_1'^2 - a_n'^2}{2} \quad \text{und} \tag{14-7}$$

$$B = \sum_{i=1}^{n-1} (a_i' - a_{i+1}')^2, \tag{14-8}$$

so sollte nach ABBE (vergl. z.B. SCULTETUS, 1969).

$$1 - \frac{1}{\sqrt{n-1}} \leq \frac{2A}{B} \leq 1 + \frac{1}{\sqrt{n-1}} \tag{14-9}$$

sein. Abgesehen von der prinzipiellen Fragwürdigkeit absoluter Homogenitätstests bewertet dieses Verfahren auch solche Reihen als inhomogen, die relativ ausgeprägte langfristige Schwankungsanteile beinhalten, die durchaus auch real (unabhängig von der messtechnik) verursacht sein könnten. Um solche Fehlentscheidungen zu vermeiden, ist es empfehlenswert, vor der Anwendung des ABBEschen Kriteriums eine geeignete Hochpassfilterung der Daten durchzuführen (Technik dazu folgt in Kap. 14.8).

Wesentlich treffsicherer sind Methoden, die eine Zeitreihe fraglicher Homogenität mit einer oder besser mehreren Zeitreihen gesicherter Homogenität vergleichen; man spricht in solchen Fällen von *relativen Homogenitätstests* (s. dazu z.B. MITCHELL et al., 1969; RAPP und SCHÖNWIESE, 1996; und im weiteren zitierte Spezialliteratur). Der relative Homogenitätstest nach CRADDOCK (1979) („Test der kumulativen Abweichungen") wird graphisch ausgewertet und beinhaltet daher eine gewisse Subjektivität. Er verwendet die Terme

$$S_1 = \frac{\bar{b}}{\bar{a}} a_1 - b_1, \quad S_2 = \frac{\bar{b}}{\bar{a}} a_1 - b_1 + \frac{\bar{b}}{\bar{a}} a_2 - b_2, \ldots, \tag{14-10}$$

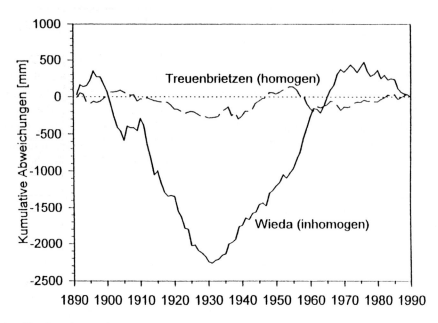

Abb. 58: Zur Anwendung des Craddock-Test, Niederschlagsreihen Treuenbrietzen und Wieda; für Wieda weist der relative Extremwert auf eine Inhomogenität 1931 hin (nach RAPP und SCHÖNWIESE, 1996; Erklärung siehe Text).

wobei a_i die aus (wahrscheinlich) homogenen Referenzzeitreihen gemittelten Daten und b_i die hinsichtlich Homogenität zu prüfende Zeitreihe ist; $\overline{a}$ und $\overline{b}$ sind die zugehörigen Mittelwerte. Werden die Terme S_i graphisch in Relation zur Zeit t aufgetragen, so weisen ausgeprägte Extrema der so erzeugten Reihe auf Inhomogenitäten hin, siehe Abb. 58, während relativ geringe Abweichungen von Null Homogenität vermuten lassen. Zum Nachteil der Subjektivität dieser Testentscheidung tritt noch der weitere Nachteil, dass diese Entscheidung auf keinem definitiven Signifikanzniveau erfolgt; trotzdem ist diese Testmethodik, weil sie den Zeitpunkt einer möglichen Inhomogenität anzeigt, relativ weit verbreitet.

Beide Nachteile vermeidet der ebenfalls relative Homogenitätstest nach BUISHAND (1982), der zwar zunächst für hydrologische Daten entwickelt, doch zumindest klimatologisch allgemein anwendbar ist, obwohl er approximativ NV (Normalverteilung) und Datenunabhängigkeit (d.h. keine Autokorrelation) voraussetzt. Er ist ein aus vier Testformeln bestehendes multiples Prüfverfahren, für das zudem noch spezielle Tabellenwerte notwendig sind. Daher sei hier nicht näher darauf eingegangen (siehe dazu z.B. RAPP und SCHÖNWIESE, 1996). Bei dem auf der Autokorrelationsrechnung (Methodik dazu folgt in Kap. 14.3) beruhenden relativen Homogenitätstest, der von der WMO (MITCHELL et al., 1966) empfohlen wird, werden für die Differenzwerte d_i bei der Zeitverschiebung $t = 1\Delta t$ die Autokorrelationskoeffizienten r_A berechnet und mit dem Ausdruck

$$r(p) = (1/n-1) [-1 + z(p) \sqrt{n-2}\ ] \tag{14-11}$$

verglichen, wobei z(p) der Parameter der standardisierten Normalverteilung zV (vgl. Kap. 4.5) ist. Falls $r_A > r(p)$, wird auf dem betreffenden Signifikanzniveau eine Inhomogenität (entsprechend Alternativhypothese) vermutet (zur Technik statistischer Tests allgemein vgl. Kap. 8.1). Ähnlich wie beim BUISHAND-Test soll der relative Homogenitätstest nach ALEXANDERSSON (1986) hier auch nur erwähnt werden, weil er wie jener aus mehreren Stufen der Berechnung besteht und besondere Tabellen erfordert (Details siehe beim Autor bzw. RAPP und SCHÖNWIESE, 1996). Er ist speziell für Niederschlagsdaten entwickelt worden und hat den Vorteil, verteilungsfrei zu sein.

14.3 Zeitreihenkorrelation

Für die Zeitreihenkorrelation gelten zunächst die gleichen Voraussetzungen und Methoden, wie sie im Kap. 11 beschrieben worden sind. Die zu analysierenden SPs werden somit einfach durch Zeitreihen ersetzt (d.h. die unabhängige Variable ist die Zeit t). Im folgenden soll vereinfachend $a_i = a_i(t_i)$ gesetzt werden, so dass alle Daten a_i (entsprechend auch b_i usw.) als Zeitreihen aufzufassen sind (vgl. auch Kap, 1.5 und 14.1). Dann gilt für die *einfache Zeitreihenkorrelation im zweidimensionalen linearen Fall* Formel (11-6) bzw. (11-7) als Abschätzung für den entsprechenden linearen SP - (Produkt-Moment-) Korrelationskoeffizienten nach PEARSON (vgl. Kap. 11.2).

Wie bereits mehrmals erwähnt, ist im Fall von Zeitreihen häufig nicht die Voraussetzung der Datenunabhängigkeit innerhalb der jeweiligen SPs (bzw. GGs) erfüllt. Zur Prüfung und zur quantitativen Kennzeichnung lässt sich der *Autokorrelationskoeffizient*

$$r_A = \frac{\sum_{i=1}^{n-\tau} a'_i a'_{i+\tau}}{\sqrt{\sum_{i=1+\tau}^{n} a'^2_i \sum_{i=1}^{n-\tau} a'^2_i}} = \frac{\sum_{i=1}^{n-\tau} a'_i a'_{i+\tau}}{(n-1-\tau)s_1 s_2} \begin{cases} mit\ \tau = 0,1\ldots, M < n; \\ -1 \leq r_A \leq +1 \end{cases} \tag{14-12}$$

berechnen, vgl. Veranschaulichung in Abb. 59. Dabei wird, wie der Name sagt, die Zeitreihe a_i mit sich selbst korreliert, allerdings in Form zweier schrittweise gegenseitig *zeitverschobener* und bei der Korrelationsrechnung daher auch sukzessive verkürzter Datensätze mit den Indizes (i+τ; n) und (i; n-τ). Die Werte des Laufindex i bewegen sich wie bisher zwischen 1 und n (i = 1,..., n) und die Zeitverschiebung τ, die zugleich als Verkürzungsparameter aufgefasst werden kann, nimmt Werte zwischen 0 und MΔt an (τ = 0, 1Δt,....,MΔt; M < n). Man kann dies auch so ausdrücken, dass zunächst für τ = 0 die Zeitreihe ohne Zeitverschiebung mit sich selbst korreliert wird (was natürlich r_A = 1 ergeben muss), für τ = 1Δt wird jeder Wert a_i mit dem Folgewert a_{i+1}, für τ = 2Δt jeder Wert a_i mit dem im Abstand 2∗Δt folgenden Wert a_{i+2} korreliert und so weiter.

228 Zeitreihenanalyse

I	a_1	a_2	a_3	a_4	a_5	a_6	a_7	...	$\tau = 0 \cdot \Delta t$
II		a_1	a_2	a_3	a_4	a_5	a_6	...	$\tau = 1 \cdot \Delta t$
III			a_1	a_2	a_3	a_4	a_5	...	$\tau = 2 \cdot \Delta t$
IV				a_1	a_2	a_3	a_4	...	$\tau = 3 \cdot \Delta t$
...									...

Abb. 59. Veranschaulichung der zeitlichen Verschiebung τ einer identischen Zeitreihe bei der Autokorrelation. Die Reihe I wird nacheinander mit I (d.h. sich selbst), II, III, IV usw. (d.h. auch mit sich selbst, aber bei variabler Zeitverschiebung) korreliert (bis zur einer maximalen Verschiebung MΔt).

Die Bezeichnung „Verkürzungsparameter" bringt zum Ausdruck, dass mit jeder der fortschreitenden Zeitverschiebungen (die für variables Δt auch $\tau = k = 0, 1, ..., M$ geschrieben werden können) der SP-Umfang der analysierten Zeitreihenanteile abnimmt (er ist jeweils n-τ) und sich entsprechend bei jeder Verschiebung neue Mittelwerte $\bar{a}_1$, $\bar{a}_2$ usw. sowie Standardabweichungen s_1, s_2 usw. ergeben. Es ist daher nicht richtig, bei der Autokorrelation mit konstantem Mittelwert und konstanter Standardabweichung zu rechnen. Schätzt man im übrigen für jedes τ den Mutungsbereich des zugehörigen Autokorrelationskoeffizienten r_A ab, so zeigt es sich, dass es wenig sinnvoll ist, die maximale Zeitverschiebung M zu groß werden zu lassen (empirischer Richtwert: M maximal n/2 oder vorsichtiger n/3, mit n $\geq$ 30 oder besser n $\geq$ 100).

Errechnet man schrittweise für $\tau = 0, 1, ..., M$ nach (14-12) die Autokorrelationskoeffizienten, so erhält man die *Autokkorrelationsfunktion* $r_A(\tau)$. Dabei kann sich r_A wie der Produkt-Moment-Korrelationskoeffizient (11-6) zwischen den Grenzen -1 und $+1$ bewegen. Über die Ergebnisse von Daten-Unabhängigkeitstests (z.B. wie in Kap. 8.2) hinaus gestattet nun die Autokorrelationsanalyse von Zeitreihen weitergehende Interpretationen; vgl. Abb. 60. Sind die SP-Daten nämlich gegenseitig unabhängig, so wird $r_A(\tau)$ für $\tau > 0$ innerhalb eines nicht zu engen Mutungsbereiches für $r_A(\tau)$, z.B. 99% - Niveau ($\alpha = 0.01$), um den Wert 0 schwanken. (Nur für GG-Zeitreihen, was i.a. einen unendlich großen Datenumfang erfordern würde, gilt in solchen Fällen für $\tau > 0$ exakt der Wert $r_A = 0$.) Sind die SP- (bzw. GG-) Daten aber nicht gegenseitig unabhängig, so wird $r_A(\tau)$ für $\tau > 0$ mehr oder weniger langsam gegen Null gehen, für relativ große Werte von τ möglicherweise negative Werte annehmen, dann wieder positive und so fort. Der Bereich

$$r_A(\tau) > 0 \quad bzw. \quad M_{\rho_A}(\tau) > 0 \; für \; \tau \geq 0 \tag{14-13}$$

heißt *Persistenzintervall Pe*. In diesem Zeitintervall sind die Zeitreihendaten von den vorangehenden näherungsweise abhängig, oder anders ausgedrückt, in diesem Zeitintervall besteht eine „*Erhaltungsneigung*" der Daten in dem Sinn, dass sie nicht signifikant von den vorangehenden abweichen („Gedächtnis", was sich im übrigen prognostisch nutzen lässt). Offenbar kann man die gegenseitige Datenabhängigkeit reduzieren, indem man über mindestens das Intervall Pe gemittelte Daten verwendet.

Lassen sich weiterhin Bereiche von τ finden, in denen $r_A(\tau) > 0$ ist, während für die betreffende τ - „Umgebung" $r_A(\tau) < 0$ gilt (auch hier sind die Mutungsbereiche zu beachten), so ist das ein Hinweis auf *zyklische Variationen*. Dies ist auch eine Art von gegenseitiger Datenabhängigkeit, wobei in diesem Fall offenbar die Zeitreihendaten $a_i(t_i)$ mit den Daten der gleichen Reihe $a_i(t_i+j\Delta\tau)$ (also im Zeitabstand $j\Delta\tau$) korreliert sind. Diese Gegebenheiten zyklischer Varianz lassen sich allerdings treffender mit Hilfe der spektralen Varianzanalyse (folgt in Kap. 14.6) untersuchen. Die in Kap. 14.1 angeschnittenen Probleme der Zeitreihen-Nicht-Stationarität können auch die Autokorrelationsanalyse beeinträchtigen. Man erhält dann beispielsweise unterschiedliche Pe-Abschätzungen (bzw. Autokorrelationen) und ebenfalls unterschiedliche Hinweise auf zyklische Variabilität, wenn man die zu untersuchende Zeitreihe (hinreichender Länge) bei der Analyse in Teilreihen aufspaltet (Autokorrelations-Instationarität; siehe dazu z.B. BENDAT und PIERSOL, 1966; weitere Aspekte dazu folgen in Kap. 14.6).

In Kap. 11.2 war gezeigt worden, dass der Produkt-Moment-Korrelationskoeffizient r als Quotient der Kovarianz s_{ab} und des Produktes der Standardabweichung s_a und s_b der beiden beteiligten Zeitreihen definiert ist; vgl. (11-6). Der Wert r ist somit bezüglich s_a und s_b normiert. Entsprechendes gilt natürlich auch für den Autokorrelationskoeffizienten $r_A = s_A/(s_1 s_2)$, wobei s_1 und s_2 die Standardabweichungen (der jeweils in die Berechnung eingehenden verkürzte Zeitreihen),

$$s_A = \frac{1}{n-1-\tau} \sum_{i=1}^{n-\tau} a'_i a'_{i+\tau} \qquad (14\text{-}14)$$

die *Autokovarianz* und $s_A(\tau)$ die Autokovarianzfunktion ist.

Beispiel:
103. Die folgende Tabelle (60) enthält für 1950-1960 (n = 11) die Temperaturjahresmittel vom Hohenpeißenberg (a_i). Für τ = 0, 1, 2, 3=M erfolgt die Berechnung der Autokorrelations- und Autokovarianzfunktion (Maßeinheiten °C² bzw. K²).

I	II	III	IV	..
$\tau = 0$	$\tau = 1$	$\tau = 2$	$\tau = 3$	..
8.8	8.4	8.1	8.3	..
8.4	8.1	8.3	7.3	..
8.1	8.3	7.3	7.3	..
8.3	7.3	7.3	6.5	..
7.3	7.3	6.5	8.2	..
7.3	6.5	8.2	8.0	..
6.5	8.2	8.0	8.5	..
8.2	8.0	8.5	8.2	..
8.0	8.5	8.2		
8.5	8.2			
8.2				

Tab. 60. Abgekürzte Rechentabelle zu Beispiel 103.

In Spalte I steht die ursprüngliche Zeitreihe (n Datenwerte), in Spalte II die um τ=1 („nach vorn") verschobene Reihe (n-1 Datenwerte) usw.
Nun werden im 1. Schritt die Daten von Spalte I mit sich selbst korreliert (τ=0), im 2. Schritt die von Spalte I mit Spalte II (τ=1), dann Spalte I mit Spalte III (τ=2) und schließlich Spalte I mit Spalte IV (τ=3). Es ergibt sich:
$r_A(\tau=0) = 1$; $s_A(\tau=0) \approx 0.44$ (identisch mit Varianz s^2);
$r_A(\tau=1) \approx 0.36$; $s_A(\tau=1) \approx 0.16$;
$r_A(\tau=2) \approx 0.20$; $s_A(\tau=2) \approx 0.09$;
$r_A(\tau=3) \approx -0.45$; $s_A(\tau=3) \approx -0.23$.

230   Zeitreihenanalyse

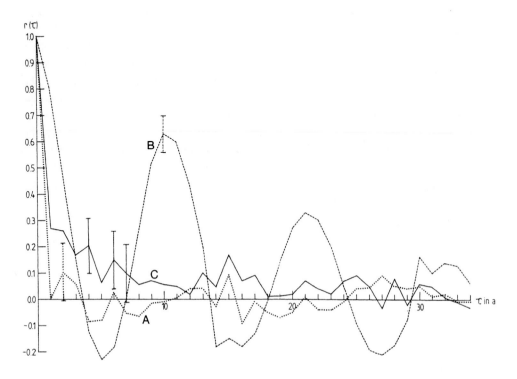

Abb. 60. Beispiele für Autokorrelationsfunktionen: A) 310 Zufallsdaten, gepunktete Kurve; B) Jahresmittel der Sonnenflecken-Relativzahlen 1660-1969 (somit ebenfalls 310 Daten), gestrichelte Kurve; C) Jahresmittel der bodennahen Lufttemperatur in „Zentral-England" 1660-1969, ausgezogene Kurve. Die vertikalen Balken geben die 95% - Mutungsbereiche an. Interpretation siehe Text.

In Abb. 60 sind in graphischer Darstellung drei Beispiele für Autokorrelationsfunktionen zu sehen. In allen Fällen sind natürlich die Funktionswerte $r_A(\tau=0) = 1$. Die Kurve A (Zufallszahlen) variiert für $\tau > 0$ insignifikant um Null (bei SP → GG, d.h. unendlich vielen Daten, würde sie für $\tau > 0$ exakt den Wert Null annehmen). Die Kurve B, die einen zyklischen (aber nicht periodischen) Vorgang repräsentiert, zeigt bei ganzzahligen Vielfachen (k = 0,1,2,...) des mittleren Grundzyklus ($\bar{T} \approx 10.5$ a; a = Jahre) relative Maxima im positiven r_A-Bereich (bei einem exakt periodischen Vorgang würde die r_A-Funktion regelmäßig zwischen $r_A = -1$ und $r_A = +1$ „pendeln" und jeweils mit $r_A = +1$ ganzzahlige Vielfache der betreffenden Periode anzeigen). Schließlich weist die Kurve C (Klimagröße) kaum auf zyklische Varianz, jedoch deutlich auf Persistenz hin, die bis zu einem Zeitschritt von $\tau = 6$ a auf dem 95%-

Niveau signifikant ist (für τ = 7 a schließt der Mutungsbereich den Wert $r_A(t) = 0$ mit ein, somit keine signifikante Abweichung von Null).

Selbstverständlich können nun auch verschiedene Zeitreihen $a_i = a_i(t_i)$, $b_i = b_i(t_i)$ usw. miteinander korreliert werden, allerdings mit der Besonderheit, dass auch dabei die Möglichkeit von Zeitverschiebungen besteht. Es kann nämlich sein, dass eine Zeitreihe a_i gegenüber einer anderen Zeitreihe b_i bei einer bestimmten Zeitverschiebung $\tau_* \neq 0$ eine bessere Korrelation aufweist als bei der Zeitverschiebung $\tau = 0$, wie es die Formeln (11-6) und (11-7) stets unterstellen (Phasengleichheit). Allgemein kann man danach fragen, wie sich die Zeitreihenkorrelation bei variabler Zeitverschiebung τ verhält. Sind Daten $a_i(t_i)$ mit bereits zuvor eingetretenen Daten b_i (t_{i-m}) korreliert, so besteht eine prognostische Beziehung, die sich in der Praxis möglicherweise ausnutzen lässt.

Die gestellte Frage lässt sich durch die *Kreuzkorrelationsanalyse* beantworten, bei der zwar wie bei der „normalen" Korrelationsanalyse mit zwei SP-Zeitreihen a_i und b_i gearbeitet, jedoch wie bei der Autokorrelationsanalyse eine variable zeitliche Verschiebung τ eingeführt wird. Entsprechend lautet der Kreuzkorrelationskoeffizient

$$r_C = \frac{\sum_{i=1}^{n-\tau} a'_i b'_{i+\tau}}{\sqrt{\sum_{i=1+\tau}^{n} b'^2_i \sum_{i=1}^{n-\tau} a'^2_i}} \quad mit\ \tau = 0,1,\ldots,M < n; -1 \leq r_C \leq +1 \tag{14-15}$$

und die entsprechende Kreuzkovarianz

$$s_C = \frac{1}{n-1-\tau} \sum_{i=1}^{n-\tau} a'_i b'_{i+\tau} \quad (mit\ \tau\ wie\ oben). \tag{14-16}$$

Für variable Zeitverschiebung τ sind r_C (τ) die *Kreuzkorrelations-* und s_C (τ) die *Kreuzkovarianzfunktion*. In (14-15) ist zu beachten, dass in dieser Form die Reihe b_i gegenüber der Reihe a_i derart verschoben ist, dass sich die a_i-Daten auf spätere Zeiten beziehen als die b_i-Daten. Dieser zeitlich verschobene Vergleich ist natürlich auch umkehrbar, d.h. a_i und b_i sind vertauschbar.

Die Mutungsbereich- und Signifikanzabschätzungen, wie sie in Kap. 11.3 behandelt worden sind, sowie die Fisher-Transformation (Kap. 11.4) zur verteilungsfreien Korrelationsanalyse sind ohne weiteres auf die Auto- und Kreuzkorrelationsanalyse übertragbar. Im letzteren Fall ist es auch denkbar, zeitliche Verschiebungen in ein multiples (lineares oder nicht lineares) Regressionsmodell mit einzubeziehen, um möglicherweise die erklärte Varianz zu erhöhen. Andererseits spielen mögliche Nicht-Stationaritäten der untersuchten Zeitreihen eine ähnlich störende Rolle wie bei der Autokorrelation (und anderen statistischen Untersuchungen).

Bei Signifikanztests und ähnlichen Verfahren, bei denen die Anzahl der Freiheitsgerade ϕ eine Rolle spielt und die auf die „normale" Korrelations- bzw.

Kreuzkorrelationsanalyse von Zeitreihen angewendet werden sollen, lässt sich die Autokorrelation durch eine entsprechende Reduktion der Freiheitsgerade in der Form

$$\Phi_r = \Phi \frac{1 - r_{A1} r_{A2}}{1 + r_{A1} r_{A2}} \qquad (14\text{-}17)$$

berücksichtigen, wobei r_{A1} und r_{A2} die Autokorrelationskoeffizienten der beiden erfassten Zeitreihen bei der Zeitverschiebung $\tau = 1$, ϕ die Anzahl der Freiheitsgrade ohne und ϕ_r mit Berücksichtigung der Autokorrelation sind. (Dabei wird allerdings vorausgesetzt, dass ein systematischer Zusammenhang zwischen $r_A(\tau)$ und $r_A(\tau+i)$ besteht; näheres dazu in Kap. 14.6, insbesondere Formel (14-49).)

Schließlich sei darauf hingewiesen, dass wie bei der allgemeinen, so auch bei der Zeitreihenkorrelation die in Kap. 11 erörterten Modifikationen notwendig sind, sofern gewisse Voraussetzungen nicht erfüllt sind. Insbesondere ist bei Abweichungen von der NV oder/und nicht-linearen Zusammenhängen der Produkt-Moment-Korrelationskoeffizient nach PEARSON durch den Rangkorrelationskoeffizienten zu ersetzen (vgl. Kap. 11.4; wobei der Koeffizient nach SPEARMAN bei „verrauschten" Zeitreihen günstiger, der Koeffizient nach KENDALL gegenüber „Ausreißern" weniger empfindlich ist); sind nicht-lineare Zusammenhänge auch nicht-monoton, so ist die Transinformation (vgl. Kap. 11.9) gefragt. Multiple Problemstellungen erfordern natürlich die multiple Korrelations- und Regressionsrechnungen (vgl. Kap. 11.5 und 11.6) und auch bei Zeitreihenkorrelationen sollten die Mutungsbereiche geschätzt (vgl. Kap. 11.3) und die Signifikanz getestet werden (vgl. Kap. 11.3, 11.5 und 11.8).

14.4 Trendanalyse

Unter der Trendanalyse von Zeitreihen versteht man nichts anderes als eine Korrelation der betreffenden Daten $a_i = a_i(t_i)$ mit der Zeit t, genauer mit den zugeordneten „Zeitpunkten" t_i bzw. Zeitsubintervallen Δt_i. Man kann sich daher in Kap. 11, Abb. 45 (Streudiagramme) einfach die Variable b durch die Zeit t ersetzt denken und erkannt dann schematisch im Fall D einen linearen positiven, im Fall E einen linearen negativen Trend, wobei – wie bei der allgemeinen Korrelationsrechnung auch – die Datenpaare um diesen Trend, identisch mit der entsprechenden Regressionsgeraden, mehr oder weniger stark „streuen" werden.

Trends müssen aber nicht linear sein; so zeigt Abb. 45, wiederum schematisch, im Fall F einen progressiv steigenden (positiven), G einen degressiv steigenden (positiven), I einen progressiv fallenden (negativen) und H einen degressiv fallenden (negativen) Trend. Progressiv bedeutet somit einen mit der Zeit zunehmenden (positiven oder negativen), degressiv entsprechend abnehmenden Koeffizienten der Kurvensteigung.

Ist gemäß Formel (11-4) $\hat{a} = A + Bb$ die lineare Regressionsgleichung der Variablen a (abhängig) und b (unabhängig), so gilt für die lineare Trendberechnung die Gleichung

$$\hat{a} = A + Bt \qquad (14\text{-}18)$$

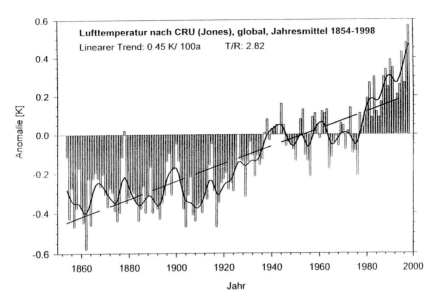

Abb. 61. Jahresanomalien (Abweichungen vom Referenzmittelwert 1951-1980) 1854-1998 der bodennahen global gemittelten Lufttemperatur, Säulen, linearer Trend, gestrichelt, und 10-jährig tiefpassgefilterte Daten (zur letztgenannten Technik siehe Kap. 14.8).

mit t = Zeit. Abb. 61 zeigt dazu ein Beispiel. Für den nicht linearen Fall lässt sich (14-18) in der Form

$$\hat{a} = A + Bt^k \qquad (14\text{-}19)$$

verallgemeinern, wobei man je nach dem Wert von k von einem nicht linearen Trend k-ter Ordnung spricht (vgl. auch Kap. 11, Gleichung Nr. 6 in Tab. 53, die eine Regression 2-ter Ordnung darstellt). Graphisch gesehen erhält man durch (14-19) progressiv steigende Trends, deren Progessivitätsgrad (anschaulich „Krümmung") mit dem Grad k zunimmt, vgl. Abb. 62. Es gibt aber zu (14-18) bzw. (14-19) auch Alternativen, die man dadurch erhält, dass man in Tab. 53 analog zu oben jeweils b durch t ersetzt (vgl. dazu Kap. 11, Abb. 49).

Die Entscheidung darüber, welches Regressions-, hier Trendmodell, das relativ beste ist, wird durch die Korrelationsrechnung der jeweiligen Funktion a = f(t) entschieden, wobei der maximale Korrelationskoeffizient (bei nicht-linearen Beziehungen Rangkorrelationskoeffizient) r bzw. die minimale Restvarianz der (hier zeitlichen) Regressionsgleichung den Ausschlag gibt. Dementsprechend wird auch entschieden, ob mit einem linearen oder nicht-linearen Trend gerechnet werden sollte.

Es stellt sich dabei aber auch ganz generell die Frage, ob der jeweils errechnete Trend auch signifikant ist. Neben den üblichen Hypothesenprüfverfahren der Korrelationsrechnung (Kap. 11.8) kommen bei der Zeitreihen-Trendanalyse auch speziell Tests in Frage. Dabei ist die einfachste Methode, den Trendwert T = $\{\hat{a}\}_{max} - \{\hat{a}\}_{min}$ (für

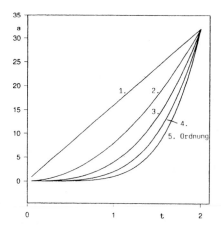

Abb. 62. Schematischer Vergleich eines linearen (Ordnung k=1) mit verschiedenen nicht-linearen Trends der Ordnung k=2, ..., 5 gemäß Formel (14-19); nach WERNER (1999).

das durch a_i jeweils abgedeckte Zeitintervall) durch die Standardabweichung s der Daten a_i (vgl. Kap. 2.4; s ist dann der Schätzer des Rauschens) zu dividieren. Man spricht in diesem Fall vom Trend-/Rauschverhältnis T/R = T/s (s. dazu wiederum Abb. 61), das sich anhand der Standardnormalverteilung zV (vgl. Kap. 4.5) testen lässt: Mit Hilfe von Tab. 32 (Kap. 5.3) können die T/s - Werte einfach mit den z-Werten verglichen und dementsprechend die Signifikanz Si = p bzw. Irrtumswahrscheinlichkeit α bestimmt werden (ist z.B. T/s = 2, so folgt nach Tab. 32: T/s > z → Si = 95 % bzw. α = 0.05). Offenbar setzt dies aber zumindest annähernd normalverteilte Daten a_i sowie einen linearen Trend voraus. Bei kleinen Stichproben kann approximativ, ebenfalls nach Tab. 32, auch mit Hilfe der dort angegebenen t-Werte getestet werden.

Eine insbesondere bei nicht-linearen Trends empfehlenswerte Alternative dazu, die zudem verteilungsfrei ist (d.h. keine bestimmte Häufigkeitsverteilung der Daten a_i voraussetzt), ist der von MANN (1945) entwickelte und von KENDALL (1970) modifizierte Test, der nach diesen Autoren als MANN-KENDALL-Trendtest bezeichnet wird. In der ursprünglich von MANN angegebenen Form lautet er

$$Q_* = \frac{\sum_{i=1}^{N-1}\sum_{j=i+1}^{N}\operatorname{sgn}(a_j - a_i)}{\frac{1}{2}N(N-1)} = \frac{S}{\frac{1}{2}N(N-1)} \qquad (14\text{-}20)$$

mit N = Anzahl der Stichprobendaten und sgn = Vorzeichen, d.h. Anzahl der Vorzeichenwechsel bei jedem Vergleichsschritt (a_j, a_i), i < j, für alle 1/2(N(N–1)) Wertepaare (a_i, a_j). Für N > 10 ist die Testgröße Q_* approximativ normalverteilt, so dass die normierte Testgröße

$$Q = \frac{Q_* - \overline{a}}{s} = \frac{S}{\sqrt{\frac{1}{18}N(N-1)(2N+5)}} \qquad (14\text{-}21)$$

wiederum mit Hilfe von Tab. 32 für den Testentscheid verwendet werden kann. Gegenüber (14-20) bzw. (14-21) hat KENDALL (1970) in der Form

$$Q = \frac{S}{\sqrt{\frac{1}{18}\left[N(N-1)(2N+5) - \sum_l b_l(b_l-1)(2b_l+5)\right]}} \qquad (14\text{-}22)$$

noch mögliche Bindungen, d.h. identische Zeitreihendaten a_i berücksichtigt, wobei b_l die Anzahl dieser Bindungen ist.

Wie in Kap. 14.1 bereits in Zusammenhang mit der Auflistung der verschiedenen möglichen Zeitreihenkomponenten und insbesondere in Kap. 11.9 ausgeführt, wird als glatte Komponente sinnvollerweise – sozusagen zwischen Trend und zyklischer Schwankung – eine zeitliche Variation verstanden, die im Gegensatz zum Trend auch relative Maxima und Minima aufweisen kann, jedoch im Gegensatz zur zyklischen Schwankung nur sehr wenige davon (vgl. GRIESER et al., 2000), nämlich nur zwei relative Maxima und ein relatives Minimum bzw. umgekehrt. Die in Kap. 11-9 bereits genannte Formulierung (11-96) lässt für Zeitreihen im allgemeinen durch

$$\hat{a} = A_o + \sum A_k t^k, \; k = 1, 2, ..., K \qquad (14\text{-}23)$$

ausdrücken, mit k wiederum Ordnung des jeweiligen Polynoms. Für k = 2,3, und 4 sind Beispiele dazu in Abb. 50 (Kap. 11.9) zu sehen.

Für alle Zeitreihenkomponenten, ganz gleich ob Trend, glatte Komponente oder die im folgenden behandelten zyklischen Komponenten gilt, dass nach Separation (d.h. Subtraktion der jeweiligen Komponente von den ursprünglichen Zeitreihendaten a_i) das Residuum hinsichtlich Normalverteilung getestet werden sollte (vgl. Kap. 8.2). Ist dies nicht der Fall, so muss nach weiteren strukturierten Zeitreihenkomponenten im Sinn der in Kap. 14.1 genannten Definitionen gesucht werden.

14.5 Harmonische Analyse

Jede stetige, unendliche und (exakt) periodische Zeitfunktion

$$a(t) = a(t + T) \qquad (14\text{-}24)$$

kann durch Superposition einer endlichen Reihe von Sinus- und Cosinusfunktionen der Perioden $n_i * P$ reproduziert werden. Die Errechnung dieser Funktionen heißt „harmonische Analyse", falls die n_i natürliche Zahlen sind (n_i = 1,2,...). Erfüllt die betrachtete Zeitfunktion nicht exakt die Periodizitätsbedingung (14-2), so ist zur Reproduktion eine unendliche Reihe harmonischer Sinus- und Cosinusfunktionen erforderlich bzw. die Reproduktion nur annähernd möglich. Der Rechengang zur Bestimmung dieser Sinus- und Cosinusfunktionen heißt „FOURIER-Analyse", die Reihe der betreffenden trigonometrischen Funktionen heißt „FOURIER-Reihe":

$$a(t) = \frac{B_0}{2} + \sum_{i=1}^{n} A_i \sin\varpi t + \sum_{i=1}^{n} B_i \cos\varpi t, = 2\pi|T = 2\pi f, \qquad (14\text{-}25)$$

wobei

$$A_i = \frac{2}{T}\int_0^T a(t)\sin i\varpi t\, dt;\; B_i = \frac{2}{T}\int_T^0 a(t)\cos i\varpi t\, dt \qquad (14\text{-}26)$$

die *FOURIER-Koeffizienten* sind.

Bei der praktischen meteorologischen bzw. geowissenschaftlichen Zeitreihenanalyse treten nun i.a. die folgenden Schwierigkeiten auf:

- Die Daten liegen als Zeitreihendaten und somit in diskreter Form a_i (t_i) vor.

- Die Zeitreihe selbst umfasst nur ein endliches Zeitintervall.

Außerdem hat man es in den Geowissenschaften fast nie mit exakt periodischen Daten zu tun.

Den ersten beiden Schwierigkeiten wird dadurch begegnet, das die Integralformeln der FOURIER-Koeffizienten durch Summenformeln (sog. Bessel-Formeln, siehe unten) ersetzt werden. Aus der exakten wird dadurch eine *„angenäherte harmonische Analyse"*. Diese lässt sich im übrigen auch auf Zeitreihen anwenden, die nur annähend periodisch, also zyklisch sind. Der Grad der Annäherung ist aber in jedem Fall zu prüfen. Außerdem sollte die angenäherte harmonische Analyse nur auf deterministisch bekannte Rhythmen (z.B. Tagesgang, Jahresgang, Gezeitenwirkungen u.ä.) angewendet werden. Die BESSEL-Entwicklung der angenäherten harmonischen Analyse für eine diskrete Zeitreihe des konstanten Datenintervalls (Zeitschritts) Δt und insgesamt der Länge L = n*Δt lautet in der Entwicklung für j = 1, 2,..., N Stützwerte der Periode P

$$a_j(t)_j = \overline{a} + \sum_{i=1}^{N/2} A_i \sin(\frac{360°}{P}it) + \sum_{i=1}^{N/2} B_i \cos(\frac{360°}{P}it) \qquad (14\text{-}27)$$

$$A_1 = \frac{2}{N}\sum_{j=1}^{N} a_j \sin(\frac{360°}{P}it_j),\quad i = 1,\ldots,\frac{N}{2}-1, \qquad (14\text{-}28)$$

$$B_i = \frac{2}{N}\sum_{j=1}^{N} a_j \cos(\frac{360}{P}it_j),\; i = 1,\ldots,\frac{N}{2}, \qquad (14\text{-}29)$$

(sog. BESSEL-Formeln), wobei 360° dem Wert 2π entspricht. Der Koeffizient $A_{N/2}$ ist stets Null; der Wert des Koeffizienten $B_{N/2}$ muss halbiert werden. Die Anzahl der harmonischen Teilschwingungen P_i = P/i (genannt „Harmonische") ist N/2 mit P_{min} = $2\Delta t$; der reziproke Wert hiervon ist die sog. *NYQUIST-Frequenz* f_{max} = $1/2\Delta t$ (P_{max} = P). Falls für Δt eine einheitliche Maßeinheit benutzt wird, kann bei den Berechnungen Δt = 1 gesetzt werden.

Beispiel:

104. Für den Jahresgang $T_o = P = 12*\Delta t$, $\Delta t = 1$ Monat, $N = 12$, ergeben sich $N/2 = 6$ Teilschwingungen. Diese sind (mit $\Delta t = 1$): $P_1 = 12$; $P_2 = 12/2 = 6$; $P_3 = 12/3 = 4$; $P_4 = 12/4 = 3$; $P_5 = 12/5 = 2.5$; $P_6 = 12/6 = 2$ (Monate). Somit sind $P_{min} = 2$ Monate und $P_{max} = 12$ Monate (vgl. Abb. 63). Alle Werte P_i werden in diesem Zusammenhang „Harmonische" H_i genannt (Grundperiode $T_o = H_o$).

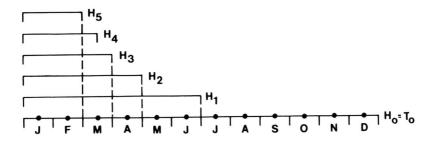

Abb. 63. Aufspaltung einer Grundperiode $H_0 = T_0$ in harmonische Teilschwingungen H_j am Beispiel des Jahresgangs ($H_o = 1$ a), vgl. Beispiel 104. H_j, $j = 0,1,2,...$, sind die sogenannten „Harmonischen" (d.h. harmonischen = ganzzahligen Teilschwingungen).

Der durch das i-te Glied der FOURIER- bzw. BESSEL-Reihe erfasste Varianzanteil ist

$$\text{für } i < N/2 : C_i^2 / 2s^2 \text{ mit } C_i = \sqrt{A_i^2 + B_i^2}; \qquad (14\text{-}30)$$

$$\text{für } i = N/2 : C_{N/2}^2 / s^2 \text{ mit } C_{N/2} = \sqrt{B_{N/2}^2}. \qquad (14\text{-}31)$$

Diese Varianzanteile sind von additiver Eigenschaft. Die C_i repräsentieren die Amplituden der i-ten Teilschwingung. Die Zeit, zu der die i-te Teilschwingung ihr Maximum aufweist, ist durch

$$t_i = \frac{P}{360°\,i} arc\tan(A_i / B_i) \qquad (14\text{-}32)$$

gegeben.

Beispiel:

105. Im folgenden soll auszugsweise ein Beispiel der angenäherten harmonischen Analyse nach PANOFSKY und BRIER (1958) wiedergegeben werden. Untersucht wird der Tagesgang der Lufttemperatur (Werte a_i in °F) in New York für den Januar 1951. Gemäß den obigen Formeln erfolgt eine Aufspaltung in die harmonischen Teilkomponenten und die Abschätzung der dadurch jeweils erfassten („erklärten") Varianz. (Rechentabelle dazu siehe folgende Seite, Tab. 61).

Tab. 61. Rechentabelle zu Beispiel 105.

Ortszeit t_j	Daten a_j(°F)	$(A_1*)_j = \frac{2}{24}\sin(15°j)$	$(A_2*)_j = \frac{2}{24}\sin(30°j)$	$(B_1*)_j = \frac{2}{24}\cos(15°j)$	$(B_2*)_j = \frac{2}{24}\cos(30°j)$
1	35.5	0.022	0.042	0.080	0.072
2	35.2	42	72	72	42
3	34.8	59	83	59	0.000
4	34.8	72	72	42	-0.042
5	34.6	80	42	22	72
6	34.4	83	0.000	0.000	83
7	34.5	80	-0.042	-0.022	72
8	34.6	72	72	42	42
9	35.2	59	83	59	0.000
10	35.9	42	72	72	0.042
11	36.7	22	42	80	72
12	37.7	0.000	0.000	83	83
13	38.7	-0.022	0.042	80	72
14	39.0	42	72	72	42
15	40.9	59	83	59	0.000
16	41.2	72	72	42	-0.042
17	38.9	80	42	22	72
18	38.1	83	0.000	0.000	83
19	37.9	80	-0.042	0.022	72
20	37.3	72	72	42	42
21	36.9	59	83	59	0.000
22	36.3	42	72	72	0.042
23	35.9	22	42	80	72
24	35.8	0.000	0.000	83	83

Mit Hilfe von Tab. 61 kommt man zu folgenden Ergebnissen:
$(A_i*)_i = 2/N \sin((360°/P)it_j)$ mit i = 1,..., N/2 (in der Tab. 61 nur bis i = 2 gerechnet). Der Datenabstand beträgt $\Delta t = 1$ h (h = Stunde). Der numerische Wert der Ortszeit t_i und der Laufindex j sind identisch (j=1, ...24).

$$A_1 = \sum a_j(A_j*)_j = -2.13; A_2 = A_2 = \sum a_j(A_2*)_j = +0.84$$

(Summierung jeweils j = 1,...,24). Entsprechend folgen B_1= -1.30; B_2 = +0.09;

$C_1 = \sqrt{2.13^2 + 1.30^2} = 2.495;$ $C_2 = \sqrt{0.84^2 + 0.09^2} = 0.845;$

Standardabweichung: $s_a = \sqrt{3.96} \approx 1.99$;

$C_1^2 / 2s^2 = 6.23 / 7.92 = 0.79 \cong 79\%$; $C_2^2 / 2s^2 = 0.71 / 7.92 = 0.09 \cong 9\%$.

Dies bedeutet, dass die Superposition der ersten beiden „Harmonischen" (nämlich $P_1 = 24$ h; $P_2 = 12$ h) bereits 88% der Gesamtvarianz erfasst. Weiterhin ergibt sich
$t_1 = (1/15)$ arc tan $(2.13/1.30) = 15.9$ (Stunden);
$t_2 = (1/30)$ arc tan $(0.84/0.09) = 2,8$ (Stunden).

Somit liegt das Maximum der ersten „Harmonischen" bei 16 Uhr und das der zweiten bei 3 Uhr Ortszeit. Die Gleichung der Zeitreihe lautet insgesamt:

$$a_j(t_j) = \overline{a} - 2.13\sin(\frac{360^0}{24}t) - 1.30\cos(\frac{360^0}{24}t) + 0.84\sin(\frac{360^0}{24}2t) + 0.09(\frac{360^0}{24}2t) + ...$$

Zu beachten ist, dass den bei der FOURIER- (bzw. BESSEL-) Analyse erfassten harmonischen Teilschwingungen P_i keinesfalls immer deterministische Ursachen zugeordnet werden können. Das heißt, es ist durchaus möglich und auch häufig, dass eine einzige deterministische Ursache (wie z.B. die astronomische Anregung des Tagesganges, vgl. obiges Beispiel) eine solche periodische bzw. quasiperiodische Funktion (Zeitreihe) erzeugt, die bei der (angenäherten) harmonischen Analyse nur durch Superposition mehrerer trigonometrischer Funktionen reproduzierbar ist.

Ist P die zu analysierende Quasi-Periodizität (Rhythmus), so benötigt man für die harmonische Analyse als Datengrundlage mehrere Stützwerte $a_i(t_i)$ mit $\Delta t < P$. Dazu bieten sich im Fall des Tagesganges (P = 1 d) Stunden- und im Fall des Jahresganges (P = 1 a) Monatswerte an. Den Rechengang der harmonischen Analyse kann man als „*Frequenzfaltung*" oder kurz „*Faltung*" auffassen, bei der die betreffende Zeitreihe der Länge L = N∗Δt nach der in Abb. 64 schematisch veranschaulichten Weise offenbar bezüglich $P_o = H_o$ „aufgefaltet" wird, wobei sich jedem Stützwert von $P_o = T_o$ (Abb. 64, leere Kreise) mehrere Werte der analysierten Zeitreihe (Abb. 64, volle Kreise) zuordnen lassen. Diese Werte führen über Mittelung zu den gesuchten Stützwerten.

Soll der Rhythmus der Periode P bei der weiteren Analyse unterdrückt werden, so können die folgenden Verfahren zur Anwendung kommen:

- Betrachtung von jeweils nur einem Wert innerhalb von P (z.B. bei P = 1 d: Verwendung von jeweils nur dem 12 Uhr-Wert, somit ohne Auflösung des Tagesgangs;
- Betrachtung von über P gemittelten Werten (z.B. aus Stundenwerten errechnetes Tagesmittel);
- Betrachtung von über P übergreifend gemittelten Werten (z.B. übergreifende 24-stündige Mittel);
- Subtraktion der durch die (angenäherte) harmonische Analyse errechneten Stützwerte der Periode P von den ursprünglichen Zeitreihenwerten (z.B. Subtraktion des Tagesganges von den Einzelwerten).

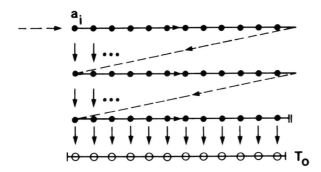

Abb. 64. Veranschaulichung der „Frequenzfaltung". Die Zeitreihe a_i wird bezüglich der Periode T_o wie eine Ziehharmonika „aufgefaltet".

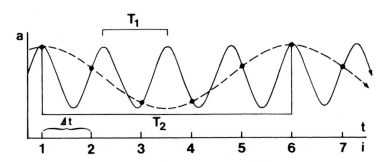

Abb. 65. Veranschaulichung der „Frequenzmissdeutung" (aliasing). Real ist nur die ausgezogene dargestellte Zeitfunktion. Die Probenahme der Zeitreihenmessung (kleine ausgefüllte Kreise) täuscht einen Zyklus mit größere Periode vor. Beim abgebildeten Beispiel gilt: $T_1 = (5/4)\Delta t$, $T_2 = 5\Delta t$; i = Laufindex der Messdaten a_i.

Die ersten zwei Verfahren eliminieren alle Schwankungsanteile $T \leq P$ unter entsprechendem Datenverlust; d.h. der SP-Umfang verkürzt sich entsprechend, was für statistische Signifikanzprüfungen von Nachteil ist. Bei den beiden weiteren Verfahren bleibt dagegen der SP-Umfang erhalten; sie können als numerische Filtertechniken aufgefasst werden, auf die im Kap. 14.8 allgemeiner und näher eingegangen wird.

Der endliche Datenabstand Δt einer Zeitreihe, die eine SP einer in Wirklichkeit stetigen Zeitfunktion darstellt, kann bei der harmonischen Analyse und darauf aufbauenden Methoden zum Effekt der „*Frequenzmissdeutung*" (engl. a*liasing*) führen. Konkret kann eine zeitliche Oszillation der wahren Periode T_1 als niederfrequentere Schwankung der Periode $T_2 > T_1$ fehlinterpretiert werden. Dies ist in der Abb. 65 veranschaulicht, wo – beispielsweise – die wahre Periode $T_1 = (5/4)*\Delta t$ (ausgezogene Kurve) fälschlich als Periode $T_2 = 5*\Delta t$ (gestrichelte Kurve) aufgefasst wird, da die diskreten Zeitreihen-Einzelwerte a_i mit ihrem Messabstand (Zeitschritt) Δt (volle Kreise) dies zulassen. Durch geeignete zeitliche Mittelbildung oder Tiefpassfilterung (folgt in Kap. 14.8) der Einzelwerte a_i kann der Effekt der Frequenzmissdeutung vermieden werden.

14.6 Spektrale Varianzanalyse

Ein besonders wichtiger Aspekt der Zeitreihenanalyse, der nicht nur in den Geowissenschaften eine besondere Bedeutung erlangt hat, ist die Transformation einer Zeitfunktion $a = a(t)$ bzw. Zeitreihe $a_i = a_i(t_i)$ in eine *spektrale Darstellung*

$$a(t) \rightarrow A(f) \quad bzw.\ a_i(t_i) \rightarrow A_j(\Delta f_j), \quad f = 1/T, \tag{14-33}$$

mit t = Zeit, f = Frequenz und T = Periode. Dabei ist A eine Größe, welche die Variabilität der betreffenden Daten zum Ausdruck bringt, üblicherweise die Varianz ($A = s^2$). Mit anderen Worten: Es ist eine Darstellung gesucht, welche die Verteilung der

Zeitreihenvarianz auf die einzelnen Frequenzen f bzw. Perioden T angibt. Ist L die (endliche) Länge einer Zeitreihe, so kann statt f bzw. T auch die Wellenzahl k verwendet werden, die angibt, wie viele harmonische Wellen (anschaulich Perioden, vgl. $P_j = H_j$ im Beispiel 104 mit Abb. 63) im Zeitintervall L untergebracht werden können. Ist N die Anzahl der Zeitreihendaten (mit Zeitschritt Δt), so gilt demnach f = k/N (k = fN) bzw. T = N/k (k = N/T).

Für die entsprechenden Berechnungen ist nun von Bedeutung, dass sich jede beliebige Zeitfunktion x(t) durch

$$g(f) = \int_{-\infty}^{+\infty} x(t) e^{-2\pi f t} dt \qquad (14\text{-}34)$$

(mit $i = \sqrt{-1}$ imaginäre Einheit) in einen Ausdruck der zugehörigen *spektralen Dichte* g(f) transformieren lässt, die dem in (14-33) definierten Ziel entspricht. Diese Transformation wird in Anlehnung an die in Kap. 14.5 beschriebene harmonische Analyse als „*Fourier-Transformation*" bezeichnet. Im diskreten Fall einer Zeitreihe $x_n = x_n(t_n)$ lautet sie

$$x_n = \sum_{k=0}^{N-1} F(k) \exp(2i\pi nk/N) \qquad (14\text{-}35)$$

mit Zeitreihen-Laufindex n = 0,1,...,N-1, k = Wellenzahl, F(k) = Fourierkomponente der Wellenzahl k, i wiederum imaginäre Einheit (daher steht dieses Symbol hier nicht für den Laufindex), π wie üblich 3,14159... und N = Anzahl der Zeitreihendaten (exp(a) = e^a ist die Exponentialfunktion). Um nun die Fourierkomponenten berechnen zu können, wird Gleichung (14-35) invertiert zu

$$F(k) = \sum_{n=0}^{N-1} (x_n/N) \exp(-2\pi nk/N) \qquad (14\text{-}36)$$

bzw. ähnlich wie in Kap. 14.4 (harmonische Analyse, vgl. (14-27)) gilt

$$F(k) = \sum_{n=0}^{N-1} (x_n/N) \cos(2\pi nk/N) - i \sum (x_n/N) \sin(2\pi nk/N) \qquad (14\text{-}37)$$

mit F(0) = $\bar{x}$ = Mittelwert der Zeitreihe x_n.

Zur Varianzdarstellung führt nun der wichtige Zusammenhang

$$s^2 = 1/N \sum_{n=0}^{N-1} (x_n - \bar{x})^2 = \sum_{k=1}^{N-1} F(k)^2 = \sum_{k=1}^{N-1} s^2(k) \qquad (14\text{-}38)$$

Dabei ist zu beachten, dass die Summe der Fourierkoeffizienten bei k=1 beginnt, da der Mittelwert (entsprechend der Schwingung mit der Wellenzahl k=0) nicht zur Varianz beiträgt. $s^2(k)$ ist nun die spektrale Varianz der analysierten Zeitreihe x_n bei der Wellenzahl k. Trägt man tabellarisch oder graphisch $s^2(k)$ gegen k auf, so erhält man das sog. *Periodogramm*, das angibt, wie sich die betreffende Zeitreihenvarianz auf die harmonischen Wellenzahlen k aufteilt. Dies ist zugleich die fundamentale Form eines *Varianzspektrums* mit N-1 Varianzanteilen, falls die analysierte Zeitreihe aus N Werten besteht. Eng verwandt mit der Errechnung eines Periodogramms ist die sog. schnelle Fouriertransformation (engl. *fast Fourier transform*, FFT), die man ebenfalls in relativ vielen Statistik-Softwarepaketen findet. Sie beruht im wesentlichen auf Gleichung (14-38).

Nun kann es aber sein, dass eine Zeitreihe Schwingungen enthält, die keinen harmonischen Aufbau besitzen bzw. Phasensprünge aufweisen. Um auch in solchen Fällen zu einer sinnvollen spektralen Varianzanalyse zu kommen, ist eine verallgemeinerte Technik entwickelt worden (zuerst von TUKEY, 1949, angegeben; vgl. auch BLACKMAN und TUKEY, 1958), bei der die Fouriertransformation auf die Autokorrelations- bzw. Autokovarianzfunktion angewendet wird und die daher als *Autokorrelations-Spektralanalyse (ASA)* bezeichnet werden kann. In der englischen Sprache wird in diesem Zusammenhang statt vom Varianzspektrum häufig vom „*power spectrum*" („Energiespektrum") gesprochen (auch die Bezeichnung „*Autospektrum*" als Abgrenzung zu entsprechenden Spektren, die auf der Analyse mehrerer Zeitreihen beruhen (folgt in Kap. 14.7), ist gelegentlich anzutreffen.) Wird nun die Fouriertransformation auf die Autokorrelationsfunktion angewendet, so erhält man ein normiertes (relatives) Spektrum, d.h. die Summe der Spektralschätzwerte ist eins (bzw. 100%).

In der von MITCHELL et al. (1966) angegebenen Form (vgl. auch z.B. BATH, 1974; BENDAT und PIERSOL, 1966; BOX und JENKINS, 1970; ESSENWANGER, 1986; JENKINS und WATTS, 1968; PANOFSKY und BRIER, 1958) lautet die Schätzung des Varianzspektrums einer diskreten endlichen Zeitreihe für die Frequenzintervalle h = Δf_h = 0, 1,...., M (M = maximale Verschiebung bei der Autokorrelations- bzw. Autokovarianzfunktion, vgl. Kap. 14.3):

$$Sp(0) = \frac{1}{2M}\left[s_A^2(0) + \sum_{k=1}^{M-1} D(k)s_A^2(k)\right] \textit{für } h = 0; \qquad (14\text{-}39)$$

$$Sp(h) = \frac{1}{M}\left[s_A^2(0) + \sum_{k=1}^{M-1} D(k)s_A^2(k)\cos\frac{\eta h k}{M}\right] \textit{für } \left\{\begin{matrix}h > 0\\h < M\end{matrix}\right\} \qquad (14\text{-}40)$$

$$Sp(M) = \frac{1}{2M}\left[s_A^2(0) + \sum_{k=1}^{M-1} D(k)s_A^2(k)(-1)^k\right] \textit{für } h = M. \qquad (14\text{-}41)$$

Dabei ist s_A die Autokovarianzfunktion und D(k) eine Filterfunktion, üblicherweise der Form

$$D(k) = \left\{\frac{1}{2}(1+\cos\frac{\pi k}{M})\right\} \quad f\ddot{u}r \, 0 < k < M \tag{14-42}$$

(hier sog. "hamming window"), die bei der Anwendung der Fouriertransformation die Endlichkeit der betreffenden Zeitreihe berücksichtigt. Die bei dieser Methodik aufgelösten Frequenz- bzw. Periodenintervalle des Varianzspektrums Sp(h), h = 0,1,....,M, lauten

$$f_h = h / 2M\Delta t, \quad h = 0,1,\ldots, M, \quad bzw. \quad T_h = (2M\Delta t)h \tag{14-43}$$

mit den Grenzen

$$f_{\min} = 0, \quad f_{\min+} = 1 / 2M\Delta t \quad bzw. \quad T_{\max} = \infty, \quad T_{\max+} = 2M\Delta t; \tag{11-44}$$

$$f_{\max} = 1 / 2\Delta t \quad bzw. \quad T_{\min} = 2\Delta t. \tag{11-45}$$

wobei $f_{\min+}$ bzw. $T_{\max+}$ bei einer endlichen Zeitreihe die kleinste auflösbare Frequenz bzw. größte auflösbare Periode sind und bei $f_{\min}$ bzw. $T_{\max}$ formal das Residuum der zwar erfassten, im Spektrum aber nicht mehr aufgelösten tieffrequenten bzw. langperiodischen Varianzanteile akkumuliert wird. $f_{\max}$ wird, wie bereits erwähnt, Nyquist-Frequenz genannt. Bei den üblichen Rechenverfahren sind die Frequenz- bzw. Periodenwerte nach (14-43) bis (14-45) als Mitten der jeweiligen aufgelösten Frequenz- bzw. Periodenintervalle zu verstehen. Bei M besteht wie bereits bei der Autokorrelationsfunktion selbst das Problem, dass dieser Wert zwar im Prinzip frei wählbar, aber zu große M-Werte wenig sinnvoll sind. In der praktischen Anwendung der ASA lässt sich das empirisch daran erkennen, dass das Spektrum ab zu hohen M-Werten instabil (d.h. deutlich sichtbar unruhiger als für kleinere M-Werte) wird, so dass wie bei der Autokorrelationsanalyse Vorsicht geboten ist (Richtwert bei einer Zeitreihenlänge L: M ≤ L/4).

Beispiel:
106. Bei der spektralen Varianzanalyse einer in Form von 200 Jahreswerten vorliegenden Größe (z.B. mittlere Lufttemperatur an einer Station, Zahl der global beobachteten Vulkanausbrüche, mittlere Verkehrsfrequenz einer Straße), somit Δt = 1 a (Jahr) und L (zugleich SP-Umfang n) = 200a, wird M = 50 (= L/4) als maximale zeitliche Verschiebung bei der spektralen Varianzanalyse gewählt. Dann ist $T_{\min}$ = 2 a, entsprechend $f_{\max}$ =1/(2a), $T_{\max+}$ = 100 a, entsprechend $f_{\min+}$ = 1/(100a). Das Spektrum besteht aus 51 Schätzwerten s^2_h, h = 0, 1, ...50.

Die spektrale Varianzanalyse nach der hier beschriebenen ASA-Methodik ist als statistisches Schätzverfahren aufzufassen, das gelegentlich dahingehend modifiziert wird, als die nach den bisher angegebenen Formeln erhaltenen Schätzwerte, auch Rohwerte bzw. Rohspektrum genannt, geglättet werden, um diese Schätzung nicht überzuinterpretieren. Obwohl dadurch die anschließend zu erörternde

Signifikanzprüfung erschwert wird, soll hier eine solche spektrale Glättung angegeben werden, und zwar als Beispiel die Methodik nach MITCHELL et al. (1966), die auch „hanning window" genannt wird:

$$\widetilde{Sp}(0) = 1/2(Sp(0) + Sp(1)); \tag{14-46}$$

$$\widetilde{Sp}(h) = 1/4(h-1) + 2Sp(h) + Sp(h+1)) \; für \; h, ..., M-1; \tag{14-47}$$

$$\widetilde{Sp}(M) = 1/2(Sp(M-1) + Sp(M)); \tag{14-48}$$

mit Sp(h) sog. *Rohspektrum*.

Der Rechenaufwand der spektralen Varianzanalyse ermöglicht es nicht, dazu kurz gefasste, mit einem Taschenrechner nachvollziehbare Beispiele zu bringen. Jedoch soll der Leser in die Lage versetzt werden, betreffende Standard-Software zu nutzen und die Ergebnisse sinnvoll zu interpretieren. Dabei ist es hilfreich, sich zunächst einmal zu überlegen, wie GG-Varianzspektren im Prinzip aussehen, d.h. Spektren bestimmter Typen von infiniten und stetigen Zeitfunktionen. Eine solche Übersicht ist in Abb. 66 anhand des Vergleichs von Zeitfunktionstypen und der zugehörigen (ASA-) Varianzspektren zusammengestellt. Eine Sinusfunktion (Abb. 66a) würde wie bei der harmonischen Analyse nur einen Spektralbeitrag erbringen, nämlich bei der entsprechenden Frequenz f_1 bzw. Periode T_1. Eine aus mehreren (exakt) periodischen Teilschwingungen zusammengesetzte periodische Funktion (Abb. 66b, harmonischer Aufbau der Teilschwingungen hier keine Voraussetzung) zeigt im Spektrum bei den betreffenden Frequenzen die zugehörigen Varianzen in ihrer quantitativen Relation an. Eine zyklische, aber nicht exakt periodische Schwankung (Abb. 66c) bildet sich im Spektrum durch ein mehr oder weniger breites Maximum im betreffenden Frequenzintervall ab; mehrere Zyklen würden dementsprechend mehrerer derartiger „verschmierter" Varianzmaxima im Spektrum erzeugen.

Bei Zufallsdaten (Abb. 66d), ebenfalls unendlichen Umfangs, erhält man, vergleichbar der Gleichverteilung in der Theorie der Wahrscheinlichkeitsdichtefunktionen (vgl. Kap. 4.2), ein Varianzspektrum, in dem alle Varianzbeiträge gleich groß sind. In Analogie zur Optik bzw. Elektrotechnik spricht man in diesem Fall bei den Ausgangsdaten der Zeitreihe vom „*weißen Rauschen*" (engl. white noise) und beim zugehörigen Spektrum vom „*weißen Spektrum*". Unterlegt man diesen Zufallsdaten eine Autokorrelation (Persistenz, Erhaltungsneigung, z.B. in Form eines zeitlichen Trends; Abb. 66e; vgl. auch Kap. 14.3), so bezeichnet man eine solche Zeitreihe als „*rotes Rauschen*" (red noise) und das zugehörige Spektrum als „*rotes Spektrum*" (Abb. 66e), da nun die relativ langperiodischen Schwankungen (in Analogie zur relativ großen Wellenlänge des roten Lichtes) gegenüber den relativ kurzperiodischen eine größere Varianz aufweisen. (Durch die Überlagerung von Persistenz ist sozusagen relativ langperiodische Varianz addiert worden.)

So wie nun (empirische) SP-Häufigkeitsverteilungen nie exakt den vermutlich zuordenbaren theoretischen (GG-) Verteilungen entsprechen (vgl. Kap. 4), so weisen die Varianzspektren, die aus den in der Praxis allein verfügbaren endlichen und diskreten (SP-) Zeitreihen berechnet werden können, immer nur eine gewisse Ähnlichkeit mit den

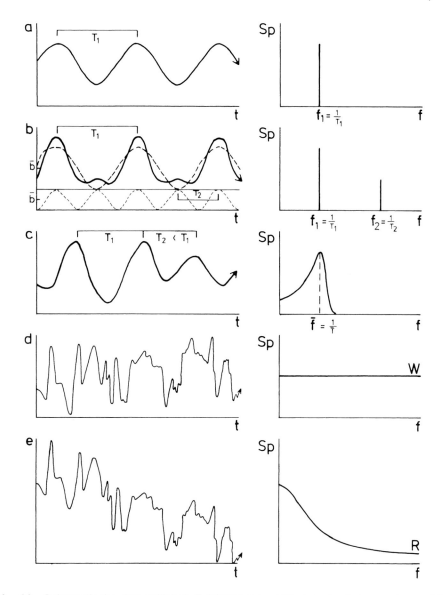

Abb. 66. Schematische (unendliche) Zeitfunktionen x(t), jeweils links, und zugehörige ebenfalls schematische Varianzspektren Sp(f), jeweils rechts. Es handelt sich von oben nach unten a) um eine exakt periodische Funktion der Periode $T_1 = 1/f_1$; b) um eine periodische Funktion, mit zwei Anteilen T_1 (gestrichelt) und T_2 (gepunktet); c) um eine zyklische Schwankung der mittleren Periode $\bar{T}$; d) um Zufallsdaten (sog. weißes Rauschen); e) um Zufallsdaten mit überlagerter Persistenz (hier Trend; sog. rotes Rauschen). Die Spektren geben in der Ordinate die relative Varianz und in der Abszisse die relative Frequenz an.

in Abb. 66 schematisch dargestellten theoretischen Spektren auf; dennoch sind diese SP-Spektren, das sollte bei aller Vorsicht nicht vergessen werden, im Rahmen der Schätzgenauigkeit gültige SP-Beschreibungen, in diesen Fall aus spektraler Sicht. So liefert beispielsweise eine endliche Zeitreihe auch dann, wenn sie nur eine – sogar exakte – Periodizität enthält, kein Spektrum wie in Abb. 66a, sondern „verschmiert" wie in Abb. 66c. Oder ein Spektrum eines endlichen Kollektivs von Zufallszahlen liefert eben kein streng „weißes" Spektrum, wie in Abb. 66d dargestellt, sondern ein mehr oder weniges „unruhiges" mit relativen Maxima und Minima.

Daher erhebt sich nun wie im Fall der *Hypothesenprüfungen* (vgl. Kap. 8) die Frage, inwieweit ein berechnetes SP-Spektrum mit einem vermuteten Modell eines GG-Spektrums (das möglicherweise einen zugrunde liegenden Prozess exakt beschreibt) vereinbar ist. In der Praxis lässt sich das fast immer auf die Frage reduzieren, ob die im SP-Spektrum auftretenden relativen Maxima auf entsprechende zyklische Variabilität der analysierten Zeitreihe hinweisen oder nicht (wobei exakt periodische Zeitreihen in den Geowissenschaften fast sowieso fast nie auftreten, vgl. Kap. 14.1). Dann lautet die Nullhypothese H_0: Diese Maxima sind zufällig und keine Eigenschaft des zugehörigen GG-Spektrums. Dem steht die Alternativhypothese A_1 gegenüber: Die SP-Varianzmaxima sind nicht zufällig und (in mehr oder weniger quantitativer Ausprägung!) auch eine Eigenschaft des zugehörigen GG-Spektrums (d.h. verschwinden nicht bei hinreichender großer fiktiver SP-Erweiterung).

Die Nullhypothese könnte somit ein *„weißes" GG-Spektrum* (vgl. Abb. 66d) darstellen, wie es zu einem reinen Zufallsprozess gehört. Immer dann, wenn jedoch signifikante Autokorrelation (Persistenz, vgl. Kap 14.3, anhand der Autokorrelationsfunktion auf Signifikanz getestet) vorliegt, muss die Nullhypothese des „weißen" durch die Nullhypothese des *„roten" Spektrums* ersetzt werden. Da es nun, im Gegensatz zum „weißen" Spektrum, im Fall von Autokorrelation eine große Bandbreite und somit viele Möglichkeiten bzw. mögliche Formen des „roten" GG-Spektrums gibt und dieses „rote" GG-Spektrum nicht a priori bekannt ist, ergibt sich die problematische Situation, das „rote" GG-Spektrum aus der SP-Information schätzen zu müssen. Dieses Problem löst man in der Praxis häufig so, dass für die GG-Autokorrelation ein sog. *MARKOV-Prozess* (auch MARKOV-Kette genannt) des „roten" Rauschens vermutet wird (vgl. z.B. MITCHELL et al. (1966), und zwar in der Form

$$r_A(\tau = k\Delta t) = r_A^k(\tau = 1\Delta t) = r_1^k \quad mit \quad k = 2,3,\ldots,M; \tag{14-49}$$

$$Sp_R(\frac{k}{M}) = Sp_W \frac{1 - r_1^2}{1 + r_1^2 - 2r_1 \cos(\frac{\pi k}{M})} \tag{14-50}$$

r_A = Autokorrelationskoeffizient bei der Zeitverschiebung $1\Delta t$, τ = Zeitverschiebung, M = maximale Zeitverschiebung, SP_R theoretisches „rotes" Spektrum und Sp_W = relatives „weißes" Spektrum (= const). Es handelt sich dabei im übrigen um ein einfaches Beispiel für einen autoregressiven Prozess, bei dem – wie der Name sagt – eine bestimmte Abhängigkeit der Zeitreihendaten von den zeitlich vorangehenden Zeitreihendaten besteht (weiteres dazu siehe z.B. BOX et al., 1994; SCHLITTGEN und

STREITBERG, 1999). In der Tabelle A.7 (Anhang) sind für variable Argumente k/M die relativen Werte des „roten" MARKOV-Spektrums angegeben (falls die zugehörigen relativen Werte des „weißen" Spektrums $SP_W = 1$ gesetzt werden).

Das in dieser Weise geschätzte theoretische „rote" Spektrum sollte bezüglich der Werte des jeweiligen SP-Spektrums eine Art Ausgleichskurve (Hintergrundspektrum, Nullkontinuum) bilden. Ist dies nicht der Fall, müssen zur Schätzung von r_A ($\tau = 1\Delta t$) auch die SP-Werte $r_A(\tau = 2\Delta t)$ usw. herangezogen werden, was aber problematisch ist, wenn das SP-Spektrum deutliche Hinweise auf relativ langperiodische zyklische Varianz enthält. (Außerdem ist die Gültigkeit eines MARKOV-Prozesses durchaus nicht immer gegeben). In der Abb. 67 ist ein Beispiel für ein SP-Varianzspektrum mit – in diesem Fall theoretischem „rotem" (Hintergrund-) Spektrum $SP_R = R$ – dargestellt.

Zur Prüfung, ob nun bestimmte relative Maxima des SP-Spektrums der Nullhypothese W bzw. R genügen oder aber sich „überzufällig" davon abheben (d.h. im betreffenden Frequenzintervall signifikant darüber liegen, Alternativhypothese), kann man nach PANOFSKY und BRIER (1958) u.a. einen χ^2-Test in Form der Schätzung von Vertrauensbereichen verwenden, und zwar in der Form

$$VB(Sp) = Sp_T \frac{\chi^2_{\Phi,\alpha}}{\Phi} \quad mit \quad \Phi = \frac{2n - \frac{M}{2}}{M} \, , \tag{14-51}$$

wobei Sp_T das theoretische „weiße" oder „rote" Spektrum, n der Stichprobenumfang und M die maximale Anzahl der Verschiebungen bei der Autokorrelation ist (Anwendungsbeispiel vgl. wiederum Abb. 67). Wie früher (Kap. 8) ist ϕ die Anzahl der Freiheitsgrade und α die Irrtumswahrscheinlichkeit (=1−Si). Überschreiten bestimmte Varianzmaxima des SP-Spektrums die Grenze VB(Sp), so können sie auf dem betreffenden Niveau (z.B. Si = 95% bzw. $\alpha = 0.05$) als signifikant angesehen werden. Dabei spielt es für den Rechenformalismus keine Rolle, wie oft dieser Test wiederholt wird (d.h. auf wie viele Varianzmaxima des SP-Spektrums er angewandt wird, obwohl man bei einem Zufallsspektrum von z.B. 100 spektralen Schätzwerten erwarten kann, dass bei einer Signifikanz von beispielsweise Si = 95% etwa fünf davon auch in diesem Fall die betreffende Signifikanzgrenze überschreiten).

Die Formel (14-51) erlaubt auch eine Aussage darüber, wie groß M bei der Autokorrelation und als Folge davon wie gut „aufgelöst" das SP-Spektrum nach der ASA-Methode sein sollte, da M +1 die Anzahl der Schätzwerte des SP-Spektrums ist; vgl. (14-43)). Als Erfahrungsregel gilt $\phi \geq 5$ und daraus folgt nach (14-45) $M_{max} = 1/3$ n (als Faustregel bereits genannt; TAUBENHEIM (1969) empfiehlt mit $M \leq n/10$ allerdings wesentlich vorsichtigere Schätzungen). Ist M zu groß, so kann das Schätzverfahren der spektralen Varianzanalyse instabil werden, was jedoch auch von der verwendeten Modifikation des Verfahrens und der Variationsstruktur der zu analysierenden Zeitreihe abhängt. Das sicherste Indiz für solche Instabilität ist das Auftreten negativer Spektralwerte. Bei vielen relativ eng aneinander liegenden Varianzmaxima im SP-Spektrum ist nicht sicher, ob dies eine korrekte Schätzung, ein Instabilitätseffekt oder aber eine Folge der Nicht-Stationarität der zugrunde liegenden Zeitreihe ist. Weitere

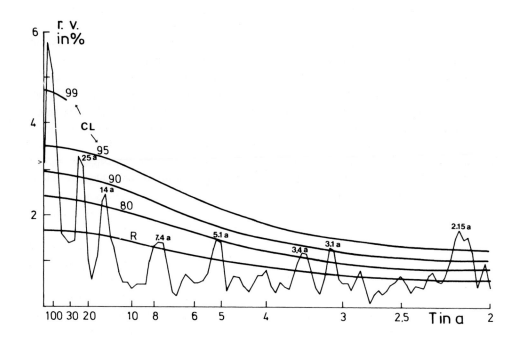

Abb. 67. Beispiel eines SP-Varianzspektrums aufgrund der FOURIER-Transformation der Autokorrelationsfunktion (ASA) der bodennahen Lufttemperatur-Jahresmittel in „Zentral England" 1660-1969. Die maximale Verschiebung ist M = 100. R ist das angepasste „rote Spektrum" (vermuteter MARKOV-Prozeß) und CL sind die Vertrauensgrenzen (Confidence Levels) nach dem χ^2-Test. In der Abszisse ist die Periode T in Jahren (a), in der Ordinate die relative Varianz (r.v.) prozentual angegeben.

Fehlerquellen der spektralen Varianzanalyse neben möglicher Instabilität des Spektrums und möglicher Nicht-Stationarität der analysierten Zeitreihe sind der schon in Kap. 14.5 besprochene Effekt der „Frequenzmissdeutung" (Aliasing), der sich wie bereits gesagt durch Verwendung geeigneter zeitlicher Mittelwerte an Stelle von auf feste Zeitpunkte bezogenen Daten vermeiden lässt.

Weiterhin können beidseitig von sehr ausgeprägten Varianzmaxima (z.B. Jahresgang der Temperatur bei entsprechend – z.B. monatlich – aufgelösten Zeitreihendaten) eng benachbarte „Nebenmaxima" auftreten, die keinen realen Hintergrund haben; bei instabil gewordener Spektralschätzung können dabei sogar negative Varianzwerte auftreten. Auch in solchen Fällen sollte M reduziert bzw. das Auftreten solcher „Nebenmaxima" negiert werden. Eine dazu alternative Methode, die unter Umständen auch allgemein Instabilitätseffekte der Spektralschätzung vermeidet, ist das sog. „Vorglätten" (prewhitening) der zu analysierenden Zeitreihe. Damit sind numerische Filtertechniken der Zeitreihenanalyse angesprochen (folgen in Kap. 14.8), die nicht nur mit dem Ziel der Zeitreihenglättung angewendet werden, sondern auch, um bestimmte relative Maxima der Spektralschätzung zu separieren und in Zeitabhängigkeit zu betrachten. Dies ist eine wichtige Hilfe bei der Kritik, Beurteilung und Interpretation der Ergebnisse der spektralen Varianzanalyse von Zeitreihen (insbesondere dann, wenn sich für die festgestellten spektralen Varianzmaxima keine deterministischen Erklärungen anbieten, was sowieso immer besondere Vorsicht bei der Interpretation erfordert).

Die bereits in Kap. 14.1 allgemein besprochene mögliche Nicht-Stationarität von Zeitreihendaten hat zwei Aspekte. Auf der einen Seite erlaubt sie keine über die jeweilige SP hinausgehenden Abschätzungen bzw. erschwert oder verhindert die üblichen Signifikanzprüfungen. Auf der anderen Seite kommen dann weitergehende Untersuchungsmethoden in Betracht, die gerade dieser Nicht-Stationarität Rechnung tragen. Im Fall der spektralen Varianzanalyse sind das insbesondere zeitlich gleitende Analysetechniken. Diese Technik wird häufig als „*dynamische spektrale Varianzanalyse*" (dynamic spectrum analysis, DSA) bezeichnet und in Abb. 68 ist dazu ein Beispiel zu sehen. Dabei wird die zu untersuchende SP-Zeitreihe in sich überlappende (nicht zu kleine) Teilreihen gleichen Umfangs unterteilt und jede dieser Reihen mittels der spektralen Varianzanalyse untersucht. Beispielsweise könnte man eine 200-jährige Zeitreihe von Jahresdaten 1781-1980 in 100- (oder auch 50-jährige) zeitliche Subintervalle unterteilen und beginnend mit 1781-1880 das erste Spektrum errechnen, dann um ein Jahr verschoben, nämlich für 1782-1881 das zweite Spektrum usw. oder auch in 10-Jahre-Schritten oder auch nicht überlappend (was dann allerdings bei diesem Beispiel nur zwei Spektren bzw. bei 50-Jahre-Subintervallen nur vier Spektren ergibt).

Nicht-Stationaritätseffekte können dabei durch „Auftauchen" und „Verschwinden" relativer spektraler Varianzmaxima in Erscheinung treten bzw. als deren Verstärkung und Abschwächung im Laufe der Zeit (als Funktion des jeweiligen zeitlichen Subintervalls), ein je nach Zeitreihe und Untersuchungsobjekt ggf. durchaus interessierendes Ergebnis. Schließlich kann man bei der graphischen Darstellung der Ergebnisse einer zeitlich gleitenden spektralen Varianzanalyse alternativ zu den Isolinien relativer Varianz auch Isolinien von Vertrauensbereichen oberhalb des „weißen" bzw. „roten Rauschens" wählen.

Den Abbildungen 67 und 68 liegt die graphische Darstellung des Varianzspektrums in Form von (relativen oder absoluten) Varianzbeiträgen pro Frequenzintervall zugrunde, was je nach Maßeinheit M.E. der zugrunde liegenden Zeitreihe diese Maßeinheit im Quadrat pro Frequenz (M.E.^{2}/f, mit f = 1/T; genauer pro Frequenz- bzw. Periodenintervall) ergibt. Will man, wie bei der Varianz selbst, auf die Maßeinheit M.E.^{2} kommen, so müssen die spektralen Schätzwerte Sp(h) mit der Frequenz f multipliziert werden. Wegen

$$s_{a+}^2 = \int Sp(\Delta f_h) df = \int f\, Sp(\Delta f_h) d\ln f \qquad (14\text{-}52)$$

trägt man dann die Frequenz i.a. logarithmisch auf (Darstellungsweise, wie sie z.B. in der meteorologischen Turbulenzuntersuchung verwendet wird → „Turbulenz-

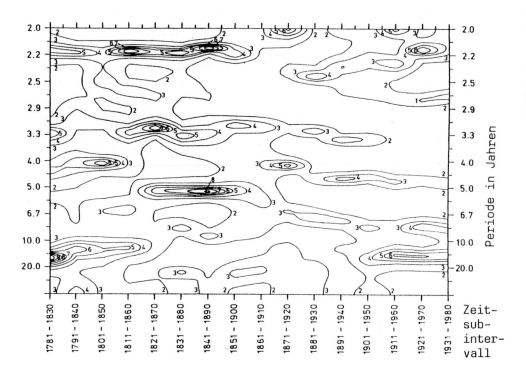

Abb. 68. Zeitlich gleitende (dynamische) spektrale Varianzanalyse, MESA-Methodik, der Jahresmittelwerte 1781-1980 der bodennahen Lufttemperatur Hohenpeißenberg (vgl. auch Abb. 69). In der Abszisse sind die Zeit-Subintervalle (hier 50-jährig, 10-Jahre-Schritte) angegeben, die Ordinate bezeichnet die Periode T in Jahren. Die Isolinien (Isoplethen) zeigen, wie sich die relative Varianz zeitlich in ihrer spektralen Ausprägung ändert.

spektrum"). Dann ist das „weiße" Spektrum (vgl. Abb. 66) allerdings eine in Richtung höherer Frequenzen (kleinerer Perioden) ansteigende Kurve. Um den Bezug der spektralen Schätzwerte auf die Frequenzintervalle zum Ausdruck zu bringen, wird von manchen Autoren eine Säulen- an Stelle von einer kontinuierlichen Kurvendarstellung (besser Verbindungslinie zwischen den Schätzwerten der Varianz bezüglich der Mitten der Frequenzintervalle) bevorzugt. Tatsächlich ist ein SP-Varianzspektrum keine stetige Funktion, sondern eine diskrete Wertereihe.

Obwohl die spektrale Varianzanalyse nach der ASA-Methodik gegenüber der harmonischen Analyse (Kap. 14.5) die bereits genannten wichtigen Vorteile hat, gibt es – neben möglichen Instabilitätseffekten – auch Nachteile, und dazu gehört die relativ schlechte Auflösung im tieffrequenten (langperiodischen) Bereich des Spektrums. Dort möglicherweise auftretende zyklische Varianzanteile lassen sich somit mit Hilfe der ASA-Technik nicht mehr befriedigend separieren. In dieser Hinsicht ist die aus der Informationstheorie stammende Methode der *Maximum-Entropie-Spektralanalyse*

(*MESA*, auch Maximum-Entropie-Methode, MEM, genannt) der herkömmlichen ASA-Spektralanalyse überlegen, was allerdings mit dem Nachteil einer wesentlich schwieriger zur handhabenden Signifikanzprüfung erkauft wird. In Abb. 69 sind spektrale Varianzanalysen nach der ASA- (mit Vertrauensgrenzen) und MESA-Methodik (ohne Vertrauensgrenzen) vergleichend gegenübergestellt.

Mit „*Entropie*" ist hier die Informationsentropie gemeint. Ihre Definition sowie die daraus abgeleitete spektrale Varianzanalyse nach der MESA-Methodik sollen im folgenden kurz erläutert werden. Kann sich, wie üblich, die Ereigniswahrscheinlichkeit zwischen den Grenzen 0 und 1 bewegen und gilt für verbundene Ereigniswahrscheinlichkeiten p_i

$$\sum p_i = 1 \quad für \quad i = 1, \ldots, N \qquad (14\text{-}53)$$

so lässt sich für den betreffenden Prozess die sog. SHANNONsche Information in der Form

$$\Delta I(p_i) = -c \log(p_i) \qquad (14\text{-}54)$$

schreiben; für log = ln (natürlicher Logarithmus) wird die Konstante c=0 und der Informationsgehalt kann in „bits" (binary digits) angegeben werden. Die mittlere Information pro Zeiteinheit

$$H = E(\Delta I) = \sum_{i=1}^{N}(p_i \Delta I(p_i)) = -c \sum_{i=1}^{N}(p_i \log(p_i)) \qquad (14\text{-}55)$$

nennt man in Anlehnung an den thermodynamischen Entropie-Begriff „Informations-Entropie".

Ist nun s_A ($\tau = k \Delta t$) = s_k die Autokovarianzfunktion einer Zeitreihe (mit k=0,1,...M) und

$$T_M = \begin{Bmatrix} s_0 & s_1 & \cdots & s_M \\ s_1 & s_0 & \cdots & s_{M-1} \\ \vdots & \vdots & & \vdots \\ s_M & s_{M-1} & \cdots & s_0 \end{Bmatrix} \qquad (14\text{-}56)$$

so gilt für die Informations-Entropie eines stationären (stochastischen) Prozesses:

$$H = 0.5 \log(\det T_M) \qquad (14\text{-}57)$$

(det= Determinante) bzw. für die sog. Informations-Entropiedichte

$$h = \lim_{n \to \infty} \frac{H}{N+1}. \qquad (14\text{-}58)$$

Andererseits besteht zwischen h und dem Varianzspektrum S(f) der Zusammenhang

$$h = 0.5 \log(1/\Delta t) + \Delta T \int_{-f_M}^{+f_M} \ln(S(f)) df \qquad (14\text{-}59)$$

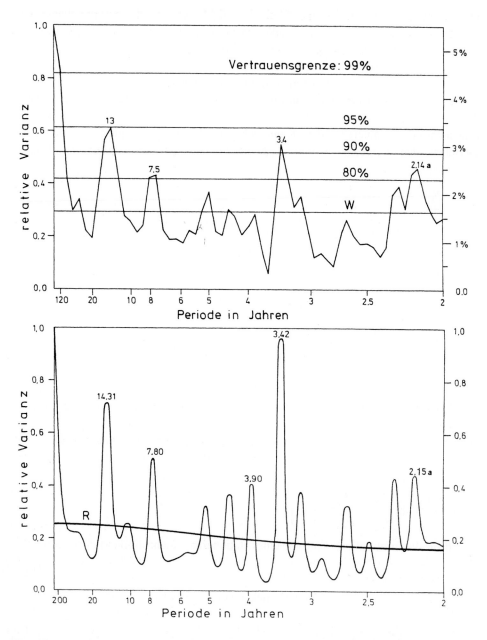

Abb. 69. Vergleich der herkömmlichen spektralen Varianzanalyse (Autokorrelations-Spektralanalyse ASA), oben, mit der Maximum-Entropie-Spektralanalyse (MESA, hier Burg-Algorithmus, 1967), unten, für die gleiche Zeitreihe: Temperatur-Jahresmittel Hohenpeißenberg 1781-1980 (vgl. dazu auch Abb. 68). Offenbar sind die Ergebnisse der Schätzungen recht ähnlich, wobei allerdings nur bei der ASA die Vertrauensgrenzen angegeben sind. Die geschätzten Hintergrundspektren sind im Fall der ASA weiß (W) und Fall der MESA leicht rot (R).

Die Schätzung des Varianzspektrums beinhaltet die Schätzung der unbekannten Autokovarianz | k | > M, und zwar im Fall der MESA in der Weise, dass die Informations- Entropiedichte maximal wird. Die Theorie liefert für die Spektralschätzung

$$\hat{S}(f) = \frac{\Delta T P_{M+1}}{\left|1 + \sum (c_{MK} e^{-i2\pi f k \Delta t})\right|^2}, \qquad (14\text{-}60)$$

wobei die Konstante P_{M+1} und die Parameter c_{MK} mit Hilfe des linearen Gleichungssystems $T_M (1, c_{M+1}, ..., c_{MM}) = (P_{M+1}, 0, ..., 0)$ gefunden werden können.

Im einzelnen existieren zur Bestimmung der Parameter c_{Mk} eine Reihe von Algorithmen, z.B. nach BURG (1967) oder MARPLE (1980); siehe auch OLBERG und RAKOCZI (1984) sowie ULRYCH und BISHOP (1975). Der maximalen Anzahl M der Zeitverschiebungen bei der ASA entspricht bei der MESA die Anzahl der verwendeten Koeffizienten $(1, c_{M1}, ..., c_{MM})$. Je größer ihre Anzahl ist, um so mehr wird das MESA-Spektrum nach den Frequenzintervallen aufgelöst; für nur einen Koeffizienten erhält man das „weiße" oder „rote" Hintergrundspektrum (vgl. Beispiel Abb. 69 unten, R = „rot", in diesem Fall allerdings nicht stark von W = „weiß" abweichend).

Wie bereits erwähnt, ist die Abschätzung von Vertrauensgrenzen zum MESA-Spektrum problematisch bzw. sehr aufwändig. Eine Möglichkeit, dies zu erreichen, ist die *Monte-Carlo-Methodik*, die allerdings von allgemeinerer, weit über die spektrale Varianzanalyse hinausgehender Bedeutung ist. Danach werden, meist nach der Vorgabe bestimmter Eigenschaften, Zufallsrealisationen durchgeführt und mit den Schätzwerten der jeweils vorliegenden Stichprobe verglichen. Beispielsweise kann man unter der Vorgabe „standardisierte Normalverteilung" (zV, somit µ = 0 und σ = 1) Zufallszahlen erzeugen und nach z.B. 100 derartigen Realisationen (d.h. 100 endlichen Reihen von Zufallsdaten jeweils gleichen SP-Umfangs) Häufigkeitsverteilungen berechnen, diese mitteln und dabei feststellen, in welchem Rahmen die Einzelverteilungen von der mittleren Verteilung abweichen (d.h. eine Art Streuung dieser Verteilungen ermitteln, die dann offensichtlich zufällig ist).

Ein völlig anderes Konzept, das auch als Monte-Carlo-Statistik bezeichnet wird, ist beispielsweise der Start ein und desselben deterministischen Modells (z.B. Klimamodell zur Simulation bestimmter Einflüsse auf das Klima) mit unterschiedlichen Werten der Anfangsbedingungen. Auch da wird es bei den einzelnen Modell-Läufen trotz theoretisch zu erwartenden gleichen Ergebnissen Unterschiede geben. Angewandt auf die MESA-Schätzung können z.B. Spektren von 100 Zufallsdaten-Zeitreihen gleichen Umfangs wie der zu analysierenden realen SP berechnet werden. Dann ist bei einer angenommenen Wahrscheinlichkeit von 95 %, entsprechend der 95 %-Vertrauensgrenze, zu erwarten, dass fünf dieser Zufallsschätzungen diese Vertrauensgrenze überschreiten. Relative Varianzmaxima, die außerhalb dieser Grenze liegen, die man wiederum als Streuung der Zufallsdaten-Spektralschätzungen auffassen kann, sind dann auf diesem Niveau signifikant; näheres siehe wiederum OLBERG und RAKOCZI (1984).

14.7 Kreuzspektrum- und Kohärenzanalyse

Bei der *Kreuzspektrumanalyse* handelt es sich einerseits um die Korrelationsanalyse zweier Zeitreihen $a_i = a_i(t_i)$ und $b_i = b_i(t_i)$ (vgl. Kap. 11 und 14.3), andererseits jedoch um eine spektrale Analyse wie im vorangehenden Kapitel (14.6) beschrieben. Somit geht es darum, den spektralen Zusammenhang zweier Zeitreihen aufzudecken. Wie im Fall der spektralen Varianzanalyse ist die Rechenmethodik so aufwendig, dass dafür nur die programmgesteuerte EDV in Frage kommt; entsprechende Software-Pakete liegen auch in diesem Fall vor. Da hier wiederum nur ein Überblick gegeben werden kann, wird hinsichtlich der Details auf die Spezialliteratur verwiesen (z.B. BENDAT und PIERSOL, 1966; BOX und JENKINS, 1994; CHATFIELD, 1996; ESSENWANGER, 1986; PANOFSKY und BRIER, 1958; SCHLITTGEN und STREITBERG, 1999; von STORCH und ZWIERS, 1999).

Die Analysemethodik geht von den beiden äquivalenten Formen der *Kreuzkovarianzfunktion* aus (vgl. Kap. 14.3), und zwar (in abgekürzter Schreibweise)

$$r_C = c_{a\underline{b}}(k) = \frac{1}{n-1-k}\sum_{i=1}^{n-\tau} a'_i b'_{i+\tau}, \tag{14-61}$$

$$r_{\underline{C}} = c_{\underline{a}b}(k) = \frac{1}{n-1-k}\sum_{i=1}^{n-\tau} a'_{i+\tau} b'_i, \tag{14-62}$$

wobei im ersten Fall (14-61) b gegenüber a verschoben wird (somit beziehen sich die a_i-Daten auf spätere Zeiten als die b_i-Daten) und im zweiten Fall (14-62) umgekehrt a gegenüber b. Daraus wird der sog. „gerade Teil"

$$G(k) = 1/2(c_{a\underline{b}}(k) + c_{\underline{a}b}(k)) \tag{14-63}$$

und sog. „ungerade Teil"

$$U(k) = 1/2(c_{a\underline{b}}(k) - c_{\underline{a}b}(k)) \tag{14-64}$$

der Kreuzkovarianzfunktion errechnet. Dann liefert die Fouriertransformation des geraden Teils das *Kospektrum* (Wirkspektrum) Co(h) und die Fouriertransformation des ungeraden Teils das *Quadraturspektrum* (Blindspektrum) Qu(h). In Analogie zu (14-39) bis (14-41) lässt sich schreiben

$$Co(0) = \frac{1}{2}\left[G(0) + \sum_{k=1}^{M-1} D(k)G(k)\right] \quad \text{für} \quad h = 0; \tag{14-65}$$

$$Co(h) = \frac{1}{2M}\left[G(0) + \sum_{k=1}^{M-1} D(k)G(k)\cos\frac{\eta kh}{M}\right] \quad \text{für} \quad 0 < h \leq M-1; \tag{14-66}$$

$$Co(M) = \frac{1}{2M}\left[G(0) + \sum_{k=1}^{M-1} D(k)G(k)(-1)^k\right] \quad \text{für} \quad h = M; \tag{14-67}$$

$$Qu(0) = Qu(M) = 0; \tag{14-68}$$

$$Qu(h) = \frac{1}{2M}\left[\sum_{k=1}^{M-1} D(k)U(k)\sin\frac{\eta k h}{M}\right] \quad \text{für} \quad 0 < h \leq M-1. \tag{14-69}$$

Im Gegensatz zum Varianzspektrum (s. Kap. 14.6) können Ko- und Quadraturspektrum auch negative Werte annehmen. Wie in Abb. 70 schematisch dargestellt, gibt das Kospektrum die gleichphasige (positive Werte) und gegenphasige (negative Werte) gemeinsame spektrale Varianz der beiden analysierten Zeitreihen an, während die entsprechende Interpretation im Fall des Quadraturspektrums für die Phasen $(1/2)\pi$ und $(3/2)\pi$ gilt.

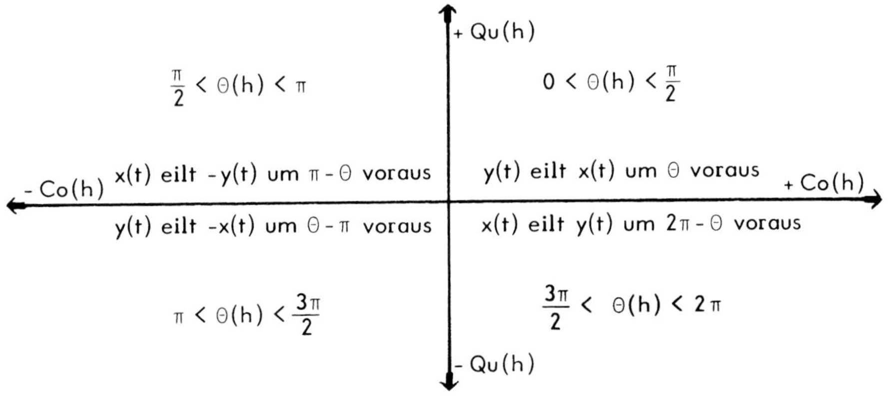

```
                              ↑ + Qu(h)
                              |
    π/2 < Θ(h) < π            |        0 < Θ(h) < π/2
                              |
    x(t) eilt -y(t) um π-Θ voraus | y(t) eilt x(t) um Θ voraus
← -Co(h) ─────────────────────┼───────────────────────── +Co(h) →
    y(t) eilt -x(t) um Θ-π voraus | x(t) eilt y(t) um 2π-Θ voraus
                              |
    π < Θ(h) < 3π/2           |        3π/2 < Θ(h) < 2π
                              |
                              ↓ - Qu(h)
```

Abb. 70. Beziehungen des Kospektrums Co(h) und Quadraturspektrums Qu(h) zum Phasenwinkel Θ(h) des Kreuzspektrums sowie zu den beiden erfassten Zeitreihen x(t) und y(t) (entsprechend $a_i(t_i)$ und $b_i(t_i)$) nach der in diesem Buch verwendeten Nomenklatur; nach FLEER (1983).

In der Form

$$Cr(h) = Co(h) + iQu(h) \tag{14-70}$$

(mit i = imaginäre Einheit) können Ko- und Quadratspektrum als Komponenten des *Kreuzspektrums* Cr (h) aufgefasst werden. Wie im Fall des Varianzspektrums kann man im Sinn einer vorsichtigen Interpretation die Werte von Ko- und Quadraturspektrum nach (14-36) bis (14-38) oder anderen Filtervorschriften glätten, wobei dann die Werte

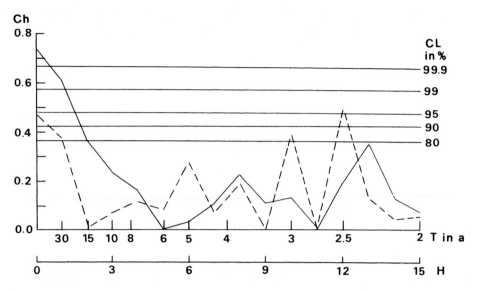

Abb. 71. Beispiel zur Kohärenzanlyse: Spektraler Zusammenhang zwischen den Jahresmittelwerten der nordhemisphärischen Mitteltemperatur 1881-1990 und entsprechenden Daten der Sonnenflecken-Relativzahlen (gestrichelte Kurve) bzw. der vulkanogenen stratosphärischen Staubkonzentration (ausgezogene Kurve). Die Ordinatenwerte entsprechen dem quadratischen linearen Korrelationskoeffizienten; CL sind die Vertrauensgrenzen (Confidence Level; maximale Verschiebung M = 30; H = M/i; i = 0,1,...; (nach SCHÖNWIESE, 1983).

nach (14-65) bis (14-69) wieder als „rohe" Schätzwerte des Spektrums aufgefasst werden.

Die Kreuzspektrumanalyse besitzt eine Reihe weiterer wichtiger Anwendungen. So liefert der Ausdruck

$$A(h) = \sqrt{Co^2(h)} \quad mit \quad h = 0,1...,M \tag{14-71}$$

eine Schätzung des gemeinsamen *Amplitudenspektrums* (d.h. spektrale Darstellung der in beiden Reihen auftretenden Amplituden) und

$$\Theta(h) = arc\tan(Qu(h)/Co(h)) \quad für\ h = 2,3,...,M-2 \tag{14-72}$$

eine Schätzung des *Phasenspektrums* (d.h. spektrale Darstellung der auftretenden Phasenwinkel zwischen den beiden Reihen). Besonders wichtig ist die Schätzformel

$$Ch(h) = \frac{Co^2(h) + Qu^2(h)}{Sp_a(h) Sp_b(h)} \quad für\ h = 1,2,...,M \tag{14-73}$$

mit Sp_a und Sp_b Varianzspektren der beiden Zeitreihen a_i und b_i. Die Größe Ch (h), genannt (quadratische) *Kohärenz*, gibt den spektralen Zusammenhang dieser beiden

Zeitreihen in den Grenzen $0 \leq Ch \leq +1$ an und kann als spektraler quadratischer Korrelationskoeffizient (spektrales Bestimmtheitsmaß) interpretiert werden. Dazu geben PANOFSKY und BRIER (1958) die Vertrauensgrenze mit

$$\beta = \sqrt{1 - \alpha^{(1/(\Phi-1))}} \quad mit \; \alpha = \begin{cases} \alpha = \textit{Irrtumswahrscheinlichkeit} \\ \Phi = \textit{Zahl der Freiheitsgrade} \end{cases} \quad (14\text{-}74)$$

an (sog. GOODMAN-Formel). Die Abb. 71 zeigt ein Beispiel zur Kohärenzanalyse einschließlich der Schätzung solcher Vertrauensgrenzen. Weitere Anwendungs- und Interpretationsbeispiele zur Kreuzspektrumanalyse können der Literatur entnommen werden (siehe Hinweise zu Beginn dieses Abschnitts).

14.8 Numerische Filterung

Das Problem der *Zeitreihenfilterung* stellt sich immer dann, wenn im Rahmen der SP-Beschreibung eine Zeitreihe $a_i(t_i)$ zwar als Funktion der Zeit, jedoch in einem bestimmten spektral begrenzten Bereich (d.h. auf einen definierten Teil des Varianzspektrums beschränkt) betrachtet werden soll. Die gefilterte Zeitreihe bleibt somit eine Funktion der Zeit (im „Zeitbereich"), während die Filterwirkung am besten spektral (im „Frequenzbereich") beschrieben wird. Im Gegensatz zu optischen (Farben) oder elektrotechnischen (z.B. Sendereinstellung am Radio) Filterung, mit der sie oft verglichen wird, kommt die Zeitreihenfilterung *numerisch*, d.h. durch eine Zahlenoperation, zustande.

In der Abb. 72 sind schematisch die wichtigsten Arten der numerischen Zeitreihenfilterung zusammengestellt. Dabei ist jeweils links das Spektrum zur Beschreibung der Filterwirkung und rechts die zugehörige gefilterte Zeitreihe (hier beide stetig und Zeitreihe unendlich gedacht, somit auf GGs bezogen) dargestellt. Das *Filterwirkspektrum* (*charakteristische Filterfunktion*, engl. filter response function) ist ein Varianzspektrum, das die Amplitudenverhältnisse der Zeitreihendaten nach gegenüber vor der Filterung spektral angibt; es ist im folgenden mit $R(f)$ bezeichnet. Wie in Abb. 72 zu sehen, lassen sich prinzipiell unterscheiden:

- *Tiefpassfilterung*, d.h. Unterdrückung relativ hoher Frequenzen (kleiner Perioden), um relativ niedrige Frequenzen (lange Perioden) hervorzuheben (man lässt sozusagen tiefe Frequenzen „passieren");
- *Hochpassfilterung* entsprechend umgekehrt, d.h. man lässt sozusagen hohe Frequenzen (große Perioden) „passieren";
- *Bandpassfilterung*, d.h. Hervorhebung eines bestimmten begrenzten Frequenz- bzw. Periodenintervalls mit gleichzeitiger, möglichst weitgehender Unterdrückung der anderen Frequenzen (Perioden).

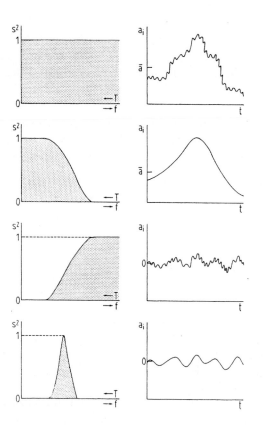

Abb. 72. Charakteristische Filterfunktionen (spektral, jeweils links) und zugehörige Zeitfunktionen (jeweils rechts): a) keine Filterung bzw. Ausgangsdaten; b) Tiefpassfilterung; c) Hochpassfilterung; d) Bandpassfilterung.

Die Durchführung der Filterung ist sehr einfach, sofern die dazu notwendigen *Filtergewichte* w_k bekannt sind. Dann lässt sie sich nämlich durch

$$\tilde{a}_j = \sum_{k=-m}^{+m} w_k * a_{i+k} \quad mit\ i = 1+m,\ldots,n-m;\ k = -m,-m+1,\ldots,0,1,\ldots,m; \qquad (14\text{-}75)$$

beschreiben, vgl. Veranschaulichung in Abb. 73 (und Analogie zu Abb. 59). Auch hier wird somit, wie bei der Auto- und Kreuzkorrelationsanalyse, mit zeitlichen Verschiebungen gearbeitet, was auch als (überlappende) „Faltung" der betreffenden Zeitreihe mit der Reihe der Filtergewichte bezeichnet wird.

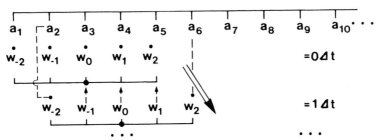

Abb. 73. Veranschaulichung des Rechenformalismus zur numerischen Filterung der Zeitreihe a_i mit den Filtergewichten w_k; vgl. Text, insbesondere Formel (14-75).

Bei symmetrischer Filterung (d.h. symmetrischer Anordnung der Werte der Filtergewichte gegenüber dem „Zentralgewicht" w_o) ist sichergestellt, dass bei der Filterung keine Phasenverschiebungen auftreten. Weiterhin ist zu beachten, dass die Filtergewichte entweder nach

$$\sum_{k=m}^{+m} w_k = 1 \tag{14-76}$$

oder

$$\sum_{k=-m}^{+m} w_k = 0 \tag{14-77}$$

normiert sein sollten. Im Fall von (14-76) bleiben die Mittelwerte des jeweils erfassten Zeitintervalls (i–m; i+m) erhalten, was i.a. bei der Tiefpassfilterung als sinnvoll anzusehen ist. Im Fall von (14-77) erhält man die gefilterten Werte in Form von Abweichungen vom als Null definierten Mittelwert dieses Zeitintervalls, wie es i.a. bei Hoch- und Bandpassfilterungen erwünscht ist.

Offensichtlich (vgl. (14-75) und Abb. 74) ist die gefilterte Zeitreihe gegenüber der ungefilterten am Reihenanfang und -ende um jeweils m Daten *verkürzt*. Es gibt zwar Methoden, diesen Effekt zu vermeiden. So kann die ursprüngliche Zeitreihe am Anfang und Ende um m-mal den Mittelwert verlängert werden, der T∗ (vgl. Abb. 75) entspricht. Hier sollen entsprechende Modifikationen aber außer Acht bleiben. Aber auch unabhängig davon ergibt sich das Problem, dass ideale Filterungen, d.h. R(f) in „Rechteckform" (vgl. Abb. 72, wo dies offenbar nicht realisiert ist), theoretisch unendlich viele Gewichte erfordern würden. In der Praxis muss daher ein Kompromiss zwischen möglichst guter Filterwirkung (die eigentlich möglichst viele Gewichte erfordert) und möglichst wenigen Filtergewichten (mit möglichst geringer „Verkürzungswirkung" der gefilterten Zeitreihe) gefunden werden. Im einzelnen spielt dabei auch die Schwankungsstruktur der ursprünglichen, zu filternden Zeitreihe eine Rolle; ansonsten kommt es natürlich auf den gewünschten Filtereffekt an.

Die einfachste Art der Filterung ist die häufig benutzte *übergreifende Mittelung*, bei der in (14-75) alle Gewichte w_k einen identischen Zahlenwert aufweisen, und zwar

260 Zeitreihenanalyse

$$w_k = (\ddot{U}M) = \frac{1}{L} \quad mit \quad L = l\Delta t \tag{14-78}$$

(L = Intervall-Länge, über die jeweils gemittelt wird; l ist ein bestimmtes ganzzahliges Vielfaches des Zeitschrittes Δt). Dies bedeutet eine Filterung gemäß

$$\tilde{a}_j = \frac{1}{L} \sum_{i=1}^{i+L-1} a_i \quad mit \; i,j = 1,\ldots,n-l+1 \tag{14-79}$$

und l fester Zahlenwert nach (14-78).

Beispiel:
107. Die in der folgenden Tabelle enthaltenen Daten a_i (n = 15, Zeitschritt Δt beliebig) sollen über das Intervall L = 5∗ Δt (somit l = 5) übergreifend gemittelt werden, was die Reihe $\tilde{a}_i$ ergibt.

Tab. 62. Rechentabelle zu Beispiel 107 (vgl. auch Abb. 74).

a_i	6	10	9	8	12	9	14	12	15	14	15	14	13	9	11
$\tilde{a}_i$	-	-	9.0	9.6	10.4	11.0	12.4	12.8	14.0	14.0	14.2	13.0	12.4	-	-

Anmerkung: Das zuerst erste erfasste a_i-Datensubintervall ist (6,10,9,8,12); arithmetischer Mittelwert: 45/5 = 9.0 = $\tilde{a}_1$. Dann folgt für Zeitverschiebung 1Δt → das a_i-Datensubintervall (10,9,8,12,9); arithmetischer Mittelwert: 48/5 = 9.6 = $\tilde{a}_2$; usw. Dies ist gleichbedeutend mit der Multiplikation von jedem der jeweils l = 5 Datenwerte mit dem identischen Gewicht w_k = 1/5, in Übereinstimmung mit Formel (14-75) und der Normierung (14-76). Ferner gilt in diesem Fall: k = -2,-1,0,1,2; m = 2; j = 1,....,11; da n-2m = 15-4 = 11. Das Rechenergebnis ist in Abb. 74, ausgezogene (a_i) und gestrichelte ($\tilde{a}_i$) Kurve, graphisch dargestellt; vgl. dazu auch alternative Methode, Beispiel 109.

Wie Abb. 74 zu Beispiel 107 zeigt, bewirkt die übergreifende Mittelung eine „Glättung" der originalen Zeitreihe, was nach den obigen Definitionen nichts anderes als eine Tiefpassfilterung ist. Errechnet man die zugehörige charakteristische Filterfunktion, so erhält man (in guter Näherung)

$$R(f)_{\ddot{U}M} = \frac{\sin(\pi f L)}{\pi f L} \tag{14-80}$$

und somit wegen der „Nebenmaxima" im relativ kurzperiodischen Bereich, vgl. Abb. 75, keine besonders gute Filterwirkung.

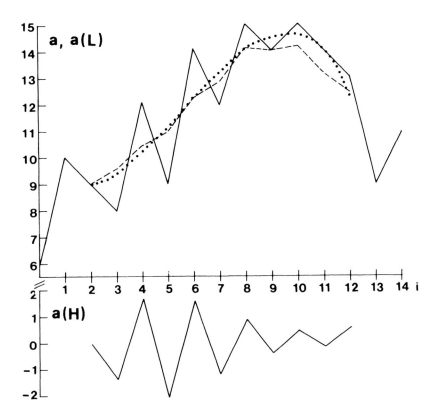

Abb. 74. Oben Vergleich der ursprünglichen Zeitreihe a_i, ausgezogen, mit den Daten $\tilde{a}_j$, die sich durch übergreifende Mittelung (L = 5Δt, Beispiel 107), gestrichelt, bzw. Gaußsche (zV) Tiefpassfilterung (Beispiel 109), gepunktet, ergeben. Dieser Zeitreihenglättung a(L) ist unten die entsprechende hochpassgefilterte Zeitreihe a(H) gegenübergestellt, die sich durch Subtraktion der tiefpassgefilterten Daten von der ursprünglichen Zeitreihe ergibt.

Wesentlich wirksamer sind Tiefpassfilterungen der Art

$$R(f) = \cos^2(\pi f \Delta t) \tag{14-81}$$

(binomiale Glättung) oder

$$R(f) = \exp(-2\pi^2 \sigma^2 f^2) \quad (mit\ \sigma = \text{Standardabweichung der } NV) \tag{14-82}$$

vgl. z.B. HOLLOWAY (1958), PANOFSKY und BRIER (1958) oder TAUBENHEIM (1969). Eine spezielle und leicht zu realisierende „Glockenkurvenglättung" der Art (14-82) geben PANOFSKY und BRIER (1958) bzw. MITCHELL et al. (1966) an: Ist T_* die Periode, für die annähernd $R(T > T_*) = 0$ gelten soll, so führt der Algorithmus

Zeitreihenanalyse

$$T_* = 6\sigma; \quad \frac{1}{\sigma} = z = \frac{6}{T_*} \tag{14-83}$$

mit z = Parameter der (GAUßschen) standardisierten Normalverteilung (zV; vgl. Kap. 4.5) zu den „rohen" Filtergewichten

$$\hat{w}_k = z(k\frac{6}{T_*}) \quad \textit{für } k = 0,1,...,m. \tag{14-84}$$

Daraus lassen sich unter Anwendung der Normierung (14-76) die endgültigen Filtergewichte w_k mit der charakteristischen Filterfunktion

$$R(f)_{TG} = \exp(-\frac{1}{3}\pi^2 f^2) \tag{14-85}$$

errechnen. Wie Abb. 75 anhand charakteristischer Filterfunktionen zeigt, ist diese Art der Tiefpassfilterung, die wegen ihres Bezugs zur (GAUßschen) Normalverteilung (NV bzw. zV) auch „Tiefpassfilterung GAUßscher Art" oder kurz „*GAUßsche Tiefpassfilterung*" heißt, wesentlich effektiver als die übergreifende Mittelung und sollte – sofern nicht andere Filtertechniken in Frage kommen – stets vorgezogen werden. Der Algorithmus (14-84) liefert eine in ihren Zahlenwerten abfallende Reihe von im Prinzip unendlich vielen Gewichten (die zur „idealen" Filterung auch fiktiv nötig wären). Eine meist befriedigende approximative Tiefpassfilterung erhält man aber bereits, wenn diese Reihe der Filtergewichte w_k für

$$w_k < w_o / 10 \tag{14-86}$$

abgebrochen wird. Das folgende Beispiel (108) zeigt die Rechentechnik zur Bestimmung von Filtergewichten nach (14-83) bis (14-86) für einen speziellen Fall. Der Praktiker kann für gängige Tiefpassfilterungen dieser Art die Filtergewichte auch der Tabelle im Anhang A.8 entnehmen. In Fortführung des Beispiels 107 ist dann in Beispiel 109 die Anwendung dieser Art der Filterung auf eine Zeitreihe erläutert.

Beispiel:
108. Für die Periode T_* =5Δt (Zeitschritt Δt beliebig) sind die Gewichte w_k zur GAUßschen Tiefpassfilterung zur errechnen. Nach (14-83) erhält man: z = 6/5 = 1.2; aus einer zV-Tabelle (siehe z.B. Anhang A..1, Funktionswerte der zV) folgt nach (14-84): $\hat{w}_0$ = z(0*1.2) = z(0) = 0.3989; $\hat{w}_1$ = z(1*1.2) = z(1.2) = 0.1942; $\hat{w}_2$ = z(2*1.2) = z(2.4) = 0.0224; usw. Da $\hat{w}_2 < \hat{w}_0 / 10$ sein soll, wird die Reihe der Gewichtsberechnungen bereits hier abgebrochen. Zur Normierung nach (14-76) ist zu berechnen: $\hat{w}_0 + 2\hat{w}_1 + 2\hat{w}_2$ = 0.8321.= 0.8321. Durch diesen Wert sind die „Rohgewichte" $\hat{w}_k$ zu dividieren und man erhält schließlich : w_o = 0.3989/0.8321 ≈ 0.4794; w_1 = 0.1942/0.8321 ≈ 0.2334; w_2 = 0.0224/0.8321 ≈ 0.0269. (Das Gewicht w_2 wird aus Genauigkeitsgründen noch „mitgenommen", obwohl es bereits kleiner als w_o/10 ist.)

Sind $\tilde{a}_j(L)$ die nach einem beliebigen Verfahren errechneten tiefpassgefilterten Werte einer originalen Zeitreihe a_i, so erhält man die zugehörigen *hochpassgefilterten Werte* einfach aus

$$\tilde{a}_j(H) = a_i - \tilde{a}_j(L) \quad mit \quad j = i = 1,2,\ldots,n-2m \qquad (14\text{-}87)$$

d.h. durch Subtraktion der tiefpassgefilterten von den ungefilterten Daten. Die entsprechende charakteristische Filterfunktion lautet

$$R(f)_H = 1 - R(f)_L, \qquad (14\text{-}88)$$

wenn $R(f)_L$ die charakteristische Filterfunktion der zugehörigen Tiefpassfilterung ist; vgl. Abb. 75 (GAUßsche Tief- und Hochpassfilterung).

Damit lässt sich jede numerische Hochpassfilterung auf eine numerische Tiefpassfilterung entsprechender Filtercharakteristika zurückzuführen und es ist nicht erforderlich, gesonderte Gewichte zur Hochpassfilterung zu berechnen. Alle in dieser Weise hochpassgefilterten Daten ergeben sich als Abweichungen vom als Null definierten Mittelwert, entsprechen somit der Normierung (14-77). Das folgende Beispiel (109) enthält neben der Errechnung tiefpassgefilterter (nun im Gegensatz zur übergreifenden Mittelung, Beispiel 107, Gaußscher Tiefpassfilter) auch die Errechnung der zugehörigen hochpassgefilterten Daten.

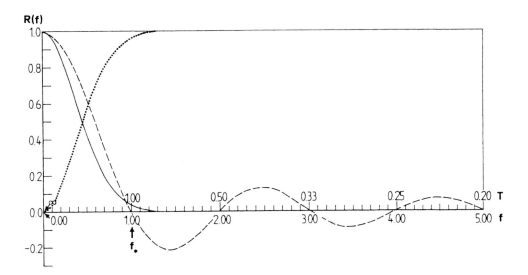

Abb. 75. Normierte ($T_* = 1$, $f_* = 1$) charakteristische Filterfunktion bei übergreifender Mittelung (gestrichelt), GAUßscher Tiefpassfilterung (ausgezogen) und zugehöriger Hochpassfilterung (gepunktet). Im Anhang A.8 sind ausgewählte Filtergewicht-Tabellen zur GAUßschen Tiefpassfilterung zusammengestellt.

Beispiel:

109. Die folgende Tabelle enthält die Daten aus Beispiel 107, die Errechnung tiefpassgefilterter Daten mit Hilfe der Filtergewichte aus Beispiel 108 ($T_* = 5\Delta t$) sowie die Errechnung der zugehörigen hochpassgefilterten Daten. (Tiefpassfilter: $R(T < T_*) \approx 0$; Hochpassfilter $R(T > T_*) \approx 0$; Normierung bei $\tilde{a}_i(L)$ gemäß (14-76), bei $\tilde{a}_i(H)$ gemäß (14-77).

Tab. 63: Rechentabelle zu Beispiel 109.

a_i	w_k	$\tilde{a}_i(L)$	$\tilde{a}_i(H)$
6	0.0269	-	-
10	0.2334	-	-
9	0.4794	9.00	0.00
8	0.2334	9.25	-1.25
12	0.0269	10.34	1.66
9	↓	10.92	-1.92
14		12.34	1.66
12		13.14	-1.14
15		14.04	0.96
14		14.41	-0.41
15		14.48	0.52
14		13.87	0.13
13		12.30	0.70
9			
11			

$n = 15$; $T_* = 5\Delta t$;
Gewichte w_k aus Beispiel 108 bzw. Anhang A.8 für $T_* = 5$;
GAUßsche Tiefpassfilterung mit $m = 2$, d.h. Laufindex der Gewichte $k = -2,-1,0,1,2$ ($w_o = 0.4794$ = Zentralgewicht).
Es ergeben sich (L = Tiefpass-, H = Hochpassfilter):
$\tilde{a}_1(L) = 6*0.0269 + 10*0.2334 + 9*0.4794$
    $+ 8*0.2334 + 12*0.0269 \approx 9.00$;
$\tilde{a}_2(L) = 10*0.0269 + 9*0.2334 + 8*0.4794$
    $+ 12*0.2334 + 9*0.0269 \approx 9.25$;
usw.
$\tilde{a}_1(H) = a_1 - \tilde{a}_1(L) \approx 9 - 9.00 = 0.00$;
$\tilde{a}_2(H) = a_2 - \tilde{a}_2(L) \approx 8 - 9.25 = -1.25$;
usw.

Hinweis: Die Reihe der Filtergewichte „rutscht" sozusagen mit jedem Rechenschritt eine Zeile nach unten und die neuen, gefilterten Werte ergeben sich jeweils an der Stelle von $w_o = 0.4794$.

Problematischer als Tief- und Hochpassfilterung ist die numerische *Bandpassfilterung*. Die einfachste, jedoch unbefriedigende Methode besteht darin, zwei Tiefpassfilterungen mit unterschiedlichem Glättungseffekt ($T_{*1} \neq T_{*2}$) vorzunehmen und die gefilterten Daten zu subtrahieren:

$$\tilde{a}_j(B) = \tilde{a}_j(T_{*1}) - \tilde{a}_j(T_{*2}), \qquad (14\text{-}89)$$

mit $T_{*1} < T_{*2}$), wobei der Filter T_{*2} den stärkeren Glättungseffekt aufweist. Für die charakteristische Filterfunktion gilt dann

$$R(f)_B = R(f)_{T_{*1}} - R(f)_{T_{*2}} \qquad (14\text{-}90)$$

Unbefriedigend ist diese Art der Bandpassfilterung deswegen, weil sich für keinen Frequenzbereich der Wert $R(f) = 1$ ergibt, vgl. Abb. 76, und somit kein spektraler Bereich der Zeitreihenamplituden unverändert bleibt.

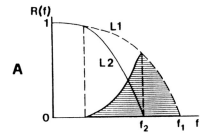
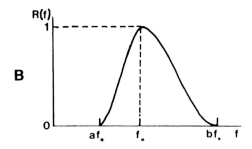

Abb. 76. Charakteristische Filterfunktionen bei Bandpassfilterung: A (links) bei Subtraktion gefilterter Daten, die auf unterschiedlichen Tiefpassfilterungen L1 und L2 beruhen (vgl. Formeln (14-89) und (14-90); B (rechts) bei Anwendung der Formeln (14-94) bis (14-97).

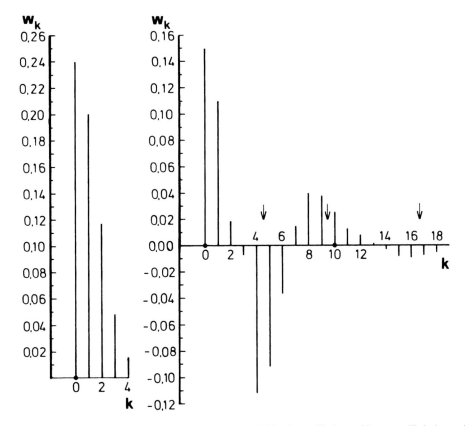

Abb. 77. Vergleich der Filtergewichte w_k zur GAUßschen Tiefpassfilterung (links) nach (14-84, normiert) und Bandpassfilterung (rechts) nach (14-94) bis (14-97) entsprechend Abb. 76, rechts. T_* ist hier jeweils $10\Delta t$. In beiden Fällen muss man sich die Filtergewichte symmetrisch zu w_0 ($k = 0$, Zentralgewicht) nach links ergänzt vorstellen. Im Fall der Tiefpassfilterung ist die w_k-Reihe für $w_k < w_0/10$ abgebrochen. Im Fall der Bandpassfilterung markieren die Pfeile die „Nulldurchgänge" der zugehörigen Filtergewichtsummenfunktion.

266 Zeitreihenanalyse

Günstiger ist eine Methode, die BRIER (1961) angegeben hat und die für den Fall

$$R(f) = 0 \quad \text{für } f > 2f_* \quad \text{bzw. } T < \frac{1}{2}T_* \tag{14-91}$$

$$R(f) = 1 \quad \text{für} \quad f_* \quad \text{bzw. } T_* \tag{14-92}$$

$$R(f) = 0 \quad \text{für } f < \frac{1}{2}f_* \quad \text{bzw. } T > 2T_* \tag{14-93}$$

von MITCHELL et al. (1966) eingehend beschrieben worden ist (siehe auch PANOFSKY und BRIER, 1958). In allgemeiner Form lautet die Vorgabe der charakteristischen Filterfunktion (nach SCHÖNWIESE, 1975):

$$R(f) = 0 \qquad \text{für } \frac{1}{T_R} < f < af_* \quad \text{bzw. } T_R > T > \frac{1}{a}T_* \tag{14-94}$$

$$2R(f) = 1 + \cos(2T_*\pi f) \quad \text{für } af_* \leq f < f_* \quad \text{bzw. } \frac{1}{a}T_* \geq T > T_* \tag{14-95}$$

$$2R(f) = 1 - \cos(T_*\pi f) \quad \text{für } f_* \leq f < bf_* \quad \text{bzw. } T_* \geq T > \frac{1}{b}T_* \tag{14-96}$$

$$R(f) = 0 \qquad \text{für } bf_* \leq f < \frac{1}{2\Delta t} \quad \text{bzw. } \frac{1}{b}T_* \geq T > 2\Delta t \tag{14-97}$$

mit b > a, $T_r = n\Delta t$ = Reihenlänge und Δt = Zeitschritt der Daten a_i wie bisher. Die charakteristische Filterfunktion hierzu ist wieder in Abb. 76 dargestellt. Die zugehörigen *Filtergewichte* erhält man aus

$$w_k = \frac{1}{2C} 2 \sum_{i=1}^{C} R(f)\cos(2\pi f k) \tag{14-98}$$

mit f = i/(2C); k = m, -m + 1,....,0,1,...,m. Für nicht zu „enge" Bandpassfilterung wie z.B. (14-85) bis (14-87) darf empirisch C = 6T$_*$ gesetzt werden.

Es ist nun wichtig, zu beachten, dass diese zur Bandpassfilterung geeigneten Gewichte nicht wie im Fall der Tiefpassfilterung in ihrem Wert stetig abfallen, sondern vergleichbar einer gedämpften Sinusschwingung oszillieren; vgl. Abb. 77. Will man nach der Normierung (14-77) die gefilterten Daten in Form von Abweichungen vom als Null definierten Mittelwert erhalten, so ist es sinnvoll, neben der *Filtergewichtsfunktion* $w_k(k)$ auch die *Filtergewichtssummenfunktion*

$$W_k = \sum_{k=-m}^{+m} w_k \tag{14-99}$$

zu berechnen, d.h. eine Wertereihe, die mit w$_o$ beginnt, dann w$_o$ + 2w$_1$ umfasst, anschließend w$_o$ + 2w$_1$ + 2w$_2$ usw. Diese Funktion W$_k$(k) oszilliert ähnlich w$_k$ (k) ebenfalls um den Wert Null. Die Vorzeichenwechsel (anschaulich-graphisch die Nulldurchgänge) der Filtergewichtssummenfunktion können als Kriterium für den

Abbruch der Filtergewichtsfunktion $w_k(k)$ nach der Normierung (14-77) dienen. Im allgemeinen erzielt man befriedigende Ereignisse der Bandpassfilterung, wenn man die Gewichte nach dem dritten, eventuell auch zweiten oder vierten Vorzeichenwechsel vernachlässigt. Im einzelnen hängt die Effizienz der Filterung jedoch stark von der Schwankungsstruktur der zu filternden Daten a_i ab, so dass im Zweifel die optimale Anzahl der zu berücksichtigenden Filtergewichte auf empirischem Weg abgeschätzt werden muss.

Da für ganze Werte von k die Funktion $w_k(k)$ im allgemeinen nie exakt gleich Null ist, sollte das jeweils letzte berücksichtigte Gewichtswertepaar so verändert werden, dass die Normierung (14-77) genau erfüllt ist. Als Beispiele sind in Tab. 64 die nach (14-98) errechneten Filtergewichte w_k für $T_* = 11 \Delta t$ und $26 \Delta t$ angegeben, wobei bezüglich (14-94) bis (14-97) die Filterbreite mit $a = 3/4$ und $b = 4/3$ festgelegt ist (ergibt die Periodenbereiche (8.2 ↔ 14.7)Δt und (19.5 ↔ 34.7)Δt; vgl. auch Abb. 77). Die „Nulldurchgänge" sind in dieser Tabelle mit Pfeilen gekennzeichnet und die zur Erfüllung der Normierungsbedingung (14-77) zu substituierenden Werte in Klammern ergänzt, falls an der betreffenden Stelle die Reihe der Filtergewichte abgebrochen wird. Schließlich ist die Abb. 78 ein Beispiel für eine Bandpassfilterung von monatlichen Temperaturdaten mit dem Filter $T_* = 26$ mon ($\Delta t = 1$ mon $= 1$ Monat) nach Tab. 64 wiedergegeben. Dabei ist deutlich zu sehen, dass zwar die mittlere Periode annähernd konstant bleibt, jedoch die Amplitude erheblichen Variationen unterliegt.

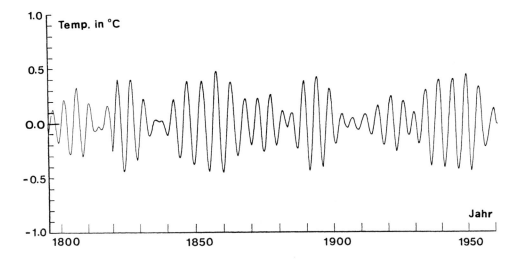

Abb. 78. Beispiel einer Bandpassfilterung entsprechend der charakteristischen Filterfunktion nach Abb. 76, rechts (B), $T_* = 5$ Jahre, angewandt auf die Jahresmittel-Temperatur von „Zentral-England (vgl. auch Abb. 67).

K	w_k für $T_* = 11\Delta t$	w_k für $T_* = 26\Delta t$
0	0.08261	0.03495
1	0.06811	0.03382
2	0.03000	0.03052
3	-0.01760	0.02526
4	-0.05739	0.01841
5	-0.07553 ← (-0.06442)	0.01044
6	-0.06674	0.00188
7	-0.03589	-0.00669
8	0.00443	-0.01469
9	0.03919	-0.02161
10	0.05677 ← (0.07011)	-0.02701
11	0.05304	-0.03056
12	0.03215	-0.03207 ← (-0.02690)
13	0.00400	-0.03149
14	-0.02077	-0.02890
15	-0.03276	-0.02455
16	-0.03142 ← (-0.03071)	-0.01878
17	-0.01990	-0.01202
18	-0.00508	-0.00475
19	0.00639	0.00252
20	0.01093	0.00931
21	0.00897	0.01519
22	0.00398	0.01980
23	0.00013 ← ((0.00332)	0.02290
24	...	0.02436
25		0.02417 ← (0.02124)
26		0.02244
27		0.01938
28		0.01528
29		0.01049
30		0.00539
31		0.00034
32		-0.00430
33		-0.00826
34		-0.01130
35		-0.01331
36		-0.01423
37		-0.01410
38		-0.01304 ← (-0.01075)
...		...

Tab. 64. Gewichte w_k zur numerischen Bandpassfilterung nach (14-94) bis (14-98) mit $t_* = 11\Delta t$ und $T_* = 26\Delta t$ sowie a = 3/4 und b = 4/3 (vgl. Text). Die Pfeile markieren die „Nulldurchgänge" der Filtergewichtssummenfunktion und die Klammerwerte die Zahlen, durch die w_k jeweils ersetzt werden muss, damit bei Abbruch der Filtergewichtsfunktion an der betreffenden Stelle die Normierung (14-77) exakt erfüllt ist (Anmerkung: Zyklische Variabilität mit einer mittleren Periode von 11 Jahren zeigen die Sonnenflecken – Relativzahlen, von 26 Monaten die sog. quasizweijährige Oszillation vieler atmosphärischer Größen).

Die numerische Bandpassfilterung darf nicht als Nachweismethode für zyklische Variabilität missverstanden werden, da auch entsprechend gefilterte Zufallsdaten – und zwar in jedem beliebigen Spektralbereich – dort nach der Bandpassfilterung zyklische

Varianz aufweisen. Entscheidend für die Signifikanz solcher Schwankungsanteile sind die auftretenden Amplituden, die sich am besten an Hand der Signifikanzprüfung der zugehörigen Varianzspektren beurteilen lassen. Näherungsweise können zur Beurteilung der aufgrund von Bandpassfilterungen auftretenden Amplituden auch die Mittelwert-Mutungsbereiche (d.h. der $z(p)*s$ - fache Abstand vom als Null definierten Mittelwert mit s = Standardabweichung der ungefilterten Daten und z = Parameter der zV; vgl. Kap. 5.3) verwendet werden. Dies gilt entsprechend auch für Hoch- und Tiefpassfilterungen; andere Methoden siehe z.B. OLBERG (1971), OLBERG und RAKOCZI (1984).

Die wesentliche Bedeutung der numerischen Filtertechniken liegt darin, dass im Zusammenhang mit der spektralen Varianzanalyse die als signifikant (dominant) vermuteten Varianzanteile spektral isoliert als Zeitreihe (im Zeitbereich) betrachtet werden können und somit detaillierte Aussagen über die Amplituden und Phasen des jeweils separierten zyklischen Varianzanteils möglich sind. Aus der spektralen Varianzanalyse allein ist ja beispielsweise nicht ersichtlich, ob ein im Spektrum auftretendes Varianzmaximum auf eine wenige Schwankungen großer Amplitude oder einen im gesamten Zeitintervall auftretenden (systematischen) Schwankungsvorgang entsprechend kleinerer Amplitude zurückgeht. Damit ist auch eine Beurteilung der Zeitreihen-Stationarität verbunden, wie sie – neben der Mittelwert- und Varianz-Stationarität – aus der Frage nach möglichen zeitlichen Variationen der Autokorrelationsfunktion in dieser Form nicht beantwortbar ist. Weitere Hinweise zur Zeitreihenfilterung sind u.a. bei Taubenheim (1969) zu finden.

Während die Methodik der numerischen Zeitreihenfilterung selbst in speziellen Lehrbüchern zur Zeitreihenanalyse nur sehr selten behandelt wird, gehört die Zerlegung von Zeitreihen in verschiedene Komponenten, darunter u.a. auch in zyklische, zum Standard. Dies und weitere Techniken der Zeitreihenanalyse bringen u.a. BOX et al. (1994), CHATFIELD (1996), SCHLITTGEN und STREITBERG (2001).

14.9 Extremwertanalyse

Die Betrachtung der statistischen Zeitreihen-Analysetechniken soll mit einem besonders wichtigen Aspekt abgeschlossen werden: der Extremwertanalyse. Ausgehend von den Prozessen, die zu extremen Situationen führen – nicht zuletzt ersichtlich an den damit verbundenen ggf. hohen Personen- und Sachschäden – wird dabei zunächst meist von *Extremereignissen* gesprochen.

Beispiele:
109. Geowissenschaftliche Beispiele für Extremereignisse, die zu hohen Schäden führen können, sind Erdbeben, Tsunamis, Vulkanausbrüche, Stürme, Hagelschläge, auf Starkniederschläge zurückzuführende Überschwemmungen, Trockenperioden Hitzewellen und vieles mehr.

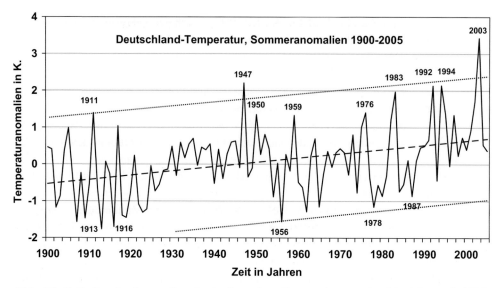

Abb. 79. Zeitreihe der Anomalien der bodennahen Sommertemperatur (Juni-August) 1900-2005, Flächenmittel Deutschland, wobei sich die Anomaliewerte auf den arithmetischen Mittelwert 1961-1990 beziehen (16.2 °C, in der Graphik gleich Null gesetzt). Der lineare Trend, gestrichelte Linie, zeigt eine Erwärmung um 1 K an. Im Abstand 2s (doppelte Standardabweichung) davon sind Grenzen eingezeichnet, gepunktete Linien, bei deren Unter- (untere Grenze) bzw. Überschreitung (obere Grenze) die entsprechenden Daten als Extremwerte definiert werden können. In deutlich großzügigerer Auslegung dieser Grenzen sind die Jahreszahlen für einige derartige Extremwerte angegeben; weitere Details siehe Text (Graphik nach Schönwiese et al., 2004, verändert).

Das Schadensausmaß solcher Extremereignisse hängt jedoch von diversen nicht-naturwissenschaftlichen Gegebenheiten ab wie beispielsweise Wertekonzentrationen (z.B. an Flussläufen und Küsten meist höher als in gewisser Entfernung davon) ab. Um davon unabhängig zu sein, werden unter naturwissenschaftlich-statistischen Aspekten meist die *Extremwerte* betrachtet, die als Folge von Extremereignissen zunächst in Form von Beobachtungsdaten (daher zunächst Stichprobe SP) auftreten.

Anhand eines Beispiels soll das verdeutlicht werden, wobei es verschiedene Möglichkeiten des Vorgehens gibt. Jedoch wird es sich dabei immer um relativ große Abweichungen vom Mittelwert $\bar{a}$ (oder auch Median Med) handeln. In Abb. 79 sind die Sommertemperaturen 1900-2005 für das Flächenmittel Deutschland gezeigt, und zwar in der in der Klimatologie bei flächenbezogenen Betrachtungen üblichen Anomalieform. Das heißt, es handelt sich um Abweichungen vom Mittelwert einer Referenzperiode, in diesem Fall 1961-1990. (Dieser Mittelwert, der 16.2 °C beträgt, wird somit gleich Null gesetzt; für die gesamte Reihe ist er mit 16.3 °C fast damit identisch.) Konventionsgemäß gelten nun solche Anomaliedaten als extrem, wenn sie definierte *Grenzen über- bzw. unterschreiten (Schwellenkriterium).* So könnte man in Abb. 79 beispielsweise 1 °C, 1.5 °C, 2 °C usw. wählen (jeweils parallel zur Abszisse mit Mittelwert $\bar{a} = 0$).

Besser ist allerdings die Orientierung an der Standardabweichung s, so dass Daten nach diesem Kriterium als extrem gelten können, die z.B. das Intervall

$\{\bar{a} \pm 2s\}$, $\{\bar{a} \pm 3s\}$ usw. (14-100)

unter- bzw. überschreiten. In Verallgemeinerung dieses Ansatzes, der insbesondere dann sinnvoll ist, wenn die betreffende SP keiner Normalverteilung (NV, vgl. Kap. 4.5) folgt, kann man sich an den Perzentilen orientieren, wozu die (zunächst empirische) SP-Häufigkeitsverteilung (vgl. Kap. 1.6 und insbesondere 2.3) bestimmt werden muss. So könnten beispielsweise Daten als Extremwerte definiert werden, welche die 90%-Perzentilgrenze über- bzw. unterschreiten (oberes bzw. unteres Dezil, vgl. Kap. 2.3, Abb. 15) oder die 95 % - Perzentilgrenze und so fort.

Werden nun solche Extremwerte analysiert, so besteht das Problem, dass es sich je nach Schwellenkriterium möglicherweise um sehr wenige Daten handelt und daher der Weg zu signifikanten Aussagen sehr erschwert ist. Zwar gibt es spezielle auf Extremwerte zugeschnittene Verteilungen (z.B. Poisson-, Gumbel-, allgemeine Extremwertverteilung; vgl. Kap. 4), jedoch sind nach Möglichkeit stets Strategien vorzuziehen, die alle verfügbaren Daten nutzen.

Außerdem gehen die genannten Schwellenkriterien von Stationaritätsbedingungen aus (vgl. Kap. 2.6 und 14.1), die keinesfalls immer vorausgesetzt werden dürfen. Für die Praxis am wichtigsten ist die Mittelwert-Instationarität, die sich wie in Abb. 79 ggf. in Form eines Trends zeigt. Um dies zu berücksichtigen, kann entweder der (lineare oder nicht lineare Trend, falls er sich als signifikant erweist) von der ursprünglichen Zeitreihe subtrahiert werden (engl. detrending) oder es gehen die Grenzen nach (14-100) in Form von Parallelen zur Trendlinie in die Extremwertanalyse ein. Dies ist in Abb. 79 für das Kriterium ± 2s geschehen (siehe dortige gepunktete Linien). Liegt eine NV vor, so sind bereits empirische Abschätzungen der Eintrittswahrscheinlichkeit von Extremwerten möglich (zum problematischen Bergriff der „Jährlichkeit" siehe unten).

Beispiel:
110. Aus Abb. 79 ist ersichtlich, dass im Jahr 2003 ein besonders extrem warmer Sommer in Deutschland eingetreten ist. Die Abweichung vom Mittelwert, zugleich der Anomaliewert, beträgt für diesen Fall a = 3.4 K. Die Standardabweichung der gesamten Zeitreihe wird zu rund 0.9 K errechnet. Damit beträgt a das $3.4/0.9 \approx 3.8$-fache von s. Aus Tab. A.1b (Anhang) entnimmt man dafür die Wahrscheinlichkeit $p(\geq 3.4) = 0.5 - 0.499993 = 0.000007$, entsprechend der äußerst geringen prozentualen Wahrscheinlichkeit von $0.0007 \% = 7*10^{-4} \%$. Berücksichtigt man jedoch den Trend, so liegt der Anomaliewert a_* bei „nur" noch 1.7 K und somit ungefähr beim 1.9-fachen der Standardabweichung, was nach dem gleichen Rechengang zu einer Wahrscheinlichkeit von $0.5 - .4713 = 0.0287$ oder rund 2.9 % führt. Unter diesen Annahmen folgt eine sog. „Jährlichkeit" von $1/0.0287 \approx 35$ Jahren. (Genauere Rechnung unter Verteilungsanpassung und Berücksichtigung aller Zeitreihenkomponenten und Instationaritäten siehe Schönwiese et al., 2004).

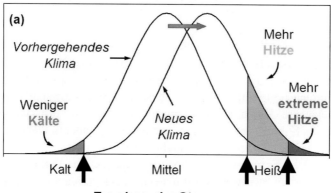
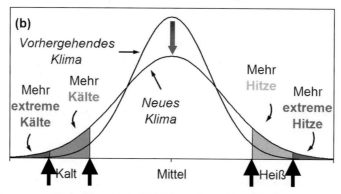
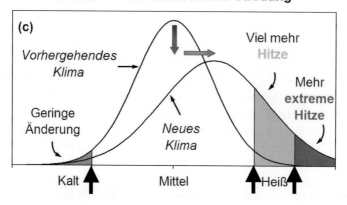

Abb. 80. Mögliche zeitliche Änderungen der Wahrscheinlichkeitsdichtefunktion (PDF), schematisch gezeigt am Beispiel der Normalverteilung (NV) und Temperatur, und Auswirkungen auf die Eintrittswahrscheinlichkeit von Extremereignissen. Die dabei angenommenen oberen und unteren Schwellenwerte sind durch Pfeile gekennzeichnet (nach IPCC, 2001; hier nach HUPFER und BÖRNGEN, 2004, ergänzt).

Um besser abgesicherte Ergebnisse zu erzielen, ist wegen der SP-Zufälligkeiten auch bei der Extremwertanalyse die Anpassung einer geeigneten theoretischen Verteilung in Form der Wahrscheinlichkeitsdichtefunktion (PDF; f(x)) erforderlich (vgl. Kap. 1.7 und 4). Damit ist der direkte Zugang zu Wahrscheinlichkeitsaussagen eröffnet, sofern – nun in Orientierung an die PDF – geeignete Schwellenwerte definiert werden. Weiterhin ist, wie auch das Beispiel 110 (Abb. 79) gezeigt hat, wichtig, zu erkennen, ob sich Instationaritäten in zeitlichen PDF-Veränderungen manifestieren. Anhand der NV und mit Blick auf die Temperatur sind in Abb. 80 solche Möglichkeiten und ihre Auswirkungen auf die Eintrittswahrscheinlichkeit p von Extremwerten gezeigt: Verschiebt sich der Mittelwert (Lageparameter der NV) nach oben, wird extreme Hitze wahrscheinlicher und extreme Kälte weniger wahrscheinlich. Ändert sich nur die Streuung (Streuparameter der NV), werden sowohl extreme Hitze als auch extreme Kälte wahrscheinlicher. Schließlich führt eine Kombination von beidem zu recht komplizierten Veränderungen von p. Verallgemeinert man diese schematische Betrachtung auf beliebige Verteilungen, so können auch noch Änderungen des Formparameters (z.B. bei der Weibull-Verteilung, vgl. Kap. 4.10) hinzukommen.

Auf der Grundlage des Konzepts der Zeitreihenzerlegung nach GRIESER et al. (2002) hat TRÖMEL (2005) eine Methode entwickelt, die es erlaubt, für beliebige Verteilungen die Zeitfunktionen der PDF-Parameter zu berechnen. Damit ist nicht nur von Zeitschritt zu Zeitschritt die PDF definitiv angebbar (man kann sich hier einen Film vorstellen, der die zeitliche Veränderung der PDF kontinuierlich vor Augen führt), sondern auch für beliebige obere bzw. untere Schwellen die Über- bzw. Unterschreitungswahrscheinlichkeit zugänglich. Auf diese Weise wurde beispielsweise berechnet, dass die in Beispiel 110 behandelte Eintrittswahrscheinlichkeit in den letzten Jahrzehnten systematisch in etwa um den Faktor 20 angestiegen ist (SCHÖNWIESE et al., 2004).

Der Begriff der „Jährlichkeit" ist etwas problematisch. Zwar lässt sich aus einer bestimmten Wahrscheinlichkeit p für ein z.B. einmal pro Jahr eintretendes Ereignis abschätzen, in welchem zeitlichen Abstand dieses Ereignis *im statistischen Mittel* zu erwarten ist (z.B. bei p = 0.1 im Abstand von 1/0.1 = 10 Jahren); jedoch gilt dies nur approximativ für Zeitspannen, die ein Vielfaches der „Jährlichkeit betragen. Zudem führen Instationaritäten mit der Variation von p auch zu Variationen der „Jährlichkeit".

Die oben genannte Zeitreihenzerlegung nach GRIESER et al. (2002; vgl. auch GRIESER et al. 2000) kann auch dazu genutzt werden, nach Subtraktion aller signifikanten Komponenten (Trend, glatte Komponente usw., vgl. Kap. 14.1) an das Residuum eine theoretische Verteilung anzupassen (i.a. unter Zufälligkeitsaspekten) und solche Werte, die dann dieser Verteilung widersprechen, als „Extremereignisse" (im Gegensatz zu Extremwerten) zu bezeichnen, weil sie möglicherweise auf einen besonderen, separat zu behandelnden Prozess zurückzuführen sind.

Mit diesen Hinweisen soll die vorliegende kurze Einführung in die „Praktische Statistik" enden, wohl wissend, dass hier nur einige Grundlagen und aufwendigere Techniken nur partiell behandelt werden konnten. Sowohl für Grundlagendarstellungen (einschließlich Tabellenwerken) als auch für Details (einschließlich EDV-Software) steht allerdings umfangreiche weitere Literatur zur Verfügung (siehe folgende Seiten).

Literatur (Auswahl)

A. Lehrbücher

(überwiegend allgemeiner Art; hochgestellte Ziffern geben die neueste Auflagennummer an, soweit dem Autor bekannt)

AKIN, H., SIEMES, H.: Praktische Geostatistik. Springer, Berlin, 1988.
ANDEL, J.: Statistische Analyse von Zeitreihen. Akademie-Verlag, Berlin, 1984.
ANDERSON, T.W.: An Introduction to Multivariate Statistical Analysis. Wiley, New York, 1958.
BACKHAUS, K., ERICHSON, B., PLINKE, W., WEIBER, R.: Multivariate Analysemethoden. Eine anwendungsorientierte Einführung. Springer, Berlin, ^{2}1996.
BAHRENBERG, G., GIESE, E., NIPPER, J.: Statistische Methoden in der Geographie. Band 1: Univariate und bivariate Statistik. Teubner, Stuttgart, ^{3}1990.
BAHRENBERG, G., GIESE, E., NIPPER, J.: Statistische Methoden in der Geographie. Band 2: Multivariate Statistik. Teubner, Stuttgart, ^{2}1992.
BOSCH, K.: Elementare Einführung in die angewandte Statistik. Vieweg, Braunschweig, ^{9}2006.
BOX, G.E.P., JENKINS, G.M., REINSEL, G.C.: Time Series Analysis. Forecasting and Control. Prentice Hall, Englewood Cliffs, ^{3}1994.
BROWN, C.E.: Applied Multivariate Statistics in Geohydrology and Related Sciences. Springer, Berlin, 1998.
CHATFIELD, C.: The Analysis of Time Series. An Introduction. Chapman and Hall, London, ^{5}1996.
ERHARD, U., FISCHBACH, R., WEILER, H., KEHRLE, K.: Praktisches Lehrbuch Statistik. Verlag Moderne Industrie, Landsberg, ^{4}1992.
ESSENWANGER, E.: Applied Statistics in Atmospheric Science. Part A. Elsevier, Amsterdam, 1976.
FISHER, R.A.: Statistical Methods for Research Workers. Oliver & Boyd, London, 1932.
HARTUNG, J. (ELPELT, B., KLÖSENER, K.-H.): Statistik. Lehr- und Handbuch der angewandten Statistik. Oldenbourg, München, ^{14}2005.
HENGST, M.: Einführung in die mathematische Statistik und ihre Anwendung. Bibliograph. Institut, Mannheim, 1967.
KANTZ, H., SCHREIBER, T.: Nonlinear Time Series Analysis. Univ. Press, Cambridge, 1997.
KREYSZIG, E.: Statistische Methoden und ihre Anwendungen. Vandenhoeck & Ruprecht, Göttingen, ^{7}1991.
LINDER, A., BERCHTHOLD, W.: Elementare statistische Methoden. Birkhäuser (UTB), Basel 1979.
MARSAL, D.: Statistische Methoden für Erdwissenschaftler. Schweizerbart'sche Verlagsbuchhandlung, Stuttgart 1979.
MEIER, S., KELLER, W.: Geostatistik. Springer, Wien, 1990.
MURPHY, A.H., KATZ, R.W.(eds): Probability, Statistics and Decision Making in the Atmospheric Sciences. Westview Press, Boulder, 1984.
OLBERG, M., RAKOCZI, F.: Informationstheorie in Meteorologie und Geophysik. Akademie Verlag, Berlin, 1984.

PANOFSKY, H.A., BRIER, G.W.: Some Applications of Statistics to Meteorology. Pennsylvania State Univ., University Park (USA), 1958.

PFANZAGL, J.: Allgemeine Methodenlehre der Statistik. De Gruyter (Göschen TB), Berlin, 1991.

RINNE, H.: Taschenbuch der Statistik. H. Deutsch, Frankfurt a.M., ^{3}2003.

RINNE, H. (begründet von CREUTZ, G., EHLERS, R.): Statistische Formelsammlung. H. Deutsch, Frankfurt a.M., 1988.

SACHS, L.: Angewandte Statistik. Springer, Berlin, ^{11}2004.

SACHS, L.: Statistische Methoden. Springer (TB), Berlin ^{7}1993.

SCHLITTGEN, R., STREITBERG, B.H.J.: Zeitreihenanalyse. Oldenbourg, München, ^{9}2001.

SNEYERS, R.: On the Statistical Analysis od Series of Observations. World Meteorol. Org. (WMO) Publ. No. 415 (Technical Note No. 143), Geneva 1990.

SPIEGEL, M.R., STEPHENS, L.J.: Statistik. Mc Graw Hill Europe (Schaum), London, ^{3}1999.

STAHEL, W.A.: Statistische Datenanalyse. Eine Einführung für Naturwissenschaftler. Vieweg, Braunschweig, ^{4}2002.

VON STORCH, H., ZWIERS, F.W.: Statistical Analysis in Climate Research. Univ.Press, Cambridge, 1999.

TAUBENHEIM, J.: Statistische Auswertung geophysikalischer und meteorologischer Daten. Geest & Portig, Leipzig, 1969.

WEBER, H.: Einführung in die Wahrscheinlichkeitsrechnung und Statistik für Ingenieure. Teubner, Stuttgart, ^{3}1992.

B. Tabellenwerke und Tafeln

BEYER, W.H. (ed.): Handbook of Tables for Probability and Statistics. CRC Press, Boca Raton (USA), 1968.

FISHER, R.A., YATES, F.: Statistical Tables for Biological, Agricultural and Medical Research. Oliver and Boyd, London, 1957.

GRAF, U., HENNING, H.J.: Formeln und Tabellen zur Mathematischen Statistik. Springer, Berlin, 1953.

HALD, A.: Statistical Tables and Formulas. Wiley, New Yotk, 1960.

KOLLER, S.: Neue graphische Tafeln zur Beurteilung statistischer Zahlen. Steinkopff, Darmstadt, 1969.

LINDLEY, D.V., MILLER, J.C.P.: Cambridge Elementary Statistical Tables. Univ. Press, Cambridge, 1961.

MÜLLER, P.H., et al.: Tafeln der mathematischen Statistik. VEB Fachbuchverlag, Leipzig, 1979.

OWEN, D.B.: Handbook of Statistical Tables. Adison-Wesley, Reading (USA), 1962.

PEARSON, E.S., HARTLEY, H.O. (eds.): Biometrika Tables for Statisticians. Vol. 1, 2. Univ. Press, Cambridge, 1966 (1), 1972 (2).

POWELL, F.C.: Statistical Tables for the Social, Biological and Physical Sciences. Univ. Press, Cambridge, 1982.

SMIRNOFF, N.: Tables for Estimating the Goodness of Fit of Empirical Distributions. Ann. Math. Statist. **19**, pp. 279-281, 1948.

WETZEL, W., JÖHNK, M.-D., NAEVE, P.: Statistische Tabellen. De Gruyter, Berlin, 1967.

C. Spezielle Literatur
(soweit zitiert)

ALEXANDERSSON, H.: A homogeneity test applied to precipitation data. J. Climatol. **6**, pp. 661-675, 1986.

ANDERBERG, M.R.: Cluster Analysis for Applications. Academic Press, New York, 1973.

AHORNER, L., ROSENHAUER, W.: Seismic Risk Evaluation for the Upper Rhine Graben and its Vicinity. J. Geophys. **44**, pp. 481-497, 1978.

BACHER, J.: Clusteranalyse. Oldenbourg, München, 1996.

BATH, M.: Spectral Analysis in Geophysics. Elsevier, Amsterdam, 1974.

BENDAT, J.S., PIERSOL, A.G.: Measurement and Analysis of Random Data. Wiley, New York, 1966.

BLACKMAN, R.B., TUKEY, J.W.: The Measurement of Power Spectra. Dover, New York, 1958.

BRAUSE, R.: Neuronale Netze. Eimne Einführung in die Neuroinformatik. Teubner, Stuttgart, ^{2}1995.

BRIER, G.W.: Some Statistical Aspects of Longterm Fluctuations in Solar and Atmospheric Phenomena. New York Ac. Sci. **95**, pp. 173-187, 1961.

BRONSTEIN, I.N., SEMENDJAJEW, K.A., MUSIOL, G., MÜHLIG, H.: Taschenbuch der Mathematik. H. Deutsch, Frankfurt a.M., ^{4}1999; vormals BRONSTEIN, I.N., SEMENDJAJEW, K.A.: Taschenbuch der Mathematik. H. Deutsch, Frankfurt a.M., 1966.

BROWN, T.J., EISCHEID, J.K.: An examination of spatial statistical techniques for interpolation of gridded climate data. Am. Meteorol. Soc., Environment Canada (ed.), 12th Conf. Prob. Statist. Atm. Sci., 5th Internat. Meeting Statist. Climatol., Joint Proc., pp. J39-J42, 1992.

BUISHAND, T.A.: The analysis of homogeneity of of long-term rainfall records in the Netherlands. Koninkl. Nederl. Meteorol. Inst., Scient. Report No. 81-7, De Bilt, 1981.

BURG, J.P.: Maximum entropy spectral Analysis. Paper presented at the 37th Meeting Soc. Explor. Geophys., Oklahoma City, 1967.

BUSLENKO, N. P., SCHREIDER, J.A.: Die Monte-Carlo-Methode und ihre Verwirklichung mit elektronischen Digitalrechnern. Teubner, Leipzig, 15964.

CRADDOCK, J.M.: Methods of comparing annual rainfall records. Weather **34**, pp. 332-346, 1979.

DENHARD, M.: Zeitreihenanalyse der Dynamik komplexer Systeme und der Wirkung externer Antriebsmechanismen am Beispiel des Klimasystems. Frankfurter Geowiss. Arb., Serie B, Band 6, Frankfurt a.M., 1998.

Deutscher Wetterdienst (DWD): Statistische Methoden der Klimatologie. Promet 1/2´83, Selbstverlag, Offenbach a.M., 1983.

EISCHEID, J.K., BAKER, C.B., KARL, T.R., DIAZ, H.F.: The quality control of long-term climatological data using objective data analysis. L. Appl. Meteorol. 34, pp. 2787-2795, 1995.

ERB, W.-D.: Anwendungsmöglichkeiten der linearen Diskriminanzanalyse in Geographie und Regionalwissenschaft. Schrigten Zentrum für regionale Entwicklungsforschung, Band 36, Univ. Gießen, Weltarchiv, Hamburg, 1990.

FISHER, R.A.: Statistical Methods for Research Workers. Oliver & Boyd, Edinburgh, 1970.

FEZER, F.: Das Klima der Städte. Klett-Perthes, Gotha, 1995.

FLEER, H.: Das Kreuzspektrum. In DWD (s. oben), S. 30-34, 1983.
FLIRI, H.: Statistik und Diagramm. Westermann, Braunschweig, 1969.
FORGY, E.W.: Cluster analysis in multivariate data: efficiency versus interpretability of classifications. Biometrics **21**, p. 768, 1965.
FORTAK, H.: Meteorologie. Reimer, Berlin, 1982.
FREEMAN, J.A., Skapura, D.M.: Neural Networks. Algorithms, Applications and Programming Techniques. Adison-Wesley, reading (USA), 1991.
GERSTENGARBE, F.-W.: Definition und Beschreibung klimatologischer Extreme. Habilitationsschrift, Fachbereich Geowissenschaften der Freien Universität Berlin, 1995.
GERSTENGARBE, F.-W., WERNER, P.C.:Some critical remarks on the use of extreme value statistics in climatology. Theor. Appl. Climatol., **44**, pp.1-8, 1991.
GERSTENGARBE, F.-W., WERNER, P.C.: The time structureof extreme summers in Central Europe netween 1901-1980. Meteorol. Z., N.F., **1**, 285-289.
GERSTENGARBE, F.-H., WERNER, P.C.: A method to estimate the statistical condidence of cluster separation. Theor. Appl. Climatol. 57, pp. 103-110, 1997.
GERSTENGARBE, F.-W., WERNER, P.C., FRAEDRICH, K.: Applying non-hierarchical cluster analysis algorithms to climate classification: Some problems and their solution. Theor. Appl. Climatol. **64**, pp. 143-150, 1999.
GRIESER, J.: Hauptkomponentenanalyse. Unveröff. Skript, Frankfurt a.M., 1999.
GRIESER, J., STAEGER, T., SCHÖNWIESE, C.-D.: Statistische Analysen zur Früherkennung globaler und regionaler Klimaänderungen aufgrund des anthropogenen Treibhauseffektes. Bericht Nr. 103, Inst. Meteorol. Geophys. Univ. Frankfurt a.M., 2000.
GRIESER, J., TRÖMEL, S., SCHÖNWIESE, C.-D.: Statistical time series decomposition into significant components and application to European temperature. Theor. Appl. Climatol. **71**, 171-183, 2002.
GROSSBERG, S.: How does a brain build a cognitive code? Psychological Rev. **87**, pp.1-51.
GUMBEL, E.J.: Probability Tables for the Analysis of Extreme-Value Data. Nat. Bureau of Standards, Appl. Math. Ser., Vol. 22, Washington, 1953. - Technische Anwendungen der statistischen Theorie der Extremwerte. Schweiz. Arch. Angew. Wiss. Technik **30**, S. 33-47, 1964.
HAMMERSLEY, J.M., HANDSCOMB, D.C.: Monte Carlo Methods. Methuen, London, 1965.
HARMANN, H.H.: Modern Factor Analysis. Univ. of Chicago Press. Chicago, 1960.
HECHT-NIELSEN, R.: Application of Counterpropagation Networks. Neural Networks, Vol. I, Pergamon Press, pp. 131-139, New York (?), 1988.
HOLLOWAY, J.L.: Smoothing and Filtering of Time Series. Adv. Geophys. **4**, pp. 351-389, 1958.
HUPFER, P., BÖRNGEN, M.: Gibt es „Klimakatastrophen"? Naturwiss. Rdsch. 57, 233-240, 2004.
HUPFER, P., KUTTLER, W. (Hrsg., begründet von E. HEYER): Witterung und Klima. Teubner, Stuttgart, ^{10}1998.
IKEDA, S., SUZUKI, E., UCHIDA, E. YOSHINO, M.M. (eds.): Statistical Climatology. Developments in Atmosph. Sci., Vol. 13. Esevier, Amsterdam, 1980.
IPCC (Intergovernmental Panel on Climate Change, HOUGHTON, J.T. et al., eds): Climate Change 2001. The Scientific Basis. Univ. Press, Cambridge, 2001.

JENKINS, G.M., WATTS, D.G.: Spectral Analysis and its Applications. Holden-Day, San Francisco, 1968.
JUNK, H.-P.: Die Maximum-Entropie-Spektral-Analyse (MESA) und ihre Anwendung auf meteorologische Zeitreihen. Diplomarbeit Meteorol. Inst. Univ. Bonn, 1982.
KAISER, R., GOTTSCHALK, G.: Elementare Tests zur Beurteilung von Meßdaten. Bibliograph. Institut, Mannheim, 1972.
KENDALL, M.G., STUART, A.: The Advanced Theory of Statistics. Vol. 1, 2, 3. Griffin, London, 1969 (1), 1973 (2), 1968 (3).
KOHONEN, T.: Self-organized formation of topologically correct feature maps. Biol. Cybernetics **43**, pp. 59-69, 1982.
KOLMOGOROFF, A.N.: Sulla determinazione di una legge di distribuzione. Giornale Istituto Italiano Attuari **4**, pp. 83-91, 1933.
LANCE, G.H.., WILLIAMS, W.T.: A genereal theory of classifivatory sortimng strategies. II. Clustering systems. Comp. J. **10**, pp. 271-277, 1966.
LANDSBERG, H.E. et al.: Surface Signs of the Biennial atmospheric Pulse. Month. Weather Rev. **91**, pp. 549-556, 1963.
LANDSBERG, H.E., TAYLOR, R.E.: Spectral Analysis of Long Meteorological Series. J. Interdiscipl. Cycle Res. **7**, pp. 237-243, 1976.
LOMNITZ, G.: Global Tectonics and Earthquake Risk. Elsevier, Amsterdam 1974.
LORENZ, E.N.: Empirical Orthogonal Functions and Statistical Weather Prediction. Sci. Rep. No. 1, Statist. Forecasting Project, Dept. of Meteorol., MIT, Cambridge (USA), 1956.
MARPLE, L.: A New Autoregressive Spectrum Analysis Algorithm. IEEE TRANS. Acous. Speech. Signal Proc. **28**, pp. 441-454, 1980.
MCCULLOCH, W.S., PITTS, W.: A logical calculus of the ideas immanent in nervous activity. Bull. Math. Biophysics **5**, pp. 115-133, 1943.
MENDEL, H.-G.: Verteilungsfunktionen in der Hydrologie. Internat. Komm. für die Hydrologie des Rheingebietes (Comm. Internat. de l'Hydrologie du Rhin), Lelystad (NL), 1993.
MESSERLI, P.: Beitrag zur statistischen Analyse klimatologischer Zeitreihen. Geopgraph. Inst. Univ. Bern, 1979.
MITCHELL, J.M., et al.: Climatic Change. World Meteorol. Org. (WMO) Publ. No. 195 (Tech. Note No. 79), Geneva, 1966.
OLBERG, M.: Zur statistischen Beurteilung von Analyseergebnissen geophysikalisch-meteorologischer Beobachtungsreihen. Gerlands Beitr. Geophys. **91**, S. 281-290.
ORLANSKI, J.: Rational Subdivision of Scales for Atmospheric Processes. Bull Amer. Meteorol. Soc. **56**, pp.527-534, 1975.
PFEIFER, D.: Einführung in die Extremwertstatistik. Teubner, Stuttgart, 1989.
POLYA, G.: Mathematik und plausibles Schließen. Birkhäuser, Basel, 1963.
PREISENDORFER, R.W., MOBLEY, C.D.: Principal Component Analysis in Meteorology and Oceanography. Elsevier, Amsterdam, 1988.
RADOSKI, H.R.: A Comparison of Power Spectral Estimates and Applications of the Maximum Entropy Method. J. Geophys.Res. **80**, pp. 619-625, 1975.
RAPP, J.: Pers. Mitt., Frankfurt a.M., 1999.
RAPP, J.: Konzeption, Problematik und Ergebnisse klimatologischer Trendanalysen für Europe und Deutschland. Dissertation, Inst. Meteorol. Geophys. Univ. Frankfurt a.M., 2000.

RAPP, J., SCHÖNWIESE, C.-D.: Atlas der Niederschlöags- und Temperaturtrends in Deutschland 1891-1990. Frankfurter Geowiss. Arb., Serie B, Band 5, Frankfurt a.M., ^{2}1996.
RITTER, H., MARTINETZ, T., SCHULTEN, K: Neuronale Netze. Einme Einführung in die Neuroinformatik selbstorganisierender Netzwerke. Addison- Wesley, Bonn, 1994.
SCHMITZ, N., LEHMANN, F.: Monte-Carlo-Methoden I. Hain, Meisenheim, 1976.
SCHÖNWIESE, C.-D.: Schwankungsklimatologie im Frequenz - und Zeitbereich. Wiss. Mitt. Meteorol. Inst. Univ. München Nr. 24, 1974.
SCHÖNWIESE, C.-D.: Bemerkungen zu numerischen Bandpaßfilterung von Zeitreihen unter besonderer Berücksichtigung meteorologischer Daten. Arch. Meteorol. Geophys. Bioklimat., Ser. A., **24**, S. 311-320, 1975.
SCHÖNWIESE, C.-D.: Moving spectral variance and coherence analysis and some applications on long air temperature series. J. Clim. Appl. Meteorol. **26**, pp. 1723-1730, 1987.
SCHÖNWIESE, C.-D.: Klimatologie. Ulmer (UTB), Stuttgart, ^{2}2003.
SCHÖNWIESE, C.-D.: Klimaänderungen. Daten, Analysen, Prognosen. Springer, Berlin 1995.
SCHÖNWIESE, C.-D., MALCHER, J., HARTMANN, C.: Globale Statistik langer temperatur- und Niederschlagsreihen. Bericht Nr. 65 Inst. Meteorol. Geophys. Univ. Frankfurt a.M., ^{2}1990.
SCHÖNWIESE, C.-D., RAPP, J.: Climate Trend Atlas of Europe Based on Observations 1891-1990. Kluwer Ac. Publ., Dordrecht, 1997.
SCHÖNWIESE, C.-D., STAEGER, T., TRÖMEL, S.: The hot summer 2003 in Germany. Some preliminary results of a statistical time series analysis. Meteorol. Z. **13**, 323-327, 2004.
SCULTETUS, H.R. : Arbeitsweisen Klimatologie. Westermann, Braunschweig, 1969.
SEVRUK, B., GEIGER, H.: Selection of Distribution Types for Extremes of Precipitation. Word Meteorol. Org. (WMO) Publ. No. 560, Geneva, 1981.
SOBOL, I.M.: Die Monte-Carlo-Methode. Deut. Verlag d. Wissenschaften, Berlin, 1991.
SPEARMAN, C.: The Method of "Right and Wrong Cases" (Constant Stimuli) Without Gauss´ Formulae. Brit. J. Psychol. **2**, pp. 227-242, 1908.
STEINHAUSEN, D., LANGER, K.: Clusteranalyse. Einführung in Methoden und Verfahren der automatischen Klassifikation (mit Algorithmen und FORTRAN-Programmen). De Gruyter, Berlin, 1977.
THURSTONE, L.L.: Multiple Factor Analysis. Univ. of Chicago Press, Chicago, 1947.
TRÖMEL, S.: Statistische Modellierung von Klimazeitreihen. Bericht Nr. 2, Inst. Atmosph. Umwelt Univ. Frankfurt/m., 2005; siehe auch TRÖMEL, S., SCHÖNWIESE, C.-D.: A generalized method of time series decomposition into significant components including probability assessments of extreme events and application to observational German precipitation data. Meteorol. Z. **14**, 417-427, 2005.
TUKEY, J.W.: The Sampling Theory of Power Spectrum Estimates. Off. Narval Res. Washington, NAVEXOS-P-735, pp. 47 ff, 1949.
ÜBERLA, K.: Faktorenanalyse. Springer, Berlin 1971.
ULRYCH, T.J., BISHOP, T.N.: Maximum Entropy Analysis and Autoregressive Decomposition. Rev. Geophys. Space Phys. **13**, pp.183-200, 1975.
WALK, O.G.: Zur Interpretation von Energie-, Ko- und Quadraturspektren meteorologischer Parameter. Wiss. Mitt. Meteorol. Inst. Univ. München Nr. 20, 1970.

WALTER, A., DENHARD, M., SCHÖNWIESE, C.-D.: Simulation of global and hemispheric temperature variations and signal detection studies using neural networks. Meteorol. Z., N.F., **7**, pp. 171-180, 1998.

WARD, J.H.: Hierarchical grouping to optimize an objective function. J. Amer. Statist. Assoc. **58**, pp. 236-244, 1963.

WEINGÄRTNER, H.: Korrelation und Information. Meteorol. Rdsch. **28**, S. 1-8, 1985.

WESTPHAL, W.H.: Physikalisches Praktikum. Vieweg, Braunschweig, 1961.

WERNER, A.: Die Nord-Atlantik-Oszillation und ihre Auswirkungen auf Europa. Diplomarbeit, Inst. Meteorol. Geophys. Univ. Frankfurt a.M., 1999.

WIDROW, M., HOFF, M.E.: Adaptive Switching Circuits. IRE WESCON Convention Record, New York, pp. 96-104, 1960.

D. Rechenprogramme

Vorbemerkung: Im Handel wird eine Vielzahl von Statistik-Software für verschiedene Betriebssysteme angeboten, die i.a. die grundlegenden Methoden abdeckt. An den Hochschulrechenzentren werden zudem auch aufwendigere Programm-Pakete (z.B. SPSS, vgl. unten) bereitgehalten. Alles das befindet sich in rascher Weiterentwicklung. Im folgenden sollen daher nur einige wenige Hinweise auf Statistik-Rechenprogramme gegeben werden, die über den Buchhandel erhältlich sind, i.a. mit begleitendem Handbuch bzw. ausführlichen Erläuterungen.

BRANDT, S.: Datenanalyse. Mit statistischen Methoden und Computerprogrammen (2. Band mit Übungsbeispielen und Programmdiskette). Bibliograph. Inst. & F.A. Brockhaus, Mannheim, ^{3}1992 (4. Aufl. mit CD-ROM in Vorbereitung).

PRESS, W.H., TEUKOLSKY, S.A., VETTERLING, W.T., FLANNERY, B.P.: Numerical Recipies in Fortran 90 (also available in Fortran 77, including IBM 3.5 inch Diskette); separately available CD-ROM with IBM PC or Macintosh Single Screen Lecense (also available with UNIX Single Screen License). Univ. Press, Cambridge, 1996.

RICE, R.C.: Numerical Methods, Software and Analysis. McGraw-Hill, New York, 1983.

SAS: SAS/STAT User's Guide. Version 6, Vol 1. SAS Institute Inc., Cary (USA), ^{4}1990.

SPSS: SPSS for Windows Manual. SPSS Inc., Chicago, 1999.

StatSoft: Statistica. Vol. I-III, StatSoft Technical Support, Tulsa, 1994.

(Vgl. auch Liste C., STEINHAUSEN und LANGER, 1977; außerdem VOß, W.: Statistische Methoden und PC-Einsatz. Leske (UTB), Opladen, 1988.)

Symbolliste

a, b, ...	Variable, Größe (skalar); Kennzeichen; u.ä.
a, b, ...	Variable, Größe, vektoriell
a_i, b_i	Daten, Datenwerte (indiziert, i = Laufindex)
a_{ij}	Datenmatrix
$a_i', b_i',...$	Abweichungen vom betreffenden (i.a. arithmetischen) Mittelwert
a_i^*, b_i^*	standardisierte (ggf. Auch normierte, transformierte) Daten
$\overline{a}, \overline{b}$ ...	arithmetischer Mittelwert (der Variablen a, b, ...)
<u>a</u>, <u>b</u>, ...	komplementäre Variable (Werte u.ä.)
ã, ...	äquivalente Variable (Werte u.ä.); gefilterte Daten
â, ...	Schätzgröße, Schätzwert u.ä.
$\overline{a}_G$	geometrischer Mittelwert
$\overline{a}_H$	harmonischer Mittelwert
a_K	klassenorientierter Mittelwert
$\overline{a}_Q$	quadratischer Mittelwert
$\overline{a}_W$	gewichteter arithmetischer Mittelwert
A, B, ...	Merkmal/e; bestimmte Ereignisse; Regressionskoeffizienten Repräsentanzintervall; bestimmte Ausprägungen; Hilfsgröße/n
A (h)	Amplitudenspektrum
$A_j, B_j, ...$	bestimmte Merkmale (j = Laufindex)
A_1	Alternativhypothese; erstes Merkmal
A_2	zweite Alternativhypothese (bei zweiseitigen Tests); zweites Merkmal
A(h)	Amplitudenspektrum
arc	Arcusfunktion
ASA	Autokorrelationsspektralanalyse
AV	unimodale Verteilung (empirisch)
α	Irrtumswahrscheinlichkeit; Wertgrenze; "meteorologischer Winkel"
b	Variationsbreite; Basis eines Logarithmus (s. auch unter a)
B	Bestimmtheitsmaß; Anzahl der Bindungen; Hinweis auf Bandpaßfilterung
B (p,q)	Betafunktion
BeV	Betaverteilung
BPN	Backpropagation-Netzwerk
BV	Binomialverteilung
β	Fehler 2. Art; Wertgrenze; "allgemeiner Winkel"; Vertrauensgrenze bei Kohärenzspektren
c	Konstante; Hilfsgröße
C	Hilfsgröße
$C_1, C_2, ...$	Cluster
CL	confidence level (Vertrauensgrenze)

Symbolliste

Co (h)	Kospektrum
const.	Konstanter Zahlenwert
cos	Cosinusfunktion
Cr (h)	Kohärenz
ctg	Cotangensfunktion
$\chi^2 V$	χ^2-Verteilung
d	durchschnittliche Abweichung; Differentiationssymbol
d_i	Differenzzahlen
D	feste Differenzzahl; Zahl der Dimensionen; Distanz; Filterfunktion
DA	Dezilabstand; mehrdimensionale durchschnittliche Abweichung
De	Dezil
δ	Differenzwert; relativer Fehler des Bestwertes
∂	partielles Differentiationssymbol
Δ	Intervallsymbol (für Daten, Zeit u.ä.); absoluter Fehler des Bestwertes
e	Zahl e ($\approx$ 2.71828183...)
$e_1, e_2, ...$	Elemente bei der Clusteranalyse
E	Ereignis (auch Anzahl); zusammengesetztes Ergebnis; Erwartungswert
ED	Euklidische Distanz
EOF	empirisch orthogonale Funktion
EV	Exponentialverteilung
Ex	Exzeß (i.a. betr. Momentkoeffizient)
exp	identisch e (insbesondere Exponentialfunktion exp(a))
ε	beliebig kleine Zahl; mengentheoretisch "aus" (z.B. einer Menge)
η	Exzeß (einer Grundgesamtheit)
f	Funktionssymbol; Frequenz; Fehler (einer Messung)
f(x), f(a)	Wahrscheinlichkeitsdichtefunktion
f'(x)	entsprechende differenzierte Funktion
F(x), F(g)	Verteilungsfunktion; Stammfunktion
FV	F-(Fisher-) Verteilung (F = Parameter der FV)
g	"Merkmalsgrenzwert", Klassenobergrenze
g, g_i	Eigenvektor/en
G	pysikalische Größe.; quadratische Gesamtsumme (varianzanal.)
g(f)	spektrale Dichte
GG	Grundgesamtheit; Population
GuV	Gumbel-Verteilung
GV	Gleichverteilung
γ	Schiefe (einer Grundgesamtheit)
Γ	Gammafunktion
ΓV	Gamma-Verteilung
h	Laufindex; hyperbolische trigonometrische Funktion (z.B. tan h)
H	Häufigkeit; Hilfsgröße für H-Test; Informationsentropie; Hinweis auf Hochpaßfilterung

H_r	relative Häufigkeit
H_o	Nullhypothese
HGV	hypergeometrische Verteilung
HV	Häufigkeitsverteilung
i	Laufindex; imaginäre Einheit
I	Iteration (Nr.); quadratische Innerhalbgruppensumme; Transinformation
I	Einheitsmatrix
j	Laufindex
JV	J-Verteilung (empirisch)
k	Laufindex
K	Klassenzahl; Konstante; als Index: klassenorientiert
K	Korrelations- bzw. Kovarianzmatrix
K$_r$	Korrelationsmatrix
K$_s$	Kovarianzmatrix
K_{St}	Klassenzahl nach der Schätzformel von Sturges
KH	kumlative Häufigkeit (Summenhäufigkeit)
KHV	kumulative Häufigkeitsverteilung
KL	Klasse
KM	Klassenmitte
KNV	Kreisnormalverteilung
KO	Klassenobergrenze
KOH	Kohonennetzwerk
Kom	Kombination (ggf. mit näher bezeichneten Index)
l	Laufindex; Neuronenimpuls
L	Intervall-Länge (i.a. zeitlich); Hinweis auf Tiefpaßfilterung
lg	dekatischer Logarithmus
lim	Grenzwert
ln	natürlicher Logarithmus (Basis; Zahl e)
LNV	logarithmische Normalverteilung
log	Logarithmus (beliebige Basis, meist angegeben, z.B. $^{10}\log$ = lg)
λ	geographische Länge; Parameter der Poisson-Verteilung; Eigenwert
λ_i	Eigenwerte
m	Kollektiv-Umfang (meist Teil einer Stichprobe); Moment
M	mehrdimensionales Moment; maximale (zeitliche) Verschiebung
M	Datenmatrix
Max (...)	Maximum (der in Klammern angegebenen Größen)
MBV	Multinomialverteilung
ME	Maßeinheit (allgemein)
Med	Median
MedZ	Medianzentrum (mehrdimensionaler Median)
MESA	Maximum-Entropie-Spektralanalyse
Min (...)	Minimum (der in Klammern angegebenen Größen)
Mod	Modus

Symbolliste

ModZ	Modalzentrum (mehrdimensionaler Modus)
Mu	Mutungsbereich
MR, MRM	multiple Regression, multiples Regressionsmodell
MV	Multimodale Verteilung (empirisch)
MZ	arithmetisches Mittelzentrum (mehrdimensionaler Mittelwert)
μ	Mittelwert (einer Grundgesamtheit)
μ_+	Median (einer Grundgesamtheit)
$\mu_\wedge$	Modus (einer Grungesamtheit)
n	Stichproben-Umfang (i.a. gesamter)
N	Kollektiv-Umfang (allgemein)
NN	neuronales Netz; Normalnull (als Höhenbezug)
NNM	neuronales Netzmodell
n_i	Normalzahlen
NBV	negative Binomialverteilung
NV	Normalverteilung
ν	Kollektiv-Umfang (einer Grundgesamtheit)
o	Kollektiv-Umfang (Teil einer Stichprobe, insbesondere bei Matrix)
ω	Kreisfrequenz; Winkel zwischen Regressionsgeraden
Ω	Gesamtzahl möglicher Ereignisse (Mengen-Umfang)
p, p(E)	Wahrscheinlichkeit (Ereigniswahrscheinlichkeit)
p_i	Prozentualzahlen; Einzelwahrscheinlichkeiten
P	Periode (auch Teilperiode, insbes. bei harmonischer Analyse); Parameter
$\hat{P}$	Prüfgröße (allgemein)
PA	Perzentilabstand
Pe	Persistenzintervall
Per	Permutation
PH	prozentuale Häufigkeit
PHV	prozentuale Häufigkeitsverteilung
PKH	prozentuale kumulative Häufigkeit
PKHV	prozentuale kumulative Häufigkeitsverteilung
Pot	Potential
PoV	Pólya-Verteilung
Pt	Pentil
PV	Poisson-Verteilung
φ	geographische Breite
ϕ	Zahl der Freiheitsgrade
ϕ_r	reduzierte Zahl der Freiheitsgrade
π	Zahl π ($\approx 3.14159265...$)
Π	Produktsymbol
q	komplementäre Wahrscheinlichkeit (1-p, insbesondere bei BV)
QA	Quartilabstand
Qu	Quartil

Qu(h)	Quadraturspektrum
r	Korrelationskoeffizient (von Stichproben), Polarkoordinate (Distanz)
$\dot{r}$	transformierter Korrelationskoeffizient (nach FISHER)
r_A	Autokorrelationskoeffizient
r_C	Kreuzkorrelationskoeffizient
r_R	Rangkorrelationskoeffizient
r_V	Vierfelder-Korrelationskoeffizient
r_1	Autokorrelationskoeffizient bei Zeitverschiebung $\tau = 1$
R	Rangplatz; quadratische Restsumme (varianzanal.); Hilfsgröße bei Rangtests; Kennzeichnung für rotes Varianzsepktrum
RaV	Rayleigh-Verteilung
R(f)	charakteristische Filterfunktion (filter response)
RH	relative Häufigkeit
RHV	relative Häufigkeitsverteilung
RKH	relative kumulative Häufigkeit
RKHV	relative kumulative Häufigkeitsverteilung
r(mult)	multipler Korrelationskoeffizient (Schreibweise r_{a*bc} ...)
r(part)	partieller Korrelationskoeffizient (Schreibweise r_{ab*c} ...)
RV	Recheckverteilung
RWV	reduzierte Weibull-Verteilung
ρ	Korrelationskoeffizient von Grundgesamtheiten; Polarkoordinate, Winkel
s	Standardabweichung (einer Stichprobe)
s^2	Varianz (einer Stichprobe)
s_A	Autokovarianz
s_{ab}	Kovarianz (der variablen a und b)
$s_{a*b\ ...}$	Restvarianz
s_C	Kreuzkovarianz
s_K	klassenorientierte Standardabweichung
s_K^2	klassenorientierte Varianz
SD	Standarddistanz
Sf	Schiefe (i.a. betr. Momentkoeffizient)
SF	mehrdimensionale Schiefe
Si	Signifikanz
sin	Sinusfunktion
SL	Strichliste (für Häufigkeitsverteilung)
Sp	spektraler Schätzwert (bei sepktraler Varianzanalyse)
SP	Stichprobe
st	Stationaritätsmaß
σ	Standardabweichung (einer Grundgesamtheit)
σ^2	Varianz (einer Grundgesamtheit)
Σ	Additionssymbol
t	Zeitkoordinate; Parameter der tV
T	Periode; mit Indizes auch Hilfsgröße bei Rangkorrelation

tan   Tangensfunktion
TG   Gaußsche Tiefpaßfilterung (meist als Index oder Argument)
TS   Trennschärfe
tV   t-(Student-) Verteilung
TV   theoretische Verteilung (allgemein)
τ zeitliche Verschiebung
θ unbekannter Parameter
$\theta(h)$ Phasenspektrum
U   Hilfsgröße für U-Test
ÜM   übergreifende Mittelung (meist als Index oder Agument)
UV   U-Verteilung (emprisch oder theoretisch)
v   Variationsbreite
v_i Verhältniszahlen
V   Zahl der Interationen; Zahl der Variationsmöglichkeiten
Var   Variation (z.B. bei Schätzfunktionen; entsprechende Varianz)
VB   Vertrauensbereich
w_i Gewichte
W   Kennzeichnung für weißes Varianzspektrum
W_i Gewichtssummen (i.a. kumulativ)
WV   Weibull-Verteilung
x   Horizontalkoordinate (kartesisch); unabhängige Variable
y   Horizontalkoordinate (kartesisch); abhängige Variable
z   Zahlenwert; Vertilalkoordinate (kartesisch); Variable; Parameter der zV
Z   quadratische Zwischensumme (varianzanalytisch); Zyklus
Z_j Zyklen (z.B. interne, subskalige)
Ze   Zentil
zm   zentrales Moment
ZM   mehrdimensionales zentrales Moment
zV   standardisierte Normalverteilung (Z-Verteilung)
$+,-$ Addition, Subtraktion
.   Dezimalpunkt (an Stelle des Kommas)
*   Produktsymbol (soweit zum Verständnis erforderlich)
/   Divisionssymbol
∞ unendlich große Zahl
$|z|$ Betrag der Zahl z (positiver Wert)
$\cup$ Vereinigungssymbol (bei Teilmengen)
$\cap$ Durchschnittssymbol (bei Teilmengen)

(Weitere Zusatzsymbole siehe bei Buchstabe a. Die griechischen Symbole sind in Anlehnung an das deutsche Alphabet eingeordnet.)

Tabellenanhang

A.1a: Funktionswerte der Standardnormalverteilung (zV)

z	+.00	.01	.02	.03	.04	.05	.06	.07	.08	.09
0.0	.39894	.39892	.39886	.39876	.3986	.3984	.3982	.3980	.3977	.3973
0.1	.3970	.3965	.3961	.3956	.3951	.3945	.3939	.3932	.3925	.3918
0.2	.3910	.3902	.3894	.3885	.3876	.3867	.3857	.3847	.3836	.3825
0.3	.3814	.3802	.3790	.3778	.3765	.3752	.3739	.3725	.3712	.3697
0.4	.3683	.3668	.3653	.3637	.3621	.3605	.3589	.3572	.3555	.3538
0.5	.3521	.3503	.3485	.3467	.3448	.3429	.3410	.3391	.3372	.3352
0.6	.3332	.3312	.3292	.3271	.3251	.3230	.3209	.3187	.3166	.3144
0.7	.3123	.3101	.3079	.3056	.3034	.3011	.2989	.2966	.2943	.2920
0.8	.2897	.2874	.2850	.2827	.2803	.2780	.2756	.2732	.2709	.2685
0.9	.2661	.2637	.2613	.2589	.2565	.2541	.2516	.2492	.2468	.2444
1.0	.2420	.2396	.2371	.2347	.2323	.2299	.2275	.2251	.2227	.2203
1.1	.2179	.2155	.2131	.2107	.2083	.2059	.2036	.2012	.1989	.1965
1.2	.1942	.1919	.1895	.1872	.1849	.1826	.1804	.1781	.1758	.1736
1.3	.1714	.1691	.1669	.1647	.1626	.1604	.1582	.1561	.1539	.1518
1.4	.1497	.1476	.1456	.1435	.1415	.1394	.1374	.1354	.1334	.1315
1.5	.1295	.1276	.1257	.1238	.1219	.1200	.1182	.1163	.1145	.1127
1.6	.1109	.1092	.1074	.1057	.1040	.1023	.1006	.0989	.0973	.0957
1.7	.0940	.0925	.0909	.0893	.0878	.0863	.0848	.0833	.0818	.0804
1.8	.0790	.0775	.0761	.0748	.0734	.0721	.0707	.0694	.0681	.0669
1.9	.0656	.0644	.0632	.0620	.0608	.0596	.0584	.0573	.0562	.0551
2.0	.0540	.0529	.0519	.0508	.0498	.0488	.0478	.0468	.0459	.0449
2.1	.0440	.0431	.0422	.0413	.0404	.0396	.0387	.0379	.0371	.0363
2.2	.0355	.0347	.0339	.0332	.0325	.0317	.0310	.0303	.0297	.0290
2.3	.0283	.0277	.0270	.0264	.0258	.0252	.0246	.0241	.0235	.0229
2.4	.0224	.0219	.0213	.0208	.0203	.0198	.0194	.0189	.0184	.0180
2.5	.0175	.0171	.0167	.0163	.0158	.0154	.0151	.0147	.0143	.0139
2.6	.0136	.0132	.0129	.0126	.0122	.0119	.0116	.0113	.0110	.0107
2.7	.0104	.0101	.0099	.0096	.0093	.0091	.0088	.0086	.0084	.0081
2.8	.0079	.0077	.0075	.0073	.0071	.0069	.0067	.0065	.0063	.0061
2.9	.0060	.0058	.0056	.0055	.0053	.0051	.0050	.0048	.0047	.0046
3.0	.0044	.0043	.0042	.0040	.0039	.0038	.0037	.0036	.0035	.0034
3.1	.0033	.0032	.0031	.0030	.0029	.0028	.0027	.0026	.0025	.0025
3.2	.0024	.0023	.0022	.0022	.0021	.0020	.0020	.0019	.0018	.0018
3.3	.0017	.0017	.0016	.0016	.0015	.0015	.0014	.0014	.0013	.0013
3.4	.0012	.0012	.0012	.0011	.0011	.0010	.0010	.0010	.0009	.0009
3.5	.0009	.0008	.0008	.0008	.0008	.0007	.0007	.0007	.0007	.0006
3.6	.0006	.0006	.0006	.0005	.0005	.0005	.0005	.0005	.0005	.0004
3.7	.0004	.0004	.0004	.0004	.0004	.0004	.0003	.0003	.0003	.0003
3.8	.0003	.0003	.0003	.0003	.0003	.0002	.0002	.0002	.0002	.0002
3.9	.0002	.0002	.0002	.0002	.0002	.0002	.0002	.0002	.0001	.0001
4.0	.00013									
5.0	.0000015									

Beispiel: z = 1.87 (oder - 1.87) → f(z) = 0.0694.

A.1b: Quantile (Verteilungsfunktion) der Standardnormalverteilung (zV) im Intervall 0 ↔ z (zentral-einseitige Tabellierung)

z	+.00	.01	.02	.03	.04	.05	.06	.07	.08	.09
0.0	.0000	.0040	.0080	.0120	.0160	.0199	.0239	.0279	.0319	.0359
0.1	.0398	.0438	.0478	.0517	.0557	.0596	.0636	.0675	.0714	.0754
0.2	.0793	.0832	.0871	.0910	.0948	.0987	.1026	.1064	.1103	.1141
0.3	.1179	.1217	.1255	.1293	.1331	.1368	.1406	.1443	.1480	.1517
0.4	.1554	.1591	.1628	.1664	.1700	.1736	.1772	.1808	.1844	.1879
0.5	.1915	.1950	.1985	.2019	.2054	.2088	.2123	.2157	.2190	.2224
0.6	.2258	.2291	.2324	.2357	.2389	.2422	.2454	.2486	.2518	.2549
0.7	.2580	.2612	.2642	.2673	.2704	.2734	.2764	.2794	.2823	.2852
0.8	.2881	.2910	.2939	.2967	.2996	.3023	.3051	.3078	.3106	.3133
0.9	.3159	.3186	.3212	.3238	.3264	.3289	.3315	.3340	.3365	.3389
1.0	.3413	.3438	.3461	.3485	.3508	.3531	.3554	.3577	.3599	.3621
1.1	.3643	.3665	.3686	.3708	.3729	.3749	.3770	.3790	.3810	.3830
1.2	.3849	.3869	.3888	.3907	.3925	.3944	.3962	.3980	.3997	.4015
1.3	.4032	.4049	.4066	.4082	.4099	.4115	.4131	.4147	.4162	.4177
1.4	.4192	.4207	.4222	.4236	.4251	.4265	.4279	.4292	.4306	.4319
1.5	.4332	.4345	.4357	.4370	.4382	.4394	.4406	.4418	.4429	.4441
1.6	.4452	.4463	.4474	.4484	.4495	.4505	.4515	.4525	.4535	.4545
1.7	.4554	.4564	.4573	.4582	.4591	.4599	.4608	.4616	.4625	.4633
1.8	.4641	.4649	.4656	.4664	.4671	.4678	.4686	.4693	.4699	.4706
1.9	.4713	.4719	.4726	.4732	.4738	.4744	.4750	.4756	.4761	.4767
2.0	.4772	.4778	.4783	.4788	.4793	.4798	.4803	.4808	.4812	.4817
2.1	.4821	.4826	.4830	.4834	.4838	.4842	.4846	.4850	.4854	.4857
2.2	.4861	.4864	.4868	.4871	.4875	.4878	.4881	.4884	.4887	.4890
2.3	.4893	.4896	.4898	.4901	.4904	.4906	.4909	.4911	.4913	.4916
2.4	.4918	.4920	.4922	.4925	.4927	.4929	.4931	.4932	.4934	.4936
2.5	.4938	.4940	.4941	.4943	.4945	.4946	.4948	.4949	.4951	.4952
2.6	.4953	.4955	.4956	.4957	.4959	.4960	.4961	.4962	.4963	.4964
2.7	.4965	.4966	.4967	.4968	.4969	.4970	.4971	.4972	.4973	.4974
2.8	.4974	.4975	.4976	.4977	.4977	.4978	.4979	.4979	.4980	.4981
2.9	.4981	.4982	.4982	.4983	.4984	.4984	.4985	.4985	.4986	.4986
3.0	.4987	.4987	.4987	.4988	.4988	.4989	.4989	.4989	.4990	.4990
3.1	.4990	.4991	.4991	.4991	.4992	.4992	.4992	.4992	.4993	.4993
3.2	.4993	.4993	.4994	.4994	.4994	.4994	.4994	.4995	.4995	.4995
3.3	.4995	.4995	.4995	.4996	.4996	.4996	.4996	.4996	.4996	.4997
3.4	.4997	.4997	.4997	.4997	.4997	.4997	.4997	.4997	.4997	.4998
3.5	.499977									
3.6	.499984									
3.7	.499989									
3.8	.499993									
3.9	.499995									
4.0	.499997									
5.0	.500000									

A.1c: Quantilwerte $z(\alpha)$ für ein- und zweiseitigen Test

Si	α	z, einseitig	z, zweiseitig
80 %	0.2	0.842	1.282
90 %	0.1	1.282	1.645
95 %	0.05	1.645	1.960
99 %	0.01	2.326	2.576
99.9 %	0.001	3.090	3.291
99.99 %	0.0001	3.72	3.90

Hinweis: Diese Quantilwerte findet man auch durch Addition von 0.5 in Tabelle A.1b, was die Si-Werte ergibt.

A.2: Gammafunktion $\Gamma(x)$ für $1 \leq x \leq 2$

x	+.00	.01	.02	.03	.04	.05	.06	.07	.08	.09
1.0	1.0000	.9943	.9888	.9835	.9784	.9735	.9687	.9642	.9597	.9555
1.1	.9514	.9474	.9436	.9399	.9364	.9330	.9298	.9267	.9237	.9209
1.2	.9182	.9156	.9131	.9108	.9085	.9064	.9044	.9025	.9007	.8990
1.3	.8975	.8960	.8946	.8934	.8922	.8912	.8902	.8893	.8885	.8879
1.4	.8873	.8868	.8864	.8860	.8858	.8857	.8856	.8856	.8857	.8859
1.5	.8862	.8866	.8870	.8876	.8882	.8889	.8896	.8905	.8914	.8924
1.6	.8935	.8947	.8959	.8972	.8986	.9001	.9017	.9033	.9050	.9068
1.7	.9086	.9106	.9126	.9147	.9168	.9191	.9214	.9238	.9262	.9288
1.8	.9314	.9341	.9368	.9397	.9426	.9456	.9487	.9518	.9551	.9584
1.9	.9618	.9652	.9688	.9724	.9761	.9799	.9837	.9877	.9917	.9958
2.0	1.0000									

Anmerkung: Werte außerhalb dieses Bereiches liefert die Relation $\Gamma(x+1) = x \Gamma(x)$.

Beispiel: $\Gamma(4.23) = 3.23 \cdot \Gamma(3.23) = 3.23 \cdot 2.23 \cdot \Gamma(2.23) = 3.23 \cdot 2.23 \cdot 1.23 \cdot \Gamma(1.23) =$
$= 3.23 \cdot 2.23 \cdot 1.23 \cdot 0.9108 \approx 8.0693$.

A.3: Quantile (Verteilungsfunktion) der Student-Verteilung (tV) im Intervall $-\infty \leftarrow \rightarrow t$ (für einseitigen Test)

Si →	75%	90%	95%	97.5%	99%	99.5%	99.9%	99.95%
α →	0.25	0.10	0.05	0.025	0.01	0.005	0.001	0.0005
1	1.000	3.078	6.314	12.706	31.821	63.657	318.309	636.619
2	0.816	1.886	2.920	4.303	6.965	9.925	22.327	31.598
3	0.765	1.638	2.353	3.182	4.541	5.841	10.214	12.924
4	0.741	1.533	2.132	2.776	3.747	4.604	7.173	8.610
5	0.727	1.476	2.015	2.571	3.365	4.032	5.893	6.869
6	0.718	1.440	1.943	2.447	3.143	3.707	5.208	5.959
7	0.711	1.415	1.895	2.365	2.998	3.499	4.785	5.408
8	0.706	1.397	1.860	2.306	2.896	3.355	4.501	5.041
9	0.703	1.383	1.833	2,262	2.821	3.250	4.297	4.781
10	0.700	1.372	1.812	2.228	2.764	3.169	4.144	4.587
11	0.697	1.363	1.796	2.201	2.718	3.106	4.025	4.437
12	0.695	1.356	1.782	2.179	2.681	3.055	3.930	4.318
13	0.694	1.350	1.771	2.160	2.650	3.012	3.852	4.221
14	0.692	1.345	1.761	2.145	2.624	2.977	3.787	4.140
15	0.691	1.341	1.753	2.131	2.602	2.947	3.733	4.073
16	0.690	1.337	1.746	2.120	2.583	2.921	3.686	4.015
17	0.689	1.333	1.740	2.110	2.567	2.898	3.646	3.965
18	0.688	1.330	1.734	2.101	2.552	2.878	3.610	3.922
19	0.688	1.328	1.729	2.093	2.539	2.861	3.579	3.883
20	0.687	1.325	1.725	2.086	2.528	2.845	3.552	3.850
21	0.686	1.323	1.721	2.080	2.518	2.831	3.527	3.819
22	0.686	1.321	1.717	2.074	2.508	2.819	3.505	3.792
23	0.685	1.319	1.714	2.069	2.500	2.807	3.485	3.767
24	0.685	1.318	1.711	2.064	2.492	2.797	3.467	3.745
25	0.684	1.316	1.708	2.060	2.485	2.787	3.450	3.725
26	0.684	1.315	1.706	2.056	2.479	2.779	3.435	3.707
27	0.684	1.314	1.703	2.052	2.473	2.771	3.421	3.690
28	0.683	1.313	1.701	2.048	2.467	2.763	3.408	3.674
29	0.683	1.311	1.699	2.045	2.462	2.756	3.396	3.659
30	0.683	1.310	1.697	2.042	2.457	2.750	3.385	3.646
35	0.682	1.306	1.690	2.030	2.438	2.724	3.340	3.591
40	0.681	1.303	1.684	2.021	2.423	2.704	3.307	3.551
45	0.680	1.301	1.679	2.014	2.412	2.690	3.281	3.520
50	0.679	1.299	1.676	2.009	2.403	2.678	3.261	3.496
60	0.679	1.296	1.671	2.000	2.390	2.660	3.232	3.460
70	0.678	1.294	1.667	1.994	2.381	2.648	3.211	3.435
80	0.678	1.292	1.664	1.990	2.374	2.639	3.195	3.416
90	0.677	1.291	1.662	1.987	2.368	2.632	3.183	3.402
100	0.677	1.290	1.660	1.984	2.364	2.626	3.174	3.390
150	0.676	1.287	1.655	1.976	2.351	2.609	3.145	3.357
200	0.676	1.286	1.653	1.972	2.345	2.601	3.131	3.340
300	0.675	1.284	1.650	1.968	2.339	2.592	3.118	3.323
500	0.675	1.283	1.648	1.965	2.334	2.586	3.107	3.310
1000	0.675	1.282	1.646	1.962	2.330	2.581	3.098	3.300
∞	0.675	1.282	1.645	1.960	2.326	2.576	3.090	3.290

Freiheitsgrade Φ

Anmerkung: Tabelliert sind die t-Werte als Funktion von Si (bzw. α) und Φ (Anhang A.4 - A.6 entsprechend). Bei zweiseitigem Test muß α/2 verwendet werden (z.B. Niveau α = 0.05 (Si = 95%) zweiseitig entspricht α = 0.025 in obiger Tabelle).

A.4: Quantile (Verteilungsfunktion) der χ^2 - Verteilung ($\chi^2 V$)
    im Intervall $0 \leftrightarrow \chi^2$ (für einseitigen Test)

Si →	1%	2.5%	5%	10%	25%	50%	75%	90%	95%	97.5%	99%
α →	0.99	0.975	0.95	0.90	0.75	0.50	0.25	0.10	0.05	0.025	0.01
1	*	**	***	0.016	0.102	0.455	1.32	2.71	3.84	5.02	6.63
2	0.020	0.051	0.103	0.211	0.575	1.39	2.77	4.61	5.99	7.38	9.21
3	0.115	0.216	0.352	0.584	1.21	2.37	4.11	6.25	7.81	9.35	11.35
4	0.297	0.484	0.711	1.06	1.92	3.36	5.39	7.78	9.49	11.14	13.28
5	0.554	0.831	1.15	1.61	2.67	4.35	6.63	9.24	11.07	12.83	15.08
6	0.872	1.24	1.64	2.20	3.45	5.35	7.84	10.64	12.59	14.45	16.81
7	1.24	1.69	2.17	2.83	4.25	6.35	9.04	12.01	14.06	16.01	18.47
8	1.65	2.18	2.73	3.49	5.07	7.34	10.22	13.36	15.51	17.53	20.09
9	2.09	2.70	3.33	4.17	5.90	8.34	11.39	14.68	16.92	19.02	21.67
10	2.56	3.25	3.94	4.87	6.74	9.34	12.55	15.99	18.31	20.48	23.21
11	3.05	3.82	4.57	5.58	7.58	10.34	13.70	17.27	19.67	21.92	24.72
12	3.57	4.40	5.23	6.30	8.44	11.34	14.85	18.55	21.03	23.34	26.22
13	4.11	5.01	5.89	7.04	9.30	12.34	15.98	19.81	22.36	24.74	27.69
14	4.66	5.63	6.57	7.79	10.17	13.34	17.12	21.06	23.68	26.12	29.14
15	5.23	6.26	7.26	8.55	11.04	14.34	18.24	22.31	25.00	27.49	30.58
16	5.81	6.91	7.96	9.31	11.91	15.34	19.37	23.54	26.30	28.85	32.00
17	6.41	7.56	8.67	10.09	12.79	16.34	20.49	24.77	27.59	30.19	33.41
18	7.01	8.23	9.39	10.86	13.68	17.34	21.60	25.99	28.87	31.53	34.81
19	7.63	8.91	10.12	11.65	14.56	18.34	22.72	27.20	30.14	32.85	36.19
20	8.26	9.59	10.85	12.44	15.45	19.34	23.83	28.41	31.41	34.17	37.57
21	8.90	10.28	11.59	13.24	16.34	20.34	24.94	29.62	32.07	35.48	38.93
22	9.54	10.98	12.34	14.04	17.24	21.34	26.04	30.81	33.92	36.78	40.29
23	10.20	11.69	13.09	14.85	18.11	22.34	27.14	32.01	35.17	38.08	41.64
24	10.86	12.40	13.85	15.66	19.04	23.34	28.24	33.20	36.42	39.36	42.98
25	11.52	13.12	14.61	16.47	19.94	24.34	29.34	34.38	37.65	40.65	44.31
26	12.20	13.84	15.38	17.29	20.84	25.34	30.43	35.56	38.89	41.92	45.64
27	12.88	14.58	16.15	18.11	21.75	26.34	31.53	36.74	40.11	43.19	46.96
28	13.56	15.31	16.93	18.94	22.66	27.34	32.62	37.92	41.34	44.46	48.28
29	14.26	16.05	17.71	19.77	23.57	28.34	33.71	39.09	42.56	45.72	49.59
30	14.95	16.79	18.49	20.60	24.48	29.34	34.80	40.26	43.77	46.98	50.89
35	18.51	20.57	22.46	24.80	29.05	34.34	40.22	46.06	49.80	53.20	57.34
40	22.17	24.43	26.51	29.05	33.66	39.34	45.62	51.81	55.76	59.34	63.69
45	25.90	28.37	30.61	33.35	38.29	44.34	50.99	57.51	61.66	65.41	69.96
50	29.71	32.36	34.76	37.69	42.94	49.33	56.33	63.17	67.51	71.42	76.15
60	37.49	40.48	43.19	46.46	52.29	59.33	66.98	74.40	79.08	83.30	88.38
70	45.44	48.76	51.74	55.33	61.70	69.33	77.58	85.53	90.53	95.02	100.42
80	53.54	57.15	60.39	64.28	71.14	79.33	88.13	96.58	101.88	106.63	112.33
90	61.75	65.65	69.13	73.29	80.62	89.33	98.65	107.57	113.15	118.14	124.12
100	70.07	74.22	77.93	82.36	90.13	99.33	109.14	118.50	124.34	129.56	135.81
150	112.67	117.98	122.69	128.27	137.98	149.33	161.29	172.58	179.58	185.80	193.21
200	156.43	162.73	168.28	174.83	186.17	199.33	213.10	226.02	234.00	241.06	249.44
300	245.97	253.91	260.88	269.07	283.13	299.33	316.14	331.79	341.40	349.88	359.90
500	429.39	439.93	449.15	459.92	478.32	499.33	520.95	540.93	553.13	563.85	576.49
1000	898.91	914.26	927.59	943.13	969.48	999.33	1029.8	1057.7	1074.7	1089.5	1107.0

Freiheitsgrade ϕ

*) 0.00016   **) 0.00098   ***) 0.0039 . Vergl. auch Anmerkung zu Anhang A.3.

A.5a: Quantile (Verteilungsfunktion) der Fisher-Verteilung (FV) für Si = 95 % (α = 0.05), Intervall wie A.4 (einseitiger Test)

$\phi_1 \rightarrow$ $\phi_2 \downarrow$	1	2	3	4	5	6	7	8	9	10	15	20	30	40	50	100	200	∞
1	161	200	216	225	230	234	237	239	241	242	246	248	250	251	252	253	254	254
2	18.5	19.0	19.2	19.2	19.3	19.3	19.4	19.4	19.4	19.4	19.4	19.4	19.5	19.5	19.5	19.5	19.5	19.5
3	10.1	9.55	9.28	9.12	9.01	8.94	8.89	8.85	8.81	8.79	8.70	8.66	8.62	8.59	8.58	8.55	8.54	8.53
4	7.71	6.94	6.59	6.39	6.26	6.16	6.09	6.04	6.00	5.96	5.86	5.80	5.75	5.72	5.70	5.66	5.65	5.63
5	6.61	5.79	5.41	5.19	5.05	4.95	4.88	4.82	4.77	4.74	4.62	4.56	4.50	4.46	4.44	4.41	4.39	4.37
6	5.99	5.14	4.76	4.53	4.39	4.28	4.21	4.15	4.10	4.06	3.94	3.87	3.81	3.77	3.75	3.71	3.69	3.67
7	5.59	4.74	4.35	4.12	3.97	3.87	3.79	3.73	3.68	3.64	3.51	3.44	3.38	3.34	3.32	3.27	3.25	3.23
8	5.32	4.46	4.07	3.84	3.69	3.58	3.50	3.44	3.39	3.35	3.22	3.15	3.08	3.04	3.02	2.97	2.95	2.93
9	5.12	4.26	3.86	3.63	3.48	3.37	3.29	3.23	3.18	3.14	3.01	2.94	2.86	2.83	2.80	2.76	2.73	2.71
10	4.96	4.10	3.71	3.48	3.33	3.22	3.14	3.07	3.02	2.98	2.85	2.77	2.70	2.66	2.64	2.59	2.56	2.54
11	4.84	3.98	3.59	3.36	3.20	3.09	3.01	2.95	2.90	2.85	2.72	2.65	2.57	2.53	2.51	2.46	2.43	2.40
12	4.75	3.89	3.49	3.26	3.11	3.00	2.91	2.85	2.80	2.75	2.62	2.54	2.47	2.43	2.40	2.35	2.32	2.30
13	4.67	3.81	3.41	3.18	3.03	2.92	2.83	2.77	2.71	2.67	2.53	2.46	2.38	2.34	2.31	2.26	2.23	2.21
14	4.60	3.74	3.34	3.11	2.96	2.85	2.76	2.70	2.65	2.60	2.46	2.39	2.31	2.27	2.24	2.19	2.16	2.13
15	4.54	3.68	3.29	3.06	2.90	2.79	2.71	2.64	2.59	2.54	2.40	2.33	2.25	2.20	2.18	2.12	2.10	2.07
16	4.49	3.63	3.24	3.01	2.85	2.74	2.66	2.59	2.54	2.49	2.35	2.28	2.19	2.15	2.12	2.07	2.04	2.01
17	4.45	3.59	3.20	2.96	2.81	2.70	2.61	2.55	2.49	2.45	2.31	2.23	2.15	2.10	2.08	2.02	1.99	1.96
18	4.41	3.55	3.16	2.93	2.77	2.66	2.58	2.51	2.46	2.41	2.27	2.19	2.11	2.06	2.04	1.98	1.95	1.92
19	4.38	3.52	3.13	2.90	2.74	2.63	2.54	2.48	2.42	2.38	2.23	2.16	2.07	2.03	2.00	1.94	1.91	1.88
20	4.35	3.49	3.10	2.87	2.71	2.60	2.51	2.45	2.39	2.35	2.20	2.12	2.04	1.99	1.97	1.91	1.88	1.84
22	4.30	3.44	3.05	2.82	2.66	2.55	2.46	2.40	2.34	2.30	2.15	2.07	1.98	1.94	1.91	1.85	1.82	1.78
24	4.26	3.40	3.01	2.78	2.62	2.51	2.42	2.36	2.30	2.25	2.11	2.03	1.94	1.89	1.86	1.80	1.77	1.73
26	4.23	3.37	2.98	2.74	2.59	2.47	2.39	2.32	2.27	2.22	2.07	1.99	1.90	1.85	1.82	1.76	1.73	1.69
28	4.20	3.34	2.95	2.71	2.56	2.45	2.36	2.29	2.24	2.19	2.04	1.96	1.87	1.82	1.79	1.73	1.69	1.65
30	4.17	3.32	2.92	2.69	2.53	2.42	2.33	2.27	2.21	2.16	2.01	1.93	1.84	1.79	1.76	1.70	1.66	1.62
35	4.12	3.29	2.87	2.64	2.48	2.36	2.28	2.22	2.16	2.11	1.96	1.88	1.79	1.74	1.70	1.63	1.60	1.56
40	4.08	3.23	2.84	2.61	2.45	2.34	2.25	2.18	2.12	2.08	1.92	1.84	1.74	1.69	1.66	1.59	1.55	1.51
50	4.03	3.18	2.79	2.56	2.40	2.29	2.20	2.13	2.07	2.03	1.87	1.78	1.69	1.63	1.60	1.52	1.48	1.44
70	3.98	3.13	2.74	2.50	2.35	2.23	2.14	2.07	2.02	1.97	1.81	1.72	1.62	1.57	1.53	1.45	1.40	1.35
100	3.94	3.09	2.70	2.46	2.31	2.19	2.10	2.03	1.97	1.93	1.77	1.68	1.57	1.52	1.48	1.39	1.34	1.28
200	3.89	3.04	2.65	2.42	2.26	2.14	2.06	1.98	1.93	1.88	1.72	1.62	1.52	1.46	1.41	1.32	1.26	1.19
1000	3.85	3.00	2.61	2.38	2.22	2.11	2.02	1.95	1.89	1.84	1.68	1.58	1.47	1.41	1.36	1.26	1.20	1.08
∞	3.84	3.00	2.60	2.37	2.21	2.10	2.01	1.94	1.88	1.83	1.67	1.57	1.46	1.39	1.35	1.24	1.17	1.00

Freiheitsgrade ϕ_2

A.5b: Quantile (Verteilungsfunktion) der Fisher-Verteilung (FV) für Si = 99% ($\alpha = 0.01$), Intervall wie A.4 (einseitiger Test).

$\phi_1 \rightarrow$	1	2	3	4	5	6	7	8	9	10	15	20	30	40	50	100	200	∞
1	4052	4999	5403	5625	5764	5859	5928	5982	6022	6056	6157	6209	6261	6287	6303	6335	6350	6366
2	98.5	99.0	99.2	99.3	99.3	99.3	99.4	99.4	99.4	99.4	99.4	99.4	99.4	99.5	99.5	99.5	99.5	99.5
3	34.1	30.8	29.5	28.7	28.2	27.9	27.7	27.5	27.3	27.2	26.9	26.7	26.5	26.4	26.4	26.2	26.2	26.1
4	21.2	18.0	16.7	16.0	15.5	15.2	15.0	14.8	14.7	14.5	14.2	14.0	13.8	13.7	13.7	13.6	13.5	13.5
5	16.3	13.3	12.1	11.4	11.0	10.7	10.5	10.3	10.2	10.1	9.72	9.55	9.38	9.29	9.24	9.13	9.08	9.02
6	13.7	10.9	9.78	9.15	8.75	8.47	8.26	8.10	7.98	7.87	7.56	7.40	7.23	7.14	7.09	6.99	6.93	6.88
7	12.2	9.55	8.45	7.85	7.46	7.19	6.99	6.84	6.72	6.62	6.31	6.16	5.99	5.91	5.86	5.75	5.70	5.65
8	11.3	8.65	7.59	7.01	6.63	6.37	6.18	6.03	5.91	5.81	5.52	5.36	5.20	5.12	5.07	4.96	4.91	4.86
9	10.6	8.02	6.99	6.42	6.06	5.80	5.61	5.47	5.35	5.26	4.96	4.81	4.65	4.57	4.52	4.42	4.36	4.31
10	10.0	7.56	6.55	5.99	5.64	5.39	5.20	5.06	4.94	4.85	4.56	4.41	4.25	4.17	4.12	4.01	3.96	3.91
11	9.65	7.21	6.22	5.67	5.32	5.07	4.89	4.74	4.63	4.54	4.25	4.10	3.94	3.86	3.81	3.71	3.65	3.60
12	9.33	6.93	5.95	5.41	5.06	4.82	4.64	4.50	4.39	4.30	4.01	3.86	3.70	3.62	3.57	3.47	3.41	3.36
13	9.07	6.70	5.74	5.21	4.86	4.62	4.44	4.30	4.19	4.10	3.82	3.66	3.51	3.43	3.38	3.27	3.22	3.17
14	8.86	6.51	5.56	5.04	4.70	4.46	4.28	4.14	4.03	3.94	3.66	3.51	3.35	3.27	3.22	3.11	3.06	3.00
15	8.68	6.36	5.42	4.89	4.56	4.32	4.14	4.00	3.89	3.80	3.52	3.37	3.21	3.13	3.08	2.98	2.92	2.87
16	8.53	6.23	5.29	4.77	4.44	4.20	4.03	3.89	3.78	3.69	3.41	3.26	3.10	3.02	2.97	2.86	2.81	2.75
17	8.40	6.11	5.18	4.67	4.34	4.10	3.93	3.79	3.68	3.59	3.31	3.16	3.00	2.92	2.87	2.76	2.71	2.65
18	8.29	6.01	5.09	4.58	4.25	4.01	3.84	3.71	3.60	3.51	3.23	3.08	2.92	2.84	2.78	2.68	2.62	2.57
19	8.18	5.93	5.01	4.50	4.17	3.94	3.77	3.63	3.52	3.43	3.15	3.00	2.84	2.76	2.71	2.60	2.55	2.49
20	8.10	5.85	4.94	4.43	4.10	3.87	3.70	3.56	3.46	3.37	3.09	2.94	2.78	2.69	2.64	2.54	2.48	2.42
22	7.95	5.72	4.82	4.31	3.99	3.76	3.59	3.45	3.35	3.26	2.98	2.83	2.67	2.58	2.53	2.42	2.36	2.31
24	7.82	5.61	4.72	4.22	3.90	3.67	3.50	3.36	3.26	3.17	2.89	2.74	2.58	2.49	2.44	2.33	2.27	2.21
26	7.72	5.53	4.64	4.14	3.82	3.59	3.42	3.29	3.18	3.09	2.82	2.66	2.50	2.42	2.36	2.25	2.19	2.13
28	7.64	5.45	4.57	4.07	3.75	3.53	3.36	3.23	3.12	3.03	2.75	2.60	2.44	2.35	2.30	2.19	2.13	2.06
30	7.56	5.39	4.51	4.02	3.70	3.47	3.30	3.17	3.07	2.98	2.70	2.55	2.39	2.30	2.25	2.13	2.07	2.01
35	7.42	5.27	4.40	3.91	3.59	3.36	3.20	3.07	2.96	2.87	2.60	2.44	2.28	2.19	2.14	2.02	2.01	1.89
40	7.31	5.18	4.31	3.83	3.51	3.29	3.12	2.99	2.89	2.80	2.52	2.37	2.20	2.11	2.06	1.94	1.96	1.80
50	7.17	5.06	4.20	3.72	3.41	3.19	3.02	2.89	2.79	2.70	2.42	2.27	2.10	2.01	1.95	1.94	1.87	1.68
70	7.01	4.92	4.08	3.60	3.29	3.07	2.91	2.78	2.67	2.59	2.31	2.15	1.98	1.89	1.83	1.70	1.62	1.54
100	6.90	4.82	3.98	3.51	3.21	2.99	2.82	2.69	2.59	2.50	2.22	2.07	1.89	1.80	1.73	1.60	1.52	1.43
200	6.76	4.71	3.88	3.41	3.11	2.89	2.73	2.60	2.50	2.41	2.13	1.97	1.79	1.69	1.63	1.48	1.39	1.28
1000	6.66	4.63	3.80	3.34	3.04	2.82	2.66	2.53	2.43	2.34	2.06	1.90	1.72	1.61	1.54	1.38	1.26	1.11
∞	6.63	4.61	3.78	3.32	3.02	2.80	2.64	2.51	2.41	2.32	2.04	1.88	1.70	1.59	1.52	1.36	1.25	1.00

Freiheitsgrade ϕ_2

A.6: Quantile (Verteilungsfunktion) der reduzierten Weibull-Verteilung (RWV), Intervall wie A.4.

Si →	0.01%	1%	5%	10%	25%	50%	75%	90%	95%	99%	99.9%	99.99%	0.1%
α ↓	0.9999	0.99	0.95	0.9	0.75	0.5	0.25	0.1	0.05	0.01	0.001	0.0001	0.999
0.5	0.10 10⁻⁷	0.10 10⁻³	0.26 10⁻²	0.0111	0.0828	0.481	1.922	5.302	8.974	21.21	47.72	84.83	0.10 10⁻⁵
0.6	0.22 10⁻⁶	0.47 10⁻³	0.71 10⁻²	0.0235	0.1254	0.543	1.724	4.015	6.226	12.75	25.06	40.47	0.10 10⁻⁴
0.7	0.19 10⁻⁵	0.14 10⁻²	0.0144	0.0402	0.1687	0.592	1.595	3.292	4.794	8.861	15.81	23.85	0.52 10⁻⁴
0.8	0.10 10⁻⁴	0.32 10⁻²	0.0244	0.0600	0.2107	0.632	1.504	2.836	3.941	6.746	11.20	16.05	0.18 10⁻³
0.9	0.36 10⁻⁴	0.60 10⁻²	0.0369	0.0820	0.2505	0.666	1.438	2.526	3.384	5.457	8.562	11.79	0.46 10⁻³
1.0	0.10 10⁻³	0.0101	0.0513	0.1054	0.2877	0.693	1.386	2.303	2.996	4.605	6.908	9.210	0.10 10⁻²
1.2	0.46 10⁻³	0.0216	0.0842	0.1533	0.354	0.737	1.313	2.004	2.495	3.570	5.006	6.362	0.32 10⁻²
1.4	0.14 10⁻²	0.0374	0.1198	0.2004	0.411	0.770	1.263	1.814	2.190	2.977	3.977	4.884	0.72 10⁻²
1.6	0.32 10⁻²	0.0564	0.1562	0.2450	0.459	0.795	1.226	1.684	1.985	2.597	3.346	4.006	0.0133
1.8	0.60 10⁻²	0.0776	0.1920	0.2864	0.501	0.816	1.199	1.589	1.840	2.336	2.926	3.433	0.0216
2.0	0.0100	0.1003	0.2265	0.325	0.536	0.833	1.177	1.517	1.731	2.146	2.628	3.035	0.0316
2.2	0.0152	0.1236	0.2592	0.360	0.568	0.846	1.160	1.461	1.647	2.002	2.407	2.744	0.0433
2.4	0.0215	0.1471	0.2901	0.392	0.595	0.858	1.146	1.416	1.580	1.890	2.237	2.522	0.0562
2.6	0.0289	0.1705	0.319	0.421	0.619	0.868	1.134	1.378	1.525	1.799	2.103	2.349	0.0702
2.8	0.0373	0.1934	0.346	0.448	0.641	0.877	1.124	1.347	1.480	1.725	1.994	2.210	0.0848
3.0	0.0464	0.2158	0.372	0.472	0.660	0.885	1.115	1.320	1.442	1.664	1.904	2.096	0.1000
3.5	0.0720	0.2687	0.428	0.526	0.701	0.901	1.098	1.269	1.368	1.547	1.737	1.886	0.1390
4.0	0.1000	0.317	0.476	0.570	0.732	0.912	1.085	1.232	1.316	1.465	1.621	1.742	0.1779
5.0	0.1585	0.398	0.552	0.638	0.779	0.929	1.068	1.182	1.245	1.357	1.472	1.559	0.2512

Parameter α

Gekürzte Wiedergabe der Tafel 15B aus MÜLLER, P.H., NEUMANN, P. und STORM, R.: Tafeln der mathematischen Statistik (Lit. 63), mit freundlicher Genehmigung des VEB Fachbuchverlages Leipzig.

A.7: "Rote" Markov-Modellspektren (zur Abschätzung des vermuteten Hintergrundspektrums der Grundgesamtheit).

$f_r \to$	.00	.05	.10	.15	.20	.25	.30	.35	.40	.45	.50	.55	.60	.65	.70	.75	.80	.85	.90	.95	1.00
$T_r \to$	∞	20.0	10.0	6.67	5.00	4.00	3.33	2.86	2.50	2.22	2.00	1.82	1.67	1.54	1.43	1.33	1.25	1.17	1.11	1.05	1.00
1.0	0.00	0.00	0.00	0.00	0.00	0.00	0.00	0.00	0.00	0.00	0.00	0.00	0.00	0.00	0.00	0.00	0.00	0.00	0.00	0.00	0.00
.95	39.0	3.77	1.02	.465	.267	.174	.124	.094	.074	.061	.051	.044	0.39	.035	.032	.030	.028	.027	.026	.026	.026
.90	19.0	5.91	1.94	.921	.537	.354	.253	.191	.152	.124	.105	.091	.080	.072	.066	.062	.058	.056	.054	.053	.053
.85	12.3	6.39	2.63	1.34	.799	.533	.384	.292	.232	.191	.161	.140	.123	.111	.102	.095	.090	.086	.083	.082	.081
.80	9.00	6.03	3.04	1.68	1.04	.708	.515	.394	.314	.259	.220	.190	.169	.152	.140	.130	.123	.117	.114	.112	.111
.75	7.00	5.40	3.22	1.94	1.25	.872	.643	.496	.398	.329	.280	.243	.216	.195	.179	.167	.158	.151	.146	.144	.143
.70	5.67	4.76	3.22	2.10	1.43	1.02	.765	.597	.482	.401	.342	.298	.265	.240	.221	.206	.194	.186	.181	.178	.176
.65	4.71	4.17	3.10	2.19	1.56	1.15	.877	.694	.566	.474	.406	.355	.317	.287	.264	.247	.233	.224	.217	.213	.212
.60	4.00	3.66	2.93	2.20	1.64	1.25	.978	.785	.647	.546	.471	.414	.370	.336	.310	.290	.275	.263	.256	.251	.250
.55	3.44	3.23	2.72	2.16	1.69	1.33	1.06	.869	.725	.617	.536	.473	.425	.387	.358	.335	.318	.306	.297	.292	.290
.50	3.00	2.86	2.51	2.09	1.70	1.38	1.13	.942	.797	.686	.600	.533	.481	.440	.408	.383	.364	.350	.341	.335	.333
.45	2.64	2.54	2.30	1.99	1.68	1.41	1.18	1.00	.863	.751	.663	.594	.539	.495	.461	.434	.413	.398	.387	.381	.379
.40	2.33	2.27	2.10	1.88	1.64	1.41	1.22	1.05	.920	.812	.724	.654	.597	.551	.515	.487	.465	.449	.437	.431	.429
.35	2.08	2.04	1.92	1.76	1.58	1.40	1.23	1.09	.968	.866	.782	.712	.655	.609	.571	.543	.520	.503	.491	.484	.481
.30	1.86	1.83	1.75	1.64	1.50	1.37	1.23	1.11	1.01	.914	.835	.769	.714	.668	.631	.601	.578	.560	.548	.541	.538
.25	1.67	1.65	1.60	1.52	1.42	1.32	1.22	1.12	1.03	.952	.882	.822	.770	.727	.691	.662	.639	.622	.610	.602	.600
.20	1.50	1.49	1.46	1.40	1.34	1.27	1.19	1.12	1.05	.982	.923	.871	.825	.786	.753	.726	.704	.687	.676	.669	.667
.15	1.35	1.35	1.33	1.29	1.25	1.21	1.16	1.10	1.05	1.00	.956	.914	.877	.844	.815	.792	.773	.758	.747	.741	.739
.10	1.22	1.22	1.21	1.19	1.17	1.14	1.11	1.08	1.04	1.01	.980	.951	.924	.899	.878	.860	.845	.833	.825	.820	.818
.05	1.11	1.11	1.10	1.09	1.08	1.07	1.06	1.04	1.03	1.01	.995	.980	.965	.952	.940	.929	.921	.914	.909	.906	.905
.00	1.00	1.00	1.00	1.00	1.00	1.00	1.00	1.00	1.00	1.00	1.00	1.00	1.00	1.00	1.00	1.00	1.00	1.00	1.00	1.00	1.00

Autokorrelationskoeffizient r_1

Anmerkung: f_r ist die relative Frequenz und T_r die relative Periode. Die betreffenden Zahlen sind als Faktorwerte für die höchste auflösbare Frequenz ($f_{max} = 1/2\Delta t$) bzw. kleinste auflösbare Periode ($T_{min} = 2\Delta t$) aufzufassen. r_1 ist der Autokorrelationskoeffizient bezüglich der Verschiebung $\tau = 1\Delta t$ (k=1).

A.8: Gewichte zur Gaußschen Tiefpassfilterung
(Auswahl, vgl. Kap. 14.8, Formel (14-75), Abb. 73 und Formel (14-77))

T_*	k	w_k	T_*	k	w_k	T_*	k	w_k
2	0	0.9784	12	0	0.2005	40	0	0.0611
	1	0.0108		1	0.1770		1	0.0604
3	0	0.7866		2	0.1217		2	0.0584
	1	0.1065		3	0.0651		3	0.0522
	2	0.0002		4	0.0271		4	0.0510
4	0	0.5983		5	0.0088		5	0.0461
	1	0.1942	15	0	0.1610		6	0.0407
	2	0.0066		1	0.1486		7	0.0352
5	0	0.4794		2	0.1169		8	0.0297
	1	0.2334		3	0.0784		9	0.0245
	2	0.0269		4	0.0448		10	0.0198
6	0	0.3990		5	0.0218		11	0.0157
	1	0.2421		6	0.0090		12	0.0121
	2	0.0540	20	0	0.1209		13	0.0091
	3	0.0044		1	0.1156		14	0.0067
7	0	0.3437		2	0.1010		15	0.0048
	1	0.2375		3	0.0807	50	0	0.0492
	2	0.0783		4	0.0589		1	0.0488
	3	0.0123		5	0.0393		2	0.0478
8	0	0.3014		6	0.0240		3	0.0461
	1	0.2275		7	0.0133		4	0.0438
	2	0.0978		8	0.0067		5	0.0411
	3	0.0240	30	0	0.0815		6	0.0379
9	0	0.2666		1	0.0799		7	0.0345
	1	0.2130		2	0.0753		8	0.0310
	2	0.1101		3	0.0681		9	0.0274
	3	0.0361		4	0.0592		10	0.0239
	4	0.0075		5	0.0494		11	0.0206
10	0	0.2408		6	0.0397		12	0.0174
	1	0.2011		7	0-0306		13	0.0146
	2	0.1172		8	0.0227		14	0.0120
	3	0.0477		9	0.0161		15	0.0097
	4	0.0136		10	0.0110		16	0.0078
11	0	0.2207		11	0.0072		17	0.0061
	1	0.1897					18	0.0049
	2	0.1219						
	3	0.0575						
	4	0.0205						

Stichwortverzeichnis
(beschränkt auf die Textseiten, auf denen sie betreffenden Definitionen zu finden sind)

ABBEsches Homogenitätskriterium 225
absoluter Homogenitätstest 225
absoluter Standardfehler → s. Standardfehler
Abweichung (durchschnittliche) 42, 45
Additionssatz (der Stochastik) 31
agglomerativ 157
Aliasing (Frequenzmissdeutung) 240
Allgemeine Extremwertverteilung
  → s. Extremwertverteilung
Alternativhypothese 119, 120, 122
Amplitudenspektrum 256
Anpassung → s. Verteilungsanpassung
Anpassungstest (bei Verteilungen)
– χ^2 - Anpassungstest 131
– KOLMOGOROFF/SMIRNOFF-Test 132-133
arithmetischer Mittelwert → s. Mittelwert
arithmetisches Mittelzentrum → s. Mittelz.
Autokorrelation, -sanalyse 227, 228
Autokorrelationsfunktion 227-230, 242
Autokorrelationskoeffizient 227-230
Autokorrelations-Spektralanalyse (ASA) 242-252
Autokovarianz, -funktion 229, 242
A-Verteilung 46

Backpropagation-Netzwerk 213-215
Bandpassfilterung → s. Filterung
BARTLETT - Test 150
bedingte Wahrscheinlichkeit 30
BESSEL-Entwicklung, -Reihe 236, 237
Betafunktion 89
Betaverteilung 88
BERNOULLI - Verteilung 68
Bestimmtheitsmaß 165, 185, 186
Bestwert (einer Messreihe) 107
bimodal 41
binomiale Tiefpassfilterung (Glättung) 261
Binominalkoeffizient 67-68
Binomialverteilung 67-70
– negative 69
Blindspektrum 254
BUISHAND-Test

Centroid-Verfahren 159

charakteristische Filterfunktion 260, 263-265
χ^2-Verteilung 82-85
χ^2-Test → s. Anpassungstest, Hypothesenprüfungen (spezielle)
Clusteralgotithmis 158
Clusteranalyse 154-162
– hierarchische 155-160
– nicht-hierarchische 160
Complete-Linkage-Verfahren 159
CORNISH-FISHER-Entwicklung 82
CRADDOCK-Test 225

deterministisch, determiniert 2, 3, 6, 8
Dezil 42
Dezilabstand 44-45
Dichtemittel 39
Differenzzahl 11
Dispersionsmaße 42
Distanzmaße 156-159
divisiv 157
durchschnittliche Abweichung 42, 45
Durchschnittsfehler 108
dynamische spektrale Varianzanalyse 249-250

effizient 96
Eigenvektor 207, 208
Eigenwert 207, 208
Eigenwertgleichung 207
Einflussgröße 1-3, 163, 169
eingipfelig (unimodal) 46
einseitiger Test/Prüfverfahren 122, 123
Einzelerscheinung 5
empirische orthogonale Funktion(en, EOF) 204-208
Ereignis 2, 4, 8, 9, 24, 31-33
– komplementäres 32
Ereigniswahrscheinlichkeit 4, 5, 23, 24, 30
– stochastische 24
erwartungstreu 96
Erwartungswert 51, 66
EUKLIDische Distanz 156, 159
Exponentialverteilung 96
Exspektanz 99-104
Extrembereich 42

Extremereignis 269
Extremmittel 38
Extremwert 270
Extremwertanalyse 269-273
Extremwertverteilung, allg. 88
Exzess 45, 47, 48, 50 (s. auch Verteilungen)
Exzesstest 129

Faktorenanalyse 209, 210
Fakultät 27, 29
fast Fourier transform (FFT) 242
Fehler (bei Messungen) → s. Messfehler
Fehlerfortpflanzung, -übertragung 109-112
Fehlerfortpflanzungsgesetz 110
Fehlerrechnung 105-112
Fehlerschätzung 107-109
Fehlerverteilungsgesetz(e) 106-107
Filterfunktion (charakteristische) 260
Filtergewicht(e) 258, 259
Filtergewichtsfunktion 266
Filtergewichtssummenfunktion 266
Filterung (numerische)
– allgemein 257-269
– Bandpassfilterung 257, 264-269
– Hochpassfilterung 257, 263-266
– Tiefpassfilterung (Glättung) 257, 260-264
Filterwirkspektrum → s. Filterfunktion
FISHER-BEHRENS-Problem 125, 126
FISHER-Transformation 177-178
FISHER (F)-Verteilung 84-85
FOURIER-Analyse 235-239
FOURIER-Transformation 241, 248
Fraktile 41
Freiheitsgrad(e) 120 (s. auch Verteilungen)
- reduziert, Reduktion 232
Frequenz 240, 243
Frequenzfaltung 239, 240
Frequenzmißdeutung (Aliasing) 240
FRIEDMANN-Test 151
F-Verteilung → s. FISHER-Verteilung
F-Test → s. Varianztest, Hypothesenprüfungen (spezielle), Varianzanalyse, Korrelation

Gammafunktion 80, 81
Gammaverteilung 81
GAUßsche Tiefpassfilterung 262, 265

GAUß - Verteilung → s. Normalverteilung
geometrischer Mittelwert → s. Mittelwert
Gesetz der großen Zahl 29
Gewicht (bei Filterung) → s. Filtergewichte
gewichteter Mittelwert → s. Mittelwert
gewogener Mittelwert → s. Mittelwert
Gipfelwert 39
glatte Komponente (bei Zeitreihen) 220-221
Glättung (einer Zeitreihe) 260
Gleichverteilung 56, 66, 67
gleitende (dynamische) spektrale Varianzanalyse 249-250
GOODMAN-Formel 257
Größe 9, 10
Größenordnung(en) 12
Grundgesamtheit, Population 8-10, 66
GUMBEL - Verteilung 88

Häufigkeit 5, 8, 16
Häufigkeitsfunktion 21-23, 30
Häufigkeitsmatrix 54
Häufigkeitsverteilung (empirische) 8, 15-17, 19-23, 26, 46-49
– kumulative 16, 17, 23, 26
– mehrdimensionale 62-64
– theoretische 6 (s. auch Verteilungen)
Hauptkomponentenanalyse 209
Hauptsatz (statistischer) 30
Histogramm 49
Hochpassfilterung → s. Filterung
Homogenität, Inhomogenität
– von Datenkollektiven → s. Varianzanalyse
– von klimatologischen Zeitreihen 224-227
Homogenitätstests (klimatol. Zeitreihen)
– absolute 225
– relative 225-227
H-Test (nach KRUSKAL und WALLIS) 136
Hypergammaverteilung 89
hypergeometrische Verteilung 69, 70
Hypothesenprüfungen (Prüfverfahren, Tests)
– allgemein, Prinzip 119-124
– spezielle 124-143

imaginäre Einheit 241
Inhomogenität → s. Homogenität
Interaktionswahrscheinlichkeit 61
Interpolation 170, 219

Interquartilabstand 44
Intervallschätzung 97-99
Intervallskala 10,11
inverse J-Verteilung 47
Irrtumswahrscheinlichkeit 121, 122
Isokurtosis 48
Iteration 137
Iterationstest nach WALLIS und MOORE 137

Jährlichkeit 273
J-Verteilung 46
– inverse 47

kanonische Korrelation 210-211
kartesische Koordinaten 56, 57
Klasse 15, 18-22
Kohärenz (quadratische) 256
Kollektiv 8
KOLMOGOROFF-SMIRNOFF-Test 132-133
Kombination 28, 29
Kombinationsrechnung 25, 27-29
Konfidenzintervall → s. Vertrauensbereich
konsistent 96
Kontingenz 138, 139
Korrelation, -srechnung
– allgemein 163-203
– Autokorrelation 227, 228
– dreidimensionale 182-188
– kanonische 210-211
– Kreuzkorrelation 231, 232
– multidimensionale, multiple 183-192
– nicht-lineare 193-200
– partielle 182-183
– verteilungsfreie 177-181
– Zeitreihen-K. 227-232
– zweidimensionale-lineare 168-175, 185
Korrelationskoeffizient
– allgemein 163-165, 193
– multipler 183, 184, 186, 187, 190-192
– Mutungsbereich 175, 178, 188
– partieller 182, 183, 186, 187, 191, 192
– Produkt-Moment-K. (PEARSON) 168, 170, 173, 175, 185-187
– Rang-K. (nach KENDALL) 179-180
– Rang-K. (NACH SPEARMAN) 178-180
– Test 176, 178, 183, 188, 192, 200, 201
Korrelationsmatrix 206

Kospektrum 254, 255
Kovarianz 168
Kovarianzmatrix 206, 207
Kreisnormalverteilung 89
Kreissektordiagramm 49
Kreuzkorrelation 231-232
Kreuzkovarianz 231, 254
Kreuzspektrum, -analyse 254-257
Kriging 219
Kurtosis 48

Lagemaße 41
Leptokurtosis 48
Likelihoodfunktion 95
Linearisierung (von Regressionen) 198
Liniendiagramm 49
Linkssteile 48
logarithmische Normalverteilung 76-80, 132
Lokalisationsmaße 41

MARKOV-Prozeß, -Spektrum 246-248
Massenerscheinung 5, 6
Maximum-Entropie-Spektralanalyse (MESA) 250-253
Median 39-42, 45, 98
Medianzentrum 54-56
mehrgipfelig, multimodal 46
Merkmal 8, 9
Merkmalswert 8,9
Mesokurtosis 48
Messfehler
– allgemein 105-106
– systematische 105-106
– zufällige 105-112
Messfehlertheorie → s. Fehlerrechnung
Messgenauigkeit/-ungenauigkiet 105, 106
Methode der kleinsten Quadrate 163
Mittelungsmaße 35-41
Mittelwert (s. auch Verteilungen)
– arithmetischer 35-37, 44, 97
– geometrischer 38
– gewichteter, gewogener 37, 38
– harmonischer 38
– mehrdimensionaler → s. Mittelzentrum
– quadratischer 38
– vektoriell 57, 58
– Test 124-127, 129-130

Mittelzentrum (arithmetisches) 53, 54, 57, 59
Modalzentrum 54
Model Output Statistics (MOS) 6
Modus 39-41
Momente 50, 51
– zentrale 50, 51
– mehrdimensionale 64
Momentkoeffizient 50
multimodal 46
Multinomialverteilung 69
multiple Korrelation → s. Korrelation
Multiplikationssatz (der Stochastik) 31
Mutmaßlichkeitsfunktion 95
Mutungsbereich 97-99, 175, 177, 178, 187, 188
M-Verteilung 46

Neuronale Netze 212-216
negative Binomialverteilung 69
nonparametrisch 74
Normalgleichung(en) 169, 184, 186, 189, 193-195, 198, 199
Normalverteilung (nach GAUß) 72-76, 132
– logarithmische 76-80
– standardisierte 74
Nullhypothese 119, 120, 122
numerische Filterung → s. Filterung
Nummernskala 10
NYQUIST - Frequenz 236

obere Quantile → s. Quantile
obere Klassengrenzen → s. Klasse
obere Schwellen, -überschreitung
  → s. Extremwertanalyse

parameterfrei → s. nonparametrisch
parametrisch 74
partielle Korrelation → s. Korrelation
Partition, Partitionsebene 157-158
PEARSON-Korrelationskoeffizient → s. Korrelation
Pentil 42
Periode, periodisch 220, 235, 240, 243
Periodogramm 242
Permutation 27
Persistenz 228
Perzentil 42

Perzentilabstand 45
Phasenspektrum 256
Platykurtosis 48
POISSON-Verteilung 70-72, 132
Polarkoordinaten 56, 57
POLYA-Verteilung 88
Polygon (bei Häufigkeitsverteilungen) 49
Polynom 202, 235
Population 8
Potential (statistisches) 61
Potenzmomente 50
Power Spectrum → s. Varianzspektrum
Prädiktand 169
Prädiktor 169
Principal Components (PCs) 206, 209
Produkt-Moment-Korrelationskoeffizient
  → s. Korrelationskoeffizient
progressiv 164-165, 195, 232
Protokoll 8
Prozentualzahl 11
Prüfentscheid, Testentscheid 120
Prüfgröße, Testgröße 120, 124
Prüfparameter, Testparameter 120, 133
Prüfverfahren → s. Hypothesenprüfungen
Prüfverteilung, Testverteilung 120, 124
Prozentrangplatz 12
Punktschätzung 95-96

Quadrantenkorrelation → s. Vierfelderkorrelation
quadratische Kohärenz → s. Kohärenz
quadratischer Mittelwert → s. Mittelwert
Quadraturspektrum 254, 255
Quantile 41-42
Quartil 42, 44
Quartilabstand 44

Rangbindung 179
Rangfolge 10-12, 179
Rangkorrelation → s. Korrelation
Rangskala 10-12
Rangplatz 10, 12, 179, 180
Rangsummenanalyse 161
Rationalskala 10, 11
Rauschen 220, (weißes, rotes) 244-246
RAYLEIGH-Verteilung 87
Rechteckverteilung 66, 67

Rechtssteile 48
Regression, -srechnung
- allgemein 163-203
- dreidimensionale 182-188
- multidimensionale 183-192
- nicht-lineare 193-200
- zweidimensionale-lineare 168-175, 185

Regressionsgerade 164, 170, 171, 176, 232
Regressionsgleichung 168, 183, 189, 190, 195, 196, 198, 204, 232
Regressionskoeffizient(en) 169, 170, 171, 176, 183, 184, 189
relativer Homogenitätstest 225-227
relativer Standardfehler → s. Standardfehler
Repräsentanz
- der Punktaussage 113-115
- örtliche, zeitliche 115-118

Restvarianz 173, 174, 184, 201
Rohspektrum 244
rotes Rauschen → s. Rauschen
rotes Varianzspektrum 246-248
Rundung, -sfehler 106

Säulendiagramm 41
Schätzverfahren, Schätzung, 94-104
Scheinkorrelation 166
Schiefe 45, 47, 48, 50 (s. auch Verteilungen)
Schiefetest 128
schnelle FOURIER-Transformation (fast Fourier transform) 242
Schwankungsbreite 42
Schwellenkriterium (für Extremwerte) 271
Signifikanz, signifikant 65, 121, 122
Signifikanzniveau 120, 122
Single-Likage-Verfahren 159
Skala, Skalierung 10, 11, 13
Skalar 10
Spannweite 42
SPEARMAN-Rangkorrelation → s. Korrelationskoeffizient
spektrale Dichte 241
spektrale Varianzanalyse 240-253
- zeitlich gleitende (dynamische) 249-250

Spektrum → s. Varianzspektrum
Staffeldiagramm 49
Standardabweichung 43-45, 97
Standarddistanz 59, 60

Standardfehler 108, 109
Standardnormalverteilung 72-76
Stationarität, stationär 5, 14, 223
Statistik (Definition) 1, 6, 7
Stichprobe 8, 9, 34, 66
Stichprobenbeschreibung
- eindimensionale 34-51
- mehrdimensionale 52-64

Stochastik, stochastisch 4, 5, 7, 24, 25, 220, 221
Streudiagramm 164, 171
Streuung → s. Standardabweichung
Streuungsmaße 42
Student - Verteilung (t - Verteilung) 80-82
Stufendiagramm 41
subskalig 14
supraskalig 14
systematische Messfehler 105-106

Tabellierung (theoretischer Verteilungen)
- allgemein 90-93
- speziell → s. Anhang, 283-290

Test(verfahren) → s. Hypothesenprüfungen
Testentscheid 120
Testparameter → s. Prüfparameter
Tiepassfilterung → s. Filterung
theoretische Verteilungen → s. Verteilungen
transient 220, 222
Transinformation 203
Trend 221
Trendanalyse 232-235
- nicht-lineare 233

Trendtest
- nach COX und STUART 137-138
- nach MANN 234
- nach MANN und KENDALL 235

Trennschärfe 122
t-Test s. Mittelwerttests, Korrelation
t - Verteilung → s. Student-Verteilung

übergreifende Mittelung 260, 261
Überschreitungswahrscheinlichkeit 23, 93, 104, 272, 273
überzufällig 119
Unabhängigkeitstest 136-137 (s. auch Autokorrelation)
unimodal 46

untere Quantile → s. Quantile
Unterschreitungswahrscheinlichkeit 272, 273
Urliste 8
U- Test (nach WILCOXON et al.) 134
U-Verteilung
– allgemein 47
– spezielle 89

Variabilität, -skoeffizient 34
Variable 7, 9
Varianz (s. auch Verteilungen)
– allgemein, eindimensional 43-45, 97
– mehrdimensional 60
Varianzanalyse
– doppelte 147-150
– einfache 144-147
– spektrale → s. spektrale Varianzanalyse
Varianzspektrum 242-253
- weißes 244-246
- rotes 244-246
- Vertrauensbereich 247
Varianztests 127-128, 144-153
Variationsbreite 42, 45
Variationskoeffizient 44, 45
Variationsmaße
– eindimensionale 42-46
– mehrdimensionale 59-61
Vektor, vektoriell 10, 52, 53, 56-58
Verhältniszahl 11
Verschiebung → s. Zeitverschiebung
Verteilung(en, theoretische) 65-93
   (s. auch Häufigkeitsverteilung(en),
   Wahrscheinlichkeitsdichtefunktion)
Verteilungsanpassung 71, 72, 75, 76, 79
verteilungsfrei 74, 177
Verteilungsfunktion 22, 23, 25, 27 (s. auch Verteilungen)
Verteilungsmaße 41
Verteilungstests 130-131
Vertrauensbereich, -intervall, Konfidenzintervall 140-143, 176, 201
Vierfelderkorrelation 181
Vierfeldertest 138-139

Vorgang 7
Wahrscheinlichkeit 4, 20, 22, 23, 26, 27, 29-33, 122
Wahrscheinlichkeitsdichtefunktion 22, 23, 26, 30, 121
Wahrscheinlichkeitsgrenzsatz 29
Wahrscheinlichkeitspapier, -netz 73, 77
Wahrscheinlichkeitssatz 29
Wahrscheinlichkeitstheorie 29-33
WARD-Verfahren 160
WEIBULL-Verteilung 85-87
weißes Rauschen → s. Rauschen
weißes Spektrum → s. Varianzspektrum
WILCOXON-Paardifferenzen-Rangtest 153
Wirkspektrum 254
Wirkungsgröße, -mechanismus 2, 3
Wölbung 48

Zahl 10
Zeitfunktion 217, 218, 240
Zeitreihe 14, 15, 217-223, 240
Zeitreihenanalyse 217-269
Zeitreihenextrema → s. Extremwerte
Zeitreihenkomponenten 221, 273
Zeitreihenkorrelation 174, 227-232
Zeitreihenzerlegung 273
Zeitschritt 174, 217
Zeitverschiebung 227, 228
zentrale Momente
– eindimensional 50-51
– mehrdimensional 64
Zentralgewicht 259
Zentralwert 39
Zielgröße, Wirkungsgröße 163, 169
Zufall, zufällig, zufallsgesteuert 3, 4, 6
zufällige Messfehler 105-108
Zufallsartigkeit, zufallsartig 3-6
z - Verteilung → s. Standardnormalverteilung
zweidimensionale Normalverteilung 89-90
zweiseitiger Test 122-123
Zyklus, zyklisch 220-222
zyklische Zeitreihenkomponente(n) 221, 245